网格数字天气预报之广东实践

曾沁　胡胜　主编

内容简介

本书是广东省气象局率先实施中国气象局无缝隙、全覆盖智能网格预报的业务实践和关键技术总结，也结合世界气象组织提出的无缝隙地球系统预报进行了展望。

全书以"网格数字预报技术"为重点，介绍了构成完整业务闭环的总体技术框架，详细阐述了核心技术支撑的各方面细节，包括区域数值天气预报模式发展与完善、网格预报数据库及标准的建立、数值预报网格释用技术、网格预报智能订正系统以及省、市两级无缝隙精细化预报业务流程的建立。还回顾了广东省以"网格数字"全面取代传统预报的发展历程，从业务改革视角总结了过去10多年在数字网格预报发展方面的经验和教训。

本书可供从事天气预报业务管理、预报技术研究以及水文、航空等工作者参考使用，也可作为相关大、中专院校师生学习教材。

图书在版编目(CIP)数据

网格数字天气预报之广东实践/曾沁，胡胜主编
.--北京：气象出版社，2019.11
ISBN 978-7-5029-7099-4

Ⅰ. ①网… Ⅱ. ①曾… ②胡… Ⅲ. ①数字技术-应用-天气预报-研究-广东 Ⅳ. ①P45-39

中国版本图书馆CIP数据核字(2019)第269191号

Wangge Shuzi Tianqi Yubao zhi Guangdong Shijian
网格数字天气预报之广东实践
曾 沁 胡 胜 主编

出版发行：气象出版社
地　　址：北京市海淀区中关村南大街46号　**邮政编码**：100081
电　　话：010-68407112(总编室)　010-68408042(发行部)
网　　址：http://www.qxcbs.com　**E-mail**：qxcbs@cma.gov.cn
责任编辑：刘瑞婷　**终　　审**：张　斌
责任校对：王丽梅　**责任技编**：赵相宁
封面设计：万　维
印　　刷：北京地大彩印有限公司
开　　本：787 mm×1092 mm　1/16　**印　　张**：17
字　　数：412千字
版　　次：2019年11月第1版　**印　　次**：2019年11月第1次印刷
定　　价：149.00元

编委会

序

新中国气象事业经过70年的发展，已经建立起比较完善的气象业务体系。当前，科技进步日新月异，气象预报业务的现代化发展面临新挑战。近年来，移动互联网、云计算、大数据等新技术与气象业务的深度融合，正在改变着传统气象预报的技术体制和运行方式。广东省气象局主动适应，在气象预报新技术、新模式、新业态等方面进行了大量探索，取得了有益成效。欣闻这些成果已被总结集纳成《网格数字天气预报之广东实践》一书，在本书成稿之际，谨向参与此项工作和本书编写的专家们致以敬意！

气象预报是气象服务经济社会发展的重要基础，是气象现代化建设的核心任务。2016年，中国气象局印发了《现代气象预报业务发展规划》，提出无缝隙、精准化、智慧型气象预报业务的发展方向，其中，精细化格点预报发展任务就是建立在广东的实践探索基础之上的。早在2006年，广东省气象局发展了"雨燕"短时临近预报系统，推出了0～3小时1千米分辨率的短时临近网格预报和基于位置的强对流天气预警；2008年发展了精细化网格数字预报系统(SAFEGUARD)，首创网格天气预报业务。2012年，广东省气象局作为中国气象局现代天气业务发展的试点单位，开启了以"数字网格"为特征的精细化预报业务试点，在全国率先实现网格数字天气预报业务化，实现了0～10天、5千米水平分辨率的"全省数字预报一张网"。在广东省气象局实践的基础上，2017年，全国智能网格预报业务实现业务化。十年磨一剑，一张蓝图绘到底，广东省气象局当之无愧是全国智能网格预报业务的先行者和示范者。

气象预报的网格化、数字化是气象业务的一场变革。首先是推动了气象预报业务的转型：预报技术路线正从以数值预报为基础的人机交互分析预报，向高时空分辨率的数值模式和实况大数据驱动的持续科技创新转变，多源气象资料的应用更加充分；预报业务流程正从上级指导、逐级订正、定时更新，向基于信息"一朵云"的多级协同、实时订正、即时更新转变，预报信息对天气突发变化的响应更加快速；预报员正从经验积累、方法研究、定性判析的"老中医"式专家，向知识积累、算法创新、定量影响研判的"中西医结合"式专家转型。其次，预报业务的转型带动了气象业务的整体变革：气象观测、预报、服务业务的关系从上下游的单向链条型向以数据为中心的紧密互动型转变，精细网格预报对观测系统的结构、布局和精度提出了新要求，反馈了新需求；网格数字预报则为气象服务各行各业提供了"预报＋"的无限可能。本书聚焦广东气象部门在发展网格数字天气预报方面的实践和成果，必将为全国气象部门推动气象业务转型发展带来启发、提供借鉴。

21世纪以来，引领全球气象科技发展的世界气象组织(WMO)已悄然为气象预报开辟了新战场，即无缝隙地球系统预报。无缝隙预报不仅仅实现预报的时空无缝隙覆盖，还将气象预报外延拓展到专业气象预报、气象影响预报和气象风险预警。人工智能的气象应用，正在推动地球多圈层大数据自身的深度挖掘，并与各行各业信息跨界融合，为天气预报业务的外延拓展提供了新的发展空间。气象大数据智能应用和数值预报模式，将各擅其长，成为驱动气象预报业务现代化发展的“双引擎”。希望广东省气象科技工作者继续在研究型业务的实践中，不断探索新技术的革命性应用，不断开拓智能预报发展的新未来！

2019 年 11 月

前言

伴随着现代社会迈入数字时代，社会治理步入精细化模式，被称为社会经济活动之“盐”的气象预报，也提出了自身的变革之路——网格化和数字化转型。气象预报在更好地融入社会发展和百姓生活方方面面的同时，向着预报更加精细的方向又迈进了一步，推动气象服务从传统防灾减灾的“避害”模式进入微调节社会经济发展的“趋利避害”并举模式的发展阶段。天气预报是中国气象局现代气象业务的“核心”板块，牵一发而动全身。天气预报的网格数字化发展，不仅仅是表现形式的一个改变，更是气象部门主动适应社会需求升级的一次成功转型，涉及了预报技术的全新升级，观测系统的优化布局，业务流程的再造设计，气象服务的深度拓展，业务规范的全面调整。广东历来是改革开放的先行者和试验田，也是社会经济需求变化的风向标，广东网格数字天气预报的发展，既是中国气象局业务试点的官方安排，也是社会发展和治理能力现代化的必然要求。

现代社会已经进入快速发展的信息时代，强大的云计算能力、海量的大数据和不断演进的人工智能新算法，把各行各业的发展推上了新一轮黄金时代，也给各行各业带来了跨界颠覆性的新挑战，气象行业也不例外。世界气象组织基本系统委员会（WMO/CBS）撰写专题报告，阐述海量的新兴数据携超级计算之力，将给气象带来的巨大变革。站在此风口上，去预测、展望气象智能预报技术的发展，并非易事。但把握国际气象发展的趋势，从算法演进（数值天气预报模式与人工智能），从海量数据的组织管理、新兴技术发展的组织机制等角度进行探讨，还是能激发有益思考的。

本书从实践的角度，对广东省气象部门主动适应变化，变革天气预报业务的全历程进行了记录；分析了网格数字预报的气象数据支撑平台和数据管理技术；阐述了区域中尺度模式和数值模式解释应用技术的最新进展；剖析了网格数字预报可视化订正和智能算法订正技术的实现细节；探讨了基于智能引擎衍生的“数字预报＋”应用预报服务新模式；最后也分享了人工智能技术在大数据时代气象预报领域应用的初步想法。本书章节的组织遵循“数据的获取与管理，数据的加工与分析，数据的应用与服务”这条闭合的数据价值全链条展开，共分 8 章进行讨论。

第 1 章主要回顾了广东网格数字天气预报业务发展需求引领、理念引进、核心技术自研的过程，以及在现实技术条件下形成的“云-端”化协同式的业务架构，“模式-智能”双引擎的技术架构，云服务化的数据架构。在技术快速发展的今天，很多技术已未必最新，但坚持与国际发展同步，坚持集约发展理念，坚持开放技术框架等做法，希望仍然能使广东数字天气预报业务发展拥抱更多新技术。

第 2 章讨论了网格数字天气预报的重要数据环境支撑，介绍了全国统一规范的数据环境（CIMISS）的基础功能，以及针对其对网格数字预报支撑不足进行的流程优化和能力拓展。通过流程环节的简约和数据流传输技术应用，实现自动气象站、雷达等数据在 1～2 分钟内达到网格数字天气预报系统；通过站点网格一体化数据库系统建设，形成包含站点要素、数值预报、图形产品与文件等长时间序列的数据管理存储体系，改善数据零散烟囱式的存储方式；通过研发云端数据访问服务统一接口，屏蔽了数据的多源异构性，实现了“一级建设，多级应用”的数据环境建设。

第3章介绍了广东网格数字天气预报的重要基础——华南区域数值天气预报。基于中国气象局自主研发的GRAPES模式，针对华南和低纬地区特点，提出了资料同化、模式动力框架和模式物理过程等系列改进方案，研发了多种尺度嵌套的区域中尺度模式组合。通过一系列检验结果，表明华南区域数值天气预报模式能较准确地预报天气形势的演变，对等压面要素、地面温度及日变化、晴雨预报、暴雨预报等已有较高的预报准确率。本章也阐明了当前模式的不足，在模式初值、模式下垫面和模式物理参数等方面仍与实际存在一定差距，对转折性天气、暖区暴雨、局地强对流等的预报仍存在明显不足。由此，展望了未来华南区域模式发展的技术方向。

第4章介绍了与网格数字天气预报业务体系相匹配的无缝隙预报技术支撑体系。基于统一规范的气象大数据环境，构建稳定的多种技术集成框架和不断演进的预报技术图谱是广东省无缝隙预报技术体系的最大特点。基于密集站点观测的实况网格分析技术、雷达联合雨量计的雷达定量降水估测技术是网格预报检验和模式释用的重要基础；基于外推的短临预报技术，以及雷达外推与数值模式的融合技术构成了短时临近预报技术；基于模式网格释用技术，以及多模式动态集成技术和集合预报产品应用技术等形成了12小时～10天预报的关键技术。实况分析技术从统计插值为基础的网格化向多源融合模型发展；短临预报技术从基于运动矢量的外推到考虑流体运动特征的光流法，进而发展到基于实况、外推和模式融合(Blending)的机器学习方法；中短期天气模式释用技术也从单一的基于GRAPES的网格释用，逐步向多模式、集合成员为基础的大数据分析技术方案演进。

第5章介绍了预报员的驾驶舱——主观融合的网格数字天气预报订正系统。交互预报订正系统这是预报结果正式对外发布前的最后把关，需要一套有力的技术与平台支撑。预报员在面对海量网格预报数据时，高效且切合传统预报思路和制作方式的工具，是智能编辑订正技术与平台研发的指导思想。本章介绍了网格预报场开展空间调整与时间序列混合订正的主要技术手段；从“授人以鱼不如授人以渔”的角度出发，剖析了基于二次开发环境的智能工具箱的设计思路、整体技术框架和基本封装函数的标准规范，并详解了在广东天气预报业务使用中较为成熟的算法；介绍了省市上下联动业务基本流程以及平台在此所提供的基础支撑。

第6章介绍了基于知识库和语料库的开放式智能预报生成引擎。网格数字天气预报的出现，让天气预报发生了天翻地覆的变化：从面向城镇的定性预报发展为定点、定时、定量的精细化数字预报。基于网格数字天气预报，利用智能预报引擎将数字天气智能解读为图文并茂、通俗易懂的服务产品，并通过一键式产品制作发布平台实现产品个性化定制、智能化生成、自动化生成、靶向式发布，将网格数字天气预报渗透到政府、公众和社会各行业，发挥更大的社会效益和经济效益：一是基于网格数字天气预报，为省政府的防灾减灾工作提供精准定量的决策服务，用数据说话、用数据管理、用数据决策，凸显社会效益；二是融合网格预报和监测实况等气象大数据，针对用户的气象信息使用场景，提供基于位置的个性化天气预报和预警推送，为公众的生活出行提供决策依据；三是利用精细化、图表化、多样化的网格预报产品，面向环境、交通、旅游等专业领域，提供量体裁衣的定制服务，凸显专业服务的科技含量，提升经济效益。

第7章介绍了网格数字天气预报业务变革的组织过程，以期为将来开展业务大变革提供探索经验，回顾了从2008年起，经过十年坚持、五年尝试、两年试验和三年业务实践，广东走过的精细化网格数字天气预报从科研到业务实践之路，实现了省市一体精细化网格数字天气预报业务。这一业务涉及数据、系统、预报技术、产品分发、省市联动等多环节、多系统的相互串联，多个业务流程的相互衔接，也涉及多个单位的业务联动。在这个过程中，高效并有效的业务组织是推动网格数字天气预报业务省市两级有效开展、服务效益增值的推手。其中，有几点值得总结的经验，一是省局领导层决断有力，给予研发团队足够"蛰伏期"，实施阶段切换坚决，不搞拖拖拉拉的长期并行业务；二是开展业务（产品）大梳理，去除"僵尸"产品，重建业务产品谱；三是建立多单位联合团队，给予"特区"政策激发团队活力，建立稳定工作机制，以亚运会、世界大学生运动会等重大活动为演练目标，平行构建全新业务体系。

第8章介绍了人工智能技术在气象预报的应用展望。看国际趋势，从世界气象组织近期提出的无缝隙预报理念和地球系统预报模式演进来观察气象预报发展的未来动向；从国外发达气象机构的战略规划，分析数值天气预报模式高时空分辨率的精细化方向与基于不确定性信息的灾害风险支持的集合预报发展方向。看技术潮流，提出了人工智能气象应用应该开展成熟度评估，在目标明确的具体应用领域有组织、有次序地开展，避免泛人工智能系统的建设；以现在中国气象局正在组织建设的大数据云平台中的主要关键技术为基础，探讨海量气象数据在不同应用场景的管理模式和技术。最后，探讨了开放、合作、共享的方式，推进气象智能预报技术良性发展的机制。

本书通过网格数字天气预报业务（现已更新为智能网格预报业务）在广东的落地实践过程，讨论了现代气象预报业务发展的关键要素配置：生产力要素（模式、智能技术发展），生产资料（高质量的气象大数据），以及不断适应新技术变革的生产关系（扁平化的业务流程）。一则可以作为广东省气象部门在不断深入发展智能网格预报业务中的技术手册，二则也为国内业务同行完善和优化智能网格预报的全价值链条提供参考，三则也引出了未来人工智能在气象预报领域应用的一些初步探讨。

本书编写组
2019年4月于广州

目　录

第1章 广东网格数字天气预报业务发展概述

广东是改革开放的前沿，是我国经济最活跃、产业最密集的地区之一，也是台风、暴雨和强对流天气等的频发区和重发区。气象也更早地从传统防灾减灾的“避害”模式进入微调节社会经济发展的“趋利避害”并举模式的发展阶段。气象预报的需求也更加多样、更加细致、更加移动化个性化。传统的城市、城镇、乡村预报已经无法满足移动互联网时代的社会经济发展需求。预报转向网格化、数字化是气象科学规律使然，是社会治理模式需求驱动，也是现代信息社会快速发展提出的必然要求。主动适应变化的历程，是预报部门应对更精更细更准预报需求的一次成功尝试，或能为下一次预报业务技术的变革提供思考素材。

1.1 网格数字预报概念提出背景

网格，是一个古老的概念。从古代人类认识地球家园就有了地理网格的概念。始于我国商朝的“井田制”，就是用方格代表对地理空间划分和面积大小的认识。西晋裴秀的“计里画方”，是按比例尺绘制地图的一种方法。绘图时，先以方格铺满全图，方格的边长代表实地里数，相当于现代地形图上的方里网格，然后按方格绘制地图内容，以保证绘制的准确性。公元127年克罗狄斯·托勒密绘制出著名的“托勒密地图”，在地图上绘制了经纬线网。网格，就是空间上覆盖无缝隙的最好表达方式。

大气系统是地球系统的一部分，具有时间和空间属性，描述大气系统和地球系统的方式是相似的、一致的。以网格表述气象元素，可以获得基准性，与地理信息空间建立关联，在参考椭球、大地坐标系等方面可以保持一致。以网格表示气象元素，可以确保连续性和覆盖度，将地球空间整体或局部划分为若干网格单元，连续地描述天气事件和气象要素，保证空间上不重叠，并且每一个网格单元表达唯一确定的空间位置。以网格表示气象元素，可以实现多尺度描述，通过对地球大气建立不同分辨率、不同层次的网格并体现嵌套隶属关系，支持多尺度天气现象和过程的描述与分析。以网格表示气象元素，更容易与地理空间的其他要素，如地理环境、自然生态和人文活动发生关联，分析天气产生的影响作用。

通过一定规则组织起来的、连续的、多分辨率的网格单元，逐步逼近真实地球大气系统，也是现代数值天气预报方法的重要基础。数值天气预报自20世纪50年代业务化应用，提供网格化的数值预报产品也有60多年的历史，但实际上，天气预报从传统的定点、定性描述预报向网格化、数字化预报发展，也只是2000年以后的事情，从欧洲、美国等气象发达国家率先开展(Gridded Forecast)。广东省气象局从2007年开始网格预报业务的探索。中国气象局在2011年印发的《现代天气发展指导意见》，总结了广东的探索经验，首次官方提出了短期预报业务(1～3天)发展网格预报的目标：“发展模式释用与交互订正相结合的站点、格点两种方式的精细化气象要素预报系统，建立全国5千米格点和乡镇及其他服务地点的气象要素预报业务，24 小时预报时效内时间分辨率达到 3 小时。”

网格数字预报概念的提出，首先是需求引领。随着社会、经济的不断发展和功能细分，经济活动和社会管理也出现了精细化、网格式管理的趋势，影响其运行的输入信息（包括气象信息）也呈现“点-线-面”的多样化需求。比如城市运行综合保障服务中，服务于城市中流动的个体，保障户外重大活动的顺利举行，需要提供任意点、任意时刻的气象预警预报信息；服务于城市轨道交通，需要提供沿线大风、强降水、强对流天气预警；对于城市内涝模型的有效运算，需要动态输入任意区域面积的定量降水估测和预报。在城市网格化管理、国土资源网格化管理的社会治理体制创新、社会治理方式改革的进程中，传统基于城市乃至城镇、村落等行政区域的预报预警，已经不再满足流动的人群和流动的生产要素的精细管理、网格管理的服务需求。多种分辨率嵌套、网格形式的预报产品，不仅仅能够敏捷响应各种服务需求，制作生成基于位置、基于路径、基于区域甚至基于网格单元的定时定量预报，还能充分结合地理环境（地形复杂区域的降尺度插值问题）、事件场景（人群密集区域的突发降水过程）赋予预报产品新的附加值。这也是影响预报和风险预警的发展趋势。

网格数字预报概念的提出，其次是技术推动。20 世纪 90 年代以来，随着高性能计算机的发展，各国的全球和区域数值天气预报模式在水平和垂直分辨率都有了显著的提升，同时物理过程也同步不断改进。更高分辨率、更高质量的数值预报模式产品的提供，为推动预报的网格化提供了很好的基础。互联网、移动互联网、云计算、大数据、人工智能等现代信息技术接力式发展，促使全球海量预报数据大范围实时共享成为可能，分布式计算方法的广泛推广，数值模式后处理“计算力”得以快速提升。这也使得传统基于单数值模式和数千个单点的数值预报解释应用技术，有可能向着基于上百个数值模式（成员）和百万级网格的大数据智能分析技术演进。此外，气象预报以数字网格为载体，使得预报技术的研发可以充分利用技术储备充分的数字图像算法，关联聚类、深度学习等人工智能算法，跳出孤立单点和局部思维，融入气象学场的概念和热动力协调约束，为纯数学的人工智能算法赋予物理学、气象学的含义。

1.2 网格数字预报业务发展现状

随着社会对精细预报需求的增加以及数值天气预报模式特别是区域中尺度模式能力的快速发展，进入 21 世纪后国际上一些气象先进国家陆续从传统的站点文本天气预报向数字化网格天气预报改革发展，其中美国天气局（National Weather Service，NWS）是网格数字天气预报改革的先行者，广东省网格预报业务改革亦重点借鉴了美国业务改革的相关经验。下面主要从技术体系、系统平台和业务组织等方面介绍美国、澳大利亚、韩国等国家及我国香港地区的数字网格业务发展情况①。

1.2.1 美国天气局

在 21 世纪之前的几十年，美国气象预报业务也主要以站点和文本预报为主，其中基于数值模式的输出统计后处理（Model Output Statistics，MOS）等技术发挥了重要作用（Glahn

① 在此主要介绍广东正式实施网格预报业务改革前国际上主要的网格预报相关技术和业务进展背景。

and Lowry 1972;Carter et al. 1989)(图 1.1)。然而,这样的预报产品不但越来越无法满足社会对气象预报的精细需求,而且也和数值预报模式网格预报的尺度不匹配,未能充分有效发挥定量化、网格化数值预报产品的作用。为了开展网格预报改革,美国天气局开展了十几年的准备,其中在 1990 年便已初步搭建了重要的技术支撑平台——图形化预报编辑器(Graphic Forecast Editor,GFE),并邀请预报员试用反馈完善(图 1.2)。2002 年在 GFE 并入预报交互制作系统(Interactive Forecast Preparation System,IFPS)后,以 IFPS 为基础美国天气局进行天气预报业务流程重大改革,将过去几十年的站点文本预报向数字网格天气预报进行改变,并陆续实现了从短临预警(Watch、Warning)到中短期天气预报的全系列网格化,形成全国共享的数字化网格预报数据库(National Digital Forecast Database ,NDFD;Glahn and Ruth 2003)。

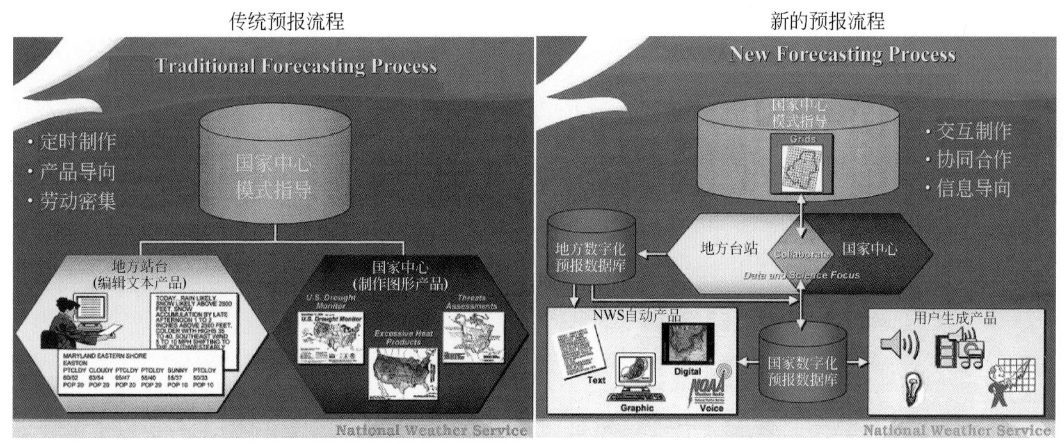

图 1.1　美国传统天气预报(左)和现代数字网格天气预报(右)业务流程

(1)图形化的网格预报编辑器 GFE 是其中主要的业务技术平台。该平台包括数据服务器(Database Server)、天气模型概念库和智能编辑工具(Smart Tools)、文本预报产品生成器(Text Formatter)和图形化预报制作编辑器(GFE)四部分。①数据服务器是数据基础,主要是大量的网格预报数据的存取提供高效的基础支撑。②智能工具箱 Smart Tools 主要用于实现天气概念模型应用到交互编辑,使预报员可按一定预报思路和气象规则进行快速的网格编辑,而不仅仅是手工式的图形化编辑。③而产品生产器(Text Formatter)则是基于预报员订正后的数字网格预报场进行分析判别,能自动生成转换为任意网格、任意城镇或区域的天气预报用语等预报服务产品。④网格预报制作编辑器(GFE)是预报员具体对多要素、多时空维度进行订正的工具,包括空间编辑、时间编辑和网格管理三大模块。

(2)基于数值模式及其解释应用预报产品是开展图形化数字网格预报业务的基础和关键。可以说,没有数值模式、特别是美国中尺度区域模式的快速发展,数字化网格预报很难有效开展和体现效益。而除了各种全球/区域数值预报模式支撑外,技术人员为了给网格预报提供更精准有效的网格预报基础,也进行了基于数值预报模式的 GRIDDED MOS(GMOS)网格预报解释应用技术探索。前期应用的是区域平均代表方程的算法,但该方法精度不够高且容易产生边界不衔接的问题。后来,研究人员提出了更为有效的分析应用方

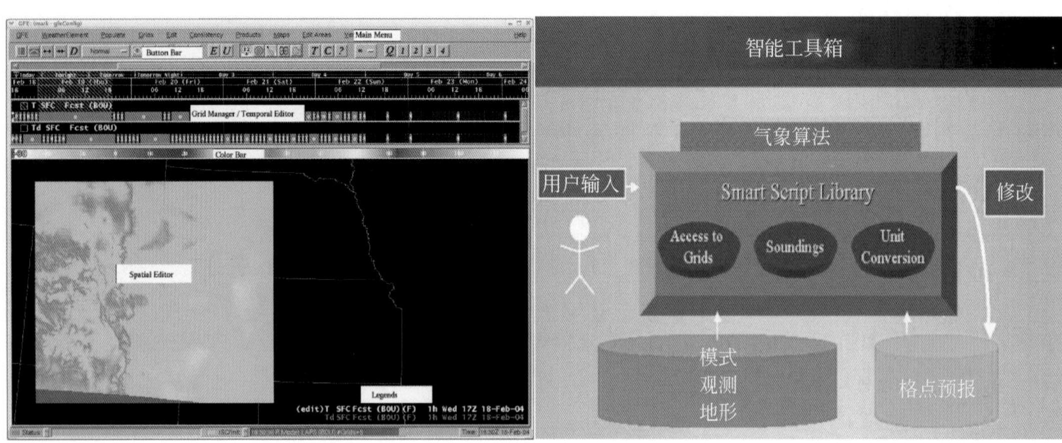

图 1.2 美国天气局图形化网格预报编辑平台 GFE(https://esrl.noaa.gov/gsd/eds/gfesuite/)

案，将 Bergthorssen、Cressman 和 Doos 提出的逐步订正的插值分析方法（BCD 法）拓展为增加考虑不同下垫面和地形高度影响的网格应用（BCDG 法），将 NCEP-GFS 模式的站点 MOS 结果插值分析到 5 千米分辨率的网格并于 2006 年实现业务运行，为网格预报业务提供了重要的支撑（Glahn et al，2009；Ruth et al，2009）。通过近年不断业务反馈和改进，该产品精准度越来越高，网格分辨率也已提升至 2.5 千米，要素基本实现全覆盖，形成的未来 192 小时逐 3 小时间隔的全国网格预报指导产品数据库（National Digital Guidance Database，NDGD）（图 1.3）与 NDFD（图 1.4）实现有效对接（http://www.nws.noaa.gov/mdl/synop/gmos.php）。

（3）网格预报产品的准确性检验和质量评估是业务化推广的一个重要前提。传统的检验方法是将网格预报插值到站点，进而以站点实况-预报配对开展检验。但这种方案无法评估观测稀缺区域的预报能力，也无法以区域的视角去发现预报的系统性偏差问题。因此，美国天气局非常重视地面真值（Ground Truth）的建设，着力发展了实时的地面实况分析系统（Real Time Meso-scale Analysis，RTMA；Horel，et al，2005；De Pondeca et al，2011）以及事后收集更加完整的数据再次更新的回算数据集（Unrestricted Mesoscale Analysis，URMA）。RTMA 拓展 NCEP 的同化系统 GSI 开发了气象要素二维变分同化模块，在 13 千米分辨率的快速循环更新预报系统（RUC）基础上，降尺度形成大陆 5 千米、离岛 2.5 千米分辨率的实况分析，并针对海岸线、复杂地形进行特殊处理以提高分析准确性。

（4）以共享数字化预报库为引导的上下联动预报流程使业务更集约高效，服务应用更广泛。美国天气局制作产品部门主要两级，一级是国家环境预报中心（NCEP）及下属 7 个专业业务中心制作和发布的全国指导预报产品，另一级是 122 个地方气象台负责发布责任范围内的预报预警产品。主要流程是国家级业务单位提供全国格点化的预报产品，地方气象台根据当地特点进行修改订正，最终形成全国共享的数字化、网格化的 NDFD 天气预报数据库。目前，NDFD 包括了气温、露点、定量/概率降水、湿度、云量、风向风速、阵风、灾害类型、有效波高等，不同要素时空分辨率有所差异。NDFD 在美国大陆空间分辨率达到 2.5 千米以上（注：阿拉斯加 6 千米，海洋区域 10 千米），预报时效大多达到 168 小时（时间分辨率 1 小时到 6 小时）。可以说，NDFD 是为整个美国气象预报业务服务快速发展提供了重要的基

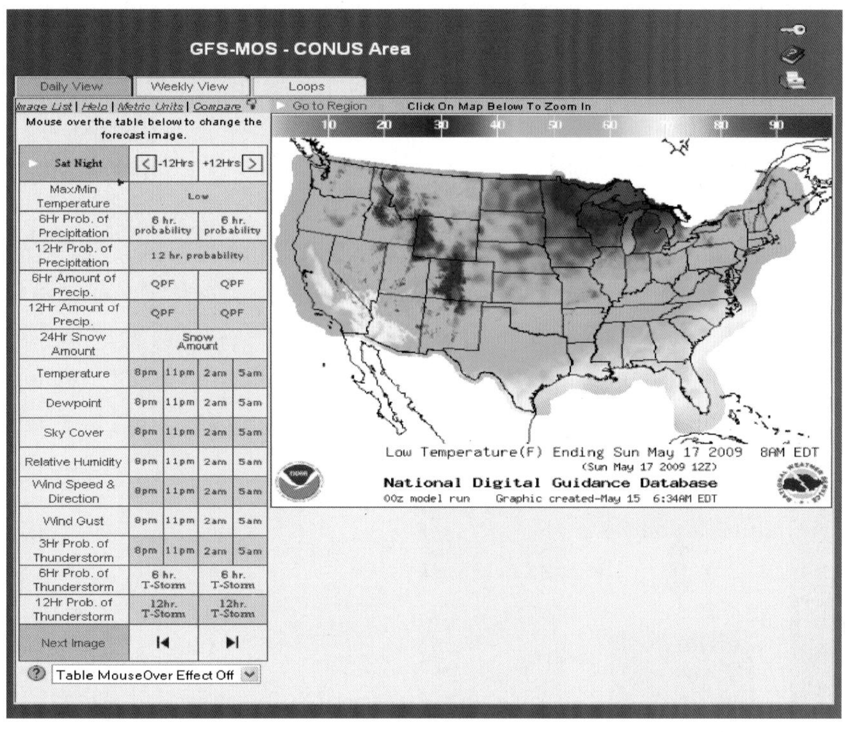

图 1.3　美国天气局的网格解释应用指导产品(NDGD)

础,一方面是国家和地方气象部门通过该数字化预报可以转为文本、图形、声音等气象服务产品向社会公众和应急管理部门发布,另一方面也为社会商业气象公司提供预报基础数据支撑。

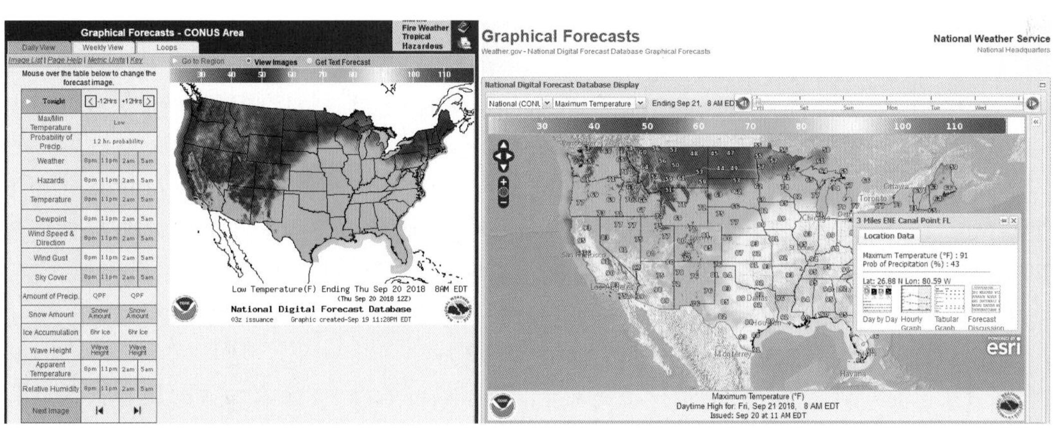

图 1.4　美国国家/地方气象台订正后的全国数字化网格预报数据库(NDFD)和对外预报服务(https://www.weather.gov/mdl/ndfd_info)

1.2.2　澳大利亚气象局

澳大利亚也是较早发展网格数字天气预报和服务的国家。在有限的人力资源和无限的精细化预报需求面前，传统的基于文本形式的天气预报给气象部门带来越来越大的压力，澳大利亚气象局为此决定改变过去近 100 年的预报制作方式，建立新一代预报预警系统 NexGenFWS(The Next Generation Forecast and Warning System)，推进数字化网格天气预报业务。

NexGenFWS(图 1.5)主要包括：基于图形化的预报制作系统 Graphical Forecast Editor (GFE)、集成数据显示系统 Integrated Data Visualization (IDV)、数字预报数据库 Australia Digital Forecast Database(ADFD)以及基于 GIS 的公众服务网站 MetEye 四大部分，其中关键的图形化预报制作平台 GFE 是 2006 年起从美国引进的和二次开发。经过两年多的本地化改进和调试，于 2008 年在维多利亚州气象局首次投入业务应用，并陆续在全国 7 个区域中心投入应用(2008 年 Melbourne，2010 年 Sydney，2011 年 Hobart 和 Adelaide，2012 年 Perth，2013 年 Brisbane，2014 年 Darwin)。

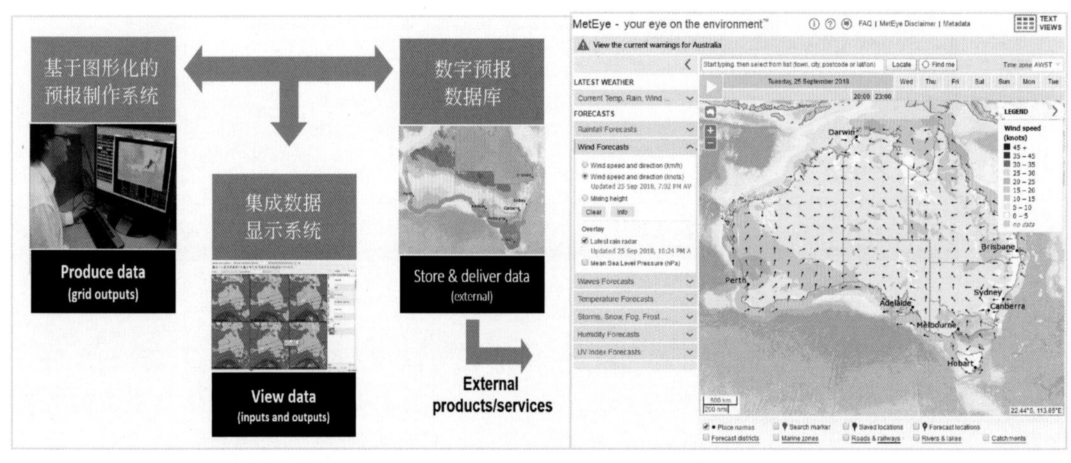

图 1.5　澳大利亚气象局新一代预警预报业务系统 NexGenFWS

澳大利亚气象局对 GFE 再开发内容主要包括 NexGenFWS 三部分：数值预报指导产品研发对接(Guidance)、本地天气模型概念库和智能编辑工具(Smart Tools)、数字网格预报场转化形成各类图文预报的产品生成器(Text Formatter)。

(1)网格预报指导产品 Guidance 包括从英国引进本地开发的 ACCESS 区域模式以及 ECMWF、NCEP、JMA 等多家国外模式产品，同时还在此基础上进行了多模式集成客观释用形成了一套满足本地业务需求的网格预报产品(Operational Consensus Forecast，OCF)。从评估检验看，无论从温度、风向风力来看，OCF 的表现比单独各家模式都好。因此，业务上 OCF 是目前澳大利亚预报员订正的首选指导产品。

(2)基于天气概念模型的智能工具库(Smart Tools)平台上，澳大利亚气象局开发人员结合本地业务实际开发了包括地形效应修正、海陆风影响、TC 预报关联等等订正工具。这些智能工具为预报员进行编辑提供了很大便利，网格预报也更精细和更符合本地实际。

(3)产品生产器(Text Formatter)的逻辑设计也要求十分高，涉及针对不同用户(城市、区域、网站、电视)，针对不同天气用语的各种判别，还要生成不同类型的产品(文本、网页、PDF 和声音等)，仅 Text Formatter 源代码近 100 000 行。而为了更好地完善 Text Formatter，澳大利亚气象局技术人员还做了非常细致的用户使用习惯的统计评估，清晰了解哪些

转换是预报员不满意(修改率较高)的,从而不断跟进完善相关内容。目前而言,澳大利亚实际业务中 Text Formatter 生成的陆地预报文本的预报员修改率为 20%~30%,而海洋预报文本的修改率仍达 40%~50%(与海区风向风力描述复杂有关)。

业务组织实施方面,澳大利亚同样为两级气象部门架构,国家级主要提供网格指导预报,实际的网格预报由各州气象局编辑完成,每日发布两次。考虑到不同州的地理、经济和人口分布差异,不同州的网格空间分辨率并不一样(如国家中心所在的维多利亚州分辨率为 3 千米,部分西部的州则为 6 千米)。而时间分辨率方面,GFE 编辑要素的主要时间分辨率为 3 小时(温度、降水、降水概率、露点等为 1 小时),预报时效为 7 天。而网格预报范围为澳大利亚陆地及沿海 60 千米以内海面(外海仍是传统的海区预报)。

如图 1.6,业务流程中,各州气象局预报在各种数值预报模式和国家级 OCF 的各种指导产品(Guidance)基础上,通过 GFE 智能工具库 Smart Tools 等进行图形化交互订正形成网格预报产品,然后通过产品生成器(Text Formatter)模拟预报员用语自动产生城镇、乡村和区域等预报文本(XML 格式),并保存到本地数据库作服务使用,最后自动生成发布各类格式预报产品(PDF、网页、文本、图片、声音等),而网格数据则上传到国家中心形成全国统一数据库(ADFD)。同时,由于澳气象局还负责火险预报、水文和航空气象预报,GFE 平台及网格预报产品也在相关领域开展了应用。

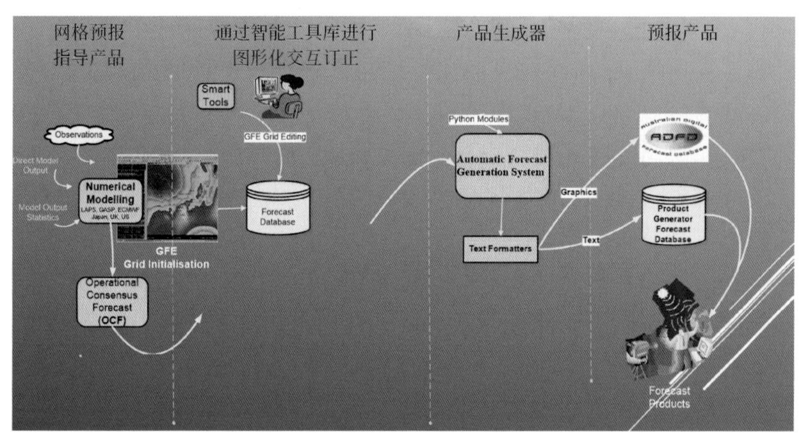

图 1.6　澳大利亚气象局网格天气预报业务流程图

1.2.3　韩国气象局

韩国气象局于 2008 年起正式开展数字化、定量化网格预报业务,提供网格分辨率为 5 千米、时间分辨率为 3 小时的未来三天陆地和近海的要素预报。要素包括气温、最高/最低气温、降水形态、降水概率、降水量、积雪、天空状态、风向、风速、湿度、浪高等。其数字化网格预报系统(Digital Forecast System)也大致分为三部分(图 1.7):一是基础数据准备,将区域数值预报模式资料插值到 5 千米网格场,并进行 MOS 站点和 PPM 网格的解释应用后处理;二是通过人机交互对客观预报产品进行订正,研发了图形化网格编辑器 GEM(Graphic Editing Module),实现时间和空间的预报编辑,其功能类似于美国的 GFE 平台;三是形成的数字化网格数据库(Digital Forecast DB),并依托其对外开展图文、声音等预报服务。

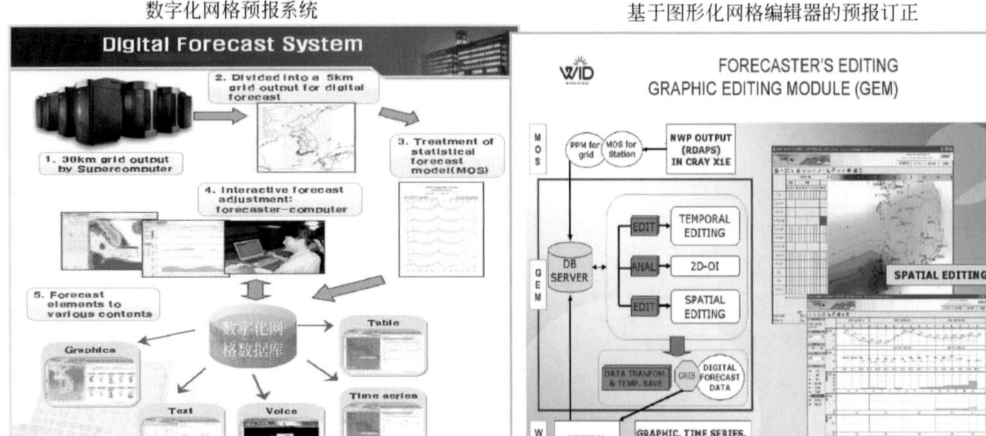

图 1.7 韩国气象局网格预报业务平台

1.2.4 香港天文台

香港天文台也在 2009—2010 年前后逐渐开展数字化网格天气预报(Digital Weather Forecast)探索,但不同于前面所述的数字化网格预报,香港天文台主要是基于模式的统计输出(释用)形成的客观预报,而未经预报员主观交互订正。模式释用技术方面,香港天文台早期主要是基于引进的区域中尺度模式(Wong,2010)进行 MOS、卡尔曼滤波等统计输出,后来借鉴了澳大利亚气象局的模式释用思路,利用业务获取的多种全球、中尺度模式进行基于站点的多模式集成预报。目前而言,香港天文台的数字化网格预报提供发布了香港及周边珠三角部分区域的未来 3 天 1～3 小时间隔的 10 千米网格距的客观预报(近期已扩展至 9 天逐小时间隔)。

尽管是客观解释应用的数字化预报产品,香港天文台十分注重从数字预报向文字预报的转换合理规则(类似美国的 Text Formatter),从观测、预报的数字化信息进行了不同季节、不同转换方案的分类,甚至数字化预报如何与天气图标选择对应等均进行了很多细致的统计分析和结合业务实际评估(图 1.8)。

1.3 广东网格数字天气预报业务发展概况

中国气象局目前提出了在全国建设网格精细化预报业务,目的就是为了更好地支撑应政府在防灾减灾中定量分析、精准决策的需要,更好地满足社会公众日益增长的贴心、随身的气象服务需求,更好地适应山洪地质灾害预警、交通气象、水文气象等对天气预报提出的精细化、定量化要求。广东省气象局在借鉴美国、澳大利亚等国家图形化网格预报系统建设经验的基础上,结合广东公众气象服务多样化、突发强对流天气频发等本地特点,开展系统建设,率先在全国实现精细化预报业务的整体升级。为配合网格预报系统业务化,广东省气象局还对传统的预报流程、预报岗位进行了改革,建立了与之相配套的网格预报业务制度,并规划了无缝隙预报技术体系,形成了一整套精细化网格数字天气预报业务技术体系。

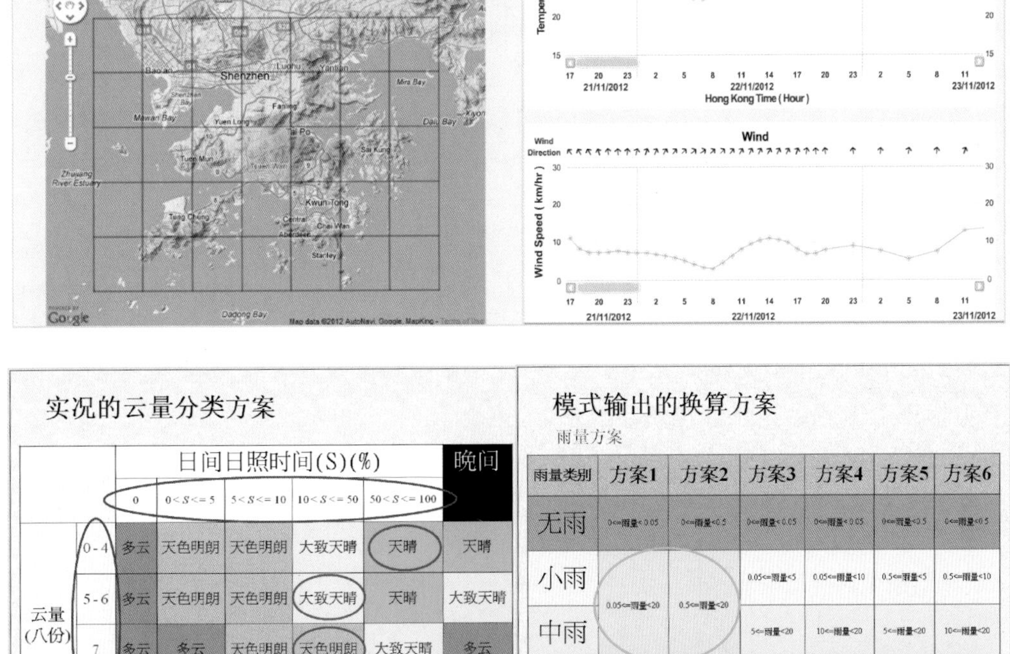

图 1.8　香港天文台数字网格天气预报相关产品和预报转换方案

1.3.1　发展历程

广东省气象局发展精细化网格预报业务体系从 2008 年开始起步，到 2015 年正式业务运行，历经 8 年，可分为技术研发和初步试用、技术改进和业务试运行、正式业务运行三个阶段。

1. 技术研发和初步应用阶段(2008—2011 年)

2008 年初，广东省气象局明确了预报网格化、技术客观化和整体业务化的长远发展思路，谋划天气预报业务的转型发展，组织成立了以广东省气象台牵头，联合中国气象局南海海洋热带气象研究所、广东省气象信息中心等单位的精细化预报技术团队，开展了包括网格数据中心、网格预报解释应用技术和图形化网格编辑订正平台等研发工作，形成了精细化网格预报业务系统(SAFEGUARD)。借助中国气象局 2010 年和 2011 年现代天气预报业务试点建设工作的支持，逐渐形成基于服务接口的数据中心、从分钟到 10 天的释用技术体系和配置型的产品加工系统。在 2010 年广州亚运会和 2011 年深圳大运会场馆预报、交通旅游、城市运行等气象服务中得到了初步应用。这一阶段是模式释用技术体系成型阶段，并且建立了模式-预报的良好反馈机制。

2. 技术改进和业务试运行阶段(2012—2014 年)

基于前期技术开发成果以及 2010 年广州亚(残)运会、2011 年深圳大运会服务应用的经验，精细化网格预报系统整合了快速更新的短临预报产品和客观为主的中期预报产品，模式释用技术从单一的基于 GRAPES 系列向多模式集成升级，向“无缝隙、客观化”方向再进一步。2012 年 6 月起，广东省气象台设立专门岗位进行网格天气预报业务试验，省级网格业务与传统业务并轨运行，广东省气象台正式提供精细化预报网格指导产品，这标志着广东精细化网格预报业务体系的初步建立。2013 年，广东省气象局组织对全省市级预报员进行系统培训，随后在广州、韶关市气象局开展网格预报业务试验，省市互动良好。2014 年网格预报业务在广东全省推广业务试运行。这一阶段是无缝隙网格预报业务体系成型阶段。

3. 正式业务运行阶段（2015 年至今）

预报业务顺利转型，质量是关键。广东省气象台把预报检验和产品评估放在重要位置，组织建成网格产品的质量检验评估平台。通过试运行 1 年网格指导预报产品的质量检验结果看，在时间和空间分辨率明显提高的情况下，预报质量平稳过渡。为此，广东省气象局组织制定了省市精细化网格预报业务流程，强化了短临预报的快速更新和中短期产品的协调。2015 年 4 月 1 日开始，广东网格预报正式业务化运行，在网格预报业务系统上，全省共织数字预报一张网，网格预报在广东全面取代传统站点预报。

1.3.2 总体架构

广东精细化网格预报系统基于统一的数据环境，调用数值模式产品进行网格释用，采用人机交互图形化方式编辑制作网格预报产品，通过逻辑引擎从网格预报自动生成文字预报产品，实现预报产品一键式分发，并提供预报的实时在线检验，是支撑精细化网格预报业务全过程的闭合系统（图 1.9）。系统包括五个功能模块，围绕数据中心，数值预报网格释用系统（SAFEGUARD）、广东精细化网格预报订正系统（GIFT）、智能气象产品制作系统（FED& FAST）和实时预报检验与评估系统，松散耦合成一套联动的系统。每个模块产生的预报数据、中间产品和检验数据，都回传数据中心，提供给其他系统共享应用。业务架构突出闭环设计，从数据中心来，到数据中心去（数据与系统、数据与算法的松耦合），全流程的检验（分析结果、短临预警、预报网格、转换产品；检验对预报的实时反馈），各种技术结果的检验（国内外数值模式、释用产品、网格预报、上级指导预报）。

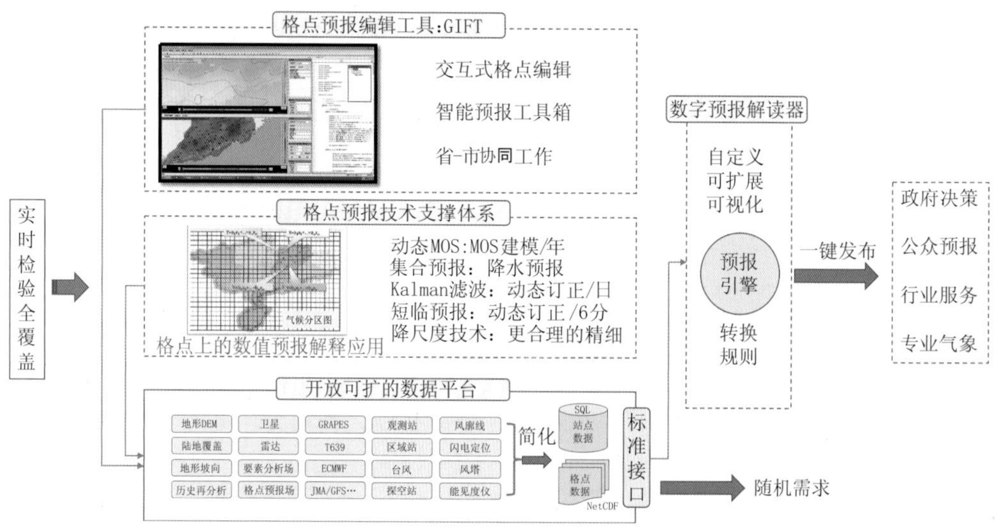

图 1.9 广东精细化网格预报系统总体架构

1. 扁平化预报流程再造的关键：预报数据中心

预报数据中心按照全国综合气象信息共享系统(CIMISS)的标准，同时弥补其对网格类数据的支持不足，建立了网格数据库标准规范，形成了站点、网格一体化的在线数据库。打破传统的文件群服务模式，采用 NETCDF 数据格式和 ORACLE 数据库技术，管理包括数值预报模式、网格预报、站点观测资料、云图、雷达、天气分析和地理信息在内的大量数据，建立了包括基本地面、高空、雷达、卫星、数值预报、网格预报、分析产品等多源数据融合的实时、历史一体化数据库，形成统一格式和时空分辨率的气象通用网格数据，构成网络化的数据中心。数据中心服务器端提供类似 WEB-SERVICE 网络服务功能，开发了 API 接口，用户只需访问接口即可获取后台所有数据，为数据的高效访问和二次开发打下基础。目前该系统已融入 CIMISS 系统，升级为广东省气象数据中心的核心数据库系统，消除了预报和服务数据不一致隐患，为全省提供统一、标准的数据服务，成为全省共织数字预报一张网，实施扁平化预报业务流程再造的中枢。

2. 无缝隙业务的关键支撑：无缝隙的技术体系

不存在一种通用技术能解决无缝隙精细化气象网格预报业务中的所有技术问题，必须根据不同时效的时空精度、天气气候特点，针对性地开发数值预报解释应用技术，不断补齐预报技术短板。所以，无缝隙的预报技术体系的本质是适合不同时空、要素的针对性预报技术的混合(A hybrid of techniques)。因而无缝隙预报技术体系的本质是随着无缝隙预报业务理念的发展而不断完善、不断分类细化的技术图谱。这个技术图谱中(图 1.10)有两个重要的技术平行线：数值天气预报模式和数值预报解释应用技术。

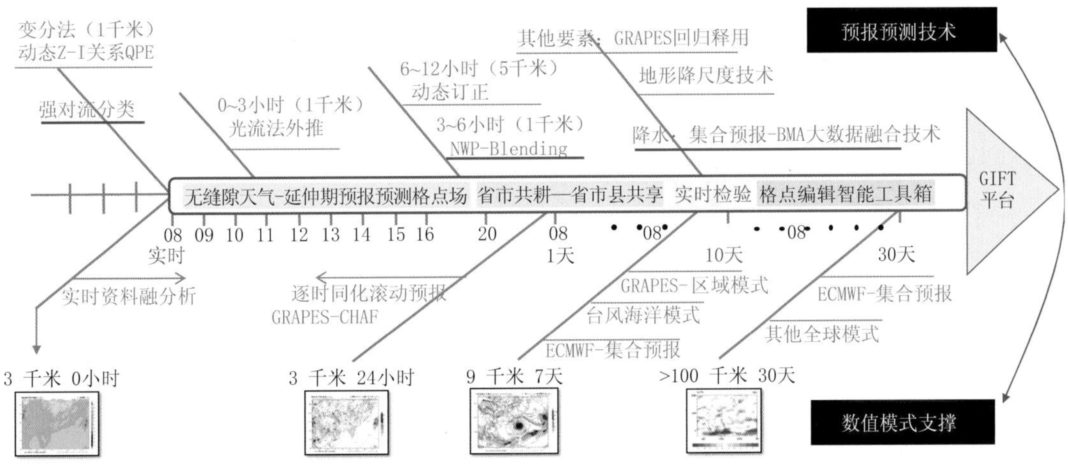

图 1.10　广东无缝隙精细化气象网格预报技术体系示意图

目前广东的网格数字天气预报在实践上，也正式采用了这样一种思路。在 0～3 小时，以光流法驱动雷达回波外推，进而以动态计算的 *Z-I* 关系建立定量降水预报，而温度等连续变量则以动态卡尔曼滤波技术建立滚动订正，分辨率为 1 千米。3～6 小时利用中国气象局/广东省区域数值天气预报重点实验室的华南中尺度预报模式和 0～3 小时的外推预报产品，通过基于相位、强度和形状变换的 Blending 技术方法延长外推时效，分辨率为 3 千米，逐时更新。6～168 小时主要采用数值天气预报客观释用方法，以 GRAPES 区域数值预报模式为基础，采用动态 MOS ＋ Kalman 滤波 ＋ 地形降尺度方案，充分利用了广东稠密的区域自动气象站资料和地形资料，建立了近千组站点动态模式产品统计预报方程，按照气候分区、地理相似、距离最近等条件应用到近2万个网格上，开展对模式输出的降水、温度等要素的网格解释应用。在降水上，还采用概率匹配法和最优分位融合法等集合预报释用技术，回算2年降水实况与集合预报频次概率分布之间的规律。从检验来看，这种类似大数据应用的方案对于降水特别是大雨以上降水预报能力的提升比采用复杂的算法（神经网络、SVM等）效果更好。另外，基于GRAPES、EC、JMA、T639等多家稳定业务获取的数值模式产品及其检验评估，重点考虑各模式在不同季节、不同地区预报性能以及“预报员订正思维方式”，应用多模式动态权重的集成预报技术。综合以上各种技术方法，目前能够为预报员提供分辨率2.5千米，时效0～10天，预报要素包括温度、最高（低）温度、累计降水量、逐时降水、云量、相对湿度、10米风等的多个网格预报参考场。无缝隙的网格预报技术体系实际上是针对不同时段、不同要素、不同区域和不同数据体量，采用不同的技术方案的技术图谱，填补图谱上的空白，就是无缝隙预报技术支撑体系完善的方向。随着数值模式向高分辨、集合预报和专业化方向，基于大数据挖掘和人工智能的模式释用技术在未来技术图谱中的地位将更加显著。

3. 主客观知识融合的结合点：智能网格预报编辑器

网格预报编辑器（Graphical Interactive Forecast Tuner，GIFT）是预报员根据理论知识和预报经验，通过手工修改或者算法组合的方式来修改网格预报图像，进而改变预报要素的落区和强度以及影响时段的预报制作工具。GIFT关键是解决了预报员产品订正能力无法做到精细化，而最终产品要求精细化的矛盾。首先对数值预报场、模式释用产品的网格场或者上一次的网格预报进行可视化的，然后采用所见即所得的方式进行时间和空间的调节，并在调节过程中，能够遵循一定的气象动力热力约束条件，能够体现地形、海陆差异效果。与Photoshop的手工和滤镜方式实现图像交互编辑的原理类似，GIFT除了提供了阈值过滤、区域编辑、加权平均、凹槽凸脊、系统生成、梯度修改、手绘跟随、差值调整等手工编辑工具，也引入智能工具箱概念，可以利用脚本编辑，将自己的预报经验编程数字化，封装到工具箱中，如赋予降水预报的地形增幅效应，又如云量对温度的影响等，完成具有气象意义的自动算法调整。随着预报精细化程度的不断提升，网格预报编辑器未来发展的趋势显然是人工交互的比重不断降低，而融合预报员知识、经验乃至自然地理信息的预报算法工具箱将“唱主角”。

4. 产品的高效精准发布：智能气象产品制作系统（FED & FAST）

智能气象产品制作平台是将网格预报数值转化为定制产品并精准分发的工具，可细分为智能预报引擎（Forecast Engine on Demand，FED）和一键式分发系统（Forecast & Alert Sending Toolkit，FAST）。FED用自然语言描述陆地和海洋的中短期、短临等传统预报和交通、旅游等专业气象预报的转换规则，通过将规则进行可视化组合，即可将多要素网格预报数值自动转换组合成最终预报服务产品。FAST调用预报引擎提供的服务接口，生成城镇天气预报、陆地、海洋、交通、旅游、山洪地质灾害等预报产品，并通过预配置，实现了FAX、EMAIL、FTP、SMS、NOTES等多渠道的一键式自动分发。FED&FAST关键是实现云端部署、全省共用，并可轻易扩充规则库，确保全省的数字网格向服务产品转换的一致性。

5. 自我完善的反馈机制：实时预报检验与评估系统

实时预报检验与评估系统包括质量检验和产品评估两个模块，每日定时自动计算并提供在线查询统计。质量检验模块针对各家数值模式(GRAPES\\EC\\JMA\\T639等)、模式释用产品和网格预报最终产品，分降水、面雨量、最高温度、最低温度和风向风力等要素进行的检验，对提供给预报员的各类预报产品进行全面误差诊断；同时也面向管理要求，对广东省气象台不同岗位预报员以及各市气象台预报员个人和团体的预报评分统计查询功能，生成统计报表。产品评估模块针对通过智能预报生成系统产生的各类产品(如台风的风圈半径和网格风场)、不同要素(温度和降水)之间进行交叉验证，并针对广东范围的重点区域的最终输出产品进行容错性检验。通过检验的结果，可以看出：气温的预报，预报员对考虑了地形、海陆边界等因素的模式释用温度已经难以有正技巧(绝对平均误差，最高、最低气温分别在1.5℃和1℃以下)，同时客观预报方法可以滚动订正；采取了简单大数据思维的集合预报释用技术，在暴雨以上量级预报技巧提升明显(城镇天气暴雨以上预报，2015年、2016年分别达到17%和24%，均超过了各市预报员的13.8%和18%)，但对于广东典型的暖区暴雨过程有较明显漏报；基于3小时的短临预报产品滚动订正预报技巧已超过预报员，但在重点区域(危险场所、城市中心)的产品服务效果上，预报员在强度和落区上的合理扩大和收缩，比自动生成的产品能更好地引起用户的关注和重视。未来检验和评估信息实时反馈到预报制作和产品生成系统，将有效改善精细化预报和服务的质量和效益。

1.3.3　业务流程

网格预报业务彻底改变了传统的预报方式。广东省气象局对原有预报业务制度进行了改革，重新构建新的预报流程、优化预报岗位设置，随着网格预报业务的不断发展，持续探索新的制度与之相适应。

1. 建立了“云+端”的省市联动扁平化业务流程

基于省级部署的云计算平台，以全省数据中心(CIMISS-GD)为核心，在省市两级部署端应用，构建省-市协同，全省共织一张“网”的集约化、扁平化业务流程。

广东省、市两级气象台建立起精细化网格要素预报业务流程。广东省气象台每天(早上和下午)两次，制作和下发精细化网格预报指导产品。各市气象台根据省台下发的网格指导预报，补充订正后在规定时间内反馈，并根据最终的网格预报结果制作城镇预报报文。省市台预报员都在统一的GIFT系统上进行网格预报要素制作和订正，省台在线实时监控市台的订正过程，省市台协同订正。

此外，为了解决固定时次制作的网格预报(短期时效)在灾害天气来临时常常面临的“当前预报”与“用户所处环境实况”不一致问题，利用QPE、QPF等短临产品、实况分析场，增加了滚动更新业务流程，网格预报从短期向短临时效拓展，并通过短临、短期预报的升降尺度订正反馈，实现网格预报的滚动更新，保证短临、短期预报发布产品的一致性。

2. 优化了预报岗位设置

为配合网格预报业务流程的开展，广东省气象台以轮岗制和集约化为思路导向，重新优化岗位设置，制定各岗位职责和业务流程：成立了首席岗、陆地岗、海洋岗、台风岗、灾害预警岗等预报岗位；增设关键岗，衔接首席岗和各预报岗位，加强对省市网格预报的把关；增设检验岗，针对网格预报开展检验，根据检验结果持续改进网格预报技术；各市气象台设置网格预报制作岗位，订正省台网格指导预报；建立轮岗和交流制，促成省市台预报员资源在流动中得以合理配置和使用。

参考文献

陈德辉,薛纪善,2004. 数值天气预报业务模式现状与展望[J]. 气象学报,62(5):623-633.

Carter G M, Dallavalle J P, Glahn H R, 1989. Statistical forecasts based on the National Meteorological Center's numerical weather prediction system[J]. Wea Forecasting, 4:401-412.

Chan S T, Jeffrey C W Lee, 2013. Objective Consensus Forecast: A site-specific multi-model consensus forecast in the Hong Kong Observatory[C]. 27th Guangdong-Hong Kong-Macao Seminar on Meteorological Science and Technology, Shaoguan, Guangdong.

De Pondeca, Coauthors, 2011. The Real-Time Mesoscale Analysis at NOAA's National Centers for Environmental Prediction: Current status and development[J]. Wea Forecasting, 26:593-612.

Glahn B, Dallavalle J P, 2006. GRIDDED MOS--TECHNIQUES, STATUS, AND PLANS[C]. Ams Annual Meeting.

Glahn B, Gilbert K, Cosgrove R, et al, 2009. The Gridding of MOS[J]. Weather Forecasting, 24(2):520-529.

Glahn H R, Lowry D A, 1972. The use of Model Output Statistics (MOS) in objective weather forecasting [J]. J Appl Meteor, 11:1203-1211.

Glahn H R, Ruth D P, 2003. The new digital forecast database of the National Weather Service[J]. Bul Amer Meteor Soc, 84:195-201.

Horel J, Colman B, 2005. Real-time and retrospective mesoscale objective analyses[J]. Bull Amer Meteor Soc, 86:1477-1480.

Ruth D P, Glahn B, Dagostaro V, et al, 2009. The Performance of MOS in the Digital Age [J]. Weather Forecasting, 24(2):504-519.

Ruth D P, 2002. Interactive forecast preparation-The future has come[J]. Preprints Interactive Symp. on the Advanced Weather Interactive Processing System (AWIPS), Orlando, FL, Amer Meteor Soc, (3):1.

Ruth D P, Mathewson M A, LeFebvre T J, et al, 1998. Interpretation and editing techniques for Interactive Forecast Preparation[J]. Preprints 14th Int. Conf. on Interactive Information and Processing Systems for Meteorology, Oceanography, and Hydrology, Phoenix, Amer Meteor Soc: 345-349.

Wong W K, 2010. Development of operational rapid update non-hydrostatic 9 NWP and data assimilation systems in the Hong Kong Observatory[C]. The 3rd International Workshop on Prevention and Mitigation of Meteorological Disasters in Southeast Asia, Beppu, Japan.

Woodcock F, Engel C, 2005. Operational consensus forecasts[J]. Wea Forecasting, 20:101-111.

第2章 网格数字天气预报数据环境及支撑

网格数字天气预报的重要支撑是数据环境。统一规范的数据环境的建设为智能网格预报提供多源、规整、精准的数据素材，也提供了进行省市联动交互的数据环境；不仅为网格数字天气业务提供统一的数据环境，也是为全省气象业务提供数据支撑。

根据广东省气象业务对数据的要求，以及针对网格数字天气预报业务的特殊需求，在全国综合气象信息共享平台(China Integrated Meteorological Information Service System，CIMISS)的基础上，通过流程再造、一体化数据库和服务等技术手段，形成具有广东特色的网格预报数据环境。通过流程再造和优化，减少自动气象站、雷达等数据在网格数字天气预报中的应用延时；通过一体化数据库系统建设，形成包含站点要素、数值预报、图形产品与文件等长时间序列的数据管理存储体系，改善数据零散烟囱式的存储方式；通过研发一体化数据访问服务，对各类气象数据提供统一、规范、标准的数据接口，减小业务系统对存储结构的黏性，充分发挥省级部门的数据管理服务优势，有利于"一级建设，多级应用"的数据环境建设。目前，数据环境已经能够支撑数字网格预报的业务应用，但从智能网格预报的长远发展而言，数据环境仍然面临着挑战，对社会化数据、多圈层科学数据的采集、管理和服务，利用大数据技术对气象数据进行实时的质量控制和数据价值的深度挖掘分析等都是数据环境需要进一步考虑的问题。

2.1 CIMISS基础数据环境

全国综合气象信息共享平台，是依托国家发展和改革委员会批复的"新一代天气雷达信息共享平台"项目(简称雷达项目)，部署在国家级和省级信息中心，集数据收集与分发、质量控制与产品生成、存储管理、共享服务、业务监控于一体的分布式气象信息共享业务系统，为气象部门及相关行业用户提供包括新一代天气雷达资料在内的、涵盖综合气象探测数据和信息产品的共享服务。根据中国气象局的试点要求，2011—2016年期间在广东进行基础硬件资源和系统软件的安装、部署、调试和业务试运行。2016年9月12日，CIMISS系统正式投入业务化应用，至此国、省两级的统一数据环境正式建立。

2.1.1 总体架构

广东CIMISS系统的业务化，标示着广东省级及以下部门统一数据环境(图2.1)的建立，并通过统一数据服务接口，提供省-市-县统一业务支撑。其中CIMISS主要具备以下业务能力。

1. 统一元数据管理

元数据是描述数据属性的一类数据。CIMISS建立了全局性的台站元数据、核心要素元数据和数据产品元数据，有效地规范了台站信息、气象要素分类与命名、数据文件规范以及

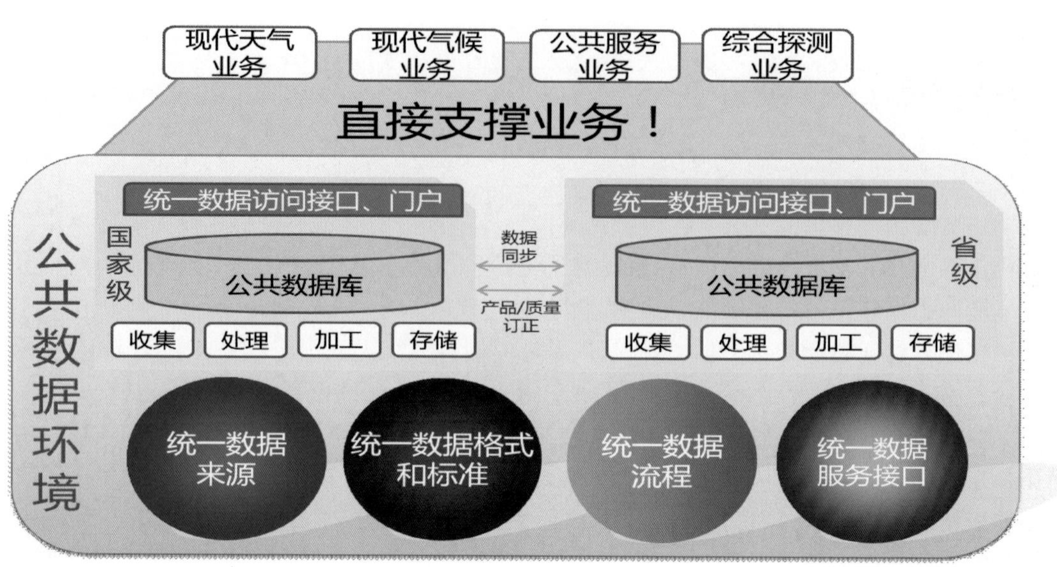

图 2.1　公共数据环境示意图

产品的描述属性。但元数据作为全局性、统一性的强制要求，尚未贯彻落实到每一个应用系统，使得 CIMISS 内部流程实际要进行不少的“标准转换”操作。

2. 数据传输交换能力

实现了测站、省级气象业务单位及行业用户气象数据的收集与分发，省际气象数据的交换与共享，以及省级、国家级气象业务单位和行业用户气象数据的收集与分发。

3. 数据加工处理能力

实现了对气象资料的统一数据解码，各类气象观测资料的分级质量控制，以及包括雷达单站和组网产品在内的实时数据产品加工、中国地面日值、月值、年值等统计加工产品的生成。

4. 数据存储管理能力

建立了国、省两级一致的气象数据库系统，实现了对气象数据及各类产品的实时、历史一体化存储管理和长序列滚动更新。管理数据包括离散的观测站点类数据，格点分析预报产品等网格类数据，以及文档、图像视频等非结构化数据。

5. 共享服务能力

利用业务内网与互联网，通过 CIMISS 共享服务网站、FTP 下载、气象数据统一访问接口等多种服务方式，为部门业务和科研用户、行业用户和社会公众用户提供及时、便捷的数据共享服务。

6. 业务监控能力

实现了对 CIMISS 平台 IT 资源、业务应用和数据流程的两级监视，公共配置信息的集中管控，以及业务运行统计分析。业务监控积累大量的业务管理与运行数据，为未来业务流程的优化再造，信息基础设施资源的调度利用等业务决策提供了扎实数据基础，为“数据说话、数据决策”的科学管理提供支撑。

2.1.2　数据存储

CIMISS 系统提供了全球/中国区域具有普遍性业务需求的丰富气象资料。CIMISS 系统已建成的气象数据库系统存储了 14 大类气象观测数据和产品，可提供面向气象部门各业务、科研用户的数据服务支撑。其中主要实时观测数据和产品共有地面、高空、数值预报、雷达、卫星、海洋、农业气象、大气成分、气象服务产品等九大类，包括全球地面逐小时观测、中国地面小时/分钟观测、高空观测、飞机观测、雷达基数据和产品、FY 系列卫星产品、T639/GRAPES/EC 等国内外多种分辨率的数值预报产品、城镇及精细化预报服务产品等约 150 种实时气象数据和产品。系统还实现了中国地面全要素日值、全要素月值实时统计加工产品生成和滚动更新数据等服务。针对科研业务需求，对地面日、旬、月、年值及 30 年整编数据，及闪电定位、L 波段探空、GPS/MET 等多种历史数据进行整编，并导入 CIMISS 系统统一提供数据服务。

目前，气象数据的管理按照结构化、非结构化的分类方法，采用不同的存储和技术进行存储管理。结构化数据管理现状：结构化数据一般指存储在数据库中，具有一定二维逻辑结构和物理结构的数据，最常见的是存储在关系型数据库中的数据。气象部门的数据管理中，使用关系型数据库对结构化数据进行管理，产品类型繁杂，其中包括 Oracle、SQL Sever、MySQL、PostGreSQL、Sqlite、Acess 以及国内部分厂家的数据库产品。数据涉及地面、高空和海洋观测，预警预报、台风实况与预报等多种气象资料。非结构化数据管理现状：非结构化数据是相对结构化数据而言，不便使用数据库二维逻辑来表现的数据。气象部门的数据管理中，使用集中式存储或磁带库以文件方式对非结构化数据进行存储管理，文件格式较多，包括：Grib、NetCDF、HDF、二进制、Micaps、图形与视频文件以及静态地理信息格式文件等，数据涉及雷达、卫星、数值预报，以及大量的气象业务图形产品数据等。

2.1.3　共享服务

CIMISS 系统提供了统一的标准化数据共享服务。CIMISS 平台建成了关系型数据库系统提供结构化数据的存储、检索服务，提供较为丰富的结构化数据服务接口；建成文件型文件管理系统提供原始文件数据的存储、检索服务，提供较为丰富的原始文件服务接口；同时对于数值预报进行处理后进行存储，提供具有一定业务针对性的网格数据访问服务接口。统一标准化的数据访问接口，打通各业务系统与数据中心之间的瓶颈，使得各业务系统更加便捷地获取气象数据，且不受限于存储技术的变更。目前，随着互联网新技术的不断更新，适合大规模科学数据的分布式计算、分布式存储技术已经在气象部门开始应用，但与用户的数据服务接口约定，则会固化为规范甚至标准长期存续下去。

2.1.4　支撑能力

CIMISS 系统形成了一系列气象数据管理和应用标准规范，提供了丰富的气象资料和便捷的数据共享服务，在全国范围得到了大力的推广和业务应用，是气象现代化建设中的重要支撑。由于 CIMISS 系统是针对全国普遍性的业务进行设计和实现，针对具有地域性特征、特殊性的自建业务系统支撑考虑稍显不足，并对数据服务的检索性能和功能上未做更加深入的后续优化，因此需要对 CIMISS 进行相关数据服务能力的扩充，才能够完全依赖于统一的数据环境进行业务的运行和保障。

广东网格数字天气预报业务系统发展至今，对数据环境提供的服务的稳定和时效性要求较高，以及需要对该业务提供针对性的交互接口和计算等接口，对于此种需求广东省气象局安排在 CIMISS 的统一规范下进行了相关服务能力的扩展工作。

1. 数据存储能力分析

广东在气象信息化建设过程中，设立了气象数据存储的近期（数据 10 年在线）、中期（数据 60 年在线）和远期（数据永久在线）的建设目标，以满足网格数字天气预报等的业务系统应用的需求，也是其他单位关注的焦点问题之一。CIMISS 系统利用集中存储将气象数据分级管理，其中站点观测等结构化数据容量为 10TB、数值预报格点、数字图像等非结构化数据存储容量为 63TB。设定数据的清除和迁移策略，保证在有限的存储空间正常运行，因此 CIMISS 系统可以提供有限的数据在线服务。

但在实际的业务应用实践中，对地面和高空观测、数值预报、雷达和 SWAN 产品等历史数据的需求较为普遍。例如：对往年台风、暴雨、大风等天气过程情况的回放；利用长时间数值预报产品对雷达降水估测数据的检验等业务均需要使用到历史的数据。此时 CIMISS 系统对部分数据进行了清理或迁移，无法提供历史数据的在线服务。

2. 数据存储种类分析

广东省气象现代化建设中各业务系统不再独立设置数据环境，气象业务系统建设对集约化的数据环境，由数据中心对气象数据进行集中、统一和规范的存储管理，从而形成种类丰富、格式多样的数据库管理系统，较好地支撑各业务系统的研发和运行。特别对于常规地面和高空观测、雷达资料、数值预报、短临与短时预报、多编报中心台风、预警信号等数据的需求非常迫切。在对 CIMISS 的业务应用中其中常规性观测数据基本上能够满足业务需求，但在业务系统全面对接 CIMISS 系统时，无法避免出现多个数据源的情况，为能够完全彻底地对接 CIMISS 数据环境，则需要 CIMISS 系统对于能够管理、存储和提供的 API 方面能够提供更加丰富的气象资料种类数据。

网格数字天气预报业务体系中需要的其他资料清单如下。

（1）数值预报产品

数字网格预报业务中，欧洲、日本等国外的数值预报产品会作为主管网格预报的参考场，初始化主管网格预报，主要有欧洲中心高分辨率数值预报与集合预报；日本高分辨率数值预报；华南区域数值预报产品（36 千米、18 千米、12 千米、9 千米、3 千米和 1 千米分辨率）等数值预报，其中华南 36 千米和 12 千米的区域模式在 2017 年停止业务使用（表 2.1）。

表 2.1 主要数值预报产品

产品名称	要素	区域	时次	时间分辨率	空间分辨率
欧洲中心高分辨率数值预报	降水、气温、气压、风、湿度、能见度、云量、反射率、对流有效能等	全球	00/12UTC	1～3 天，逐 3 小时；4～10 天，逐 6 小时	0.125°＊0.125°
日本高分辨率数值预报	湿度、涡度、温度、气压、风、云量、降水、垂直速度、位势高度等	全球	00/06/12/18UTC	1～3.5 天，逐 3 小时；4～9 天，逐 6 小时	0.5°＊0.5°

续表

产品名称	要素	区域	时次	时间分辨率	空间分辨率
中国南海台风模式(GRAPES) 18 千米	风、温度、湿度、气压、降水、能见度、云量、组合雷达反射率、位势高度、垂直速度、对流有效位能、对流抑制、*SI* 指数、*K* 指数等	81.6°—160.8°E 0.8°—50.48°N	00/06/12/18UTC	00 和 12 时 168 小时预报、06 和 18 时 72 小时预报，逐 6 小时	0.18°×0.18°
华南中尺度模式(GRAPES) 9 千米	风、温度、湿度、气压、降水、云量、能见度、位势高度 *H*、垂直速度、云顶亮温等	97.35°—128.85°E 11.18°—33.86°N	00/06/12/18UTC	00 和 12 时 168 小时预报、06 和 18 时 72 小时预报，逐小时	0.09°×0.09°
华南高分辨模式(GRAPES-GZ)3 千米	风、温度、位势高度 *H*、湿度、温度、气压、降水、云量、能见度、垂直速度 *W*、组合雷达反射率、对流有效位能、对流抑制 *SI* 指数、*K* 指数等	96.6°—122.76°E 16.6°—30.76°N	00/12UTC	0～72 小时预报，逐小时	0.03°×0.03°
泛珠三角逐时循环预报系统 GRAPES-GZ RUC) 3 千米	风、温度、比湿、气压位势高度 *H*、降水 组合雷达回波等	96.6°—122.76°E 16.6°—30.76°N	24 次(逐时)	每次 12 小时预报，逐小时间隔输出	0.03°×0.03°
精细模式 GRAPES-GZ RUC) 1 千米	降水、温度、相对湿度、气压、风、气压、组合雷达反射率等	107.2°—118.8°E 18.2°—26.8°N	12 分钟	6 小时预报，逐 12 分钟	0.01°×0.01°

(2)融合分析产品

中国气象局初步建成了包括陆面、海洋等多个多源数据融合分析系统(主要融合分析产品见表 2.2)，部分产品的空间分辨率达到 1 千米，时效可至分钟级。广东省气象局主要对中国气象局下发的相关产品进行了处理和存储服务，应用于网格数字天气预报业务中。

表 2.2　中国气象局主要融合分析产品

产品名称	要素	区域	时间分辨率	空间分辨率
陆面要素融合产品	降水、气温、气压、风、湿度、短波辐射、能见度、土壤温度、土壤湿度等	中国/亚洲	逐小时	6.25 千米
海表气象要素融合产品	海表温度、洋面风、海冰	全球	逐日	25 千米
三维大气三维云融合产品	云量、云顶高度、云类型、云水、云冰、气温、湿度、风等	中国	逐小时	5 千米

(3)雷达数据

在网格数字预报的短时预报过程中，雷达数据尤为重要，同时广东对 SWAN 的相关产品进行了格点化处理，在网格预报的订正、评估和服务中进行了相关应用。主要的数据清单如表 2.3。

表 2.3　雷达数据产品

产品名称	区域	频次	保存时间
雷达基数据	广东、广西、海南、福建、江西、湖南	6 分钟	2012 年至今
雷达估测降水预报	广东	6 分钟	2014 年至今，近 1 年在线
雷达估测定量降水	广东	6 分钟	2014 年至今，近 1 年在线
雷达 CAPPI 拼图产品	广东、广西、海南、福建、江西、湖南 21 层	6 分钟	2014 年至今，近 1 年在线
雷达组合反射率	广东	6 分钟	2014 年至今，近 1 年在线
雷达 COTREC 风	广东	6 分钟	2014 年至今，近 1 年在线
雷达雷暴追踪(TITAN)	广东	6 分钟	2014 年至今，近 1 年在线
雷达垂直积分液态水总量(MVIL)	广东	6 分钟	2014 年至今，近 1 年在线
雷达风暴追踪(STMTRA)	广东	6 分钟	2014 年至今，近 1 年在线

(4)常规观测与服务产品

主要包括全国地面观测、高空观测、海洋观测、辐射、农气等资料；同时对于各类气象预报服务产品、预警信号和热带气旋等气象资料(表 2.4)。

表 2.4　常规观测与服务产品

产品名称	区域	频次	保存时间
国家自动站	全国	(历史数据逐小时)5 分钟	建站以来至今
区域自动站	广东、广西、海南、福建、江西、湖南	(部分数据为 10 分钟、30 分钟、逐小时)5 分钟	2003 至今
探空	全国	00/06/12/18UTC	建站至今
闪电定位	华南区域	-	设备建设至今
浮标站	广东	5 分钟	建站至今
预警信号	广东	-	2000 至今
台风实况与预报	西北太平洋	-	2003 至今
精细化城镇预报	全国、广东	-	2003 至今

(5)部门共享数据

其他单位共享资料：水务局(水库河道水位、降水)、旅游局(景点数据、每周景区客流或城市客流排名等)、南方电力(闪电定位)、交通厅(高速公路道路实况、拥堵实况等)、海事局(渔船实况等)、中国海洋局南海分局(浮标站)、环保厅(空气质量)等(表 2.5)。

表 2.5　部门共享数据产品

产品名称	要素	保存时间
水务局	河道与水库水位、降水	2016 年至今
旅游局	景点、每周景点客流和城市客流排名	2014 年至今
南方电力	闪电定位	2017 年至今

续表

产品名称	要素	保存时间
交通厅	高速公路实况、拥堵实况等	2015 年至今
海事局	渔船实况	2015 年至今
中国海洋局南海分局	浮标站	2017 年至今
环保厅	空气质量	2013 年至今

3. 数据存储格式分析

CIMISS 系统的架构依然是传统的关系型数据库＋文件群的架构，主要利用关系型数据库存储离散站点类结构化数据；利用关系型数据库记录索引与 GRIB 文件相结合方式存储数值预报；利用关系型数据库记录索引与文件系统相结合存储其他文档、图像等非结构化数据。这种存储方式，对于站点要素的检索是高效的，但对于数值预报产品的访问，效率低下以至于无法满足网格数字天气预报的实时交互性需求。2015 年以前 CIMISS 系统对非结构化数据通过 API 接口提供的文件下载服务，同时未提供网格预报交互写入的 API。在 2016 年 MUSIC 接口正式发布后，提供较为丰富的 API，但由于将数值预报拆分为单场单预报时效存储，对于任意点的长序列插值方法仍存在性能上的瓶颈。

4. 数据交互方法分析

广东精细化网格预报订正系统（简称：GIFT）与广东预警预报产品制作与发布平台（简称：FAST）是网格数字天气预报业务中的核心业务系统，负责提供可视化的预报订正交互平台和预警预报多渠道发布功能。快速、高效的操作网格数据，直接影响到软件运行的流畅度，特别是在利用网格预报插值任意站点的连续预报数据的情况下，对系统的承载能力和响应效率提出更高要求。

根据网格数字天气预报业务的发展要求，针对 CIMISS 数据服务中出现的问题需要尽快解决。由此，广东参照 CIMISS 系统的设计规范和相关技术标准，对其数据环境进行扩充研发，以充分满足系统建设中的实际业务需求。从业务流程再造入手，提高数据传输时效，建设实时历史一体化数据库和智能网格数据库，研发标准化一体化数据访问服务系统，扩充 CIMISS 系统的数据服务能力。

2.2　CIMISS 服务能力扩充

按照广东网格数字天气预要业务的实际业务需求，针对 CIMISS 系统服务格点数据的能力短板，确保网格数字业务运行稳定、快速发展，从以下几个方面对其功能进行扩展。

1. 流程再造优化

广东气象“十二五”规划中明确对各类资料到达预报员桌面的时效提出定量要求为 1 分钟到预报员桌面。因此，首先梳理气象资料从观测端到数据共享服务业务流程中各环节的耗时，进行优化，让数据快速入库并到达预报员桌面，提高数据应用时效。

2. 实时历史一体化实况数据库建设

作为 CIMISS 站点数据库的有效补充，将广东积累的长期气象资料与实时资料进行整合，形成实时历史一体化的较长时间序列数据集。同时考虑到数据的永久在线服务，对数据库的建设中采用读写分类、按年份表存储策略，提升数据的管理能力。为统一的站点数据服务接口开发做数据组织。

3. 多维格点数据库建设

作为CIMISS格点数据库的补充，明确将具备自描述并有数据压缩功能的NetCDF（V4.0以上）作为格点数据的统一存储格式，按照统一的时空维度规则，存储国外数值预报（NCEP/GFS、ECMWF预报等）、华南数值预报数据（GRAPES-TRAMS、GRAPES-MARS、GRAPES-CHAF、风暴潮、漫滩、空气质量等）、短期和短临网格预报数据（GIFTDAILY、GIFTZD、GIFTOCEN，NOWCAST、NOWCASTCITY等）、空气质量网格预报（TRAMS、GRACES等）和其他格点数据（SWAN产品、QPE、QPF、CAPPI雷达拼图、地形信息等）。同时，考虑统一的格点数据服务接口开发，并根据单时刻实际数据量，做好数据在时间维度上的适度聚合。

4. 图形产品服务建设

作为CIMISS文件数据库的补充，将各类图形产品数据（数值预报图形产品、雷达拼图、雷达单站图、FY系统卫星图形产品、地面天气图、小时降水图、地质灾害等）在分布式文件系统按照统一的命名规则（气象行业标准）进行存储，为统一的图形产品服务接口开发做好高效的图形数据组织。

5. 一体化访问服务建设

传统的数据库系统一般提供数据读写服务。但气象数据，特别是卫星、雷达和数值预报数据体量大，数据IO频繁并不利于用户体验和数据库的稳定高效。因此，建立服务化的数据接口平台，集成站点数据服务、格点数据服务、图形产品服务和算法服务，实现气象数据的读写服务、分析服务、可视化服务。特别针对业务中出现的对站点数据、格点数据和图形产品数据的回写需求，开发对应的写入交互接口方法。

2.2.1 流程再造优化

防灾减灾时刻，特别是在台风、暴雨等重大天气过程中，预报人员对气象数据的时效性、完整性要求更高，对地面、雷达等常规观测实况更加关注。如何缩短气象数据到达预报员桌面的时间成为广东深入思考的问题。广东省针对区域自动站、多普勒天气雷达等常规观测资料进行业务全流程梳理，想办法剔除冗余环节，减少数据应用中的时间延迟。

1. 业务流程优化，实现一分钟到达预报员桌面

除深圳外，广东全省统一安装部署由广东省计算机研究所研制的同一型号区域气象自动站设备，通过气象探测数据中心统一中心站软件负责接收数据，产生文件传输到通信系统，再由通信系统进行资料分发给加工处理系统。业务流程比较清晰，但在每个环节的具体处理时移动操作较多，特别是多数采用定时机制进行业务处理，增加实况资料达到数据中心数据库的时延。具体的业务处理流程如图2.2。

从图2.2的业务流程中可以看到，在当前业务规范中，文件还是作为整个业务流转中的主要载体，且探测中心站是数据接收的第一环节。改造中心站软件多线程同时生成文件和进行入库操作，既可以满足数据传输的时效，又大大减少了数据入库的中间环节。具体的业务处理流程如图2.3。

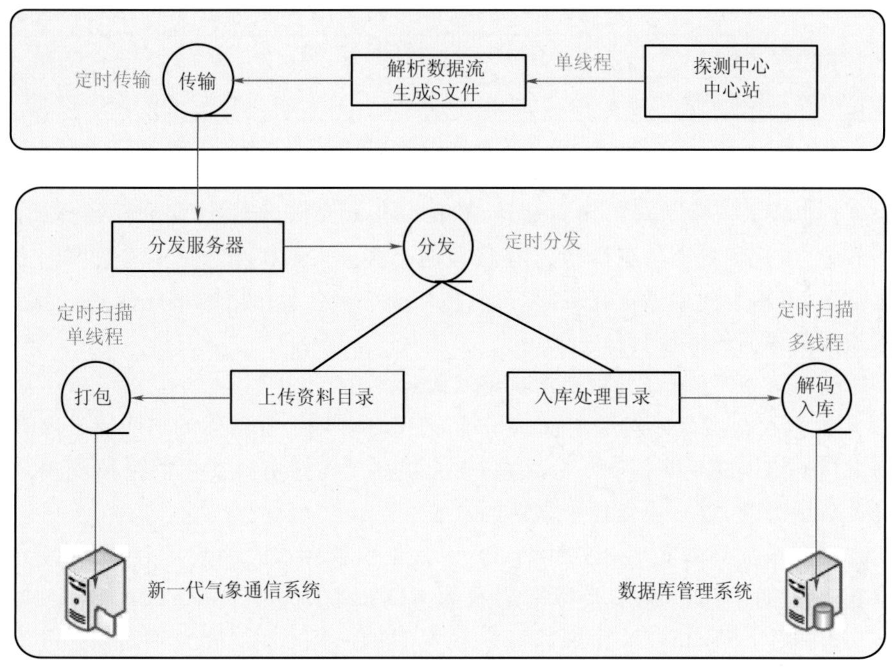

图 2.2　优化改造前的数据入库业务流程

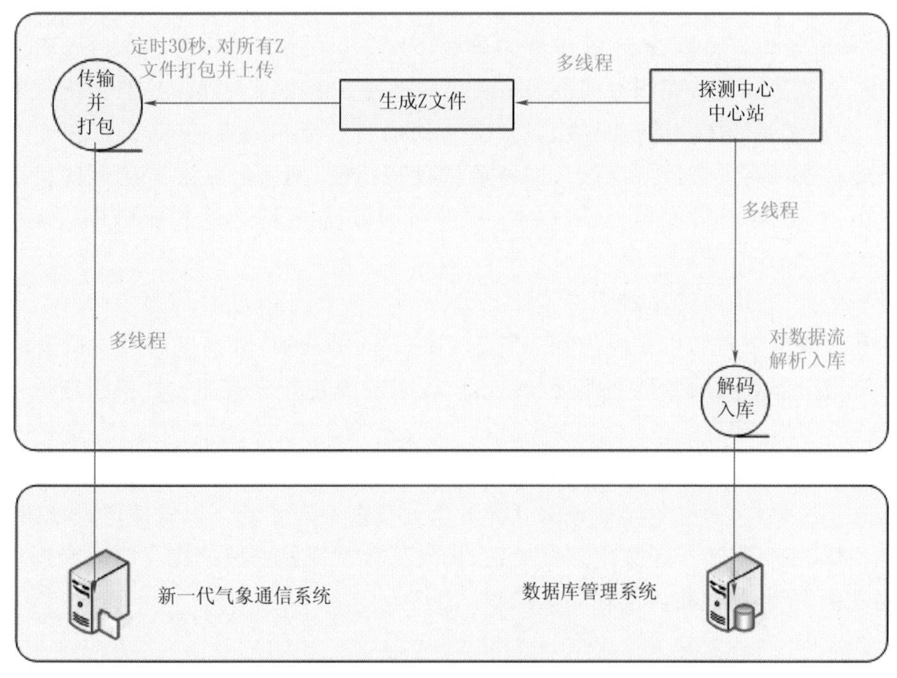

图 2.3　优化改造后的数据入库业务流程

广东省于 2015 年 10 月份完成业务流程的改造，且根据相关统计分析，数据传输到中国家气象局的时效和数据入库时效均有很大提升(表 2.6)。

表 2.6 上传国家局和数据入库在优化改造前后时效对比

	优化前	优化后
资料从观测到入库时间	90%(40～100 秒内)	92%(40 秒内)
资料从观测到上传国家局	99%(8 分钟内)	99%(3～4 分钟内)

深圳由于采用其他气象观测设备无法统一接入到统一中心站，所以对其优化进行特殊处理。探测数据中心开发区域气象自动站 Web API 入库接口服务，深圳在收到观测数据的第一个环节中，由深圳处理数据调用 API 将数据直接录入到探测数据中心数据库，从而提高数据入库时效，传输时效未做优化处理。至 2015 年底，广东在全国率先实现区域自动站一分钟到达预报员桌面的考核目标。

2. 雷达组网同步探测技术，减少雷达组网时延

2005 年广东在全国率先实现全省 10 部新一代多普勒天气雷达的组网同步探测，使得全省多普勒雷达的组网时延降低到 1 分钟内，大大提高了雷达资料在数值预报模式、短时临近预报系统等应用时效，进一步发挥了雷达的效益。

雷达组网同步探测的实现，主要以 GPS 卫星上获取标准时钟信号为基准对雷达时间同步服务器进行校时。同步服务器与雷达站的 RDASC 计算机建立 TCP/IP 链接，并基于 NTP/SNTP 协议对 RDASC 计算机进行自动实时的时间校正，最大时间误差不超过 1 毫秒；同步服务器还将控制指令和周期发送到 RDASC 计算机严格控制其运行。率先开发了雷达伺服系统同步控制软件(RSCS)，严格控制雷达的立体扫描开始时间，制定同步控制策略，严格控制每 6 分钟 9 个仰角的体扫模式，即是 VCP21 降水模式，通过控制雷达发射波束停顿，方位角起始位置补偿技术，在天线不停顿情况下，实现组网雷达立体扫描周期的严格协调、同步，避免造成雷达探测数据被削弱和机械损伤。能够通过同步控制系统软件的同步控制策略，调整雷达的体扫适配参数，以适应不同的雷达体扫模式(VCP)，保证业务观测的各种需求。在全国首次进行系统设计网络容错处理机制，网络异常时雷达可自动切换到非同步模式运行，网络正常后雷达 RDASC 软件可自动连接雷达同步服务器，不需要人工干预。

3. 分析时效，减少流转环节

目前各类观测资料均以文件为载体实现系统之间的交换，且多采用自主研发的定时任务对数据进行分发，未做到“即到即走”的处理，冗余的流转环节增加了资料到达预报员桌面的时延。

分析各类气象资料的流转流程和各环节时延，部署国家气象信息中心研发的国内新一代气象信息系统软件，对采集到的数据立即发送到数据处理系统。该软件运行稳定可靠，分发时延低，对气象资料进行了集中分发处理，极大简化了数据处理流程。以国家自动站资料业务流程优化为例，优化前后流程对比如图 2.4。

2.2.2 一体化数据库

气象探测数据中心是全省气象业务系统数据收集、加工和共享的中心，拥有全省最丰富的气象资源。然而长期的业务发展，多个业务部门研发出不同的业务或实验系统，且大多都带有自己的数据环境，或者以数据库系统存放，或者以文件系统存放数据，从而形成比较多

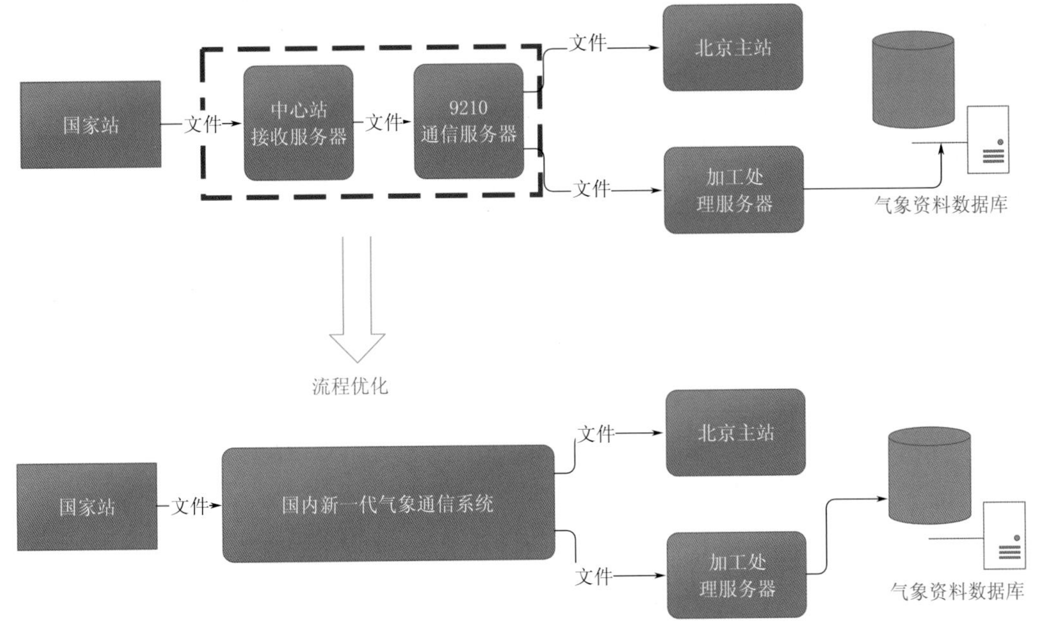

图 2.4　国家自动站资料业务流程优化前后对比图

的互相独立的数据环境，为业务系统开发和科研获取数据带来困扰。同时，数据中心的数据管理和维护复杂度逐渐增加，所以急需建设一体化数据库系统，统一存储管理气象实时、历史结构化数据、半结构化和非结构气象资料数据。

广东根据气象业务中常见的气象数据格式进行分类，分别建立了结构化实时历史一体化数据库、数值预报数据库、图形产品数据库和文件产品数据库，尽力将绝大部分气象数据按照统一规则进行集中存储，让数据具备唯一性、完整性和准确性。

1. 结构化数据库建设

利用 Oracle RAC 技术建立具有大容量存储能力的关系型应用数据库，采用 ELT、Oracle GoldenGate 和 DataGuard 等技术将分散存储的结构化数据同步到一起集中存储；对单表数据量大的资料采用按年份表存储策略，优化实时数据的检索效率；采用读写分离策略分担数据库在写入和读取数据操作的压力；将时间序列上不完整的数据，通过合并和补充的方式填充完整。至此，结构化数据库种类丰富完整，结构统一，涵盖地面、高空、海洋、辐射和农气等观测、预警预报、气象灾害、短临服务、台风专题和其他业务应用数据。

2. 网格数据库建设

利用 NetCDF 科学数据存储格式，定义具有一定通用性存储气象网格数据的自定义格式，规定每类数值预报的英文名称、气象要素英文缩写、文件存储的粒度以及具体存储目录。对中国气象局下发的各类国外数值预报、国内数值预报和华南区域数值预报，以及其他网格数据进行一致性的格式转换加工处理，分布式存储，统一管理。至此，网格数据库存储欧洲中心数值预报产品、日本数值预报、华南区域天气数值预报产品、海洋气象的风暴潮、漫滩模式、环境模式、国家气象中心网格预报、国家气象信息中心实况网格数据、SWAN 网格数据等 30 多类，存储广东省气象台短期网格预报、短临网格预报、海洋网格预报、生态中心空气质量网格预报等 10 多种数据。

3. 图形产品预报建设

规定各类具有命名规则的图形产品资料的存储目录，利用国内新一代气象通信系统的分发功能，将图形产品按照预设路径进行存储；利用探测数据中心虚拟化基础资源池，按资料分类分布式存储于不同服务器。至此，建立了气象图形产品文件数据库，实现了图形产品数据的统一管理。图形产品数据库已经存储涵盖 FY 卫星系列、葵花卫星、雷达（拼图＋单站雷达图）、天气实况要素图形产品、地质灾害、高空天气形势图、全省预报等多种图形产品。

4. 文件产品预报建设

规定各类具有命名规则的文件资料的存储目录，同样利用国内新一代气象通信系统的分发功能，将文件产品按照预设路径进行存储，按料分类分布式存储于不同服务器，形成涵盖多种文件数据库。

2.2.3 一体化数据服务

长期以来，各类气象应用系统的数据使用方式多是直接访问数据库，虽然给业务系统开发带来非常好的便捷性，但对于数据库系统的管理维护、数据安全、业务变更等带来很大困扰，特别在业务升级或变更时，无法对原数据库系统做出任何变动，因为用户研发的业务系统已在生产线上。由此带来的是数据中心较多独立的业务系统和数据库系统，管理非常复杂。

一体化数据服务接口旨在屏蔽底层的数据存储异构性，发布给用户调用数据的统一标准化接口，在底层数据存储管理与业务应用系统之间构建一个适配层，从而降低数据存储和应用之间的耦合度，为数据存储管理和业务变更升级带来更大的灵活性，也为业务应用系统的可移植性带来好处。

2008 年广东省气象局立项的《公共事件预警信息发布数据共享接口研究》课题研究成果是一体化数据服务接口平台的第一个版本，2010—2016 年期间完成 V3.0 的发布，全面支撑网格数字天气预报业务和全省其他业务系统。数据标准接口在全省范围业务应用，打通了气象数据收集与管理者和数据应用单位之间数据支撑的渠道，取得了较好的应用效果，形成“一级数据中心，多级业务应用”的数据支撑环境。

2.3 数据与应用接口设计

长期以来，各类气象应用系统的数据使用方式多是直接访问数据库，比如广东省 SafeGuard、SWIFT1.0 和业务网 1.0 等应用系统，一般都采用两种方式：直接访问共享目录读取文件或通过 SQL 语句直接访问 Oracle、SQL Server、MySQL 等数据库。直接访问数据库的方式，使应用系统与数据存储结构存在紧耦合，从而约束了数据资源的内容、格式和存储管理方式的优化。观测业务的改革和发展，带来的数据格式时有变化，而且新的数据不断增加，新的存储技术不断发展，存储系统将持续升级，由此给应用的适配性带来冲击。旧的数据管理系统不能停运，新的数据管理系统重建，烟囱式数据情况逐步加重。基于数据库与应用系统之间的数据与应用接口平台，作为异构数据系统与应用系统之间的适配器，可以为数据的管理和服务业务扩展、升级带来较大的发展空间。

数据与应用服务接口主要是为解决气象业务发展中出现的以下两大主要问题：(1)异构

结构化数据库系统的统一化服务，异地存储的非结构化数据的统一化服务，减少广东省气象局数据中心烟囱式信息孤岛情况；(2)由省级统一的数据环境支撑全省气象部门、其他科研或行业用户的数据应用需求，解决各部门重复建设气象数据处理流程和数据库管理系统问题。基于以上需求，接口平台的实现需要考虑以下的功能性和非功能性要求。

1. 主要功能性要求

(1)数据链路路由。数据都会由于单体存储设备存储容量的限制而存储于不同的硬件设备，此时接口平台能根据用户的请求精确定位数据的存储位置并快速进行数据操作的功能。

(2)数据运维便捷。数据业务变更、升级不可避免，在用户无感知的条件下，接口平台能够较为便捷地快速新增和修改数据源，或变更数据返回的内容。

(3)性能监视与优化。由于接口平台提供全省各业务系统的对接，对于接口平台的调用监视管理非常重要，需要对接口的调用流量进行限速、调用效率进行反馈、调用轨迹进行跟踪，便于后续接口服务效率的进一步优化。

2. 主要非功能性要求

(1)数据丰富。对广东的非标准化气象观测数据、业务产品、图形产品、网格预报等数据进行统一组织管理，作为 CIMISS 数据环境的功能扩充，形成能够充分支撑网格数字天气预报业务系统的数据基础。

(2)稳定可靠。对于 7×24 小时的气象业务系统要提供同样稳定可靠的数据服务，利用硬件负载均衡和高可用软件对接口平台进行集群部署，实现服务能力的横向扩展和高可用服务。

(3)并发性要求。特别在恶劣天气条件下业务人员对气象数据的时效性和紧迫性更加迫切，此时会涌现出大量的数据访问，所以在设计系统时需要考虑应对较高并发请求时系统仍能够稳定服务的情况。网格数字天气预报的数据环境支撑中采用缓存技术实现了全省的高并发服务能力。

2.3.1　业务数据库建设

网格数字天气预报业务对气象数据从种类、序列完整性方面提出较高要求，而且对各类数据的准确性、一致性和时效性也有较高要求。除此之外，要让业务系统能够以较为单一和便捷的调用方式获取数据，由此必须对广东本省各类数据和 CIMISS 系统数据进行整理，进行完整序列存储、统筹统一存储、有规划的存储，为一体化数据服务接口平台的研发提供规整的数据基础。

参考 CIMISS 系统的规范和技术方法，分别建设了站点数据库、网格数据库、图形产品数据库和文件数据数据库，补充缺失数据，在 CIMISS 基础上形成较为完整的广东实时历史一体化数据库系统。

2.3.1.1　站点数据库建设

在 CIMISS 数据库的标准规范和基础上，建立支撑全省业务应用的统一结构化数据库系统，统一筹划气象数据的管理和日常运维工作。根据具体业务需要，站点数据库的建设需要达到如下目标：(1)资料种类丰富；(2)资料时间上具备连续性；(3)面对全省各气象部门、行业用户和部门用户等高并发访问压力下，能够正常支撑 7×24 小时服务。

1. 数据同步，统筹管理

面对数据中心多系统、多数据库环境的现状，以及因存储技术的限制导致的数据在时间序列上的缺失问题，利用 ETL、Oracle GoldenGate 和 DataGuard 数据同步工具，对分散的数据资源进行集中整理，补偿缺失部分，形成完整序列（图 2.5）。

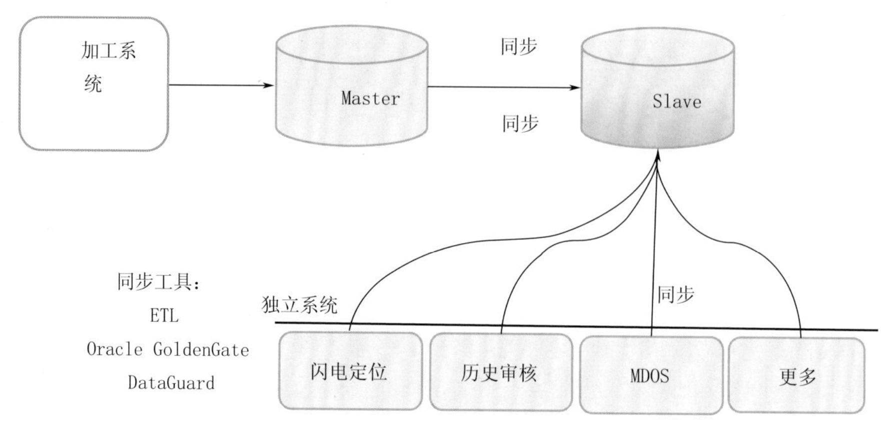

图 2.5 业务数据库同步示意图

2. 读写分离，优化性能

省级数据中心的数据库系统均采用 Oracle RAC 典型高可用架构实现，同时承担气象资料的写入、统计和检索服务，对于日平均访问量是 2000 万的访问量时，数据库主机的压力非常大，非常容易造成数据库宕机。利用读写分离进行性能优化，把主数据库实时复制到另一台从服务器上，写入操作在主数据库，读取操作都从服务器读取，从而实现读写压力由两套服务器来承担，主服务器的压力明显减少，整体数据服务能力明显得到改善。

3. 分表存储，分级检索

数据库中的数据量是不可控的。随着时间和业务的发展，库中的表会越来越多，表中的数据量也会越来越大，相应地，数据操作（增删改查）的开销也会越来越大；另外，由于气象数据应用场景中对于近期数据有较高的访问度，在庞大的数据量中检索近期较少的数据，开销也会随单表中数据量的增加而增加，最终导致数据库所能承载的数据量和处理能力都将遭遇瓶颈。对于近期数据存储正常表中，超过时限数据则迁移到年表中，接口在实现时按照请求数据时间窗口进行选择读取。

广东该种分表策略也有缺点，就是对于历史上跨年数据的检索带来困难，需要接口端或用户端进行合并，为了接口实现简单广东采用后者。

2.3.1.2 网格数据库建设

广东网格数据库的建设均采用 NetCDF 文件格式进行存储，将相同模式的单一要素的所有预报时次、所有层次和预报时效组织在同一文件内，主要为减少多预报时效插值时打开关闭文件带来的耗时（由于 CIMISS 系统中网格数值预报的存储粒度拆分为最小单元，所以在网格数值天气预报业务中经常用到的多预报时效插值场景中，要打开多个文件而造成该场景的时效性上的缺失）。网格数据库的存储内容分为三大部分：（1）主观网格预报，用于存储订正预报平台的网格预报数据；（2）客观网格预报，用于存储国内外数值预报数据；（3）其他网格预报，用于存储分析场、静态地形、SWAN 网格数据的存储。

广东网格数据库的建设中的另一个重要策略是，由数据库创建定时任务每月或日预先生成初始化的网格数据库文件，在进行数据处理时则不用考虑文件的初始化创建，从而减轻网格数据接口实现的复杂性，对接口操作数据的性能也是一种提升。

1. 网格数据组织规范

(1)存储目录与文件名规则

网格数据库的文件组织按照约定的目录组织结构和文件名建设,文件的组织粒度分为两种:

①按要素按月建立文件,包含当月所有起报时次、所有层次、所有预报时效的数据,存储的目录结构为:根目录/模式名称/年月{YYYYMM}/;文件名规则为:数据月份{YYYYMM}_气象要素名称. NC。

②按照按要素按照每个起报时次建立文件,包含某个起报时次的所有层次、所有预报时效的数据,存储的目录结构:根目录/模式名称/年月日{YYYYMMDD}/文件名为:起报时次{YYYYMMDDHHMMSS}_气象要素名称. NC。

(2)数据结构

NetCDF 格式的网格数据的组织,按照每个气象要素建立整月的网格数据文件,包含每个起报时间制作或订正的各预报时效预报数据。NetCDF 数据格式的定义如下:

① Dimensions 维度定义:设定气象要素为 4 个纬度数据(time,level,lat,lon),包括时间、层次、纬度和经度。其中 lon 指定平面场的经度网格数;lat 指定平面场的纬度网格数;level 指定预报数据的高度层,可以有多个高度层次;time 指定 NetCDF 文件中存储的起报时次的数量。

② Variables 属性段:定义气象要素具有的各类属性(lon,lat,level,time,flag,tstr,ystr 和各预报时效属性)。其中 lon(lon)指定 X 方向各点的经度值;lat(lat)指定 Y 方向网格的纬度值;level(level)指定具体的高度层次值;time(time)指定具体的起报时间值,具体值根据该维度的单位确定。在按日的存储方案中,该维度的单位值为"hours since {YYYY-MM-DD 00:00:00}",time 的值为每天起报的时次,为国际时。

flag(flag)与 time 属性值一一对应,用来表示某一起报时间的预报数据是否被写入;t2mm001(time,level,lat,lon)属性表示在指定起报时间、高度层次、经度和纬度时的第 1 个预报时效的预报数据;同理,按照气象要素+3 位数值可表示多个预报时效数据的属性。

③ Data 数据段:存储各属性定义的具体值。其中 t2mm001 存储了整月每个起报时间制作的第一个预报时效的气温网格数据,t2mm002 存储了整月每个起报时间制作的第二个预报时效的气温网格数据,依次类推,定义该要素所有的预报时效。

2. 网格数据库初始化

基于 NetCDF 格式的数值预报网格数据库建设,需要按照数据的存储目录规范,各类要素预报的具体属性,预先生成下月或明天的数值预报空值文件。对于参考场数值预报而言,如果需要,则可开发格式转换软件,将已有的二进制、Grib 等格式的数值预报转为 NetCDF 格式。对于编辑场数值预报而言,网格预报编辑软件利用网格预报写入接口,将编辑、订正后的预报结果利用写入接口存入到编辑场数值预报数据库。

3. 主观预报数据

在网格数字天气预报业务中,其中省台负责编辑海洋网格预报(giftocean)、陆地网格指导预报(giftzd)、短临网格指导预报(nowcastzd),省生态中心负责编辑空气质量网格预报(trams、graces);各市参考省台制作的网格指导预报和其他数值预报订正辖区内的网格预报,包括陆地网格订正预报(giftdaily)、短临网格预报(nowcastcity)。在地市完成两次/日的订正任务后,分别设定 7 时和 18 时对地市订正的预报数据进行保存用于预报评分,同时地市根据实际情况利用雷达估测降水预报逐小时再次订正降水数据，以及可订正其他预报要素。

根据以上业务需求，采用 NetCDF 数据格式，按照网格数据组织规范存储指导、订正和评分共 3 份预报数据。按如下规则组织数据：

(1)陆地预报

giftzd：用于存储省台制作的陆地指导网格预报。

giftdaily：用于存储各地市陆地订正网格预报。

giftpf：用于存储用于对地市陆地预报人员评分的网格预报。

(2)短临预报

nowcast：用于存储省台制作的短临指导网格预报。

nowcastcity：用于存储各地市短临订正网格预报。

(3)海洋预报

giftoceanzd：用于存储省台发布的海洋网格预报。

(4)空气质量预报

trams、graces：用于存储省生态中心制作的空气质量网格预报。

以 2018 年 01 月的资料为类，存储目录结构如表 2.7。

表 2.7　2018 年 01 月的主观预报数据存储目录结构表

网格数据类别	存储目录	要素
giftzd	/data/giftzd/201801/	
	clct. nc	云量
	fire. nc	森林大火
	gust. nc	阵风
	haze. nc	霾
	mslp. nc	海平面气压
	r24h. nc	24 小时降水
	rain. nc	小时降水
	rh2m. nc	能见度
	rnph. nc	降水相态
	t2mm. nc	温度
	thdr. nc	雷暴
	tmax. nc	最高温度
	tmin. nc	最低温度
	u10m. nc	u 风场
	v10m. nc	v 风场
	visi. nc	能见度
giftdaily	/data/giftzd/201801/	
	与 giftzd 要素相同，篇幅原因，略。	

续表

网格数据类别	存储目录	要素
giftpf	/data/giftpf/201801/	
	与 giftzd 要素相同，篇幅原因，略。	
nowcast	/data/nowcast/20180101/	
	atse_2018080100. nc	关注开始结束时间
	clct_2018080100. nc	云量
	disaster_2018080100. nc	灾害
	fldc_2018080100. nc	山洪级别
	haze_2018080100. nc	霾
	qpf_2018080100. nc	雷达降水预测
	r24h_2018080100. nc	24 小时降水
	rain_2018080100. nc	逐小时降水
	rh2m_2018080100. nc	相对湿度
	stlt_2018080100. nc	生效持续时间
	t2mm_2018080100. nc	温度
	thdr_2018080100. nc	雷暴
	tmax_2018080100. nc	最高温度
	tmin_2018080100. nc	最低温度
	u10m_2018080100. nc	u 向风
	v10m_2018080100. nc	v 向风
	visi_2018080100. nc	能见度
	w10m_2018080100. nc	风速
nowcastcity	/data/nowcastcity/20180101/	
	与 nowcast 要素相同，篇幅原因，略。	
giftocenzd	/data/giftocenzd/201801/	
	clct. nc	云量
	r24h. nc	24 小时降水
	rain. nc	小时降水
	rh2m. nc	相对湿度
	t2mm. nc	温度
	thdr. nc	雷暴
	u10m. nc	u 风场
	v10m. nc	v 风场
	visi. nc	能见度
trams	/data/trams/201801/	
	wrwr. nc	空气污染气象条件等级
graces	/data/graces/201801/	

续表

网格数据类别	存储目录	要素
graces	aqii. nc	AQI 指数
	aqil. nc	AQI 等级
	coco. nc	一氧化碳
	fogg. nc	雾
	haze. nc	灰霾
	no2c. nc	二氧化氮
	o3o3. nc	臭氧
	pm10. nc	pm10
	pm25. nc	pm2. 5
	rhum. nc	相对湿度
	so2c. nc	二氧化硫

4. 客观预报数据

在网格数字天气预报业务中，对欧洲高分数值预报（简称：ecmwfthin）、欧洲集合预报（简称：ecmwfc3e）、日本高分数值预报（简称：jmathin）、GRAPES 多种分辨率的数值预报（例如：grapes9 千米\\grapes3 千米）等国内、外网格数据进行充分的业务应用。由于各模式预报下发文件的格式存在差异，广东对这些数据进行了统一存储格式的转换处理，统一使用 NetCDF 格式按照网格数据组织规范进行存储。

以 2018 年 01 月的资料为类，存储目录结构如表 2. 8

表 2. 8　2018 年 01 月的客观预报数据存储目录结构表

网格数据类别	存储目录	要素
jmathin	/data/jmathin/201801/	
	与主要预报目录结构一致，篇幅原因，略。	
grapes9 千米	/data/grapes9km/20180101/	
	与主要预报目录结构一致，篇幅原因，略。	
ecmwfthin	/data/ecmwfthin/201801/	
	与主要预报目录结构一致，篇幅原因，略。	

5. 其他网格数据

在网格数据库中，组织了中国气象局下发的降水融合产品（cmpa）、网格分析产品（cldas），以及对静态地形网格数据（scgi_high）和 Swan 产品网格数据（swan）按照网格数据组织规范进行了存储，便于网格数据服务进行读取服务。

以 2018 年 1 月的资料为类，存储目录结构如表 2. 9。

表 2. 9　2018 年 01 月的其他网格数据存储目录结构表

网格数据类别	存储目录	要素
cmpa	/data/cmap/20180101/	

续表

网格数据类别	存储目录	要素
cmpa	r01h_2018080100. nc	小时雨量
	r03h_2018080100. nc	3 小时累计雨量
	r24h_2018080100. nc	24 小时累计雨量
	r01h_frt_2018080100. nc	小时雨量快速产品
	R03h_frt_2018080100. nc	3 小时果汁雨量快速产品
	R24h_frt_2018080100. nc	24 小时果汁雨量快速产品
cldas	/data/grapes9km/20180101/	
	day_mnrhu_2018080100. nc	日最低相对湿度
	day_mnt_2018080100. nc	日最低气温
	day_mxrhu_2018080100. nc	日最高相对湿度
	day_mxt_2018080100. nc	日最高气温
	u_day_mxwin_2018080100. nc	日 u 向最大风
	v_day_mxwin_2018080100. nc	日 v 向量大风
	rhu_2018080100. nc	相对湿度
	tem_2018080100. nc	气温
	vis_2018080100. nc	能见度
	wiu_2018080100. nc	u 向风
	wiv_2018080100. nc	v 向风
	tcdc_2018080100. nc	云量
swan	/data/ecmwfthin/201801/	
	qpe24hour. nc	24 小时降水估测
	qpe6m. nc	6 分钟降水估测
	qpehour. nc	小时降水估测
	qpf6m. nc	6 分钟降水估测预报
	qpfblending. nc	小时融合降水预报
	qpfhour. nc	小时降水预报
	qpfhouracc. nc	累计降水预报

其中静态地形网格数据是静态，所以与以上的组织有所不同，即将静态数据存储在固定的目录中，用户调用时给定固定的时间参数 201801，GridServer 网格数据服务便到固定目录下读取地形数据。地形网格数据的组织目录如表 2.10。

表 2.10　2018 年 1 月的地形网格数据存储目录结构表

网格数据类别	存储目录	要素
scgi_high	/data/scgi_high/201801/	1
	demm100km. nc	100 公里地形数据
	demm125km. nc	125 公里地形数据

续表

网格数据类别	存储目录	要素
scgi_high	demm12km. nc	12 千米地形数据
	demm25km. nc	25 千米地形数据
	demm36km. nc	36 千米地形数据
	demm50km. nc	50 千米地形数据
	demm5km. nc	5 千米地形数据
	dire100km. nc	
	dire125km. nc	
	dire12km. nc	
	dire25km. nc	
	dire36km. nc	
	dire50km. nc	
	dire5km. nc	
	grad100km. nc	
	grad125km. nc	
	grad12km. nc	
	grad25km. nc	
	grad36km. nc	
	grad50km. nc	
	grad5km. nc	
	pzpx100km. nc	
	pzpx125km. nc	
	pzpx12km. nc	
	pzpx25km. nc	
	pzpx36km. nc	
	pzpx50km. nc	
	pzpx5km. nc	
	pzpy100km. nc	
	pzpy125km. nc	
	pzpy12km. nc	
	pzpy25km. nc	
	pzpy36km. nc	
	pzpy50km. nc	
	pzpy5km. nc	

2.3.1.3 图形产品数据库建设

气象业务中图形产品种类繁多，但图形产品的命名具有一定规则，规划好各类图形产品的存储路径，对于基于目录快速定位的图形产品服务研发来说则非常方便。参照 CIMISS 气象资料的分类规则，将不同类的资料分散存储于不同服务器上，图形产品服务接口根据接口的具体路由定位数据的具体存储位置。优点：可以分散存储较多图形产品数据，分散多用户的请求压力;缺点:因仍采用集中式存储设备,当规划好的存储某类资料的存储空间不够时,则需要清理历史数据,无法进行平滑扩容。

图形产品存储组织:存储服务器 IP:/资料大类[CIMISS14 大类]/资料[CIMISS 小类]/自定义类别/YMD[资料日期](图 2.6)。

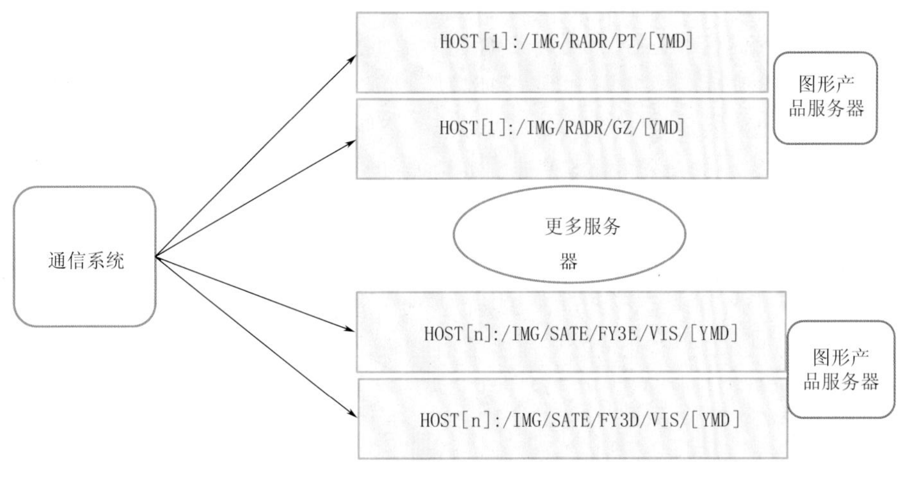

图 2.6 图形产品存储组织示意图

2.3.1.4 文件数据库建设

气象业务绝大部分的气象数据都以文件格式进行交换和存储,特别对于非结构化数据,要较好地服务于用户,一般采用建设 FTP 服务器方式提供下载服务,但接口平台也采用了与图形产品数据库建设类似方法,将部分非结构化数据按照一定规则进行分散存储,对于基于目录快速定位的文件产品服务研发来说亦非常方便。同样参照 CIMISS 气象资料的分类规则,将不同类的资料分散存储于不同服务器上,文件产品服务接口根据接口的具体路由定位数据的具体存储位置,进行数据的检索读取。

文件产品存储组织:存储服务器 IP:/资料大类[CIMISS14 大类]/资料[CIMISS 小类]/自定义类别/YMD[资料日期](图 2.7)。

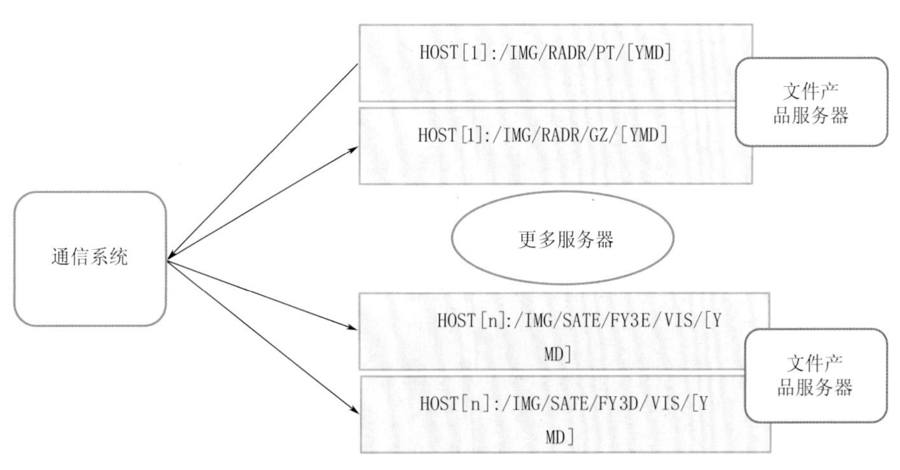

图 2.7 文件产品存储组织示意图

图形产品数据库建设的思路与文件数据库的建设思路完全一致，只是在接口服务时返回给用户的结果略有区别。图形产品服务接口需要返回给用户图片数据的高、宽信息，而文件接口则不需要。

2.3.2 接口功能设计

根据数据中心各类数据资源的分散存储现状，则接口平台要能够实现对异构、异地数据源的屏蔽；根据用户对接口的差异化需求，所以需要能够灵活快速的新增新资料和添加新接口；基于数据安全和数据自身的安全考虑则系统需要提供较为完善的安全保障功能；最后为能够不断优化改进接口的功能，需要进行接口性能的分析与监控。基于以上几点原则，各服务模块需要具备以下通用的功能。

实现对多数据源的路由：目前数据中心虽然对结构化、非结构化数据初步形成了统一集中存储，但图形产品存储、文件存储、格点数据存储等多类气象资料仍有分散在不同节点的情况，由此接口必须实现能够根据相关参数将请求路由导航到实际存储气象数据的服务节点。

实现多样化需求的接口：用户对数据的使用的具体检索、写入和更新需求具有很大的不确定性，同时，使用关系型数据库存储管理对数据进行操作时均遵循 JDBC 协议，这就为基于配置实现具体的数据检索、写入和更新创造了条件。

实现对异构数据库的路由：因为各种原因需要提供数据服务的关系型数据库系统具有异构性和分散于各服务器，此时需要根据用户的请求将具体的数据操作导航路由到实际的数据库管理系统，将操作结果返回。

实现接口的安全管理：接口的安全从三个关键点进行控制：用户权限、接口权限和流量控制。用户权限，即对用户进行系统功能的授权，严格控制用户的能够控制的功能。接口权限：设定某用户能够访问接口的白名单和黑名单，以控制其能够访问的数据种类；绑定用户与 IP 地址，仅允许授权的 IP 能够访问接口。流量控制：以每天能够调用接口的次数和数据下载量为阀值，对用户的请求进行放行过滤。

实现接口的性能分析：站点数据接口的每次调用记录详细的开始时间、参数、检索 SQL、数据量、缓存命中、结束时间，定时分析接口的命中率、平均耗时、最大耗时等信息。

2.3.2.1 站点数据服务

重点解决结构化数据的检索、写入和更新业务需求，是站点数据服务需要达到的目标。在实际的气象业务系统中对常规观测站点资料需求非常大，时效性要求也非常高，而且在业务中以按站点检索一时间段数据、按某地区检索一时间段数据、按某区域固定时间点检索数据场景居多，同时对计算一定时间段或某时间点的最大、最小和平均值的需求也比较多。另外，站点数据服务接口需要考虑用户能够通过接口将各类业务数据通过接口服务提交到数据中心，以便于再通过接口进行统一服务，此类需求也较多。由于不同站点数据类型函数名称定义不同，所以下面以主要国家自动站为例进行站点数据服务功能说明。

1. 读取功能

以 get 开头的函数主要提供数据检索功能，对任何一种结构化数据至少提供以下 6 种场景的数据检索服务，提供按照省份、市、区县检索某一时次的气象数据；提供按照站点检索某一时间段的气象数据；提供按照经纬度范围检索某一时次的气象数据。示例函数描述如表 2.11。

表 2.11　站点数据读取功能示例函数描述

函数名称	参数描述	功能描述
getSurfAuto4Prov	ymdhms 资料时间，prov 省份	检索某省、单时次国家自动站观测数据
getSurfAuto4City	ymdhms 资料时间，city 城市	检索某市、单时次国家自动站观测数据
getSurfAuto4County	ymdhms 资料时间，county 区县	检索某区丨县、单时次国家自动站观测数据
getSurfAuto4Iiiii	ymdhms 资料时间，iiiii 站号	检索某站、单时次国家自动站观测数据
getSurfAutoTimeRange4Iiiii	s_ ymdhms 资料时间（开始），e_ ymdhms（结束），city 省份	检索某站一段时间范围国家自动站数据
getSurfAutoRegionRange	ymdhms 资料时间，maxLat 最大纬度，maxLon 最大经度，minLat 最小纬度，minLon 最小经度	检索某时次、某区域范围内所有国家自动站数据

2. 写入功能

以 input 开头的函数主要提供对数据的存储服务，该函数只能提供单行数据写入功能，且由具体业务需求而定是否需要配置该接口。示例函数描述如表 2.12。

表 2.12　站点数据写入功能示例函数描述

函数名称	参数描述	功能描述
postSurfAuto4Iiiii	ymdhms 资料时间，iiiii 站号，tmp 温度，vis 能见度（省略其他要素参数）	将某一时次国家自动站的观测数据写入到数据环境中

3. 更新功能

以 put 开头的函数主要提供对数据的更新服务，该函数只能提供单行数据更新功能，且由具体业务需求而定是否需要配置该接口。示例函数描述如表 2.13。

表 2.13　站点数据更新功能示例函数描述

函数名称	参数描述	功能描述
putSurfAuto4Iiiii	ymdhms 资料时间，iiiii 站号，tmp 温度，vis 能见度（省略其他要素参数）	按照资料时间更新某一站点的国家自动站各个气象要素值

4. 删除功能

以 delete 开头的函数主要提供对数据的删除服务，该函数只能提供单行数据删除功能，且由具体业务需求而定是否需要配置该接口。示例函数描述如表 2.14。

表 2.14　站点数据删除功能示例函数描述

函数名称	参数描述	功能描述
deleteSurfAuto4Iiiii	ymdhms 资料时间，iiiii 站号	按照资料时间删除某一站点的国家自动站数据

2.3.2.2　图形产品服务

重点解决规则性命名图形化产品的检索和写入业务需求，是图形产品服务需要达到的目标。在实际的气象业务系统中对雷达图、卫星图、地面天气图、高速实景图，最低与最高温度图、降水分布图、地址灾害等图形产品的需求量较大，但往往应用场景比较单一，即将图形产品数据在 Web 或 APP 应用上进行单张或连续浏览，所以图形产品服务主要实现按产品时间点或时间段检索图形产品数据；将本地生成的图形产品提交到统一数据环境进行全省范围共享，所以需要提供数据写入功能。由于不同图形产品函数名称定义不同，所以以下主要以雷达拼图为例进行图形产品服务功能说明。

1. 读取功能

根据用户提供的时间点或时间返回检索到的图形产品数据。示例函数描述如表 2.15。

表 2.15　图形产品读取功能示例函数描述

<table>
<tr><th>函数名称</th><th>参数描述</th><th>参数格式</th><th colspan="2">功能描述</th></tr>
<tr><td rowspan="5">getRadarpPuzzleImage</td><td rowspan="5">ymdhms
产品时间</td><td>ymdhms=20140522170000</td><td colspan="2">根据用户设定的产品时次获取雷达拼图图形产品</td></tr>
<tr><td>ymdhms = 20140522170000，20140522180000，……，20140522200000，20140522100000</td><td colspan="2">根据用户设定的产品时次列表获取雷达拼图图形产品</td></tr>
<tr><td>ymdhms = （20140522170000-20140526170000）</td><td>不包括开始、结束时间</td><td rowspan="3">根据用户设定的产品时次范围获取雷达拼图图形产品</td></tr>
<tr><td>ymdhms = （20140522170000-20140526170000]</td><td>包括结束时间</td></tr>
<tr><td>ymdhms = [20140522170000-20140526170000]</td><td>包括开始、结束时间</td></tr>
</table>

2. 写入功能

根据用户提供的时间点参数，以及通过 Http 协议提交的文件对象，将图形产品提交到对应的资料存储服务器。示例函数描述如表 2.16。

表 2.16　图形产品写入功能示例函数描述

函数名称	参数描述	参数格式	功能描述
postRadarpPuzzleImage	Ymdhm 产品时间，file 文件对象	ymdhms=20140522170000 file=c:/SMOX2014-05-22-17-00. gif	将雷达拼图产品数据提交到图形产品数据库

2.3.2.3　文件产品服务

重点解决规则性文件产品数据的检索和写入业务需求，是文件产品服务需要达到的目标。文件产品服务接口的功能与图形产品服务接口的功能非常类似，只是在结果输出时有所区别，在此不再赘述。

2.3.2.4　网格数据服务

精细化预报业务系统中主要涉及对数值预报网格数据的快速读取，以及对编辑的网格预报数据进行写入、裁剪、插值和传输操作，同时需要对网格预报交互过程中的日志和指标进行详细的监控。其中涉及的主要服务功能如下：

1. 读取功能

能够快速地对实况观测数据按照地理区域进行单个时次数据的获取功能，能够对某一站点的单个气象要素进行 24 小时序列的获取和其他一些具体的数据访问接口功能。主要函数描述如表 2.17。

表 2.17　网格数据读取功能主要函数描述

函数名称	参数描述	功能描述
intGetData2D	stringModelID,string Element,string level,DateTime Time,string LeadTime	按照用户设定模式、要素、层次、起报时次和预报时效读取整个网格数据

2. 范围裁减

主要根据用户提供的经纬度范围,对整个平面数据进行适当的裁剪,将裁剪后的数据返回给用户,主要针对有些用户只关心一定区域的天气状态时使用。主要函数描述如表 2.18。

表 2.18　网格数据范围裁减主要函数描述

函数名称	参数描述	功能描述
intGetRangeData2D	stringModelID,string Element,string level,DateTime Time, string LeadTime, float[] lons,float lats[]	按照用户设定模式、要素、层次、起报时次、预报时效和用户设定的经纬度范围,对原始网格数据进行裁减后返回给用户

3. 写入功能

主要是对编辑网格预报进行写入操作,其中在中央气象台进行全国网格预报制作时,则需要写入整个网格场的所有网格数据;在省气象台进行本省网格预报订正时,则仅需要写入本省辖区范围内的网格数据。基于以上网格数据的写入需求,则需要提供整个平面场的网格写入功能和指定网格的写入功能。主要函数描述如表 2.19。

表 2.19　网格数据写入功能主要函数描述

函数名称	参数描述	功能描述
intPutData2D	stringModelID,string Element,string level,DateTime Time, string LeadTime, float[] data	按照用户定模式、要素、层次、起报时次、预报时效,将用户设定的完整网格数据写入到对应的网格文件
intPutDataGrid	stringModelID,string Element,string level,DateTime Time, string LeadTime, float[] data,float[] index	按照用户定模式、要素、层次、起报时次、预报时效,将用户设定的部分网格数据写入到对应的网格上,存入到对应的网格文件

4. 插值功能

对于网格数据的加工处理功能,主要涉及插值算法、质量控制和网格预报到传统站点预报的转换等功能。其中插值算法主要用在对网格数据空间分辨率的插值得出空间分辨率更高的网格数据,以及给定任意经纬度可通过插值算法得到该点在预报场中的预报值;网格预报同样存在数据质量的控制问题,需要对编辑后的网格数据利用一定的算法进行有效值性的验证和实况数据的比对。广东网格预报服务的插值算法主要采用最近距离插值与反距离加权插值两种方法进行,对于空间分辨率高的网格数据采用前者,否则采用后者。主要函数描述如表 2.20。

表 2.20 网格数据插值功能主要函数描述

函数名称	参数描述	功能描述
intGetDataTimeSerial	stringModelID, string Element, string level, DateTime Time, string LeadTime,float lon,float lat	对用户设定模式、要素、层次、起报时次的所有场数据进行相同经纬度点的插值,将插值结果返回用户
intGetDataTimeSerialGroup	stringModelID, string Element, string level, DateTime StartTime, DateTime EndTime,float[] lon,float[] lat	对用户设定模式、要素、层次、起报时次的所有场数据进行多个相同经纬度点的插值,将插值结果返回用户
intGetMultPointsDataTimeSerial	stringModelID, string Element, string level, DateTime StartTime, DateTime EndTime,float[] lon,float[] lat	对用户设定模式、要素、层次、起报时次的所有场数据进行多个相同经纬度点的插值,将插值结果返回用户
intGetMultElesDataTimeSerial	stringModelID, string [ ] Elements, string level,DateTime StartTime,DateTime EndTime,float lon,float lat	对用户设定模式、多个要素、层次、起报时次的所有场数据进行相同经纬度点的插值,将插值结果返回用户
intGetMultModelsDataTimeSerial	stringModelID [ ], string Elements, string level,DateTime StartTime,DateTime EndTime,float lon,float lat	对用户设定模式、多个要素、层次、起报时次的所有场数据进行相同经纬度点的插值,将插值结果返回用户

5. 模式元数据检索

主要通过该方法得到某类数值预报的网格属性信息,例如:经纬度起始经纬度、终点经纬度、X 与 Y 方向的网格数、网格间的空间分辨率、预报数据的层次和时效等信息。主要函数描述如表 2.21。

表 2.21 网格数据模式元数据检索主要函数描述

函数名称	参数描述	功能描述
intGeModelInfo	stringModelID, string Element, DateTime Time	对用户设定模式、要素、起报时次,检索模式数据网格信息:纬向网格数,纬向网格值列表,经向网格数,经向网格值列表,层次数,层次列表,时次数,时次列表

6. 单位转换

对于气象要素国际单位量纲到实际业务应用中的量纲转换,对于国内外数值预报均采用国际单位存储,但对国内用户的均采用用户接受的单位进行应用,所以接口平台对用户检索数据提供基于表达式规则的转化功能。例如:温度,从开尔文转为摄氏温度等。该方法的实现是嵌入在具体数据接口服务环节,并未对用户进行发布。

2.3.2.5 算法服务

在接口平台的实际发展过程中众创开发必不可少,基于此需求利用服务治理的思路设计算法服务接口,提供其他业务单位研发的数据服务能够通过接口平台进行注册、管理和监视。

服务注册:用户按照 HTTP 协议开发自己业务上的或业界通用的算法服务,在接口平台服务治理模块中进行注册,详细描述调用参数、返回内容和服务地址等信息,进行注册。注册成功后,用户可以在接口平台列表中查看到发布的接口详细信息。

服务管理:对于算法服务接口,接口平台统一进行用户验证、参数验证和数据路由,将对算法服务的请求发送到真实的算法服务并计算结果,最终由接口平台作为数据出口返回给用户，完成整个算法接口的调用过程。

调用监视：算法接口服务的监视分为两个层面：(1)算法服务的健康性检查，对于异常的注册服务则立即禁止接口服务，避免导致整个平台的故障；(2)算法调用过程中的调用时效进行统计和日志记录，分析算法的平均耗时，并提醒管理员耗时较高的算法服务需要进行深度优化。

算法服务均是由第三方发布的服务，本小节以探测数据中心其他研发人员发布的日出日落时间、潮汐涨落时间为例进行说明，以下接口的访问方式和以上模块的访问地址相同，但真实的服务地址却是服务具体部署的地址，这也是与站点、图形和网格数据服务不同的地方。

示例函数描述如表 2.22。

表 2.22　算法服务示例函数描述

函数名称	参数描述	功能描述
getTideTime	date 查询潮汐涨落日期	根据日期参数计算出潮汐涨落时间
getSunRiseSetTime	lon 经度，lat 纬度，date 查询日出日落日期	根据日期参数和自己所处经纬度计算出日出和日落时间

2.3.3　多语言接口实现

由于各技术人员所掌握的开发语言不同，对接口的调用方式则有所区别，若以不同语言开发多版本的接口来满足用户，则会给接口开发带来较大难度和运维压力，由此接口平台主要采用 RestFul 和 SOAP 协议发布数据访问接口，以兼容不同语言对接口的访问。

多语言接口模块服务示例见表 2.23。

表 2.23　多语言接口模块服务发布地址示例

接口模块	服务发布地址(示例)	协议
站点数据服务	http://ip:port/di/services/DBDataApp?wsdl	SOAP
	http://ip:port/di/db.action?userId=XXXX&pwd=XXXX&interfaceId=getSurfAuto4Prov&dataFormat=html&ymdhms=20131224000000&prov=广东	RestFul
图形产品服务	http://ip:port/di/services/ImageDataApp?wsdl	SOAP
	http://ip:port/di/image.action?userId=XXXX&pwd=XXXX&interfaceId=getRadarpPuzzleImage&dataFormat=xml&ymdhms=20140522170000	RestFul
网格数据服务	http://ip:port/di/services/GridDataApp?wsdl	SOAP
	http://ip:port/di/grid.action?userId=XXXX&pwd=XXXX&dataFormat=xml2&interfaceId=intGetData2D&modelid=giftdaily&element=t2mm&level=1000&starttime=2014-11-22 00:00:00&leadtime=012	RestFul
算法数据服务	http://ip:port/di/services/AlgDataApp?wsdl	SOAP
	http://ip:port/di/alg.action?userid=XXXX&pwd=XXXX&interfaceId=getTideTime&date=20161112	RestFul

对于网格数字天气预报中的网格预报订正平台系统而言，数据的操作响应时效要求高，而此时利用 RestFul 和 SOAP 协议进行支撑时，发现交互平台的数据上传与下载比较耗时，预报员在操作交互平台时的体验较差，所以对于网格预报数据服务部分提供第三种接口调用实现，即利用 SOCKET 与网格数据服务端进行及时通信，提升接口响应的速度，从而解决了预报订正平台数据变更的及时响应问题。

对于 Fortran、C、Shell 脚本等语言的支持采用了变通的方法，因为以上语言均支持对系统命名的调用，所以可以利用 Curl 或 Wget 命令调用 RestFul 服务的方式进行调用。

2.3.4 接口架构

接口平台为能够实现易扩展、高可用、高并发、稳定运行服务的目标，在其设计、实现和部署上需要进行相应的设计。在本接口平台的设计中，采用基于配置接口和数据源路由策略实现其易扩展性；采用负载均衡硬件设备和 RoseMirrorHA 软件实现服务的高可用性；采用 Hibernate 缓存机制和 Redis 技术作为平台自身元数据和气象数据的高速缓存，减轻对底层数据库和系统的 IO 压力，增加系统的高并发能力；利用数据请求路由策略部署多检索服务分散压力和避免单个服务异常而导致平台宕机情况。以下详细介绍具体的实现细节。

2.3.4.1 总体架构

分布式数据访问服务系统以提高访问效率、提升系统并发能力、屏蔽数据结构的异构性设计为原则。考虑到系统提供规范化调用方式、规范化输出结果和接口易维护与易扩展的需求，将系统从结构上划分为调用层、业务层和数据服务层 3 个层次，逻辑划分为 5 个模块：解析单元、身份认证、规则管理、参数校对、分发执行。各模块之间的数据流程如图 2.8 所示。

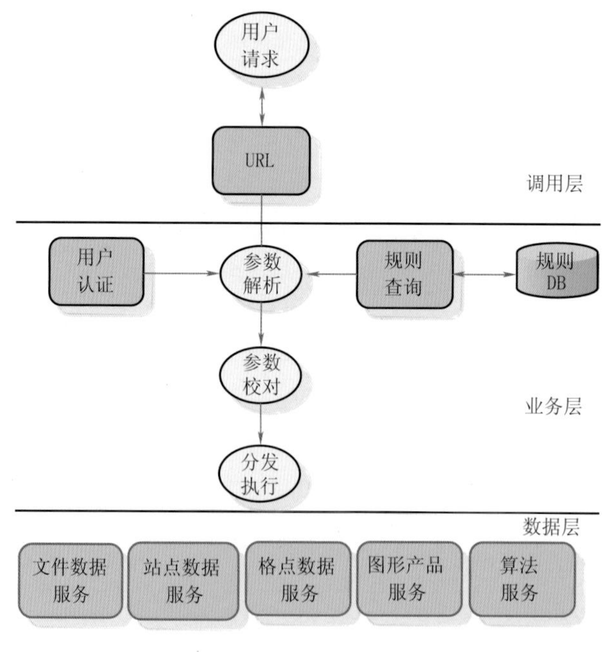

图 2.8 数据功能分层架构及数据流程示意图

调用层即是用户调用数据访问服务的边界。逻辑层即是核心，负责对用户请求进行分析处理和响应，包括解析单元、身份认证、业务规则管理、参数校对、分发执行逻辑模块。数据服务层即是利用数据服务访问系统对外提供数据读、写操作，以及对网格数据的存储，利用分布式存储的业务拆分技术实现大容量网格数据的统一管理与应用。其中涉及的核心逻辑模块功能详细描述如下。

解析单元：参数分为系统参数和业务参数两类：(1)系统参数，即服务系统业务逻辑完整运行必要的非空参数，包括接口 ID、用户 ID、密码、数据格式、业务程式和数据源名称(参数标识分别为：interfaceId、userId、pwd、dataFormat)；(2)业务参数，即系统参数接口 ID 所对应业务规则正常执行所需的非空参数。用户按照调用方式的参数规范要求传参，解析单元负责分解，形成 Map＜Key，Value＞ 对象。

身份认证：系统的角色分为两类：(1)系统管理员，可通过接口获取数据，同时具备登录本系统控台进行权限管理、接口定义、网格元数据定义、日志查询；(2)对外用户，仅能够查阅和调用系统发布的数据接口。

业务规则：根据接口 ID，在业务规则库中检索对应的业务规则程式，利用业务参数填充规则程式中对应的位置，形成完整的、可执行的程式。

参数校对：根据接口 ID，在业务规则库中检索对应的业务规则程式，检查用户提交的请求参数是否符合接口要求，并将用户参数值与规则程式中的参数进行绑定。

分发执行：根据用户提供的业务参数(模式 ID)确定提供数据的网格服务器，并与其进行通信，将用户参数请求按照预定规则发送给服务器，并将服务器返回数据进行封装返回给用户。

2.3.4.2　软件架构

接口平台主要采用 J2EE 技术架构规范搭建的高可用、高并发的信息系统平台。如图 2.9，主要采用如下关键技术。

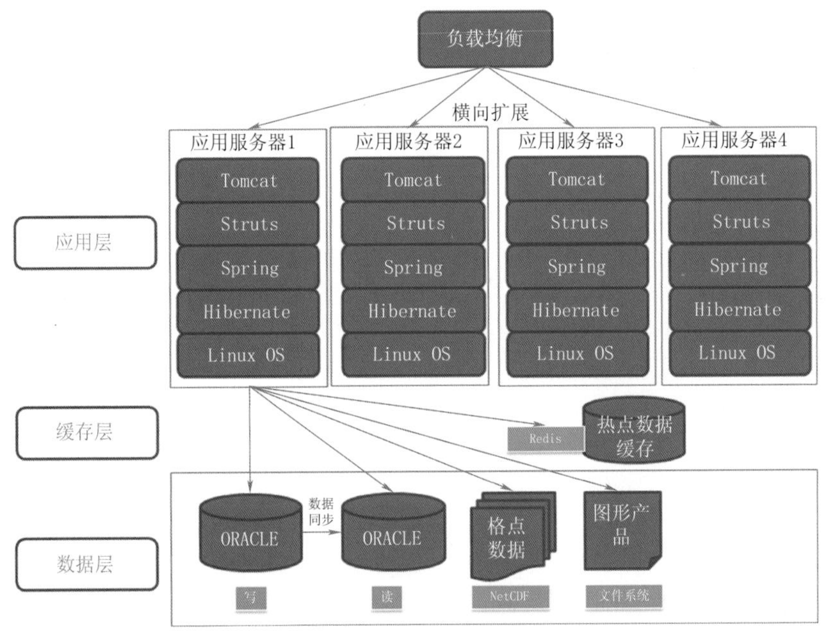

图 2.9　软件关键技术分层架构示意图

(1)Tomcat7:它是一个免费的开放源代码的 Web 应用服务器。

(2)Struts2:选择 Struts2 技术实现平台的 Model-View-Controller(MVC)分层设计,增加实现过程中的代码复用,降低软件间的依赖,有利于开发接口的标准化。

(3)Spring3:基于 Spring3 技术实现对系统设计中的配置文件加载,数据库事务的管理,以及对其他业务功能的集成。

(4)Hibernate3:基于它实现平台中对接口元数据的具体操作,让其可兼容在不同的数据库系统下运行。

(5)Redis:它是一个高性能的 Key-Value 数据库,在"秒杀"业务场景中得到较多地使用。接口平台利用他对用户请求的数据进行缓存,从而减少数据库系统、文件系统在高并发情况下产生的 IO 压力。

(6)Oracle:一款商业化的关系数据库管理系统,用于存储结构化气象行业等数据。

(7)其他:在系统的实现中采用 NetCDF 对网格数据进行存储;利用 NFS 文件共享系统对文件数据进行存储;以及对数据库进行读、写分离等策略设计。

2.3.4.3 实现原理

接口平台主要由服务管理、站点数据服务、网格数据服务、图形数据服务、文件产品服务、算法服务共 6 大模块组成,其中服务管理是接口平台的入口,主要负责与用户的 UI 交互,实现对各接口、日志、元数据的管理,以及实现对接口性能的监控等功能;最核心的功能是对用户调用数据请求的进行解析,分析接口定义,转发数据请求和各模块返回的数据。

1. 站点数据服务

国家、省级统一部署或自行研发的业务系统大部分采用关系型数据库存储相关的业务数据,且数据库选型较杂,针对此特点设计数据库路由策略,根据接口具体绑定的数据源和具体的 SQL,将具体的 SQL 进行参数补齐后转发到对应的数据库引擎进行执行,执行结果进行不同数据格式的封装返回用户。由此,平台可以在多样化的数据库系统中执行数据检索等操作,实现站点数据在分散存储情况下的统一接口服务。图 2.10 为站点数据服务的数据流程。

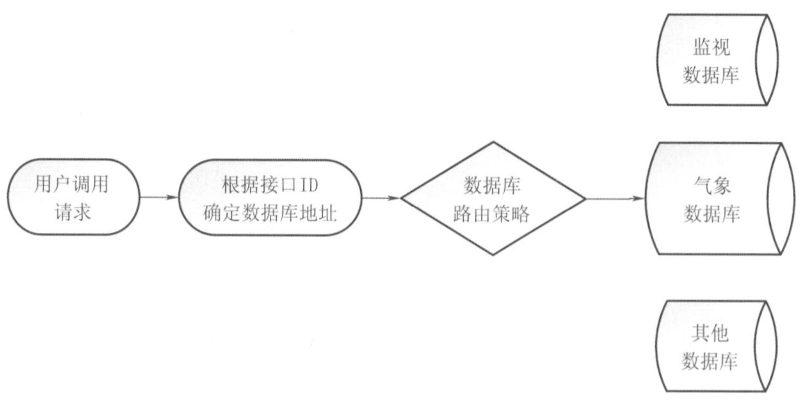

图 2.10 站点数据服务的数据流程图

2. 网格数据服务流程

国外、国内各种数值预报、卫星数据、实况再分析数据、地形数据以及其他 SWAN 产

品等数据均为网格数据，主要以 Grib、NetCDF、HDF、Micaps 以及二进制或自定义格式存储，为实现调用接口的统一，所以研发支持 NetCDF、Grib、HDF 和 Micaps 格式的网格数据服务（GridServer），并将其他网格数据转为 NetCDF 统一格式，从而屏蔽网格数据格式的异构性。

针对网格数据量大、分散存储的特点设计网格服务路由策略。服务管理根据预先绑定的网格数据与网格数据服务的对应关系，将具体的数据操作请求转发到对应的网格数据服务端口，在网格数据服务将执行结果返回服务管理模块，由服务管理模块进行结果的不同数据格式的封装返回用户。由此，平台可以在多样化存储格式和分散存储的情况下，达到统一网格数据接口的目的。图 2.11 为网格数据服务的数据流程。

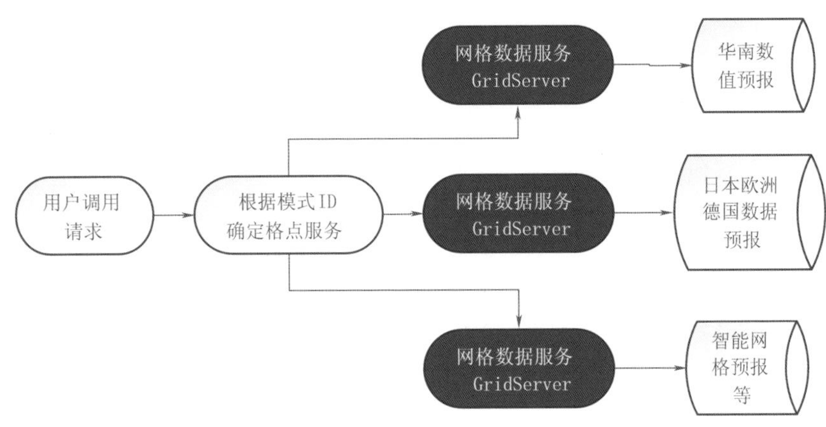

图 2.11　网格数据服务的数据流程图

对于网格数据的统一存储处理，也是实现统一网格接口的核心。系统根据网格数据的属性（时次、时效等）预先生成空的网格数据文件，以备网格服务进行数据的写入。网格数据的统一化存储能够大大减少兼容不同格式数据而带来的开发成本问题，从而大大提升接口对用户请求的响应速度。

3. 图形数据服务流程

由于图形产品的数据量大，要想长期提供数据在线服务，需要按照类型进行分散存储，同时研发图形数据服务（ImgServer），与数据存储一起部署，从而会形成数据与图形数据服务的对应关系。

服务管理根据图形数据服务的路由策略对应关系，将具体的图形数据操作请求转发到对应的图形数据服务端口，在图形数据服务将执行结果（图形数据的检索、写入）返回服务管理模块，由其对结果的进行不同数据格式的封装返回用户。由此，平台可以对多种图形产品在分散存储的情况下，提供统一的、长期的图形数据接口。图 2.12 为图形数据服务的数据流程。

4. 文件产品服务流程

与图形产品数据类似，研发文件数据服务（FileServer），与数据存储一起部署，形成数据与文件数据服务的对应关系。

服务管理根据文件数据服务的路由策略对应关系，将具体的文件数据操作请求转发到对应的文件服务端口，在其将执行结果（文件数据的检索、写入）返回服务管理模块，由其对

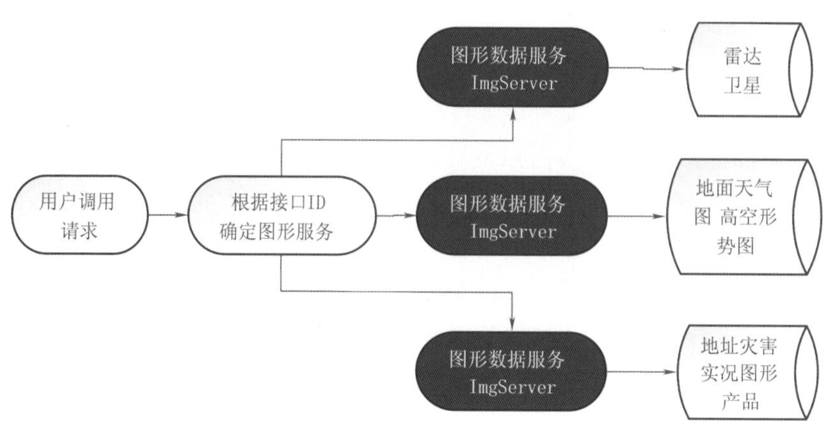

图 2.12　图形数据服务的数据流程图

结果进行不同数据格式的封装返回用户。由此，平台可以对多种文件产品在分散存储的情况下，提供统一的、长期的文件数据接口。图 2.13 为文件数据服务的数据流程。

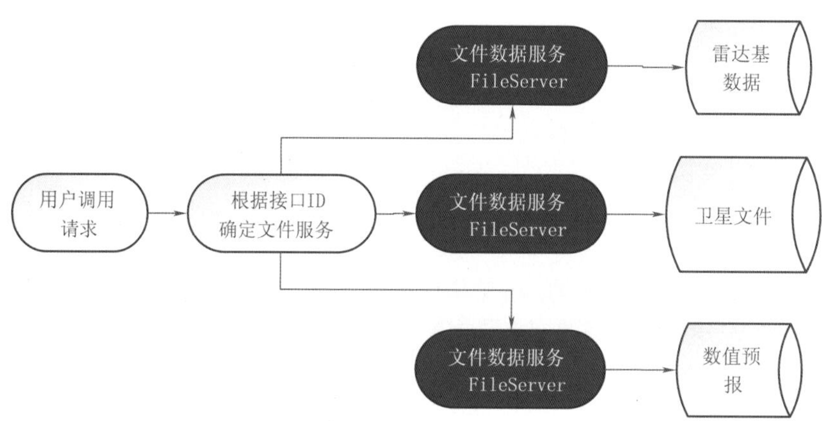

图 2.13　文件数据服务的数据流程图

5. 算法数据服务流程

用户在完成算法接口的研发和部署后，可在接口平台进行注册登记，由此形成一体化接口平台的接口 ID 与具体算法之间的映射关系，服务管理模块根据映射关系将用户的调用请求转发到实际的算法服务端口，在算法服务将执行结果返回服务管理模块，由其对结果进行不同数据格式的封装和返回用户。由此，接口平台可以对分布式部署的算法服务提供统一的接口服务，并对算法接口的使用情况进行监视。图 2.14 为算法服务的数据流程。

接口平台是对算法进行的统一监管的代理，算法服务的具体实现的运行健康性直接影响到接口平台的稳定性，为避免因具体算法服务异常后，接口平台无法及时返回用户请求而导致整个平台出现宕机情况，所以设计算法服务的健康性准实时监视功能。由此，实时更新算法接口 ID 与具体算法之间的映射关系，将异常的算法服务从映射关系中剔除，接口平台发现用户请求为失效算法时立即返回用户异常信息；当再次发现具体算法可用时，再次加入映射关系，从而解决上述问题。

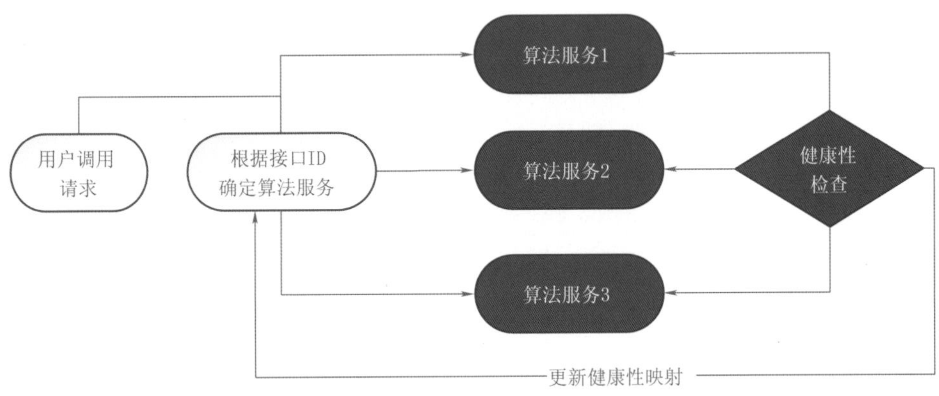

图 2.14　算法服务的数据流程图

2.3.5　部署架构

数据服务接口平台为达到 7×24 小时提供服务，且能应对高峰时的访问量，按照软件服务功能模块进行集群部署，采用 RoseMirrorHA 软件进行双机部署和分布式部署，形成整体可横向扩展节点，且容忍一定节点宕机的部署方案(图 2.15)。

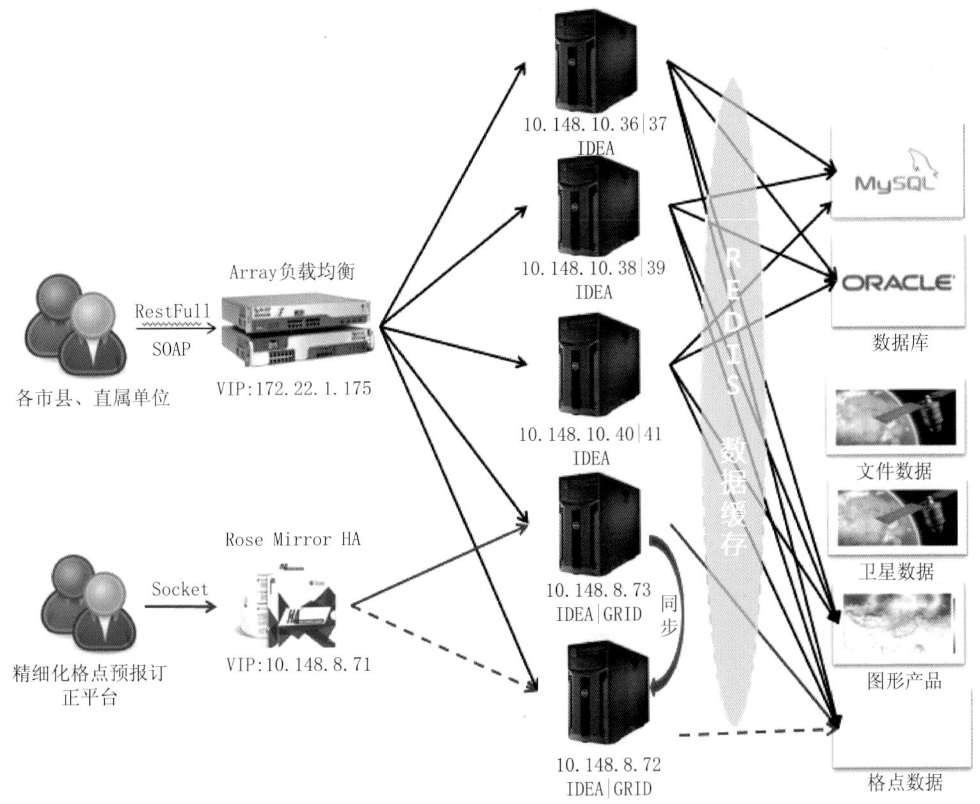

图 2.15　数据服务接口平台部署架构图

按照接口平台中不同的资源类型和模块服务对采用的集群方式进行分类，主要包括：负载均衡＋多节点部署、分布式部署、分布式＋双机容错部署和 OracleRAC 共四种部署方式，各服务模块的部署清单如表 2.24。

表 2.24　接口平台各服务模块的部署清单表

资源类型	服务模块	集群方式
Web 应用	接口管理平台	负载均衡与多节点部署
	站点服务	负载均衡与多节点部署
	文件服务	分布式部署
	图形服务	分布式部署
	算法服务	分布式部署
Java App	网格服务	分布式部署＋双机容错软件
Oracle	数据库	Oracle RAC

1. 负载均衡与多节点部署

将能够独立运行的 Web 应用部署在多组的独立的服务器上，由负载均衡服务器利用其负载均衡算法、健康检查和会话保持功能，实现将用户请求合理分配到具体的 Web 应用服务器，使这些服务器（集群）不会出现某一台超负荷、而其他服务器却没有充分发挥处理能力的情况。负载均衡若检查到某台服务器无法提供服务时，则会将请求转发其他服务器，保障正常服务。同时，在整个业务系统的访问量超负荷时，可平滑新增服务器加入集群，实现服务能力的扩展。

在实际的业务应用中，共部署 6 台独立 Web 服务器，运行接口管理平台、站点服务模块，日常进行应用升级、故障处理等不会影响到整体服务，日访问量能够达到 2000 万访问量，并发吞吐量达到 400 次/秒。

2. 分布式部署

由于图形产品数据、文件数据和网格数据均可以分布存储于不同的服务器，所以图形产品服务、文件数据服务、网格数据服务（客观网格预报）也采用分布式部署，与具体的数据存储互相对应，由各服务模块接口路由导航到具体的服务上提供服务，由此扩展了接口提供数据种类、时间长度的服务能力（图 2.16）。

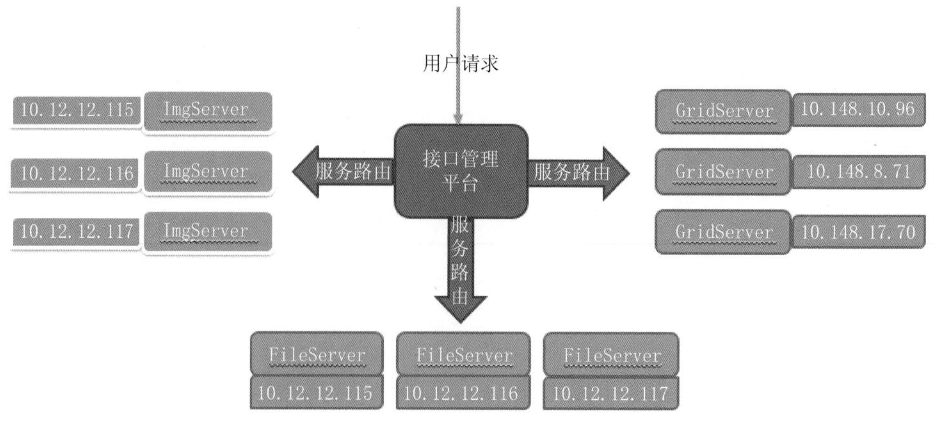

图 2.16　图形产品服务、文件数据服务、网格数据服务分布式部署示意图

3. 双机容错软件

网格预报数据服务（主观网格预报）作为精细化网格预报订正软件的交互服务，需要提供 7＊24 小时服务可用，则须实现备机自动接管的功能，且保证数据的一致性。RoseMirrorHA 软件不但实现数据在主-备节点间的准强同步，且能在主节点出现故障时实现备机接管，服务 IP 和网格服务则会自动漂移到备机继续提供数据服务（图 2.17）。在本架构中主要涉及以下角色：

（1）主服务器：当前提供网格数据服务的服务器为主服务器，安装有网格数据服务程序，并在网卡中绑定 VIP 地址。

（2）备份服务器：当前处于备份状态的服务器，安装有网格数据服务程序。

（3）私有网络：在主、备服务器之间建立的直连网络，用于心跳通信和网格数据的同步传输。

（4）VIP：虚拟 IP 地址，提供对客户端的服务访问，绑定在当前提供数据服务的服务器上。

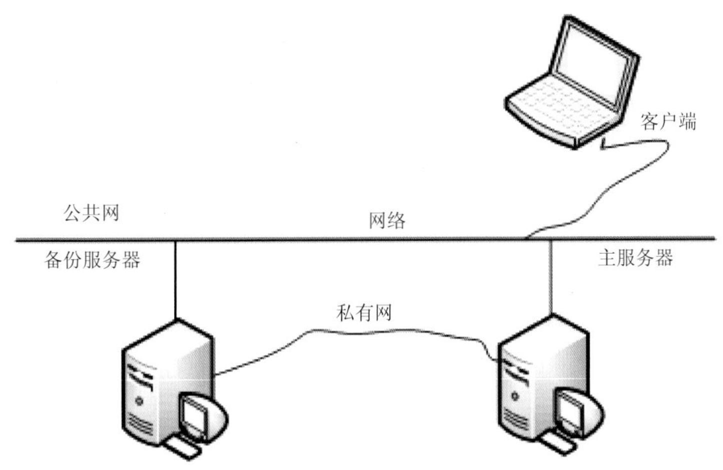

图 2.17　RoseMirrorHA 双机容错示意图

高可用服务的保障过程：在主、备主机上分别部署相同的网格服务软件，同时对网格数据目录设置为互相同步，并设定 VIP。当主节点的数据目录发生变化时，则基于增量策略和流技术将数据同步到备份主机，实现主、备间的数据同步；当主机点监视模块监测到网格数据服务软件掉线等异常时，主节点则通过自动将自身服务下线，同时通知备机接管服务；当主节点服务器宕机时，备份节点通过私有网络检查不到心跳信号，此时备份节点亦会主动接管数据服务。接管后的服务器会重新绑定 VIP 地址，同时启动网格数据服务应用，提供正常的服务。在实际的业务应用当中，Rose Mirror HA 高可用网格数据服务解决方案一般会在 1～3 分钟内实现数据的接管，不会给用户带来明显的服务中断体验。

4. Oracle RAC

RAC 全称 real application clusters，译为“实时应用集群”，是 Oracle 新版数据库中采用的一项新技术，是高可用性的一种，也是 Oracle 数据库支持网格计算环境的核心技术。详细原理可以参考 Oracle 相关技术手册，此处不再赘述。

2.4 无缝隙预报的数据支撑

我国气象事业经过多年的发展，已经建成的由地基、空基、天基综合气象观测系统为我们提供“天地一体”的基础观测数据，收集的各尺度和层次的基础地理信息数据，以及与气象相关的海洋、农业、林业、交通、旅游等各行业数据和社会数据，构成了气象业务发展的多源、庞大的数据体系，称之为气象大数据，甚至是地球科学数据最庞大的组成部分也不为过。而目前也正值气象传统预报向无缝隙、全覆盖的智能网格预报发展的历史阶段，不仅追求时空无缝隙，还要融合各行业信息，发展基于影响的预报和基于风险的预警。数字网格预报的数据环境需求，很快会转向无缝隙预报的数据支撑发展。

2.4.1 气象数据与管理现状

良好的数据支撑来自于对数据规律的良好认识。气象数据既有气象学科数据特征，也有大数据多个“V”的特点。

类型多(Variety)：观测系统多样，包括从人工到自动的观测，从直接观测到遥感遥测，从大气物理变化到大气化学变化的观测，从大气圈到海洋等多圈层的观测，数据类型繁多，包括定点观测时序等结构化数据，还包括图片、档案、音视频等非结构化数据以及图、文、数混编的灾情数据等半结构化数据。

体量大(Volume)：中国气象局目前已累积了海量的数据，存量近 19PB，增量近 4PB/年，体量大是气象大数据的重要特征，它不仅时间序列长，空间覆盖广，而且产品体系完备。

更新快(Velocity)：采集频率高，处理速度快，服务时效高，达到分钟级甚至秒级；数据不间断、全天候向数据中心汇聚。

质量高(Veracity)：制定了气象数据格式标准规范，建立了包括格式检查、缺测检查、界限值检查、主要变化范围检查、内部一致性检查、时空一致性检查、变分质量控制、综合质量控制等技术方法的质量控制体系，常规基础资料质量控制覆盖率超过 95%。

价值高(Value)：气象与经济各行各业、人们生产生活联系紧密，气象数据独立存在的价值有限，但是它融合其他数据就可以产生巨大价值。

这 5 个 V 的特征给气象大数据管理和业务支撑带来了标准、技术的复杂度，需要加强顶层设计和持续的数据治理。

1. 数据分类方法

气象数据的来源复杂，且种类繁多，存储格式多样，表现形式各异，对其进行科学的分类是有效管理和高效应用的基础。按照气候圈层进行划分，可分为大气资料，海洋气象资料和陆面资料三大类；按照气象观测体系进行划分，可分为地基观测气象资料、空基探测气象资料和天基观测资料三大类；中华人民共和国气象行业标准 QX/T 102-2009《气象资料分类与编码》将气象资料分为十四大类，包括：地面气象资料、高空气象资料、海洋气象资料、气象辐射资料、农业气象和生态气象资料、数值预报产品、大气成分资料、历史气候代用资料、气象灾害资料、雷达气象资料、卫星气象资料、科学试验和科考资料、气象服务产品和其他资料；按照气象数据的存储格式进行划分，可分为结构化、半结构化和非结构化数据，等等。不同的属性角度，有不同的分类方法。

2. 存储管理方法

利用计算机技术实现对多源气象数据的管理和服务，常采用气象数据的存储格式进行分类，从而选择容易实现、检索快速、管理成本合理的相关技术。近 20 年来气象数据的存储技术，按照结构化与非结构化分类方法归纳如下。

结构化数据管理现状：结构化数据一般指存储在数据库中，具有一定二维逻辑结构和物理结构的数据，最常见的是存储在关系型数据库中的数据。气象部门的数据管理中，使用关系型数据库对结构化数据进行管理，产品类型繁杂，其中包括 Oracle、SQL Sever、MySQL、PostGreSQL、Sqlite、Acess 以及国内部分厂家的数据库产品。数据涉及地面、高空和海洋观测，预警预报、台风实况与预报等多种气象资料。

半结构化与非结构化数据管理现状：非结构化数据是相对结构化数据而言，不便使用数据库二维逻辑来表现的数据；半结构化数据是介于结构化和非结构化数据之间的数据，但两者都以文件为载体，所以在存储管理中基本上采用相同的管理技术。气象部门的数据管理中，使用集中式存储或磁带库以文件方式对非结构化数据进行存储管理，文件格式较多，包括 Grib、NetCDF、HDF、二进制、Micaps、图形与视频文件以及静态地理信息格式文件等，数据涉及雷达、卫星、数值预报，以及大量的气象业务图形产品数据等。

2016 年全国综合气象信息共享系统（CIMISS）系统的业务化，实现了国家级、省级数据环境的统一，对气象基础数据进行了规范化管理，建设的气象数据统一服务接口（简称：MUSIC）为应用系统提供数据访问服务，实现了“一级建设，多级应用”的气象业务布局。在结构化数据管理中，基于传统的信息技术构建，以“小机/x86＋Oracle＋盘阵”为主（所谓 IBM，Oracle & EMC 的 IOE 架构），在规模、性能和应用服务中无法完全满足业务需求。例如：IOE 架构决定其横向在线扩展能力不足，对于长时间序列的历史数据不能全量在线存储和服务；对于高并发的访问场景，无法满足即时交互（毫秒级）的访问需求。非结构化数据的管理中，以传统的集中式存储、磁带库＋数据库系统技术为主，数据使用的便捷性不够，管理的成本高，与业务的具体使用场景需要的组织形式偏差较大，特别是对于常用的雷达、卫星资料需要基于归档数据进行回取，无法提供历史数据的在线管理和实时服务。在“注重存储”的数据管理体系下，数据管理与数据应用的冲突非常尖锐，侧重应用的数据科学管理体系是未来数据环境必须具备的能力。

2.4.2　面向地球系统的数据标准化建设

发展无缝隙预报意味着气象部门的数据资源建设需要有序向地球系统、向气象影响的相关行业拓展，气象大数据的内涵将大大拓展。第三方气象观测来源，比如信息员志愿者网络的观测和灾害信息、第三方气象观测数据、廉价的智能气象传感器和众包数据；政府开放数据来源，比如政府推动数字经济创新要求部门、企业开放的各行各业公共数据；社交媒体数据，比如微博、微信圈的剔除证伪了的气象灾害信息，都应该成为助力无缝隙预报发展的重要数据资源组成部分。这些海量、庞杂的数据，尽管有不同的质量分级层次，但应该系统地纳入观测资料体系，纳入统一的气象大数据标准体系，赋予规范的气象元数据管理，规范的质量控制流程和统一的数据管理平台。

1. 确定数据资源建设的目标与途径

按照无缝隙智能网格预报技术体系和地球系统预报的数据需求，梳理广东省气象大数据资源的分布并逐渐形成图谱，确定一定时期的数据资源建设目标。通过部门交换、互联网爬虫、商业购买等合法方式，补齐数据短板，逐渐丰富无缝隙预报所需要的地球系统无缝隙数据资源。数据资源构建过程中，应当把握历史数据集建设的概念，如雷达、闪电定位、GPS/MET、风廓线等非常规遥感遥测数据，已不再"新型"，业已开始进入气候系列(10～15年数据集)，应该做好质量和存储管理的准备。

2. 建立完善气象数据资源的元数据体系

遵循世界气象组织和我国气象行业标准的要求，建立本省的气象资源元数据管理系统，完善 WMO 综合观测系统观测元数据(WIGOS/OSCAR)。重新审视 CIMISS 或现有数据系统的字段和规范是否符合世界气象组织标准，避免数据无法正确检索而被忽略。如全球海洋观测资料(JCOMM)的分类与我国现有数据库系统的观测资料分类不同，部分资料归入其他要素类而被忽略。

3. 建立完善广东省气象数据质量管理体系

针对不同渠道获取的气象"大"数据，完善分级质量控制体系，按照世界气象组织质量管理系统(WDQMS)的要求，建立多源数据质量评估系统，并结合现有的 MDOS 质量控制反馈流程，相应建立业务与管理流程，确保在持续循环的质量管理过程中，数据质量问题可以被有效发现并得到持续改进。

4. 不断探索建立适合广东业务的数据模型和数据专题

无缝隙智能网格预报业务是多业务场景(从分钟到年)、多技术集成(外推、模式释用、人工智能应用)的业务技术体系，因此，需要不断地在原始数据基础上完善数据模型(时序模型、站点模型和场模型等)和数据专题(实时计算、离线释用计算、气候学分析等)，提高用户获取数据的便捷性和简易性，提升无缝隙预报业务的运行效率。

2.4.3 面向网格预报的多源数据融合

传统的站点预报对应的是站点数据。通过观测实况来对预报进行检验分析，对模式进行偏差订正。网格数字预报时代，同样迫切需要网格的分析实况作为前两者支撑。特别是在人工智能预报应用领域，实况就是对各种数值天气预报产品的最佳"标注"，作为训练数据集和标准测试数据集的重要信息。多源数据融合按照应用场景，包括实时数据融合、实时资料同化和大气再分析。

1. 实时数据融合

早期气象观测手段较少时，为提高离散分布气象观测数据的可用性与空间代表性，在考虑宏观地理环境和微观地形因素影响后，采用克雷斯曼(Cressman)、样条函数法、距离反比加权法、克里金(Kriging)等空间格点化方法，将离散的站点资料转换成规则的网格化产品。随着地基、空基、天基一体化的无缝隙观测系统发展，类型多样的观测系统提供了海量的多时空维度、多种精度的观测数据。多源数据融合技术对海量的多时空维度数据进行集成分析或融合等处理，深入挖掘海量数据的价值，发挥各类数据的优势，从而产生比单一观测系统更精确、更完全、更可靠的融合产品。多源融合技术首先利用泊松方程、多项式回归、分段式回归、经验正交遥相关(EOT)、概率密度函数匹配(PDF)等技术实现多时空维度观测数据的时空匹配，然后依据不同来源数据的观测精度进行融合。早期的最优插值(OI)、贝叶斯模式平均(BMA)、时空多尺度分析(STMAS)、拉格朗日集成等融合技术主要采用固定精度的方式，在一定程度上忽视了观测精度的变化，后期的集合卡尔曼滤波（EnKF）等技术能够通过集合样本估计出更合理的观测精度，从而进一步提升融合效果。目前，国家气象信息中心开发的多源数据融合技术已经在陆面、海洋、三维云等多个领域得到应用，实现了地面、雷达、卫星等多种来源数据融合，融合产品精度达到（部分要素优于）国际同类水平，最高空间分辨率由 10 千米提高至 1 千米，最快时效由小时级提高至分钟级，三维大气垂直分层也提升至 43 层。

2. 实时资料同化

通过运用严格的数学理论将多种观测手段获得的资料融合到大气运动的数值模式，以获得与真实大气状态误差最小的格点场，其主要目的是为数值天气预报提供准确合理的初始值。资料同化技术伴随着数值模式及观测技术的进步而逐步发展，具体由观测资料预处理与质量控制、客观分析、初始化三个过程组成。早期的客观分析技术将分析增量表达为观测增量的加权平均，从采用经验的权重函数的逐步订正法开始，考虑分析场误差方差最小化的最优插值客观分析方法（OI）以及非线性正规模初始化方案在 20 世纪 70 年代得到应用。90 年代发展的三维变分（3D-Var）同化技术解决了卫星辐射率、多普勒雷达散射率和径向风速、掩星折射率或弯曲角等多类遥感资料的同化应用问题。20 世纪 90 年代中期发展的基于集合预报的卡尔曼滤波方法（EnKF）着眼于求解观测时刻的最优分析值，同时给出分析误差的分布，这是变分方法所不具备的。由于 3D-Var 将多个时次观测资料统一到同一时次进行处理，其处理结果在时间上不连续，四维变分（4D-Var）技术解决了这一问题，但其巨大的计算量影响了业务使用。结合卡尔曼滤波方法（EnKF），将 EnKF 的背景误差协方差演变信息应用于变分同化，即混合资料同化方法，可实现类似 4D-Var 同化时考虑多个时次观测资料的优点，具有更好的并行计算可扩展性，是资料同化发展的新方向。

3. 大气再分析

尽可能地完整收集历史上反映地球系统状态的各类观测资料，并经过严格的质量控制，然后通过多源观测资料的同化分析来获取空间覆盖完整、时间序列均一、大气状态变量协调的长时间序列大气要素实况分析场。大气再分析涉及数值模式、资料同化和资料处理技术，每一轮新的再分析都会使用最新的业务预报模式与同化技术，尽可能地同化更多、更好的观测资料。大气再分析被认为是一个国家综合气象实力的体现。国家气象信息中心牵头开展大气再分析业务，将推出 40 年 34 千米分辨率的全球大气再分析数据集。各省可以根据本省需求，利用中尺度模式同化系统，加入本省本地特色资料，降尺度生成所需的中长序列数据集，服务传统业务和专业气象服务。

2.4.4　面向海量信息的大数据技术发展

我国气象行业累积海量的数据，数据体量已经达到了 10PB 级，气象大数据同时具备“气象数据”以及“大数据”的特征，传统数据库技术难以实现数据的全面管理，传统数据处理技术无法有效应对数据巨量并发处理的需求，传统计算方式无法满足海量数据深入挖掘的需求。为推动气象大数据管理、处理和应用，相关的气象大数据技术应运而生。气象大数据技术涉及两个方面，即针对数据的“气象学特征”的相关处理技术以及适应“大数据特点”的管理和应用技术，具体包括如下三类技术。

(1)气象数据处理技术。针对气象大数据气象学特征，涉及的气象数据处理技术包括观测数据质量控制技术、遥感数据处理技术、多源数据融合技术以及资料同化与再分析技术。

(2)气象大数据计算与管理技术。为满足海量气象数据存储管理需求，涉及的数据管理技术包括分布式计算框架技术、分布式存储技术及分布式消息队列技术和气象高性能计算技术。结合各种应用场景，国家级气象信息技术部门对流行的分布式存储与计算架构进行了测试，并研发了多种技术混合架构的“气象大数据云平台”原型系统。实践表明，针对气象数据特点进行适应性开发，分布式计算框架、分布式存储技术和分布式消息队列等将成为大数据计算与管理的核心技术。

(3)气象大数据应用开发技术。为满足气象大数据应用开发需求，涉及的应用开发技术包括多源信息采集与分析、多维度数据综合可视化、基于机器学习的智能预报及多领域数据融合应用技术。

气象数据业务所面临的巨大挑战，就是对来源复杂、格式多样、存储海量的数据实现统一管理，实现高效存储和使用。在目前数据驱动背景下，中国气象局和各省纷纷尝试相关技术，探索解决以上问题的技术方案，并进行了部分应用场景下数据访问性能的测试。下面给出具体的测试结果以供参考。

(1)气象站点数据。在同等网络环境下，分别在ORACLE、虚谷、DRDS数据库上对国家气象自动站某时次(近5万站点)进行了检索性能测试。结果表明，在不同的并发数下，分布式数据库的检索性能较传统数据库提高3～5倍。但除过Oracle之外，虚谷和DRDS分布式数据库在监视和管理工具方面，仍有需要提升的空间。

(2)气象网格类数据。在同等网络环境下，分别在文件系统(GRIB、NetCDF、HDF)、OTS、Casandra上对欧洲高分辨率数据进行了检索性能测试。结果表明，在不同的并发数下，分布式数据库的检索性能较传统文件存储(Grib、NetCDF、HDF)提高20倍以上。其中广东的智能网格预报的格点数据采用NetCDF格式进行存储和提供服务，在获取时间序列、平面场和裁剪的业务场景中满足业务人员的交互流程性要求，但OTS和Cassandra采用的分片存储方法，对以上应用场景的检索性能有更大的提升。

(3)气象栅格图像类数据。在同等网络环境下，分别在文件系统和OTS上对卫星雷达图形产品数据进行了检索性能测试。结果表明，在不同的并发数下，分布式数据库的检索性能较传统文件存储提高10倍以上。

(4)气象文件类数据。在同等网络环境下，分别在文件系统和分布式Nas和Casandra上对地面报文、数值预报、雷达体扫数据及产品进行了检索性能测试。结果表明，在不同的并发数下，分布式数据库的检索性能较传统文件存储提高约2～3倍。

特别提示，通常我们在进行数据库存储技术选型时，更多地倾向于关注数据存储和检索的性能指标，较少关注影响海量数据管理中的其他因素。例如，日常的数据和系统管理、容灾备份与恢复、系统健壮可用性等指标，同时，也常常忽略了采用新存储技术架构带来的对现有业务系统的冲击影响。编者认为，在进行技术选型时，需要综合考虑多种因素，以改革方式进行业务系统建设，减少“革命式”建设方法，既能让采用的新型技术架构解决数据管理中的痛点问题，又能让原有业务系统只进行简单的改造，就能继续产生价值，从而保证业务系统的持续性改进发展，保护原有的建设投资。

2.4.5　气象元数据标准体系建设

关于元数据体系的相关建设工作，气象行业很早就开始进行相关的研究和制定工作。2005 年中国气象局发布了《中华人民共和国气象行业标准：气象数据集核心元数据（QX/T 39-2005）》，2017 年，再次制定了《中华人民共和国国家标准：GB/T33674-2017 气象数据集核心元数据》。由此可以看出，气象部门早已认识到气象元数据标准体系建立的重要性，以及元数据气象数据治理中的重要作用。该标准规范规定了气象数据集的描述方法和内容，提供了有关气象数据集的标识、内容、数据质量、数据表现、参照和限制等信息。2007—2016 年全国综合气象信息业务平台立项、研制与业务化过程中，也充分考虑了气象数据的相关元数据管理问题，集成了对气象台站信息、气象资料描述信息、气象数据血缘关系、数据存储等元数据的管理功能，为各子系统的互相协同运行提供较好的基础。

传统的元数据管理主要聚焦在对数据本身的描述上，而在大数据管理治理技术体系下，则需要将其内涵延伸到更广的层面，它贯穿于气象数据治理的平台建设、使用、运营和维护全过程中。主要包括以下几个方面的元数据。

（1）气象数据分类与编码：气象数据的分类与编码是气象各业务系统的基础，贯穿整个气象科研与业务流程，制定了气象资料的名称、分类和专业的编码，是在不同系统和用户之间建立交换数据的参照。

（2）数据描述元数据管理：描述各类气象数据自身的各种特有属性信息，例如存储格式、存储位置、存储编码、数据时效、数据来源、数据范围等等，用于各业务系统或用户对数据本身的了解。

（3）气象大数据元数据管理：描述气象大数据资源的具体对象时所有规则集合，包括完整描述一个具体气象大数据对象时所需要的气象数据项集合。

（4）气象交换元数据管理：气象数据的交换包括国际、部门间、国家级和省级间、省与省间、系统间等的数据交互，对气象数据交换的内容、格式、传输方式、接口等方面进行定义和相关管理，为数据的交互提供基础支持。

（5）数据质量元数据管理：气象数据的质量元数据主要用于定义各类气象资料的质控方法、质控参数、质控等级、质控编码等相关的数据集合。

2.4.6　数据与算法开放支撑群智众创

气象行业中，国家级与省级、省与省以及省市县之间的业务具备较强的相似性，智能网格预报业务的也不例外。从国家级到省、省到市在发展适应本地的智能网格预报业务过程中，均面临数据采集、加工处理、存储管理和服务等数据环境建设工作。为减少其中的重复性投资，为充分发挥国家、省市的人、财、物优势，推广各省、市的技术和业务先进经验，必须加强国、省、市间的纵向合作，加强省与省之间的合作与技术交流。同时，为充分发挥气象数据的价值，加强与其他行业部门之间的合作与数据共享。

目前，广东省已经与多部门进行了合作。

为充分发挥合作的效率，共享合作成果，需要建设集约化的气象大数据云平台进行有效支撑，其中需要提供多源统一数据平台、众创平台、大数据分析平台和成果可视化平台。

1. 多源统一数据平台

旨在能够收集、交换、处理和存储气象行业以及其他行业和社会数据的统一平台，合作单位间共享数据资源。

数据存储规范：对结构化和非结构化数据的存储策略、命名规则、业务含义进行规范化定义。

数据交换机制：对合作单位之间的数据交换频次、数据种类和使用权等进行规范定义。

数据融合机制：对合作单位的多源数据进行统一算法的融合处理，融合结果共享。

数据服务机制：对合作单位的数据和融合结果统一进行发布和服务，统一服务出口。

2. 众创平台

旨在最大程度发挥各部门的技术优势，共同研发相关算法、应用服务，构建共创共赢共享的合作平台。

3. 大数据分析平台

旨在为多部门提供一套完整的一站式数据挖掘分析方案，覆盖了数字仓库、人工智能、统计分析与数据可视化等领域。

4. 可视化平台

旨在对合作部门的应用成果进行发布、展示和共享，以及对成果引用的进行统计监视。

参考文献

国家气象信息中心，2017. 气象数据集核心元数据：GB/T 33674-2017[S]. 北京：中国标准出版社.

黄瑞芳，周园春，鞠永茂，等，2017. 气象与大数据[M]. 北京：科学出版社.

沈文海，2018. 云时代下的气象信息化与管理[M]. 北京：电子工业出版社.

孙周军，郭捷，2018. 一种网格预报数据分布式服务系统的设计与实现[J]. 计算机应用与软件，35(8)：199-204.

维克托·迈尔-舍恩伯格，2012. 大数据时代[M]. 杭州：浙江人民出版社.

熊安元，赵芳，王颖，等，2015. 全国综合气象信息共享系统的设计与实现[J]. 应用气象学报，26(4)：500-512.

第3章 华南区域数值天气预报

网格数字天气预报的重要基础是数值天气预报。区域数值预报模式可以为短时到短期预报(主要是0～72小时预报)提供丰富的网格预报产品,也可以通过快速滚动更新数值预报系统提供短临预报产品(如逐时滚动更新的0～12小时预报),综合这两种产品,结合短时、短临预报需求,可为无缝隙网格数字天气预报提供重要基础。

根据网格数字天气预报的需求,华南区域数值天气预报模式针对华南和低纬地区特点进行了系统性研发,近年来通过研发资料同化、模式动力过程和模式物理过程等技术,提高模式水平分辨率和垂直层次(Simmons et al,1989),发展高并行效率的I/O方案等明显提高了华南区域数值天气预报模式能力,模式能较准确地预报天气形势的演变,精细化程度也不断提升。总体上,模式对等压面要素、地面温度及日变化、晴雨预报、暴雨预报等已有较高的预报准确率,但模式初值、模式的下垫面、模式物理参数等仍与实际存在一定差距。因此模式预报仍不能直接满足天气业务需求,特别是对转折性天气,暖区暴雨,局地强对流等的预报仍存在明显不足。鉴于目前模式的预报能力,在区域模式预报的基础上,进一步开展模式产品释用、集合预报和经验性订正仍十分必要。

3.1 华南区域数值预报模式概述

3.1.1 华南区域数值预报技术研发经验与回顾

20世纪80年代末至90年代初,我国的数值预报业务体系已经基本建立起来,但当时我国的数值预报水平与国外先进数值预报中心仍有较大差距,自主研发的模式(如中国气象局广州热带气象研究所自主发展的TL模式),无论是动力框架,还是物理过程,技术方案都较为落后,而且基本没有考虑大规模并行计算技术,所以提高模式的分辨率和计算精度都相当困难。1998年,中国气象局广州热带气象研究所(以下简称热带所)引进了德国模式(HRM),并进行业务化运行。德国模式虽然缓解了部分业务压力,但德国模式主要针对的是中高纬地区,低纬天气预报,特别是台风的预报效果并不理想;另外,德国模式比较大的问题是无法深入了解德国模式的技术细节,且德国模式设计也不够灵活,要进行技术方案改进和模块更新相当困难;模式的预报背景也要依靠德国传输过来,常常因为网络的问题,不能稳定保障业务预报,特别是重要节日的时候,问题更为严重。这些问题说明引进国外模式并不能很理想地满足业务需求,包括后来的WRF模式进行试运行,也有类似问题。这时,我们意识到发展自己新一代模式的重要性和紧迫性。

新世纪伊始,中国气象局决定成立数值预报创新基地,热带所积极加入研发工作,开始我国新一代模式(GRAPES)的构建。GRAPES模式是我国发展的首个配有复杂物理过程的大气非静力数值预报模式，采用高度地形追随坐标，并引用了半拉格朗日半隐式算法与其他一系列新的计算方案，解决了非静力平衡模式求解中的精度与数值计算方案快速收敛的问题，保证了中尺度模式的业务可应用性。2004 年，GRAPES_meso 数值预报模式率先在广东实现业务化，并在其后通过不断技术改进，预报性能逐年提高。如用“曲率修正线性平衡方程”改善 3DV 风压平衡约束；雷达回波、卫星等的同化技术得到更新和发展，并对 GRAPES 预报模式中的参考大气、地形处理、平流方案、海陆面边界、云降水物理、物理过程与动力耦合方案理等提出了改进方案，提高了模式的预报能力。

特别是近几年来，开展模式技术方案的诊断分析和针对华南天气特点的数值模拟研究为模式技术改进提供了许多有用线索，在同化技术、模式动力框架、模式物理过程等方面研究取得多项成果，有效提高了模式预报水平，其主要内容如下。

1. 资料同化技术和弱台风初值技术开发

开展多尺度同化方法对热带天气系统预报的影响研究，改进多尺度变分同化系统，可通过选取不同的网格、背景误差协方差以及递归滤波半径，利用多重网格的计算方案来获取观测中的多尺度信息；开发 FY-2 TBB 亮温的变分同化技术，研究表明，同化 FY2 亮温资料可以在一定程度上改进初始场的水汽分布；基于三维变分，开发云迹风、GPS 资料（李昊睿等，2014）、海面风和雷达资料同化技术。

2. 中尺度模式动力框架技术改进

针对基于原模式存在的一些不足，开展模式动力过程相关研究和技术开发，主要有：三维静力参考大气技术方案研究，以及模式垂直坐标和垂直分层技术改进研究；在模式运动方程中引入科氏力修正项，设计了一种新非线性项计算方案，改进拉格朗日水物质平流方案等；基于 GRAPES 的半隐半拉格朗日框架，开展动力过程与物理过程耦合技术研究。综合上述各项研究，从参考大气，垂直坐标，模式预报方程，拉格朗日平流，Helmholtz 方程求解，以及动力过程与物理过程耦合等进行技术更新，形成华南区域中尺度模式动力框架的改进版。

3. 中尺度模式物理方案改进

重点从陆面边界层参数化和云降水物理等两方面开展研究，根据研究结果，进行技术调整，最后形成中尺度模式物理方案改进版，主要有：开发海陆面参数化方案，改进边界层对流速度计算（Chen，et al，2014），改进强风条件下洋面边界层参数化方案，根据浅海和深海的特点，开发新的 CD 参数化方案；引入地形重力波拖曳参数化方案（Zhong，et al，2016），通过研究，考察了不同标准 *Ri* 数对台风路径和强度预报的影响，改进原模式地形参数方案；引进 SAS 对流参数化方案，并通过试验研究，采用动量的水平混合改进原扰动气压场参数化（徐道生等，2014），改 SAS 方案触发函数，改进预报效果。

3.1.2 华南区域数值预报系统总体架构

基于我国自主研发的 GRAPES 系统，开展局地资料同化、模式动力过程和模式物理方案研究，逐渐形成具有华南技术特色的模式技术方案，建立稳定、合理、准确的业务模式预报系统，提供多尺度、多要素预报场，有力支撑天气网格预报业务。南海台风模式（TRAMS）水平分辨 18 千米，覆盖范围中国大陆大部分区域、中国南海、西太平洋等，预报时效 168 小时，

主要提供台风路径、台风强度，大尺度环流形势预报；区域中尺度模式（GRAPES_GZ）水平分辨最高可达 3 千米，覆盖中国华南区域，主要提供 72 小时精细气象要素预报；短临预报模式（GRAPES_GZ_R）水平分辨最高可达 1 千米，快速更新，提供强天气短临预报产品（图 3.1）。

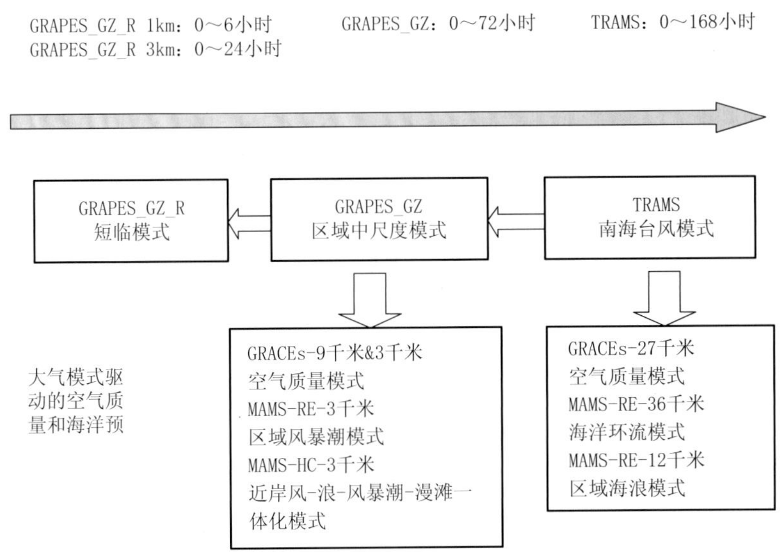

图 3.1　模式预报系统架构（南海台风模式 TRAMS，区域中尺度模式 GRAPES_GZ，区域短临预报系统 GRAPES_GZ_R 空气质量预报模式 GRACEs，海洋预报模式 MAMS）

1. 南海台风模式 TRAMS（Tropical Regional Modeling System）

每天预报四次，其中 00 和 12 时作 7 天预报（168 小时），06 和 18 时作 3 天预报（72 小时），其覆盖范围，经度从 81.6 °E 至 160.8 °E，纬度 0.8 °N 至 50.5 °N，水平格距为 0.18°，垂直方向分 65 层，输出各种气象要素和台风路径、强度等预报产品。

2. 华南区域中尺度预报系统（GRAPES_GZ）

重点关注三天精细气象要素预报。(1) GRAPES_GZ 9 千米模式，垂直分层 65 层，范围从经度 96 °E 至 131 °E；纬度 11 °N 至 38.6 °N，预报时效 3 天，每天两次（00Z 和 12Z）预报；(2)新版 GRAPES_GZ 3 千米模式是 GRAPES_GZ 9 千米模式的升级版，采用多项新技术，范围从经度：96 °E 至 124 °E，纬度：16 °N 至 32 °N，垂直分层 65 层，预报时效 3 天，每天两次（00Z 和 12Z）预报。

3. 区域短临预报系统（GRAPES_GZ_R）

是快速更新同化预报系统，支持短临预报。(1)GRAPES_GZ_R 3 千米模式，范围从经度：96 °E 至 124 °E，纬度：16 °N 至 32 °N，垂直分层 65 层，预报时效 1 天，逐时快速更新；(2) GRAPES_GZ_R 1 千米模式，范围从经度：107 °E 至 119 °E，纬度：18 °N 至 27 °N，垂直分层 65 层，预报时效 6 小时，逐 12 分钟快速更新短临预报。

4. 空气质量预报模式 GRACEs

使用自主研发 GRAPES 气象模式来驱动排放源模式 SMOKE 和大气化学模式 CMAQ，建立空气质量三重嵌套模式，分辨率分别为 27 千米，9 千米，3 千米，模式提供颗粒物（$PM_{2.5}$、PM_{10}）和首要污染物（SO_2、NO_x、O_3）等要素浓度预报，对能见度也有很好的预报效果。结合数值预报与统计预报建立了精细化灰霾预报系统。

5. 海洋预报模式 MAMS

分为两个部分，即南海区域和华南近岸海洋气象模式系统，其中南海区域高分辨率海洋气象数值预报系统包括 36 千米区域海洋环流模式、12/9 千米区域海浪模式、3 千米南海区域模式；华南近岸风-浪-风暴潮-风暴潮漫滩一体化数值预报模式系统包括 3 千米海浪模式、3 千米风暴潮模式和 400 米漫滩淹没模式。

支持网格数字预报主要是区域中尺度预报系统 GRAPES_GZ 和区域短临预报系统 GRAPES_GZ_R，下面主要介绍这两个模式系统。

3.1.3 华南区域中尺度模式动力框架

华南区域模式的动力框架 GRAPES_MESO 动力框架，主要特点有：全可压-非静力平衡、迭代法半隐式-半拉格朗日差分方案、三维静力参考大气、高度地形追随坐标。垂直方向采用 Charney-Philip 跳层设置，水平方向采用等距经-纬网格的 Arakawa-C 跳点格式。

1. 三维静力参考大气

在自然高度坐标下，模式方程组写为：

$$\frac{\mathrm{d}u}{\mathrm{d}t}=-\frac{C_P\theta}{a\cos\phi}\frac{\partial\Pi}{\partial\lambda}+fv+F_u+\delta_M G_u-\delta_\phi f_\phi w \tag{3.1}$$

$$\frac{\mathrm{d}v}{\mathrm{d}t}=-\frac{C_P\theta}{a}\frac{\partial\Pi}{\partial\phi}-f_u+F_v-\delta_M G_v \tag{3.2}$$

$$\delta_{NH}\frac{\mathrm{d}w}{\mathrm{d}t}=-C_P\theta\frac{\partial\Pi}{\partial z}-g+F_w+\delta_M G_W+\delta_\phi f_\phi u \tag{3.3}$$

$$(\gamma-1)\frac{\mathrm{d}\Pi}{\mathrm{d}t}=-\Pi\cdot D_3+\frac{F_\theta^*}{\theta} \tag{3.4}$$

$$\frac{\mathrm{d}\theta}{\mathrm{d}t}=\frac{F_\theta^*}{\Pi} \tag{3.5}$$

$$D_3=\frac{1}{a\cos\phi}\frac{\partial u}{\partial\lambda}+\frac{1}{a\cos\phi}\frac{\partial(v\cos\phi)}{\partial\phi}+\frac{\partial w}{\partial z} \tag{3.6}$$

$$\frac{\mathrm{d}()}{\mathrm{d}t}=\frac{\partial()}{\partial t}+u\frac{1}{a\cos\phi}\frac{\partial()}{\partial\lambda}+v\frac{1}{a}\frac{\partial()}{\partial\phi}+w\frac{\partial()}{\partial z} \tag{3.7}$$

其中 G_x 为曲率项；a 为地球半径。方程(3.1)～(3.5)是模式基本预报方程，各符号定义可参考 GRAPES 模式技术手册(Chen et al,2008)。华南区域模式采用三维静力参考大气(陈子通，戴光丰，2016)，将模式大气分为满足静力平衡及其偏差两部分，如下：

$$\Pi(\lambda,\varphi,z,t)=\tilde{\Pi}(\lambda,\varphi,z)+\Pi'(\lambda,\varphi,z,t) \tag{3.8}$$

$$\theta(\lambda,\varphi,z,t)=\tilde{\theta}(\lambda,\varphi,z)+\theta'(\lambda,\varphi,z,t) \tag{3.9}$$

这里，$\tilde{\Pi}$，$\tilde{\theta}$ 表示满足静力平衡的三维参考大气；Π'，θ' 表示偏离参考大气状态的偏差量。将方程(3.8)～(3.9)分别代入方程(3.1)～(3.5)，并应用参考大气满足静力平衡关系式：$C_P\tilde{\theta}$

$\frac{\partial \tilde{\Pi}}{\partial z}=-g$，可得新的预报方程：

$$\frac{\mathrm{d}u}{\mathrm{d}t}=-\frac{C_P\theta}{a\cos\phi}\frac{\partial \Pi'}{\partial\lambda}-\frac{C_P\theta}{a\cos\phi}\frac{\partial\tilde{\Pi}}{\partial\lambda}+fv+F_u+\delta_M G_u-\delta_\phi f_\phi w \tag{3.10}$$

$$\frac{\mathrm{d}v}{\mathrm{d}t}=-\frac{C_P\theta}{a}\frac{\partial \Pi'}{\partial\phi}-\frac{C_P\theta}{a}\frac{\partial\tilde{\Pi}}{\partial\phi}-fu+F_v-\delta_M G_v \tag{3.11}$$

$$\delta_{NH}\frac{\mathrm{d}w}{\mathrm{d}t}=-C_P\theta\frac{\partial \Pi'}{\partial z}-C_P\theta'\frac{\partial\tilde{\Pi}}{\partial z}+F_w+\delta_M G_w+\delta_\phi f_\phi u \tag{3.12}$$

$$\frac{\mathrm{d}\Pi'}{\mathrm{d}t}=-\frac{\mathrm{d}\tilde{\Pi}}{\mathrm{d}t}-\frac{\Pi D_3}{(\gamma-1)}+\frac{F_\theta^*}{(\gamma-1)\theta} \tag{3.13}$$

$$\frac{\mathrm{d}\theta'}{\mathrm{d}t}=-\frac{\mathrm{d}\tilde{\theta}}{\mathrm{d}t}+\frac{F_\theta^*}{\Pi} \tag{3.14}$$

使用一维静力参考大气比较简单，但预报偏差量较大，三维静力参考大气可获取很小的预报偏差量，但模式预报方程更为复杂，需要考虑更多项。如参考大气水平气压梯度力项等，如(3.10)和(3.11)式。另外，连续方程，热力学方程也相应增加考虑参考大气的水平平流项，如(3.13)和(3.14)式。根据新的方程，进行线性化分离、坐标变换，建立相应的 Helmholtz 方程进行隐式求解。

2. 迭代法半隐式-半拉格朗日

使用半隐式半拉格朗日时间差分方案(Mawson，1998，Wood et al，2014，Diamantakis，2013)，对于提高非静力模式的计算稳定性和计算精度来说都是较为适当的选择，但需要求解复杂的隐式方程。在模式中，求解复杂的隐式方程(Helmholtz 方程)，首先需要进行线性化分离，因为非线性项不参与隐式求解，一般在隐式求解前需估算出非线性项的值。例如对 W 方程(3.12)进行线性化分离，可得该方程的线性项和非线性项，如下：

$$L_w=-C_P\tilde{\theta}\left(\frac{\partial\tilde{\Pi}'}{\partial z}\right)-C_P\theta'\frac{\partial\tilde{\Pi}'}{\partial z}$$

$$N_w=-C_P\theta'\left(\frac{\partial \Pi'}{\partial z}\right)+F_w \tag{3.15}$$

两时间步半隐式-半拉格朗日时间差分方案中，n 时步的非线性项可在求解隐式方程前算出，而 $n+1$ 时步仍为未知量，所以在求解隐式方程前需要进行估算，原 GRAPES 模式使用外推法直接近似计算，如下(3.16)式为非线性项的估算。

$$\tilde{N}_w(\lambda,\varphi,z,t+\Delta t)=2N_w(\lambda,\varphi,z,t)-N_w^f(\lambda,\varphi,z,t-\Delta t) \tag{3.16}$$

(3.16)式中 $\tilde{N}_w(\lambda,\varphi,z,t+\Delta t)$ 为 $n+1$ 时步估算值，N_w^f 表示时间平滑。(3.16)式算法简单，求解方便。外推法虽简单但会牺牲计算精度，特别是系统生消较快时会产生较大误差，从而影响模式预报准确率。

为了提高模式预报准确率，华南区域中尺度模式采用了分步计算的方案。主要做法是：在求解隐式方程(Helmholtz 方程)前增加 $n+1$ 时步预报变量的预求解，然后根据预求解所得 $n+1$ 时步的预报场的值，计算各方程的非线性项，如(3.15)式为 W 方程的非线性项，用分步法可容易算出，因此 $n+1$ 时步的非线性项可以在求解 Helmholtz 方程前算，然后全部参与隐式方程求解，试验表明，分步非线性项算法可提高模式预报准确率。

3. 物理过程与动力过程耦合方案

在 GRAPES 模式中的时间积分格式的具体表达为：

$$\frac{A^{n+1}-A_*^n}{\Delta t}=\alpha_\varepsilon(L_A+N_A)^{n+1}+\beta_\varepsilon(L_A+N_A)_*^n+\alpha_p S_A^{n+1}+\beta_p S_{A^*}^n$$

$$(A)^{n+1}=(A)_*^n+\Delta t[\alpha_\varepsilon(L_A+N_A)^{n+1}+\beta_\varepsilon(L_A+N_A)_*^n]+\Delta t\alpha_p S_A^{n+1}+\Delta t\beta_p S_{A^*}^n \tag{3.17}$$

其中 $n+1$ 表示 $t+\Delta t$ 的值，n 表示 t 时刻的值；A 代表 u,v,w,θ,Π 等预报变量；$\alpha_\varepsilon,\beta_\varepsilon,\alpha_p,\beta_p$ 分别表示权重系数；S_A 表示物理过程的 A 变量，L_A 表示 A 变量的线性项，N_A 表示 A 变量的非线性项，下标星号表示拉格朗日上游点。

由(3.17)式合并可得

$$(A)^{n+1}=\Delta t\alpha_\varepsilon(L_A)^{n+1}+A_0 \tag{3.18}$$

$$A_0=(A)_*^n+\Delta t[\alpha_\varepsilon(\widetilde{N}_A)+\beta_\varepsilon(L_A+N_A)_*^n]+\Delta t\alpha_p S_A^{n+1}+\Delta t\beta_p S_{A^*}^n \tag{3.19}$$

$$A_0=(A)_*^n+\Delta t[\alpha_\varepsilon(\widetilde{N}_A)+\beta_\varepsilon(L_A+N_A)_*^n]+\Delta t\beta_p S_{A^*}^n \tag{3.20}$$

(3.18)式为合并结果，其中 A_0 为(3.19)式。

原 GRAPES 模式方案要点是：(1)物理过程要在求解 Helmholtz 方程后进行计算；(2)边界层参数化过程所得半层上的 U、V 风反馈值直接加回动力过程预报场；(3)次网格参数化和微物理在半层上的位温和水物质的反馈值，插值到整层后加回动力过程预报场。

该方案存在的不足之处：(1)按照导出的预报方程如上的(3.18)式，物理过程应在求解 Helmholtz 方程之前完成，并参与 Helmholtz 方程计算，而该方案未能做到；(2)半层上的物理反馈值需要插值，甚至外插到整层，直接加回动力场，可能由此带来一些不协调和误差。

改进方案，n 和 $n+1$ 时间步的物理过程都可以在求解 Helmholtz 方程之前完成，并参与求解 Helmholtz 方程计算，物理过程的反馈量值不需直接加回动力场，而是作为 Helmholtz 右端项的增量参与求解。如果使用新方案，则 A_0 如(3.19)式所示，A_0 包含了 n 和 $n+1$ 时步的物理作用项，而旧方案的 A_0 如(3.20)式所示，A_0 仅含了 n 时步的物理作用项，而占主要$n+1$ 步未考虑。

新方案将复杂的物理反馈作为隐式方程的右端项参与 Helmholtz 方程求解，这样不仅可以减少一些插值误差，也可以通过 Helmholtz 方程求解，过滤掉一些不协调信息，从而提高预报精度。试验表明，它有利于提高模式稳定性和预报精度，对台风路径预报也有明显的改进。

3.1.4 华南区域中尺度模式物理方案

在数值天气预报模式中，动力过程和物理过程是模式的核心部分，大气动力过程与物理过程相互作用、相互影响，共同推动着天气系统的发生发展，动力过程一般要在有限网格上进行计算，主要包括平流、对流调整和湍流扩散等过程，而物理过程主要是一些次网格天气过程和网格尺度上的相变过程等。中尺度模式的物理过程主要分为两大类。一种是大气中

的过程，如长短波辐射、云微物理、湍流和深浅对流等过程；另一种是对大气运动有重要影响的下垫面过程，如海、陆面过程等。在华南区域模式中，积云参数化方案采用改进的SAS方案，包含浅对流和深对流方案，微物理过程采用WSM6方案、长短波辐射采用RRTMG方案，边界层方案采用改进的MRF方案，海陆面过程采用自主研发的SMS方案。模式物理重点针对海陆面边界层参数化和云降水物理等两方面开展研究，根据外场观测试验对比和数值模拟研究，进行技术调整，最后形成华南区域模式的物理方案。

3.1.4.1 模式云降水物理方案

模式云降水物理过程包括：积云对流参数化物理过程和微物理过程，其中积云对流参数化方案由浅对流和深对流方案组成，且深对流方案根据高分辨模式的特点进行改进。积云对流参数化方案基于SAS方案(Simplified Arakawa-Schubert Scheme)。SAS方案(Arakawa et al,1974;Pan et al,1995;Han et al,2011)是由Arakawa于1974年提出的AS方案简化得到的。该方案通过云底质量通量作为积云活动强度的度量，并将闭合问题归结为对积云云底质量通量进行参数化。该方案包含积云群与大尺度强迫之间复杂的相互作用过程，包括云中上升气流的绝热冷却及环境空气的卷入混合对凝结潜热的抵消作用；因积云上升诱发的环境空气补偿下沉运动引起的增温增湿作用；云顶附近液态水的卷出蒸发使环境大气变冷变湿的影响。假设大尺度辐合的强迫成云作用与积云对流导致的云间补偿下沉运动所引起的消云作用接近平衡，云功函数变化很小，这样就可以计算出云底质量通量并最终确定积云对大尺度场的反馈作用。在该方案中，积云群被视为一种间接的“冷塔”，这与大尺度辐合方案(Kuo方案)把积云作为直接“热塔”有本质性区别。针对高分辨模式的特点改进了深对流参数化方案，改进的要点：(1)考虑积云覆盖比的影响以适应模式趋势向高分辨率；(2)考虑云底CIN对对流触发的影响，减少模式降水空报，特别是热带降水的空报。

3.1.4.2 地形重力波拖曳参数化方案

模式引入KA95(Kim et al,1995,简称KA95方案)地形重力波参数化方案，与传统的地形重力波参数化方案不同，KA95方案不仅考虑了高层波破碎对重力波拖曳的影响，也考虑了因低层波破碎对下游重力波拖曳的影响：当气流翻越不规则地形时，在参考层会产生相应的应力，它会以重力波的形式向垂直方向发展，当重力波遇到不稳定条件时波破碎，这一方面使得拖曳力减弱，另一方面将重力波向下游传播，换言之，剩余的拖曳将在波破碎后继续扩散，这种拖曳的垂直梯度使得重力波得以往下游发展。

研究表明，在不考虑次网格地形重力波拖曳(简称GWDO)参数化过程时，模式对风场的模拟将出现较大偏差。在模式业务版中发展和引进了Kim和Arakawa(1995,简称KA95)GWDO参数化方案，模式对地面要素预报和风场的预报能力均有提高。根据Kim和Arakawa(1995)，当气流翻越不规则地形时，在参考层会产生相应的应力，它会以重力波的形式向垂直方向发展，当重力波遇到不稳定条件时波破碎，这一方面使得拖曳力减弱，另一方面将重力波向下游传播。模式引入重力波拖曳总体上提高模式预报精度，特别是长时效预报效果较为明显。试验说明，考虑地形重力波拖曳，提高了模式的预报能力。

3.1.4.3 海陆面参数化方案

原模式的陆面方案Slab和Noah存在一些不足，如Slab方案由于没有考虑土壤湿度的变化，没有考虑薄层土壤底部温度的日变化，会导致土壤热通量的模拟出现偏差。而Noah方案虽然考虑了土壤湿度和植被冠层的因素，但是蒸发要比实况偏高很多。另外，模式也没有考虑海温预报等等。针对存在问题，在原模式的基础上，开发海陆面参数化方案 SMS（Simplify Model for land Surface）。SMS 主要包括陆面温度，土壤湿度和海温等三个预报模块。

土壤温度预报采用地表热平衡方程，增加考虑底层变化。考虑到方案设计的原则，我们采用强迫恢复法来预报土壤底层温度预报。强迫恢复法基本抓住了土壤表层温度日变化和深层温度年变化的特点，简化了土壤热平衡的研究。该方案至今仍然在许多陆面模式中使用。表层土壤湿度的预报采用简单的“水桶”模型来预报地表土壤湿度。SMS 方案除了土壤温度预报模块、土壤水预报模块，又引入了基于海表能量平衡提出的表层海表温（skin sea surface temperature）预报方案（Brunke et al，2008）。在海表温度预报模块预报出海表温度，根据海表温度的变化，相应计算出新的海表感热通量和潜热通量。

离线试验表明，相比 SLAB 和 NOAH 方案，SMS 方案预报的感热通量、潜热通量稳定且更加合理。实际试验测试表明，海陆面参数化方案 SMS 的性能稳定，陆面温度、湿度预报和海温预报稳定有效，有助于提高模式的预报性能。

3.1.5 华南区域中尺度模式资料同化

中尺模式系统主要由资料前处理与同化系统、模式运行系统、资料后处理系统、检验系统和业务运行监控系统五部分组成。其中，资料前处理与同化系统主要负责准备模式所需的模式初始场；模式运行系统主要负责数值模式的运行；资料后处理系统、检验系统主要负责资料的后处理和产品的制作、分发及检验；业务运行监控系统主要负责上述系统运行的各个环节实行实时监控，以保障整个数值天气预报模式系统的正常运行。

3.1.5.1 资料前处理与同化系统

中尺度模式系统包括模式资料前处理、质量控制、资料同化部分，所使用的观测资料包括雷达、探空、地面、船舶和风廓线等。

中尺度模式系统背景场和边界场采用 0.125°×0.125°ECMWF 资料，同时，备份了 0.5°×0.5°的 NCEP 资料和 T639 背景场资料。

中尺度模式系统基于 Grapes-m3dv 版本，开发了多尺度同化版本，对观测资料采取多尺度同化方案，在目标函数的极小化过程中，选取不同的网格、背景误差协方差以及递归滤波半径，利用多重网格的计算方案来获取观测中的多尺度信息。

多重网格法的基本思想是用一系列网格去离散求解区域，在不同疏密的网格层上用迭代法求解，以平滑不同频率的误差分量，然后通过网格层间的适当联系将误差订正效果综合起来，有效地减弱多种尺度范围内的误差分量。该方法的优点是：粗网格上需要的计算资源很少，并且用不同网格可以加速不同频率误差的收敛速度，因此可以明显提升计算速度；由于多重网格的设计，使其在处理多尺度信息方面具备优势。

3.1.5.2 云分析与水凝物同化

综合应用地面观测、卫星红外和可见光资料、雷达反射率等观测资料以及背景场中的各种水凝物及热力信息，根据云热力-动力学原理及观测实验经验关系等，对云的信息进行分析。

基于云分析网格场，开发 nudging 技术，进行快速同化，在高分辨模式中应用分析的水汽和云降水信息，提高模式预报水平（图 3.2）。

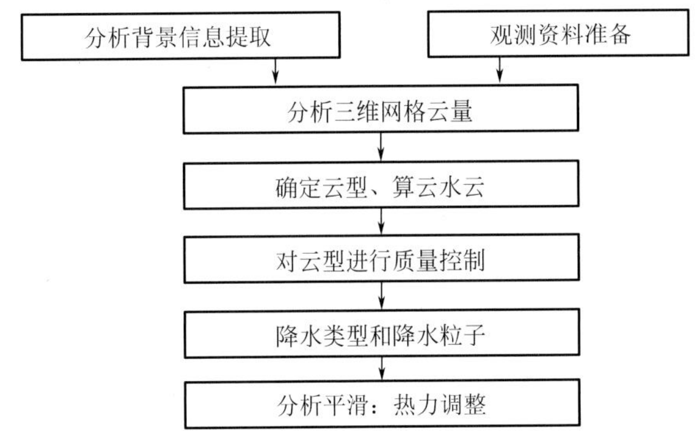

图3.2　云分析示意图

3.2　华南区域中尺度模式业务系统

基于GRAPES_MESO开发的GRAPES_GZ是目前华南区域气象中心业务运行的中尺度模式。2011年起开发模式V1.0，模式水平分辨率9千米，于区域中心IBM机上正常业务运行，实时提供预报产品。近年来，根据业务发展需求，模式开发人员着手对模式系统进行了升级改进，发展模式V2.0版本，水平分辨3千米，模式系统总体运行稳定，预报误差较小，通过业务准入并正式发布预报产品。

3.2.1　中尺度模式技术特点

GRAPES_GZ V2.0版采用三维参考大气，迭代法半隐式半拉格朗日方案，经-纬度网格的网格设计，水平方向取Arakawa-C网格，垂直方向采用Charney-Philips垂直分层设置，垂直坐标为高度地形追随坐标。物理过程包括云微物理显式降水，次网格积云对流参数化、长波辐射、短波辐射、陆面过程及边界层过程。

相比V1.0版，模式V2.0版通过多项技术改进，预报精度有了明显提升，主要改进包括：

(1)V1.0版本的模式中采用的是一维静力参考大气，即参考大气满足静力关系，且仅仅是高度的函数。采用一维静力参考大气，易导致在不同地区扰动量大小差别很大，引起较大的计算误差。另外在分解线性项和非线性项时，不能保证非线性是小项，降低了模式的稳定性和精度。在新版本模式V2.0预报方程中设计了三维参考大气技术，有效地减少了模式预报中扰动量偏大的现象，提高了模式的稳定性和精度；

(2)V1.0版本模式中采用半隐式半拉格朗日时间差分方案，非线性项不参与隐式求解，在隐式求解前用时间外推法估算出非线性项，易造成明显误差。V2.0版本模式采用迭代半隐式半拉格朗日方案，通过预估校正法计算非线性项，提高模式预报性能；

(3)V1.0版本模式中物理过程的计算是在求解亥姆赫兹方程之后进行的，然后将物理反馈插值到模式动力场上，并且没有考虑物理过程对变量PI的反馈，这可能会导致模式动力框架和物理过程之间的不协调，反映在模式预报上则会表现出许多虚假的小尺度扰动。新版本模式V2.0将物理过程的计算过程参与亥姆赫兹方程的求解，考虑了模式动力框架和物理过程之间的耦合，明显减少了由物理过程反馈引起的预报场不连续现象；

(4)针对垂直速度偏大而引起的计算不稳定问题，引入w_damping技术，提高了模式的稳定性；

(5)水汽平流方案由 QMSL 方案改为精度更高的 PRM 方案；

(6)改进了垂直分层方案，并将垂直分层从 55 层增加到 65 层，模式顶高度也从 28 千米改为 31 千米；

(7)引进云分析系统，主要基于雷达观测分析三维云参数；开发了并行 nudging 技术，能够快速与云分析系统衔接，可以不间断地将观测到的云、水、冰等物质融合到模式初始场中，从而改善短临预报效果；

(8)长短波辐射从原来的 RRTM 方案升级为 RRTMG 方案，改进了深对流方案，与浅对流、微物理结合形成耦合云降水方案；

(9)重新制作高精度静态数据，改进陆面模式及其陆面分析方案，提高模式地面要素预报能力。

3.2.2 中尺度模式应用与评估

3.2.2.1 GRAPES-GZ 模式 V2.0 总体预报性能分析

针对 2015 年的测试结果以及 2017 年以来实时运行的表现，可以看出华南区域中尺度模式 V2.0 预报性能总体稳定，相比 V1.0 有提高。

从形势场的预报上看，GRAPES_GZ 模式 V2.0 总体误差较小。在 3 千米分辨率下对比，GRAPES_GZ 模式 V2.0 相比 GRAPES_GZ 模式 V1.0 形势场预报误差显著减小。

GRAPES_GZ 模式 V2.0 通过多项技术改进升级，模式性能改进明显，特别是在高分辨率条件(如 3 千米或者 1 千米)，模式性能稳定，且误差小。相比业务上 GRAPES_GZ 的 9 千米模式也有明显优势。下面介绍的 MODEL-A 是指 GRAPES_GZ 模式 V1.0(9 千米分辨率)，MODEL-B 是指 GRAPES_GZ 模式 V2.0(3 千米分辨率)。

3.2.2.2 高空形势检验对比

对比了 Model-A 和 Model-B 在 1000 百帕到 20 百帕不同等压面上的高度场、温度场和风场 48 小时预报的平均绝对误差，Model-B 预报的误差小于 Model-A(图 3.3 仅给出高度

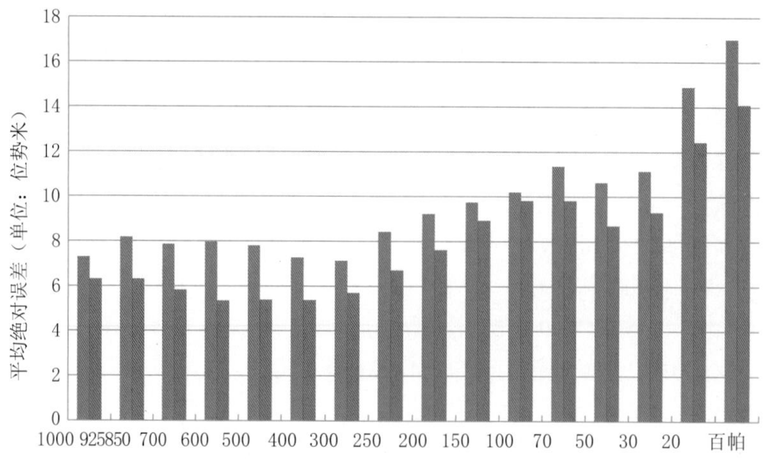

图 3.3　2015 年 Model-A 与 Mode-B 不同等压面的高度场的 48 小时预报平均绝对误差检验

(蓝色：Model-A；橘色：Model-B)

场，其他要素略）。Model-B 其他时次的不同等压面的风、温度、高度场的预报效果总体都优于 Model-A。

3.2.2.3　降水和地面温度预报检验对比

Model-B 的晴雨和暴雨预报效果优于 Model-A，而中雨和大雨的预报效果相当。如图 3.4 是 Model-A 和 Model-B 每日 48 小时降水预报的晴雨评分，Model-B 的平均评分高于 Model-A。

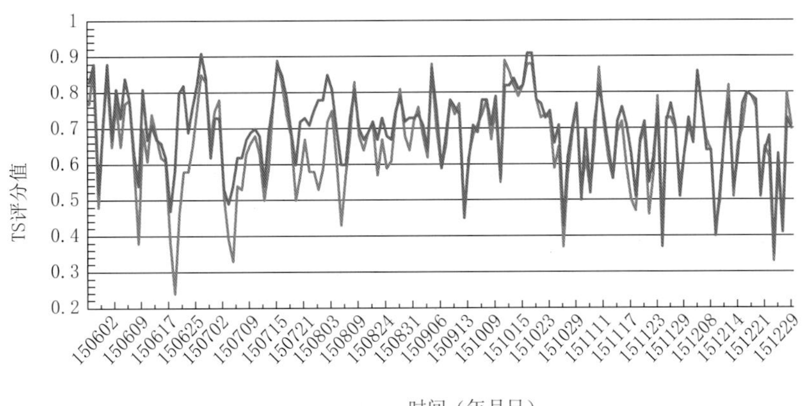

图 3.4　2015 年下半年 Model-A 与 Model-B 每日 48 小时降水预报的 TS 评分值（蓝色：Model-A；绿色：Model-B）

图 3.5 是 Model-A 和 Model-B 每日的 48 小时 2 米温度场预报的平均绝对误差对比，可以明显地看到 Model-B 的平均绝对误差小于 Model-A。

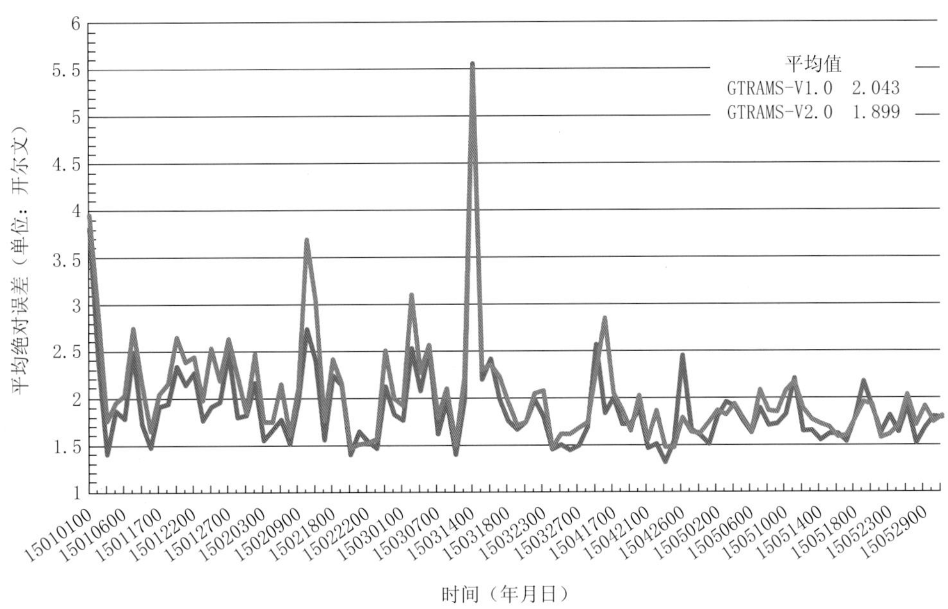

图 3.5　2015 年上半年 Model-A 与 Model-B 每日 48 小时 2 米温度场预报的平均绝对误差检验（蓝色：Model-A；绿色：Model-B 模式）

3.3 广东短临预报模式技术与系统

3.3.1 逐小时滚动更新的3千米分辨率模式

GRAPES_GZ_R 3千米模式(之前称CHAF)覆盖泛珠三角地区,模式范围经度从96 °E至123.36 °E,纬度16 °N至31.36 °N。水平格距为0.03°,垂直方向分65层,逐时滚动预报24小时天气。流程如下:(1)以最近时次EC或NCEP GFS分析场或预报场为模式边值;(2)采用前3小时模式起报的3小时预报场为该时次模式初值,并以此为背景场进行3Dvar和云分析,生成新的分析场,启动24小时时效的模式积分。如此循环,每时次的模式初值均由前3小时的预报场,经3Dvar和云分析后生成。其流程如图3.6所示。

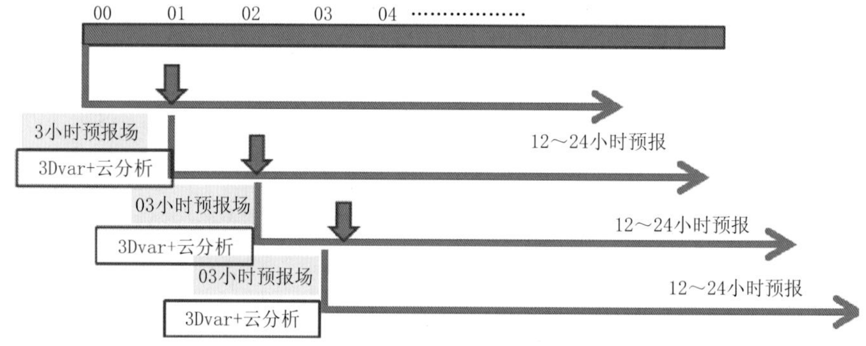

图3.6 GTRAMS-RUC-3千米模式业务流程图

GRAPES_GZ_R 3千米是基于区域GRAPES_GZ的短时预报模式,该模式通过快速同化雷达、地面等资料,重点提高突发强天气的短临预报效果。对比图3.7(a)和(b)可以看出,快速同化雷达资料可以很好地预报飑线系统的移动变化过程。

GRAPES_GZ_R 3千米主要产品:

3千米的数据产品提供给泛珠范围内的八省共享;

预报时效:每天24次(逐时),每次24小时预报,逐小时间隔输出;

分辨率:0.03° * 0.03°;

网格数:873 * 473;

范围:96.6°—122.76 °E;16.6°—30.76 °N;

产品传输时间:比起报时间延迟1小时,比如08时的预报09时到达;

模式产品:

存储格式:GRIB2;

文件名:

Z _ NAFP _ C _ BCGZ _ YYYYMMDDHHmmss _ P _ LARP-GRAPES-R3KM-FFFMM.grib2。

其中Z_NAFP_C_为固定代码,BCGZ代表广州,LARP代表区域数值天气预报重点实验室,YYYYMMDDHHmmss代表起报时间(年月日时分秒),GRAPES-R3KM代表逐时循环同化系统,FFFMM代表预报时效(FFF为小时,MM为分)。

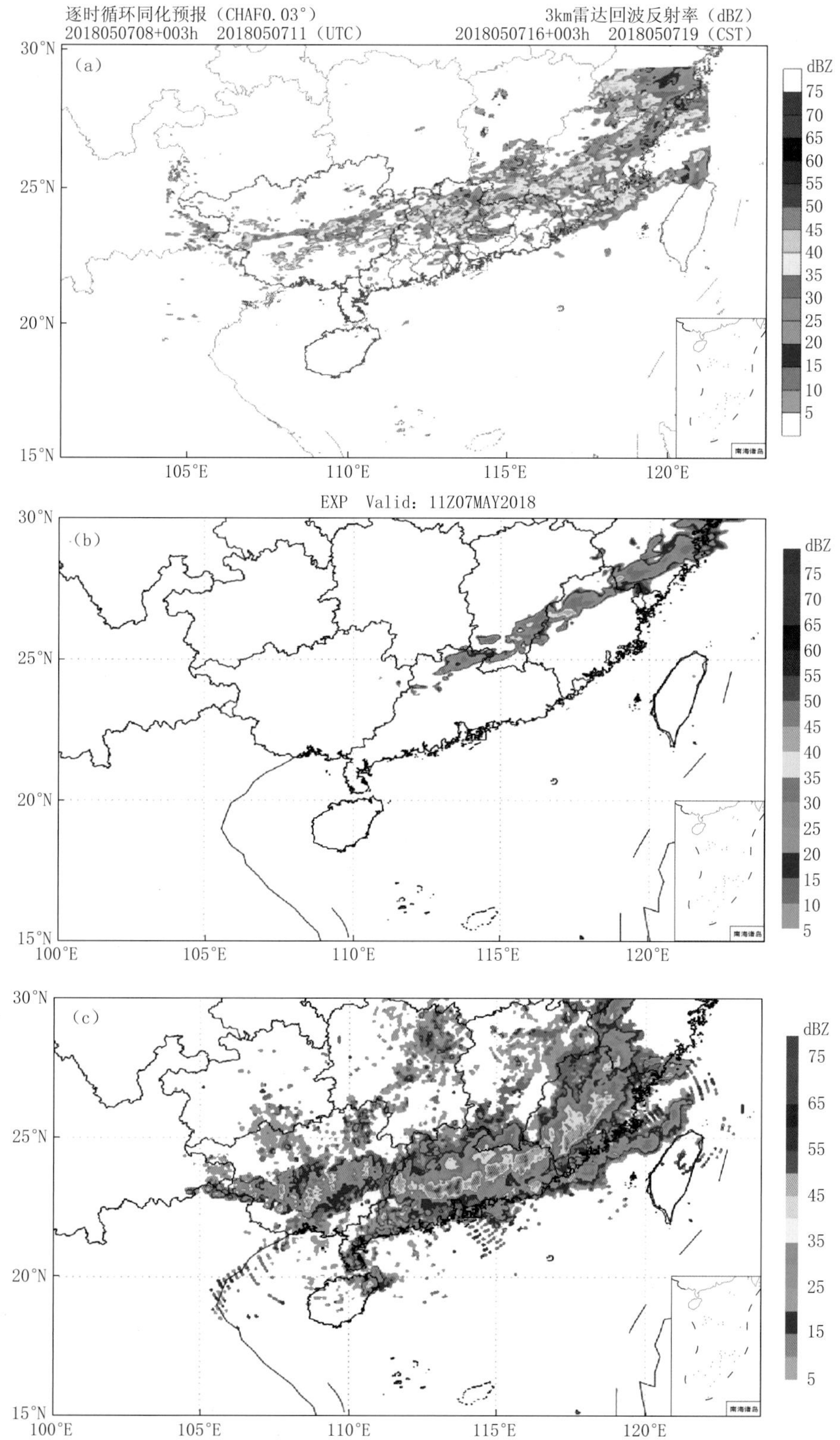

图 3.7 2018 年 5 月 7 日 08 时(UTC)起报的 GRAPES_GZ_R 3 千米的 3 小时雷达反射率预报

(a. 有雷达同化，b. 无有雷达同化，c. 实测反射率)

数据参数：见表 3.1

表 3.1　逐时循环同化系统数据参数说明

<table>
<tr><th>要素名称</th><th>单位</th><th>时次</th><th>时效</th><th>层次数</th><th>层次号</th><th>数据区大小</th></tr>
<tr><td>东西风 U</td><td>米/秒</td><td rowspan="15">逐小时</td><td rowspan="15">0～24 小时，逐小时</td><td rowspan="6">12</td><td rowspan="6">1000,925,850,700,600,500,400,300,250,200,150,100 百帕</td><td rowspan="15">分辨率
0.03°×0.03°
网格数
873 * 473
地理范围
96.6°—122.76 °E;
16.6°—30.76 °N</td></tr>
<tr><td>南北风 V</td><td>米/秒</td></tr>
<tr><td>温度 T</td><td>开尔文</td></tr>
<tr><td>位势高度 H</td><td>位势米</td></tr>
<tr><td>相对湿度</td><td>%</td></tr>
<tr><td>垂直速度</td><td>米/秒</td></tr>
<tr><td>地面气压</td><td>百帕</td><td></td><td></td></tr>
<tr><td>海平面气压</td><td>百帕</td><td rowspan="8">1</td><td rowspan="8">1</td></tr>
<tr><td>对流性降水</td><td>毫米</td></tr>
<tr><td>大尺度降水</td><td>毫米</td></tr>
<tr><td>2 米比湿</td><td>千克/千克</td></tr>
<tr><td>2 米温度</td><td>开尔文</td></tr>
<tr><td>10 米东西风</td><td>米/秒</td></tr>
<tr><td>10 米南北风</td><td>米/秒</td></tr>
<tr><td>组合雷达反射率</td><td>dBZ</td></tr>
</table>

3.3.2　分钟级滚动更新的 1 千米分辨率模式

GRAPES_GZ_R 1 千米模式是分钟级更新的短临模式，预报范围仅限于广东省。由于计算资源需求大，目前是利用国家超级计算广州中心的超级计算机“天河二号”搭建该业务模式系统。其模式范围为 107°—119 °E，18°—27 °N，边界条件与初值均由 GRAPES_GZ 3 千米模式的预报场提供。如图 3.8 所示，逐 12 分钟滚动制作未来 6 小时的短临预报。由于更新频次大，可以在较短的时间内生成众多的预报样本，可为构建时间滞后的短临集合预报提供良好的数据集。

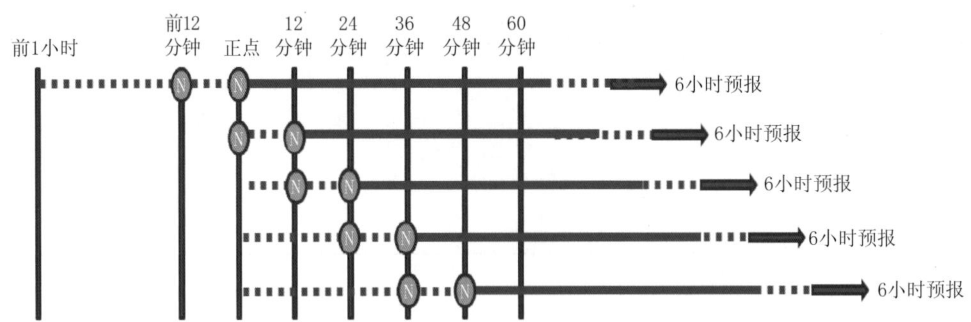

图 3.8　GTRAMS-RUC-1 千米模式流程图

1 千米模式数据产品主要提供广东省内使用。

预报时效：每 12 分钟起报一次，作未来 6 小时预报，12 分钟间隔输出。

分辨率：0.01°＊0.01°。

网格数：1161＊861

范围：107.2 °E—118.8 °E；18.2 °N—26.8 °N

产品传输时间：比起报时间延迟半小时左右，比如 08 时 00 分的预报 08 时 30 分左右到达。

模式产品：

存储格式：二进制。

文件名：GTRAMS1 kmYYYYMMDDHHmm???。

其中 GTRAMS1 km_为固定代码，，YYYYMMDDHHmm 代表起报时间（年月日时分），??? 代表预报时效（000，012，024…360，表示分钟）。

数据参数：见表 3.2

表 3.2　逐时循环同化系统数据参数说明

要素名称	单位	时次	时效	层次数	层次号	数据区大小
地面气压	百帕	每 12 分钟	6 小时	1	1	分辨率 0.01°＊0.01° 网格数 1161＊861 地理范围 107.2°-118.8 °E； 18.2°-26.8 °N
海平面气压	百帕					
对流性降水	毫米					
大尺度降水	毫米					
2 米比湿	千克/千克					
2 米温度	开尔文					
地面温度	开尔文					
10 米东西风	米/秒					
10 米南北风	米/秒					
组合雷达反射率	dBZ					

3.4　小结和未来发展计划

新版华南区域中尺度模式 GRAPES_GZ 应用近年来研发的技术方案，模式预报性能有了明显提升，例如研发的三维静力参考大气技术，能明显减小预报扰动的量值，提高模式计算稳定度和精度。特别是在高分辨非静力模式产生的计算误差，很容易引起非静力虚假扰动而放大模式预报误差。使用三维静力参考大气技术，一方面减少计算误差，另一面可以有效地实施静力平衡扣除，显著地减少虚假非静力扰动，从而提高模式预报准确率。除此之外，开发了迭代法 SISL 方案，还针对垂直速度偏大而引起的计算不稳定问题，引入 w_damping 技术，升级水汽平流方案，改进了模式垂直分层方案等；物理过程方面，长短波辐射也从原来的 RRTM 方案升级为 RRTMG 方案，并构建新的云降水物理方案，提高降水预报效果；重新制作高精度静态数据，改进陆面模式及其陆面分析方案，提高模式地面要素预报能力；开发并行 nudging 技术，快速地与云分析系统进行衔接，可以不断地将观测到的云物质融合到模式初始场中，从而改善短临预报效果，也增加雷达云分析系统，快速同化雷达观测，提高短临预报能力。测试和实时预报评估分析表明，GRAPES_GZ 的 V2.0 版运行稳定，总体性能优于 V1.0。另外基于 GRAPES_GZ，开发快速滚动短临预报模式 GRAPES_GZ_R，为短临预报提供服务。

新版模式总体构架及其预报系统已建立，且模式已具备较好业务参考价值。但目前同化系统，模式低层和高精度地形的技术处理，云降水方案等仍有许多不足之处，需要进一步完善以提高模式预报性能。近期改进工作主要包括：(1)增加考虑闪电资料、卫星云信息和地面温度观测等的同化应用；(2)发展基于扰动方程的变分四维同化系统，提高资料同化质量；(3)完善预估校正与三维静力参考相结合的动力方案，改进边界层方案的技术细节，提高模式预报精度；(4)改进模式云降水方案，全面提高各量级降水预报能力。

参考文献

陈子通，戴光丰，2016. 中国南海台风模式(TRAMS-v2.0)技术特点及其预报性能[J]. 热带气象学报，32(6)：831-840.

陈子通，2016. 模式动力过程与物理过程耦合及其对台风预报的影响研究[J]. 热带气象学报，32(1)：1-8.

李昊睿，丁伟钰，薛纪善，等，2014. 广东省 GPS/PWV 资料的质量控制及其对前汛期降水预报影响的初步研究[J]. 热带气象学报，30(3)：454-462.

徐道生，陈子通，钟水新，等，2014. 积云参数化方案中云底质量通量的限制及其在高分辨率模式中的应用[J]. 热带气象学报，30(3)：401-412.

Arakawa A，Schubert W H，1974. Interaction of a cumulus cloud ensemble with the large scale enivironment，Part I[J]. J Atmos Sci，31(3)：674-701.

Brunke M A，Xubin Zeng，Vasubandhu Misra，2008. Integration of a prognostic sea surface skin temperature scheme into weather and climate models[J]. J Geos Res，113：D21117.

Chen Dehui，Xue Jishan，Yang Xuesheng，et al，2008. New generation of a multi-scale NWP system (GRAPES)：General scientific design[J]. Chin Sci Bull，53：3433-3445.

Chen Zitong，Zhang Chenzhong，Hunag Yanyan，et al，2014. Track of super typhoon Haiyan Predicted by a typhoon model for the South China Sea[J]. Journal of Meteorological Research，28：510-529.

Diamantakis M，2013. The semi-lagrangian technique in atmospheric modelling：current status and future challenges[J]. ECMWF Seminar in Numerical Methods for Atmosphere and Ocean Modelling：4-9.

Han J，Pan H L，2011. Revision of convection and vertical diffusion schemes in the NCEP global forecast system[J]. Wea Forecasting，26(4)：520-533.

Kim Y J，Arakawa A，1995. Improvement of orographic gravity-wave parameterization using a mesoscale gravity-wave model[J]. J Atmos Sci，52：1875-1902.

Mawson M H，1998. The semi-Lagrangian advection scheme for the semi-implicit Unified Model integration scheme[J]. FR Working Paper：162.

Pan H L，Wu W S，1995. Implementing a mass flux convection parameterization for the NMC Medium-Range Forecast model[J]. NMC office note，40(9)：40.

Simmons A J，Burridge D M，Jarraud M，et al，1989. The ECMWF medium-range prediction models：development of the numerical formulations and the impact of increased resolution[J]. Meteorol Atmos Phys，40：28-60.

Staniforth A，White A，Wood N，et al，2006. Unified model documentation paper[J]. Met Office：135-198.

Wood N, Staniforth A, White A, et al, 2014. An inherently mass-conserving semi-implicit semi-lagrangian discretization of the deep-atmosphere global non-hydrostatic equations[J]. Quart J Roy Meteor Soc, 140: 1505-1520.

Zhong Shuixin, Chen Zitong, 2016. Improved wind and precipitation forecasts over South China using a modified orographic drag parameterization scheme[J]. Journal of Meteorological Research, 22(04): 522-534.

第 4 章　精细化网格数字天气预报技术

与传统城镇预报不同，精细化网格预报对客观预报技术提出了更高的需求。网格预报技术包括了基于密集站点观测的实况资料网格分析技术、雷达联合雨量计的雷达定量降水估测技术、基于外推法的短临预报技术、雷达外推法与数值模式的融合技术、基于模式释用的中短期网格预报技术，以及多模式动态集成技术和集合预报产品应用技术等。这些客观预报技术为广东数字网格预报业务的发展提供了强有力的技术支撑。

在精细化网格预报技术发展过程中，考虑了华南和低纬度地区特点，也针对本地区主要的灾害性天气进行了分析。在研究定量降水预报技术时，考虑到华南地区多局地对流性单体，因此发展了光流法替代 COTREC（交叉相关算法）技术用于雷达回波外推，研发了动态 Z-I 调整法取代静态分级 Z-I 关系增强算法的自适应能力，使得定量降水预报精度有较大提升。在温度要素网格预报时，基于单一模式释用的方法，因影响华南的天气系统类型较多，在面对不同天气时表现出一定的不适用性；而基于实时检验分析结果建立的多模式动态集成释用技术，能在整体上取得较好的预报效果。另外，华南强降水频发，而集合预报方法是一种用来定量估计预报误差也即预报不确定性的动力学方法，因此也尝试了基于集合预报产品，采取概率匹配和最优百分位方法，针对广东强降水进行了业务应用和预报效果评估。

4.1　网格实况场分析技术

4.1.1　基于站点观测的温度网格分析技术

气象要素精准化是气象现代化的核心要求。大气数值模式的驱动，需要准确、精细的网格化气象资料。然而，由于经济和人力因素等原因，气象站点无法做到无限量的密集，也无法保证在每个精细化网格上都有足够的气象观测信息。对于如何将局地小尺度上获得的信息扩展到较大区域，获取精细化的网格气象资料，在实际应用过程中，通常采用插值方法实现站点资料的网格化分析。

1. 温度网格实况分析方法

将各气象站温度数据按气温直减率法订正到同一海拔高度上（零海拔），采用 MATLAB 中的 Kolmogorov-Smirnov 方法，对零海拔平面气温值进行正态分布检验，选用克里格（Kriging）法对零海拔平面上的温度进行空间插值，再按照气温直减率法得到不同高程平面上的温度分布。采用 ArcGIS 软件生成数字高程模型，提取坡度、坡向，结合太阳轨迹变化，建立太阳辐射模型，分别求出水平面和坡地上任一时刻、任一地点的太阳天文辐射值。用坡地与平地的辐射差异表示坡地与平地的温度差异，进而推算实际地形下温度的空间分布。

2. 温度网格实况处理流程

(1)地形处理

数字高程模型以 1∶25 万的数字化地形图为信息源，生成数字高程模型(DEM)，并从数字高程模型中导出高程、坡度和坡向等地形信息。另外，从地理信息数据中提取省、市行政边界矢量地图。数字高程模型空间分辨率为 1000 米，网格数：587(行)×779(列)＝462323(Bytes)。栅格文件对应左上角坐标为(25.52144498N，109.66635010E)，右下角坐标为(220.22573611N，117.28420556E)。

(2)零海拔平面上站点气温的推算

各观测站温度数据按式(4.1)订正到零海拔平面高度：

$$T_h = T_0 - \frac{r}{100} \times \Delta h \tag{4.1}$$

式中，T_h 为不同高程平面上的温度(℃)，T_0 为零海拔平面上的温度(℃)，r 为每上升 100 米的气温直减率(℃/100 米)，根据广东实际，r 的值取 0.54，Δh 为高度差(米)。

(3)零海拔平面气温的空间插值

气温数据的总体分布形态将决定采用的空间插值方法，气温样本符合正态分布或对数正态分布时，可使用普通克里格(Kriging)方法进行空间插值。

(4)实际高度平面上气温的推算

将使用普通克里格法插值后的零海拔平面气温值，根据式(4.1)，并取 r＝0.54 ℃，得到各网格点实际高度平面上的气温值。这一数值反映了气温随纬度、经度、海拔高度的分布趋势。

(5)坡地日天文辐射计算

坡度、坡向等地形因子对温度的影响是通过辐射起作用的，地形通过改变辐射的分布而影响温度的空间分布。

水平面日天文辐射计算：

$$Q_l = \frac{I_0 T}{\pi \rho^2}(\omega_0 \sin\varphi \sin\delta + \cos\varphi \cos\delta \sin\omega_0) \tag{4.2}$$

式中，Q_l 为任一点水平面日天文辐射(兆焦・米$^{-2}$)，I_0 为太阳常数，T 为地球自转周期(24 小时)，ρ 为日地相对距离，ω_0 为日没时角(弧度)，φ 为地理纬度(弧度)，δ 为太阳赤纬(弧度)。

坡地日天文辐射计算：

$$\omega_1 = -\omega_0, \quad \omega_2 = \omega_0$$

$$Q_s = \frac{I_0 T}{\pi \rho^2}(\omega_0 \sin x \sin\delta + \cos x \cos\delta \sin\omega_0 \cos\omega_m) \tag{4.3}$$

式中：Q_s 为坡地日天文辐射(兆焦・米$^{-2}$)，$-\omega_0$，ω_0 为水平面上的日出日没时角。

x、ω_m、ω_x 为参数：

$$\sin x = \sin\varphi \cos\alpha - \cos\varphi \sin\alpha \cos\beta \tag{4.4}$$

$$\tan\omega_m = \sin\alpha \sin\beta / (\cos\varphi \cos\alpha + \sin\varphi \sin\alpha \cos\beta) \tag{4.5}$$

$$\omega_x = \arccos(-\tan x \tan\delta) \tag{4.6}$$

(6)实际地形下气温的推算

任一点的气温 T_s 可用式(4.7)表示：

$$T_s = T_h + k \times (Q_l - Q_s) \tag{4.7}$$

式中，T_s 为实际地形下的温度(℃)，T_h 为实际高度上平面的温度(℃)，Q_l 为任一点水平面日天文辐射(兆焦·米$^{-2}$)，Q_s 为任一点坡地日天文辐射(兆焦·米$^{-2}$)，k 为订正系数(℃·兆焦·米$^{-2}$)，取 $k=0.075$。

4.1.2 雷达联合雨量计的定量降水估测技术

高时空分辨率的雷达定量降水估测(Radar-based Quantitative Precipitation Estimate，RQPE)对洪水监测和预警起重要指导作用，而且在地球水循环的很多研究和各种水文及大气数值模式研究方面有重要应用，如降水变化研究、地质灾害预警、环境生态学、地-气水收支、陆面和大气耦合模式的降水预报和洪水预报等。

广东从 2005 年开始建设基于 GRAPES 的综合临近预报系统(雨燕 GRAPES-SWIFT)。在该系统研发期间，进行了雷达联合雨量计的定量降水估测技术开发。在十几年的时间里不断尝试并改进基于雷达观测、自动站降水监测的定量降水估测技术，较中短期网格数字预报更早建立了短临估测和预报的网格降水预报(图 4.1)。

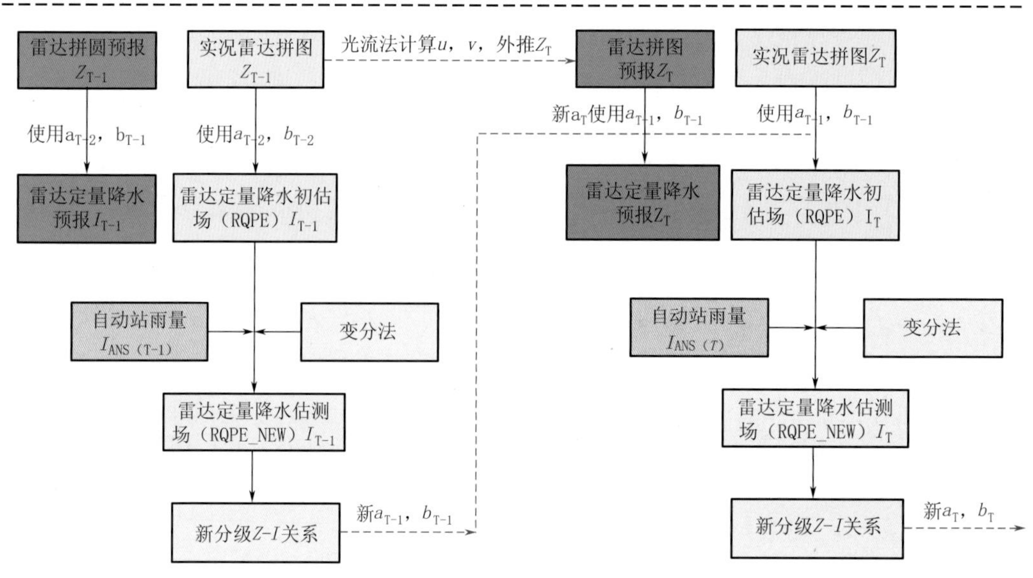

图 4.1 雷达定量降水估测流程图

雷达定量降水估测的目的是结合雷达和自动雨量站的观测，利用算法得到一个最逼近真实值的网格降水。其中最基本的算法是 Z-I 关系法。其基本思想是：由雷达反射率因子 Z 和降水强度 I 的定义可知，他们都与滴谱分布有很大关系。雷达气象中常用 M-P 滴谱分布，在一定的假设条件下，导出理论 Z-I 关系，根据 $Z=a \cdot I^b$ 指数关系进行雷达估测降水计算。

4.1.2.1 广东定量降水估测的发展历程

在我国，基于雷达建设的推进，很多气象学家在 20 世纪 80 年代初开始对雷达定量降水估测技术进行尝试和研究。广东气象部门早在 20 世纪 90 年代就开始对雷达定量降水估测进行了尝试性研究，在 2000 年前后进行了业务试验，2005 年广东基于 GRAPES-SWFIT 的建设，雷达定量降水估测在广东省气象台正式业务化并提供全省应用，每 10 分钟滚动更新输出过去 1 小时雷达定量降水估测，空间分辨率 0.02°，覆盖广东省。在实现全省雷达同步观测和观测完一帧即刻传输的前提下，2008 年提升为 6 分钟滚动更新、空间分辨率 0.01°。在技术上，*Z-I* 关系获取的方式从最初的一组基于统计的固定 *Z-I* 关系，到按照回波强度进行分级的静态 *Z-I* 关系，再到目前业务上使用的动态 *Z-I* 关系调整法。而在自动站雨量校准方面，从最优插值方法，改为目前业务上使用的变分法。

4.1.2.2　广东应用的技术方法简介

广东的雷达定量降水估测技术的发展，先后经历了气候态 *Z-I* 关系法、变分法、最优插值法、分组动态 *Z-I* 关系法。

1. *Z-I* 关系法

由雷达反射率因子 *Z* 和降水强度 *I* 的定义可知，他们都与滴谱分布有很大关系。雷达气象中常用 *M-P* 滴谱分布，在一定的假设条件下，导出理论 *Z-I* 关系，根据 $Z=aI^b$ 指数关系进行雷达估测降水计算。

Z-I 关系法又有几类：固定 *Z-I* 关系法、动态 *Z-I* 关系法、分型 *Z-I* 关系法。固定 *Z-I* 关系法通过对历史资料进行统计，确定一个固定的 $Z=aI^b$ 指数关系并据此进行雷达降水估测；动态 *Z-I* 关系法不使用历史统计的 *Z-I* 关系，而是利用实况资料频繁建立动态的 $Z=aI^b$ 关系；分型 *Z-I* 关系法将降水回波性质分为对流云、层状云、冰雹、暖雨区等情况建立不同的 $Z=aI^b$ 关系并计算定量降水。上述几类方法各有特点，但均存在强调某一因素忽略其他因素的问题，并且对短时强降水尤其是极强降水低估严重。固定 *Z-I* 关系法计算简单快速，但其关系式不能适应降水系统的变化，且需要大量历史资料来建立统计关系；动态 *Z-I* 关系法能够适应天气形势的演变，这种做法比使用降水的单一 *Z-I* 关系合理，缺点是没有对回波分类进行降水估测；分型 *Z-I* 关系法考虑了不同类型降水回波对 *Z-I* 关系的影响，效果更好些，但业务应用中却很难实现自动划分降水回波类型。

气候平均 *Z-I* 关系法。*Z-I* 关系法是一种物理意义比较清晰的估算方法，但是 $Z=aI^b$ 中参数 a 和 b 如何选取存在技术困难。通常利用站点雨量观测的雨强去验证雷达估测的雨强，通过一定的时间序列得到一个气候态 a、b 值，并在实时业务中代入应用，这种方法是气候平均的 *Z-I* 关系法。a、b 的取值范围相差很大，例如，a 的取值范围：16～1200，b 的取值范围：1～2.87。气候平均 *Z-I* 关系法难以区分降水性质，比如得到的层状云降水和对流云降水效率相同。利用 2007-2008 年强降水日的雷达反射率因子和 1 小时降水历史资料，统计得到一个适合广东地区的 *Z-I* 关系。具体做法是：假设总共有 N 个小时的资料，每小时都计算 60×38 组 *Z-I* 关系和 $CTF2$，取 $CTF2$ 最小的 *Z-I* 关系作为该时次的最优 *Z-I* 关系，最后得到一个长度为 N 的最优 *Z-I* 关系（包含 a 和 b 值）数组，对 a、b 值分别进行加权平均，得到广东地区的固定 *Z-I* 关系，统计结果为：$Z=220.8I^{2.23}$，这个统计结果可直接用于雷达 *RQPE* 和反射率预报场计算的降水场中。显然采用固定 *Z-I* 关系运算速度快；但缺点是前期需要做很多统计工作，且由于各地气候背景的差异，业务移植不方便。

分型 *Z-I* 关系法。由于降水强度与回波强度密切相关，不能用一个通用的 *Z-I* 关系来计算不同回波强度下的降水，应对降水进行分型，但是业务应用中区分对流云和层状云比较困难，故广东也尝试对分型法采取一种替代处理：使用分级 $Z\text{-}I$ 关系，即针对不同回波强度建立不同 $Z\text{-}I$ 关系反演降水。将回波反射率从 10 dBZ 到 75 dBZ 之间以 5 dBZ 为间隔分为 13 个等级；根据（$m=1,60$；$n=1,38$），对每小时每个等级进行 60×38 组的雷达 $RQPE$ 和 $CTF2$，然后根据 $CTF2$ 最小原则判据选取最优的一组（$k=1,13$）；假设有 N 个小时的资料，计算 N 小时的最优 $Z\text{-}I$，得到序列（$j=1,N$；$k=1,13$）；对 13 个等级的 $Z\text{-}I$ 关系进行 N 小时的加权平均，得到最终的统计分型（$k=1,13$）。得到的最终统计分型 $Z\text{-}I$ 关系可直接用于雷达回波反射率预报场反演为降水场。分不同回波强度等级的统计方法与分降水类型的统计原理类似，因此该方法的优点是对雷达拼图上的降水进行了简单的分类统计，但是由于使用了两年资料进行统计平均，平滑了短时极强强降水等小概率事件。

图 4.2 给出分型法中 Z-I 关系随回波反射率的变化曲线。a 值随回波强度增大也增大，b 值在 30～45 dBZ（在 45 dBZ 以下）内变化不大，比较平稳，回波强度大于 45 dBZ 则随着回波强度变强也快速增大。不同等级回波取不同的 a、b 值，一定程度描述了回波增强对降水的影响。

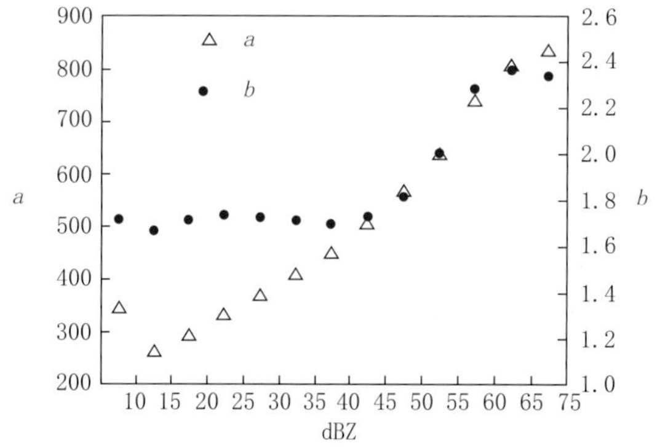

图 4.2　分型 $Z\text{-}I$ 关系统计的 a、b 随雷达反射率因子变化图

动态 $Z\text{-}I$ 关系法。根据实时的自动站雨量观测和雷达观测，滚动更新 $Z\text{-}I$ 关系，并在业务中实时应用。这样的动态 $Z\text{-}I$ 关系法能捕捉到降水性质，相比气候平均 $Z\text{-}I$ 关系法的准确率要高。为了得到每一种雷达定量降水估算方法最合理的 a、b，且节省计算时间，广东将 a 从 16 开始到 1200 之间以 20 为间隔（60 个 a 值）、b 从 1.0 开始到 2.87 之间以 0.05 为间隔（38 个 b 值）计算 60×38 组（$m=1,60$；$n=1,38$），同时计算 60×38 个判别函数 $CTF2$，当 $CTF2$ 最小时的作为最优 $Z\text{-}I$ 关系。

$$CTF2=\min\left\{\sum_i((H_i-G_i)^2+(H_i-G_i))\right\} \tag{4.8}$$

其中 H_i 为 $Z\text{-}I$ 关系反演降水，G_i 为实测降水，i 为自动雨量站序列。动态 $Z\text{-}I$ 关系建立在逐时快速更新资料的基础上，利用上一个小时雷达反射率资料和 1 小时降水实况资料，计算 60×38 组（$m=1,60$；$n=1,38$）雷达 $RQPE$ 和 $CTF2$，选择 $CTF2$ 最小的 $Z\text{-}I$ 关系作为该时次最优 $Z\text{-}I$ 关系；将上一小时最优 $Z\text{-}I$ 关系应用在下一小时雷达回波反射率预报反演为降水场中。在业务应用中，该方法只考虑降水强度和降水性质在很短时间（6 分钟内）的延续性，因此能精准抓住一些极强的短时强降水的回波点。另外，该方法不需要历史资料，能够很快（6 分钟）根据当地的资料建立 $Z\text{-}I$ 关系，非常便于移植，能降低短时强降水尤其是极强降水的反演误差，而且没有涉及复杂的计算，运算速度较快。

2. 自动站雨量校准方法

在雷达定量测量降水的过程中，不仅存在因雷达性能的不稳定和定标不准确等原因造成的系统误差，也存在因 Z-I 关系不稳定和风场的影响等造成的随机误差。这种随机误差可称为“噪声”，也就是说，雷达的测值是降雨的真值和系统误差以及噪声的共同结果，系统误差和随机误差对雷达定量估测降水造成很大的偏差。

自动站雨量计的布网可以有效地减少雷达定量降水估测的偏差，主要思路是用地面自动站测得的降水强度去检验相应时间和空间点上雷达估测的降水强度，然后用此校正值去校正雷达观测到的所有网格上的降水强度。

最优插值法。最优插值是一种用统计方法、在均方差最小意义下的最优线性插值，以通过 Z-I 关系反演的雷达降水作为网格初值场，在有站点的地方对真值场进行取样，以此作为地面雨量站测得的降水量，将之对初值场订正，得到最优订正后的场。最优插值法，利用网格一定半径范围内多个自动站雨量观测与雷达反演降水进行对比，计算一个校准值，每个自动站都分配一个权重（根据网格与自动站的距离制定）系数，将系数与校准值相乘最后相加，得到网格的最终校准值，利用这个校准值去订正雷达得到的初始降水。

利用高斯差值将 Z-I 关系估出的雨量订正到站点上，得到误差值，再用最优插值（OI）分配到网网格上。最优插值法中，网格的分析值由网格的初估值加上订正值得到，网格的初估值是用 3 千米高度的 CAPPI 回波强度经 Z-I 关系换算得到网格的降水初估值；网格的订正值为自动站观测值与初估值的差。

大多数气象要素在 1500～2000 千米内的偏差是均匀各向同性的随机场，则假设观测误差之间以及它们和偏差场之间误差无关，假设 k 网格在 h 千米内有 N 个自动站，则网格 k 的降水由计算公式（4.9）得到：

$$A_{a,k}=A_{g,k}+\sum_{i=1}^{N}(A_{ob,i}-A_{g,i})P_i \tag{4.9}$$

$A_{g,k}$ 是网格的初估值，$A_{ob,i}$ 是 i 站点观测到的自动站降水实况，$A_{g,i}$ 是 i 站点雷达估测的降水初值，P_i 是测站 i 的权重因子。

$$\sum_{i=1}^{N}P_iu_{ij}+\eta_jPi_j=u_{ki}\ (i=1,2,3,\cdots,N) \tag{4.10}$$

u_{ij} 为 i，j 两点之间的相关函数，η_i 为第 i 个测站的观测值的相对均方差。忽略观测误差，P_i 的计算简化为：

$$\sum_{i=1}^{N}P_iu_{ij}=u_{ki} \tag{4.11}$$

相关函数通常有两种形式：

$$u_{ij}=\exp(-r_{ij}/h) \tag{4.12}$$

$$u_{ij}=\exp(-r_{ij}^2/h) \tag{4.13}$$

r_{ij} 为 i 测站和 j 测站之间的距离。根据李建通等（2000）的研究，测站密集时 h 取小值，测站稀疏时 h 取大值，这样网格的校准不会由个别的站点决定。第一个公式适合测站稀疏时使用，第二个公式适合测站密集时使用。因广东自动站布点较密，本研究取 $h=50$ 千米。

3. 变分法校准法

变分方法也是根据自动站降水观测和雷达初估降水，先求一个订正因子的泛函极值，得到订正因子场，然后用雷达测出的雨量与该点的订正因子相加，得到了降水量的分布，最后进行时空累加，便可获得过去1小时的网网格的雷达定量降水估测。

网格降水订正因子的计算方法为：

$$CR^{*}(i,j)=Rg(i,j)-Rr(i,j) \tag{4.14}$$

$Rg(i,j)$为自动站测量的雨量，$Rr(i,j)$为雷达监测到的雨量，i 和 j 是网格计数。

为了检验校准雷达测得的降水量精度，必须利用客观分析法把各雨量计点测得的降水量内插到全场各个网网格上去。设 $F_g(x,y)$是 g 个雨量计测值降水量，则网格(i,j)上降水量内插值为：

$$PS_g(i,j)=\sum_{g=1}^{N}W_gF_g(x,y)/\sum_{g=1}^{N}W_g \tag{4.15}$$

其中 $g=1,2,\cdots,N$，N 是以网格为中心的某个扫描半径 R 内的雨量计个数，R 是保证 N 等于某一常数时的最小半径，W_g 是权重系数，可表达成

$$W_g=\exp[-r_g^2/4k] \tag{4.16}$$

其中 r_g 代表在 R 以内第 g 个雨量计测值点与网网格(i,j)间的距离，k 为滤波系数，它可通过由中尺度分析中导出的响应函数 $R_0(\lambda,k)$求得，k 取为0.6。

订正因子的实测值 $CR'(i,j)$和分析值 $CR(i,j)$之差的平方和：

$$f(x,y,CR^{*})=\sum_i\sum_j\alpha(CR-CR^{*})^2 \tag{4.17}$$

α 是观测权重。为了抑制对分析不利的高频噪声，使结果比较合理，在变分方程中加入一个反映平滑的约束条件的项：$\lambda\left[\left(\frac{\partial}{\partial x}CR\right)^2+\left(\frac{\partial}{\partial y}CR\right)^2\right]$，就变成求下面形式的泛函条件极值：

$$\delta J=\delta\left\{\sum_i\sum_j\alpha(CR-CR^{*})^2+\lambda\left[\left(\frac{\partial}{\partial x}CR\right)^2+\left(\frac{\partial}{\partial y}CR\right)^2\right]\right\}=0 \tag{4.18}$$

上式对应的欧拉方程为：

$$\alpha(CR-CR^{*})-\lambda\left(\frac{\partial^2}{\partial x^2}CR+\frac{\partial^2}{\partial y^2}CR\right)=0 \tag{4.19}$$

使用超松驰迭代法解上式。

4.1.2.3 雷达定量降水估测产品的检验评估及应用情况

利用广东新一代多普勒天气雷达探测网和稠密自动站雨量观测资料，发展了 Z-I 动态关系调整法，替代此前静态分级统计 Z-I 关系，以实时捕捉不同降水系统的性质，增强算法自适应能力，并结合变分法，实现雷达联合雨量计的定量降水估测技术的改进。

在试验评估过程中，尽可能使用更多数量的自动站去做雷达估测降水的校正。因为，雷达联合雨量计时，实时雨量校正是非常重要的一个环节。同时，为使得检验评估更为公平合理，也需要选择与参加校正自动站数目相当的自动站雨量作为独立样本。故在定量降水估测改进试验及检验评估时，确定了800个空间自由分布的自动站参与动态 Z-I 关系计算和实时雨量校正，另外还有独立的1200个自动站，其雨量资料用于独立检验。

收集2014年广东前汛期间(具体为3—5月)多个强降水天气过程，包括2014年3月30—31日全省大范围强降水并伴有强对流的这一典型个例。所有的样本资料由11个强降水天气过程构成，这些过程呈现出不同的特点，既有锋面低槽形势，也有与冷空气无关的暖区暴雨。

资料集的构建主要包括三个步骤的工作：第一个步骤，根据自动气象观测站雨量记录和雷达回波等信息，确定 2014 年 3—5 月强降水天气过程，删去一些过程中期的降水间歇时段。第二个步骤，在确定了具体降水时段之后，先是利用 SWAN 系统中原有算法（基于静态分级 *Z-I* 关系、部分自动站校正的定量降水估测技术），得到原有算法的定量降水估测产品。第三步，仍然针对这一降水时段的雷达探测和自动气象站观测资料，利用本节中新研发的算法，如 *Z-I* 关系动态调整法及尽可能更多的自动站实时校正，再次计算算法改进后的定量降水估测产品。

收集的降水样本资料如表 4.1。

表 4.1　项目收集用于研究的降水资料集

序号	主要日期	时长(时间，BJ)	天气类型
1	3 月 30 日	3 月 29 日 23 时—31 日 01 时	飑线过程
2	3 月 31 日	3 月 31 日 04 时—12 时	飑线过程
3	4 月 2 日	4 月 1 日 23 时—4 月 2 日 20 时	飑线过程
4	4 月 26 日	4 月 26 日 05 时—18 时	冷空气、高空槽
5	5 月 4 日	5 月 4 日 18 时—5 月 5 日 04 时	冷空气、高空槽
6	5 月 8 日	5 月 8 日 13 时—5 月 9 日 04 时	西南风
7	5 月 11 日	5 月 11 日 02 时—5 月 12 日 02 时	低槽、西南风
8	5 月 14 日	5 月 14 日 09 时—5 月 15 日 04 时	西南风、切变线
9	5 月 17 日	5 月 17 日 13 时—5 月 18 日 06 时	西南风、高空槽
10	5 月 19 日	5 月 18 日 14 时—5 月 19 日 06 时	西南低槽/低压
11	5 月 20 日	5 月 19 日 15 时—5 月 20 日 06 时	高空短波槽

对于检验的方法，最常用的是使用命中率（POD）、空报率（FAR）和临界成功指数（CSI）等来评估预报能力。下面给出降水检验相依表，对于每个分析的网格，该表列出了“是”事件和“非”事件的预报和观测发生频率。

另外，还按照降水强度进行分级，以评估对于不同强度降水的预报能力。实际检验时主要分为 5 个级别：0～2 毫米，2～5 毫米，5～10 毫米，10～20 毫米，20～50 毫米，由于小时雨强超过 50 毫米的样本数与前面 5 个等级相比非常少，因此暂不做检验评估。

在做动态 *Z-I* 关系获取试验时，发现面对不同的降水系统，得到的 *Z-I* 关系变化很大；甚至面临同一个降水系统，相邻几个时次也会出现 *Z-I* 关系较大的波动；有时 *Z-I* 关系中的 a 和 b 值都超出了正常范围。为此，一方面为实现算法动态计算获取 *Z-I* 关系的目的，另一方面也需要过滤掉计算得到的不合理的 a 和 b 值，保持 *Z-I* 关系的相对时空连贯性，在试验期间，做了一些约束如下。

(1)在做动态计算时，考虑自动站的数据质量要好。因此确定挑选了经过中国气象局综合观测司自动站遴选的 800 个站点，这 800 个自动站每年要进行巡检，维护及保养的程度和水平要高于其他自动站。

(2)为避免 *Z-I* 动态关系出现极大的波动，且保留我们业务上的主要目标，因此在选择降水样本时，对一些非常弱的降水（小于等于 0.2 毫米）和极端强降水（大于 50 毫米）数据进行了筛选，它们不参与 *Z-I* 关系的动态计算。

(3)对 a 和 b 的取值范围进行了约束设置,a 介于 16 到 1200,b 介于 1.0 到 3.0,当计算过程中出现超出上述范围的 a 和 b 值,不做保留。

经过上述一系列的处理,对 SWAN 中原有的定量降水估测产品与算法改进后的 QPE 产品进行了检验及对比,具体如表 4.2。

表 4.2 定量降水估测技术在改进前后的检验对比

量级	POD		FAR		CSI	
	改进前	改进后	改进前	改进后	改进前	改进后
0.0～2.0	0.8924	0.9385	0.1056	0.1081	0.8037	0.8427
2.0～5.0	0.7084	0.8763	0.3073	0.1694	0.539	0.7434
5.0～10.0	0.7646	0.8496	0.3764	0.196	0.5232	0.7038
10.0～20.0	0.8069	0.8207	0.3009	0.1665	0.5989	0.7051
20.0～50.0	0.8941	0.7887	0.2362	0.0613	0.7005	0.75

BIAS		RMSE	
改进前	改进后	改进前	改进后
1.1908	0.9374	2.4594	1.5223

结果表明:对于所有样本资料,改进后的定量降水估测技术在 CSI 上对于 5 个不同的雨量等级都有明显的提升。例如对于业务上重点关注的较强(10～20 毫米/时)和强降水(20～50 毫米/时),其 CSI 从原来算法的 0.6 和 0.7,改进后分别提升到 0.71 和 0.75。与此同时,对于所有降水样本资料,偏差得到抑制,QPE 改进前后分别为 1.19 和 0.94;对于均方根误差,总体缩小了约 38%,从原来的 2.46 减小到 1.52。检验对比表明:采用动态 Z-I 关系和变分法之后,定量降水估测的精度得到了提升。

雷达定量降水估测产品的业务应用情况个例如下。

个例 1:2016 年 6 月 14—15 日,受高空槽和低空急流的共同影响,粤北、珠江三角洲北部市县出现大到暴雨局地大暴雨。从 14 日到 16 日,500 百帕高空槽缓慢东移,850 百帕切变线缓慢南压,切变线南侧的低空急流长时间维持,为暴雨的产生提供水汽和热量。从雷达拼图资料上,可以清楚地看到雨带的东移南压(图 4.3)。

这次大暴雨主要出现在河源、广州、惠州。据统计,14 日 07 时至 15 日 07 时,广东全省平均雨量 8.3 毫米,超过 25 毫米(大雨量级)站点占全省总站数的 9.8%(图 4.4)。全省共有 4 个气象站录得 100～250 毫米的大暴雨,有 68 个气象站录得 50～100 毫米暴雨,有 179 个气象站录得 25～50 毫米大雨,河源东源县录得全省最大雨量 120.4 毫米。从雷达定量降水估测的累积雨量与自动站实际监测的累积雨量对比图来看,雷达定量降水估测的累积雨量较细致地刻画了河源、清远以及广州和惠州二市北部的大雨到暴雨落区,与实况观测相比较为接近(图 4.5)。

个例 2:2010 年 9 月 21 日 08 时,受台风“凡亚比”残余环流影响,造成茂名马贵地区特大暴雨,由于移动基站被洪水冲毁,通讯中断。此时,广东省气象自动站(高州马贵,G2503)录得雨量 458.8 毫米,附近有一水文雨量站仍然有雨量记录,至 10 时,水文站录得雨量 657.3 毫米。此后,全部数据通信中断,广州中心气象台早已从 21 日 08 时开始利用逐小时雷达定量估测降水(QPE)进行辅助监测。其中,21 日 10 时至 23 日 08 时,雷达定量估测降

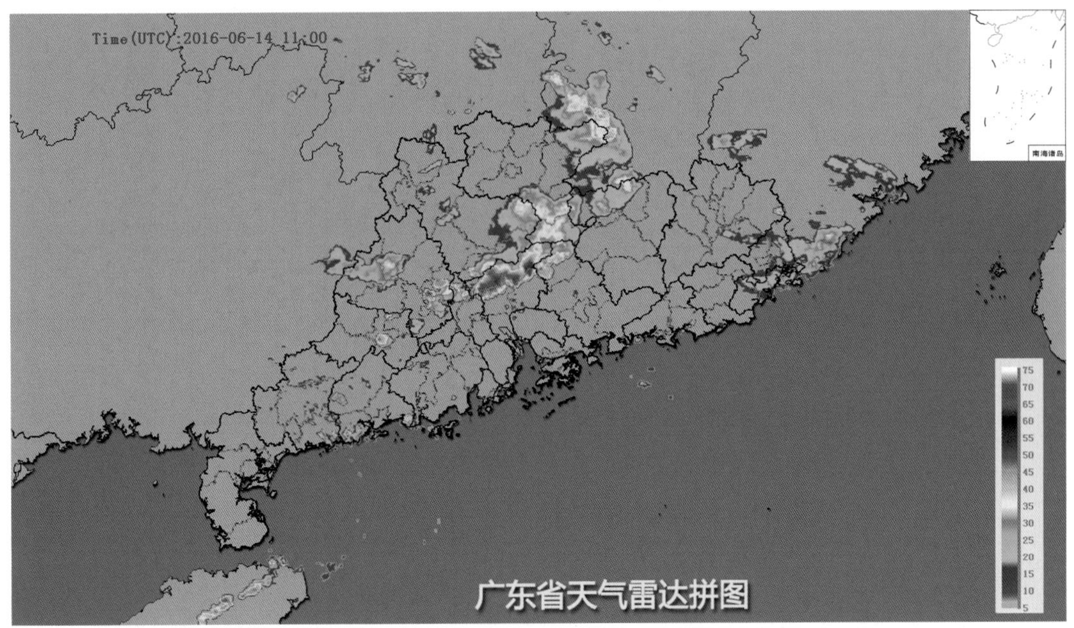

图 4.3　2016 年 6 月 14 日 19 时雷达拼图

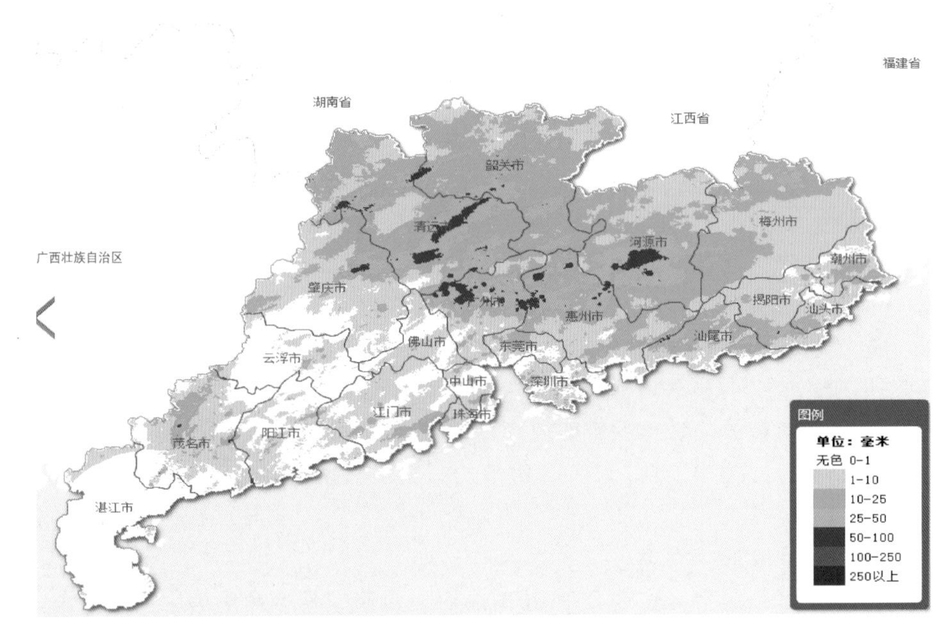

图 4.4　2016 年 6 月 14 日 07 时—6 月 15 日 07 时雷达定量降水估测 24 小时累计雨量

水累积 184 毫米，加上原先的 657.3 毫米，马贵镇附近过程累积雨量为 841 毫米。23 日交通恢复后，茂名气象局派技术人员前往马贵站人工读取气象记录。23 日 08 时记录表明，马贵镇特大暴雨过程雨量为 829.7 毫米。按照实测气象记录从 21 日 08 时开始缺失，到 23 日 08 时恢复，48 小时内，实测雨量为 370.9 毫米，雷达估测降水为 320.8 毫米，在资料缺失的 48

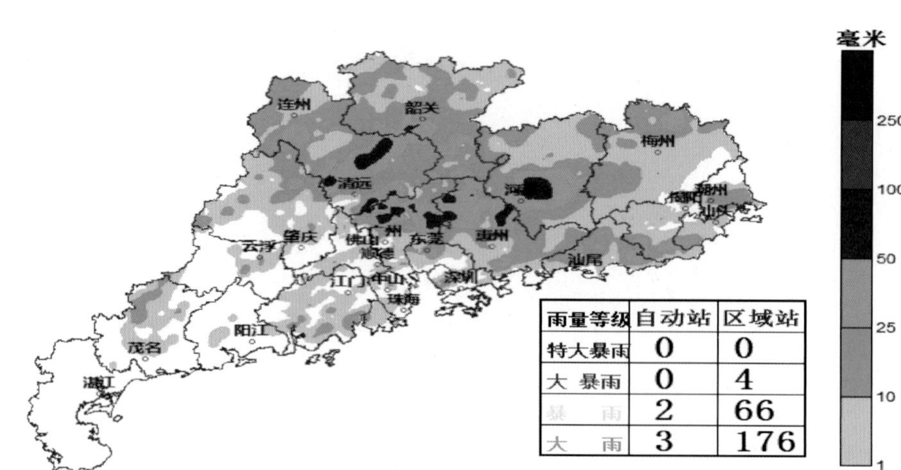

图 4.5　2016 年 6 月 14 日 07 时—6 月 15 日 07 时自动站 24 小时累计雨量

小时中，雷达定量降水估测绝对误差 50.1 毫米。通讯中断期间相对误差 13.5%，全过程误差 6%，为政府救灾决策提供了较为可靠数据参考。

4.2　短临预报技术

4.2.1　雷达回波外推预报技术

一些学者在预报雷达回波运动领域做了大量工作，除早期的线性外推（拉格朗日持续性预报）和基于雷达回波多个特征的单体质心法，还有基于最优化相关系数的交叉相关法，主要利用雷达回波最优空间相关，建立不同时次雷达回波的最佳拟合关系从而获取追踪一定区域内雷达回波的过去移动特征。交叉相关法对于变化平缓的层状云降水系统能够取得较为准确的运动矢量场，从而可以进行有效的预报。但对于变化较快的强对流降水系统，交叉相关法跟踪失败的情况会显著增加。近年来，一些学者发展了光流法应用雷达回波外推预报。光流法是计算机视觉领域中的重要方法，对变化较大的强对流降水系统，也可以得到雷暴的整体运动趋势。2005 年以来，广东主要在 COTREC 和光流法方面开展深入研究和业务实验。

4.2.1.1　COTREC 方法

一般的中小尺度系统生命史在 2～3 小时左右。对于较长生命史的中尺度系统，其雷达回波的移动预测有效时间也越长。因此期待更长时间的有效预测。但 2～3 小时的雷达回波移动预测目前比较少见，其中，有研究假设 3 小时内引导风场的变化可以忽略的情况下，利用扩展的 TREC 方法得到的风场推导了 3 小时的雷达回波位置，也有研究利用数值模式进行运算，得到模式输出的雷达回波外推结果，但这种基于模式预报直接输出的短时定量预测是受限于目前由于资料观测同化等过程造成的系统不稳定。考虑到随着雷达回波的生消发展，只有较长生命史的、系统性的回波才能持续到 3 小时或更长，相应地也应由相对大尺度的环境风场来引导。

基于雷达回波资料的临近预报系统，必须确定雷达回波移动的速度和方向，其中交叉相关追踪算法（TREC 方法）是一种比较成熟可行的算法。有研究表明，TREC 方法的 30 分钟预报准确率和错误预报率表现在同类的 4 种方法中是较优的。

Rinehart 和 Garvey（1978）首先发展 TREC 技术在回波外推中的应用，该方法对于稳定性降水系统反演效果较好；对于强对流系统，由于其回波生消频繁，效果相对差一些。沿用这一方法，对广东省新一代多普勒天气雷达区域拼图输出产品，等分出相同大小的二维象素阵列，使用 TREC 技术，获取回波移动矢量（图 4.6）。每个阵列，都会以阵列为中心定出一个搜索范围，在前一时刻的拼图反射率场中，寻找与其相关的阵列。相关系数 R 是根据公式（4.20）计算的。

$$R=\frac{\sum_k \eta_1(k)\times\eta_2(k)-\frac{1}{N}\sum_k \eta_1(k)\sum_k \eta_2(k)}{\left[\left(\sum_k \eta_1^2(k)-N\cdot\bar{\eta}_1^2\right)\times\left(\sum_k \eta_2^2(k)-N\cdot\bar{\eta}_2^2\right)\right]} \tag{4.20}$$

公式中的 η_1 和 η_2 代表两个时间中的二维象素阵列，N 是阵列内的象素总和。

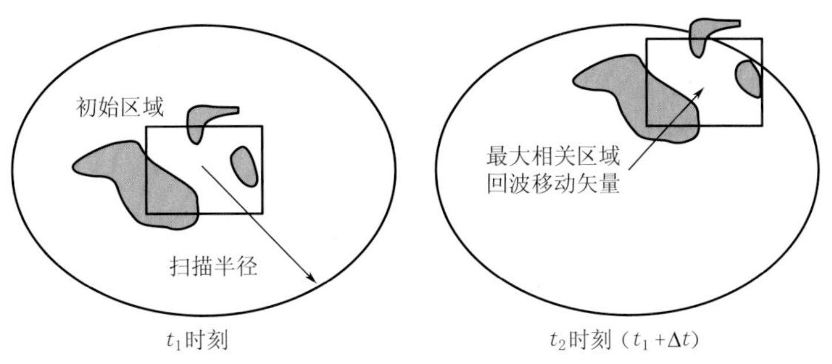

图 4.6　TREC 技术在相邻两个时刻的计算示意图

对于象素阵列大小的选择，按照 Tuttle 和 Foote（1990）的结论，并没有具体的规定，应根据监测目标的性质来确定。当然，如果阵列太大，TREC 矢量场就只能反映较大范围的回波动向。每个阵列在上一时刻拼图反射率场中的搜索半径，选择与阵列的边长相同。为减少单从相关系数计算所引起的误差，每个 TREC 矢量值，首先会与附近的多个 TREC 矢量的平均值进行比较，若偏差多于 25°，该矢量值会被平均值所取代，然后再进行整个 TREC 矢量场的客观分析。

雷达回波的 0～3 小时预报需要解决两个问题，一是雷达回波的移动问题，二是雷达回波的生消问题。Liang 等（2010）在引入 TREC 方法的基础上，进行了如下改进。

（1）利用 TREC 方法对前后相隔 ΔT 时间的雷达回波资料进行计算得到雷达回波区域内的移动风矢量。

其中 TREC 方法的基本原理就是利用相邻 ΔT 时间的两个时刻雷达回波图 T_1 和 T_2。对 T_2 时刻的雷达回波，以某一小面积 a 为单位，在 T_1 时刻的雷达回波图上以 a 的中心位置为圆心一定的扫描半径 R 内寻找与 a 相关最好的同面积 b，认为雷达回波从 b 的位置到 a 的位置就是雷达回波 a 在 ΔT 时间内的平均移动距离；遍历 T_2 时刻所有雷达回波单位 an，在 T_1 时刻雷达回波图上找出最好的相关，就可以得到所有小面积回波单位 an 的移动距离，其中 n 是划分单位的个数，也是移动距离个数。移动距离除以间隔时间 ΔT 可得 an 的移动速度，从而得到 T_2 时刻雷达回波移动风矢量。

(2)采用如下步骤对雷达回波区域的移动风矢量进行误差订正和调整。

①对风速绝对值大于周围网格非缺省风速均值 1.5 倍的网格，其风向风速由周围 4 网格的非缺省均值来代替，从而消除由于回波边界的多样性等因素导致的计算误差。

②对风向与周围 4 点非缺省风向有大于 30°偏差的网格，其风向风速将由周围 4 网格的非缺省均值来代替，增加这一步是为了消除 TREC 计算过程中引起的某些随机误差。

③对 0 风速的网格，取周围 4 点非缺省的均值来代替，若周围 4 网格都是缺省值则用缺省值代替，从而消除一些由于局地地形作用或计算误差造成的个别 0 风速，但有一定面积的回波由于存在在发展期少动的情况，导致周围网格也是 0 风速从而被保留。

(3)引入变分技术，以二维无辐散的连续方程为限定条件，求解关于 u、v 风场的泛函 J 的极值问题，从而得到比较平滑的满足质量连续原则的风矢量场，对以前偶然会出现凌乱风场的现场进行进一步处理。

(4)在完成 COTREC 矢量的计算后，可得到较为平滑和连续的回波移动矢量场。但由于雷达拼图算法及交叉相关算法的局限，某些区域会存在一些小尺度的杂乱矢量场，与回波整体移动情况相违背。如果用这些杂乱的矢量场结合回波进行外推就会导致回波发生变形，与实况差异变大，预报的准确度也因此降低。

为了尽量避免这一情况发生，使用中尺度滤波的方法，将回波矢量中的小尺度异常运动滤除，保留天气系统的整体移动特征，保证 COTREC 矢量场与回波实际运动方向更为一致，从而提高外推预报的准确率。

空间上采用网格平滑滤波方案中的五点平滑滤波，时间上使用卡尔曼滤波对空间五点平滑后的矢量场进行处理，减少矢量随时间的摆动，从而得到时间与空间上均较为连续的回波矢量场，为随后的回波外推预报提供较合理的矢量场。

个例的应用评估表明：通过对滤波前后 COTREC 矢量的大小对比统计可知，经过滤波之后 COTREC 矢量平均较滤波前仅减少 0.80%，在外推时对于回波移动速度的影响可忽略不计。因此，滤波的处理仅是对回波的移向进行调整，使其更接近实况。

改进后的 COTREC 算法应用于 0～2 小时定量降水技术中，并集成到 SWAN 系统中。

4.2.1.2 光流法

目前广东业务上运行的就是利用 COTREC 技术得到未来 1 小时的回波反射率预报场。TREC 方法推导出来的视风矢量可以较近似地反映雷达回波的整体移动方向和速度，但是风速风向上存在着不连续性，这正如 Li 等(1995)所分析的那样，是由于地形作用或 TREC 计算误差引起的。其中 TREC 方法计算误差区别不同的雨型有不同的影响，在连续性大面积均匀回波中，由于 TREC 方法中寻找相关的计算引起的误差比较小，会得到比较平滑的视风场；在多单体的分散性降水回波中，则由于小区域面积 a 的截取以及扫描半径内单体多回波边界存在，会导致计算出来的前后两个时刻相关最好的两个单位面积可能在时空上没有任何的联系而出现虚假的视风矢量，这种情况下的视风矢量不仅风向可能有较大偏差，风速也同样存在着不可以接受的误差，因此针对一些孤立回波的变化较大的回波，COTREC 外推效果有一定偏差。香港天文台是较早应用 COTREC 技术的地方之一，但是近年来，香港天文台改用了光流法，并表示预报效果较 COTREC 效果更优。

光流的概念是由 Gibso(1950)于 1950 年首先提出的。光流可以看作带有灰度的像素点在观测成像面上运动产生的瞬时速度场。光流不仅包含了被观察物体的运动信息，而且还包含有关景物三维结构的丰富信息，因此可被观察者用来确定目标的运动情况。当人的眼睛与被观察物体发生相对运动时，物体的影像在视网膜平面上形成一系列连续变化的图像。这一系列变化的图像信息不断“流过”视网膜，好像是一种光的“流”，所以被称为光流。光流是基于像素点定义的，所有光流的集合称为光流场。光流场的计算最初由 Horn 和 Schunck (1980)提出，光流场计算的基本公式是在相邻图像之间的时间间隔很小并且图像中灰度变化很小的前提条件下成立的。

按照理论基础与数学方法分成四种：基于梯度的方法、基于匹配的方法、基于能量的方法和基于相位的方法。近年来神经动力学方法也颇受学者重视。Horn-Schunck 方法就是基于梯度方法中有代表性的方法之一。光流计算基于物体移动的光学特性的两个假设：运动物体的灰度在很短的间隔时间内保持不变；给定邻域内的速度向量场变化是缓慢的，即在图像的大部分区域，亮度值 $I(x,y,t)$ 只与其所在的坐标 x,y 有关；运动或静止物体上任何一点的亮度值不随着时间而变化。可以推导出光流约束方程：

$$I_x u + I_y v + I_t = 0 \tag{4.21}$$

式中 I_x, I_y, I_t 分别表示图像中像素灰度 I 沿 x,y,t 方向的梯度，u、v 分别为 x、y 方向的速度分量。光流有两个变量 u 和 v，而基本公式只有一个光流约束方程，需要进一步引入约束条件。Horn-Schunck 计算方法提出了：(1)光流的全局平滑约束条件，即图像上任一点的光流并不是独立的，光流在整个图像范围内连续变化，并使全局平滑约束条件的目标函数最小化；(2)光流基本等式要求极小化。由以上两个条件，最后可得光流应满足能量最小化条件：

$$\iint [\lambda(u_x^2 + u_y^2 + v_x^2 + v_y^2) + (I_x u + I_y v + I_t)^2] dxdy -> \min \tag{4.22}$$

这里 λ 是权重系数，其取值主要考虑图中的噪声情况，如果噪声较强，说明图像数据本身的置信度较低，需要更多的依赖光流约束，所以 λ 可以取较大的值；反之，λ 取较小的值。运用变分法和迭代法算法，解(4.21)、(4.22)方程，即可求解。

Horn-Schunck 光流法是以全局平滑条件和灰度守恒为基础的，而 Lucas-Kanade 算法基于局部平滑条件，二者各有优劣。本节主要是融合这两种算法，增强鲁棒性。局部平滑算法假定在小范围内的光流是一致的；在 Lucas-Kanade 方法中有局部的高斯卷积模板 Kp，在区域内进行求解光流之前都需要平滑、良好的抗噪声的特性。全局平滑同一幅图像内的光流场是渐变的，应符合全局平滑这一特性，光流场在光流变化一致的区域，其变化率应等于 0。与局部约束条件的 Lucas-Kanade 算法相比，Horn-Schunck 算法不会导致过密集的光流区域，也不会使插值失效，但 Horn-Schunck 算法也不具备 Lucas-Kanade 良好的抗噪声的特性。试图在 Horn-Schunck 算法的能量函数数据项中添加高斯低通滤波器，该种算法由于邻域内计算光流前，需要进行高斯低通滤波，所以该算法的抗噪性应当较好。Lucas-Kanade 是对局部光流区域进行高斯平滑，而 Horn-Schunck 算法将数据项与光滑项分开，所以这里考虑将 Lucas-Kanade 算法的高斯卷积模板 Kp 添加到 Horn-Schunck 算法中，与 Horn-Schunck 算法的数据项做卷积运算。这样既完成了对光流局部区域的平滑，也不影响 Horn-Schunck 算法原有光滑项结果。

卷积运算：可看作是加权求和的过程，使用到的图像区域中的每个像素分别与卷积核

(权矩阵)的每个元素对应相乘,所有乘积之和作为区域中心像素的新值。

卷积核:卷积时使用到的权,用一个矩阵表示,该矩阵与使用的图像区域大小相同,其行、列都是奇数,是一个权矩阵。

多重网格方法:每个网格上雷达回波的运动,都可以看作是不同尺度天气系统运动矢量的叠加。因此,对于细网格只需消除高频误差,而对于粗网格则主要消除低频误差。最后的风场是由不同粗细网格的速度场叠加而成,循环每个网格,从最细网格风场开始,而后网格依次加倍变粗,直到找到有速度为止。

4.2.2 基于外推的0～2小时定量降水预报技术

雷达定量降水预报(RQPF)的研究比雷达定量降水估测(RQPE)的研究更为重要,因为RQPF对发布洪水警报、地质灾害预警等有重要指示作用。RQPF从技术上包括两部分:雷达回波反射率因子场的外推预报(落区预报)和将回波反射率预报场反演为降水量(降水反演)。广东的0～2小时雷达定量降水预报方法,是基于雷达和自动雨量站建立 *Z-I* 关系或者获得网格误差,利用COTREC或者光流法等外推算法对雷达回波的外推反演为网格降水场,从而得到未来0～2小时的网格降水预报。

广东对RQPF研究包括三个阶段:(1)2005年前后,在12千米模式GRAPES的支撑下,利用COTREC获得未来0～3小时的雷达回波外推,基于广东气候统计的 *Z-I* 关系将每6分钟时间间隔的回波反演为网格降水,累加后得到未来1小时、2小时、3小时的RQPF,建立了从雷达观测、组网拼图、定量降水估测、定量降水预报的自动化业务流程;(2)2008—2014年,优化雷达回波外推技术和回波反演降水技术,期间对COTREC进行了卡尔曼滤波优化,提高回波预报细节预报准确率,利用分级 *Z-I* 关系,对不同降水效率的回波采用不同的 *Z-I* 关系,突出对短时强降水的预报预警能力;(3)2014—2016年,开展新算法研究,对回波外推技术改进,开展光流法在雷达回波外推中的应用,同时利用变分算法改进 *Z-I* 关系的实时获取,并采用 *Z-I* 关系动态调整法替代静态分级 *Z-I* 关系。

4.2.2.1 SWAN系统中现有定量降水预报算法介绍

在SWAN系统中,0～2小时定量降水预报技术主要采用了COTREC外推方法来预报雷达回波未来位置,并利用广东拟合的静态分级 *Z-I* 关系来实现雷达回波向地面降水的转化(图4.7)。在前面的章节中对于COTREC外推技术和广东统计的分级 *Z-I* 关系都有了介绍,在这里不再重复。

SWAN系统中0～2小时定量降水预报产品的空间分辨率为1千米,提供未来最多2小时的定量降水预报,并每6分钟进行滚动更新。该产品于2008年开始在广东进行业务运行,为广东强降水监测预警业务以及与强降水相关的城市内涝、山洪地质灾害等风险预警业务提供了技术支撑。

在实际应用中,上述定量降水预报技术存在一些问题,主要表现如下。

(1)目前业务上采用的静态分级 *Z-I* 关系是计算雷达回波向地面降水的转换。一方面,静态统计得到的结果反映的是一种平均状态,是不同性质降水系统的综合衡量,无法具体针对暖区降水、锋面降水或台风降水等不同性质系统自适应改变,这是造成定量降水预报误差的一个重要来源。另一方面,获取静态分级 *Z-I* 关系的降水样本全部来自于广东,因此有较明显的地域特性,且广东地处中低纬,南邻南海,与我国很多省份受影响的天气系统有明显

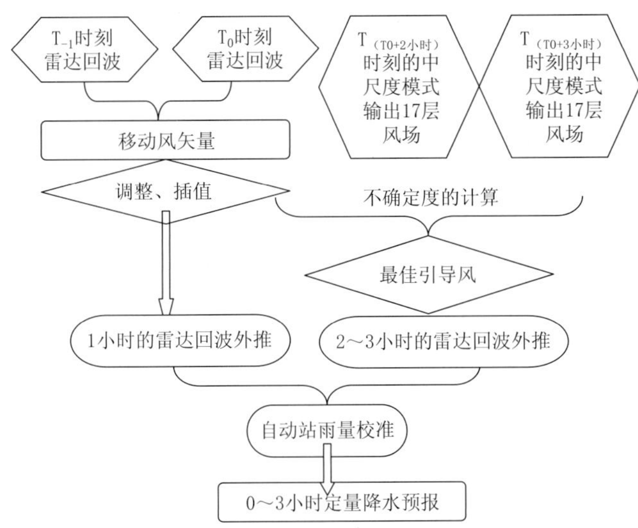

图 4.7　0～2 小时定量降水预报技术流程图

的不同，尤其是北方地区，这也是造成该技术在推广使用过程中出现问题的原因之一。

(2)目前业务上使用的雷达回波外推预报采用了 COTREC 技术，这对于那些系统性的、大范围的降水系统有较好的准确率，但对于对流性天气系统，效果不理想。而由于对流性系统造成的强降水，往往造成重大灾害，是我们预报预警的主要目标之一。雷达定量降水产品填补了自动雨量站的空隙，在定点定量的预报服务中提供了支撑。

4.2.2.2　0～2 小时定量降水预报技术改进及效果评估

针对 SWAN 系统中原有 0～2 小时定量降水预报技术存在的问题，发展了光流法用于雷达回波外推预报，以替代 COTREC 技术，提升对广东对流性回波的外推预报能力；研发了动态 *Z-I* 关系调整法，替代静态分级 *Z-I* 关系，以实时捕捉当前降水系统的性质，提高算法的自适应能力。由于在此前章节中对光流法和动态 *Z-I* 关系调整法都有了介绍，在这里不再重复。

在实现对 0～2 小时定量降水预报技术改进之后，还进行了检验评估。收集 2014 年广东前汛期间(具体为 3—5 月)多个强降水天气过程，包括 2014 年 3 月 30—31 日全省大范围强降水并伴有强对流的这一典型个例。所有的样本资料由 11 个强降水天气过程构成，这些过程呈现出不同的特点，既有华南暖区强降水过程，也有锋面低槽形势下的暴雨过程。

资料集的构建主要包括三个步骤的工作：第一个步骤，根据自动气象观测站雨量记录和雷达回波等信息，确定强降水天气过程，删去一些过程中期的降水间歇时段。第二个步骤，在确定了具体降水时段之后，先是利用 SWAN 系统中原有算法，包括 COTREC 技术、0～2 小时定量降水预报技术等，得到原有算法的雷达回波外推预报产品和定量降水预报产品。第三步，仍然针对这一时段的雷达和自动站观测资料，利用光流法和 *Z-I* 关系动态调整法，再次用改进后的算法计算雷达回波外推预报产品和 0～2 小时定量降水预报产品。

对于检验的方法，最常用的是使用命中率(POD)、空报率(FAR)和临界成功指数(CSI)等来评估预报能力。下面给出降水检验相依表，对于每个分析的网格，该表列出了“是”事件和“非”事件的预报和观测发生频率。

根据此前确定的样本资料集和检验方案，对 SWAN 系统中 0～2 小时定量降水预报技术改进前后的预报能力进行了对比分析。对于所有 11 个降水样本资料，不仅 CSI 评分有较大提升，均方根误差也得到较好改善。对于 60 分钟预报时效，改进后的算法均方根误差为 2.87，比系统原有产品的 3.72 要低，减少了约 23%。

表 4.3　对于所有个例在第二阶段改进后预报能力评估分析

	POD		FAR		CSI	
雨量分级	改进后	改进前	改进后	改进前	改进后	改进前
0-2	0.7551		0.1725	0.2027	0.6524	0.5571
2-5	0.5768		0.4677	0.6195	0.3828	0.2453
5-10	0.6021		0.5316	0.6861	0.3577	0.2594
10-20	0.5958		0.466	0.5471	0.392	0.2732
20-50	0.5903		0.2765	0.2042	0.4816	0.1456
50-∞	0.5675		0	0	0.5675	0.0016

BIAS		RMSE	
改进后	改进前	改进后	改进前
1.0211	0.8219	2.8783	3.7145

改进后的 0～2 小时定量降水预报技术于 2015 年开始在广东投入业务应用。

2017 年 8 月 23 日 08 时，受 500 百帕带状副热带高压（以下简称副高）南侧偏东气流影响，1713 号强台风“天鸽”保持稳定快速西偏北方向移动，台风倒槽位于珠三角东部，受副高与台风之间较强气压梯度影响，粤东 850 百帕偏南风增大到 20～28 米/秒，23 日白天珠三角南部及粤东沿海出现了大到暴雨，局部大暴雨，粤西沿海出现了暴雨到大暴雨的降水。

09 时前后，台风“天鸽”外围雨带已开始影响广东省南部沿海地区，09 时起报的未来 1 小时融合 QPF 给出深圳一带将有 20～50 毫米，局部 50～100 毫米降水，汕尾有 20～35 毫米降水，珠三角中南部大部有 5～15 毫米局部 20 毫米降水。叠加 09—10 时区域自动站 1 小时观测实况（如图 4.8 和图 4.9），该时段内降水落区预报与观测实况基本吻合，深圳最大

图 4.8　2017 年 8 月 22 日 09 时的 1 小时 QPF 和 1 小时实况降水图

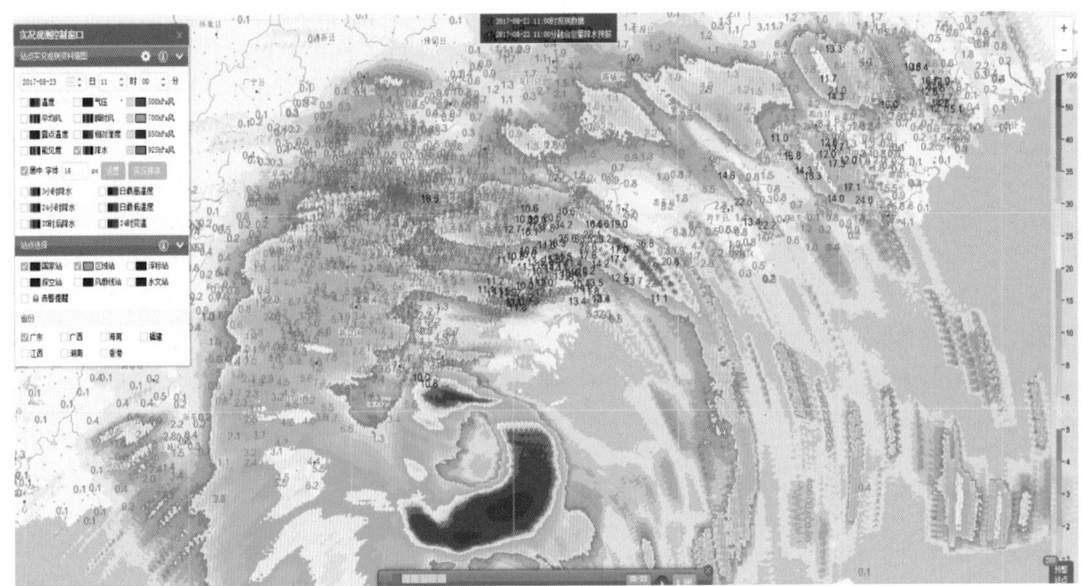

图 4.9　2017 年 8 月 23 日 10 时的 1 小时 QPF 和 1 小时实况降水图

时雨量坪山 39.1 毫米，汕尾最大海丰西闸 26.2 毫米，珠海最大珠海观测站 10.9 毫米。

4.2.3　融合雷达外推和数值预报的 0～6 小时定量降水预报技术

4.2.3.1　国内外发展概况

2011 年，世界气象组织提出融合基于雷达外推的临近预报与基于局地资料同化的数值预报是延长预报时效的根本途径。Austin 等(1987)和 Golding(1998)研究了数值模式和雷达外推方法的预报能力，随着预报时效的增加，数值模式和雷达外推方法之间存在一个交叉点，从这个交叉点开始，数值模式的预报能力要强于临近外推方法。Lin 等(2005)利用 Germann 和 Zawadzki(2002)提出的半拉格朗日预报方法和 GEM 数值模式，对上述 6 天降水过程做了进一步的分析，寻找数值模式和临近外推方法预报能力的交叉点。Golding(1998)和 Pierce 等(2001)最先使用了融合方法，二者研究试验了物理空间的融合，通过给雷达回波外推分配一个固定随时间减小的权重来实现。Bowler 等(2006)融合雷达外推预报和降尺度的数值预报，形成多尺度定量降水预报的概率。Schmid(2002)不仅计算了运动的不确定性，还考虑了降水发展的不确定性。Lee 等(2009)比较了校正的数值预报场和观测场，表明位相校正后的数值预报和雷达临近预报水平相似。还有研究工作(Germann，et al，2002；Atencia，et al，2010；Wong，et al，2009)表明，降水结构可预报性与动力过程及降水尺度有关，因此降水预报的融合技术要进行多尺度的处理。在国内，俞小鼎等(2012)、王改利等(2005)对比了以雷达观测为基础的临近预报和数值预报结果，通过设置从雷达产品到模式产品的最佳时间变化曲线，来最优化基于统计方法的模式和雷达产品的融合。

在这一节中，利用广东雷达探测网和华南对流尺度数值预报模式，在 0～2 小时定量降水预报技术改进的基础上，发展 0～6 小时定量降水预报技术，以延长预报时效并提升预报精度。

4.2.3.2 利用快速傅里叶变换对数值预报降水落区做位相校正

快速傅里叶变换(FFT),是离散傅氏变换的快速算法。它是根据离散傅里叶变换的奇、偶、虚、实等特性,对离散傅里叶变换的算法进行改进获得的。它对傅里叶变换的理论并没有新的发现,但是对于在计算机系统或者说数字系统中应用离散傅里叶变换,可以说是进了一大步。

二维图像的快速傅里叶变换及其反变换可以分解成行、列两个方向上的一维快速傅里叶变换及其反变换,由因为快速傅里叶变换和反变换的原理是一致的。所以,在整个系统设计的过程中,最关键的问题就是如何用 C 语言程序描述模拟整个快速傅里叶变换的运算流程。

空域中的平移在频域中只反映在相位变化,频域中的幅谱只反映空域中的旋转量,而幅谱经过极坐标变换后对应的旋转量转换成了平移量(图 4.10)。

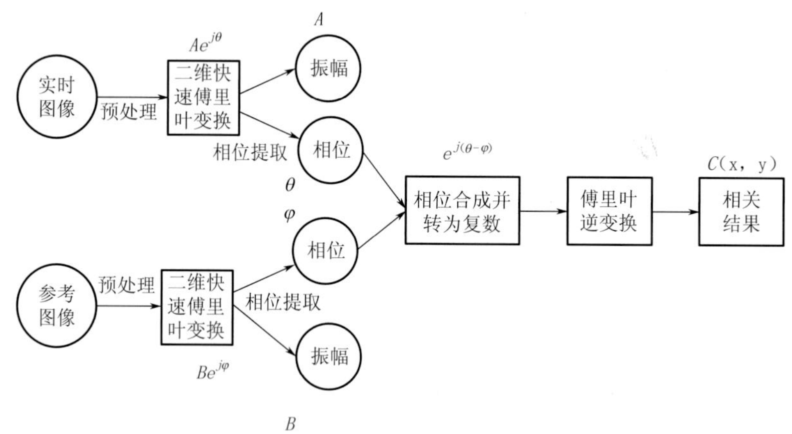

图 4.10 平移 POC 算法流程图

放缩和旋转-RIPOC 算法流程如图 4.11。

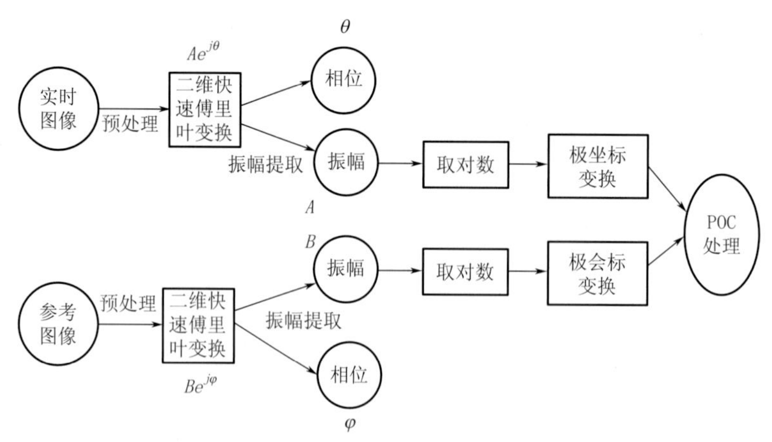

图 4.11 放缩和旋转-RIPOC 算法流程图

4.2.3.3 利用韦布尔分布对数值预报降水强度进行校正

降水预报强度校正是通过模式定量降水预报向定量降水估测产品(真值)逼近来调整

的。假设模式定量降水预报与定量降水估测场满足韦布尔分布，且定量降水预报和定量降水估测两个场的累计分布函数（实型随机变量的概率分布）相同。每次运行时，通过多样本运算求解 2 个参数的韦布尔分布。不同降水个例、不同时次，韦布尔函数分布不同，每次强度调整的情况也不一样。

从概率论和统计学角度看，韦布尔（Weibull Distribution）是连续性的概率分布，其概率密度函数为：

$$f(x)=\frac{\alpha}{\beta}\left(\frac{x-a_0}{\beta}\right)^{\alpha-1}\exp\left[-\left(\frac{x-a_0}{\beta}\right)^{\alpha}\right] \tag{4.23}$$

累积分布函数为：

$$F(x)=1-\exp\left[-\left(\frac{x-a_0}{\beta}\right)^{\alpha}\right]$$

式中 $\alpha(>0)$ 为形状参数（shape parameter）；$\beta(>0)$ 为比例参数（scale parameter）；$a_0(<x_{\min})$ 为位置参数（position parameter），当 $a_0=0$ 时上式则为二参数韦布尔分布。

采用最小二乘法求解，把累积分布函数改写为：

$$1-F(x)=\exp\left[-\left(\frac{x-a_0}{\beta}\right)^{\alpha}\right]$$

取对数后可得：

$$\ln[-\ln(1-F(x))]=\alpha\ln(x-a_0)-\alpha\ln\beta$$

记 $X=\ln(x-a_0)$ 为横坐标，$Y=\ln[-\ln(1-F(x))]$ 为纵坐标，则上式便可写为一直线方程：$Y=bX+a$，这里 $b=\alpha$，$a=-\alpha\ln\beta$。

直线方程的系数 a，b 采用最小二乘法求得，即

$$b=\frac{\sum(Y_i-\overline{Y})(X_i-\overline{X})}{\sum(X_i-\overline{X})^2}=\alpha$$

$$a=\overline{Y}-\overline{bX} \text{ 则：} \beta=\exp[-(\overline{Y}-\overline{bX})/\alpha]$$

在确定位置参数 a_0，使得

$$\sum_{i=1}^{n}[Y_i-(a+bX_i)]^2=\min$$

分别求出了模式与雷达外推的韦布尔分布之后，可以采用下式来校正模式的降水强度：

$$DBZ_{modified}=CDF_{model}^{-1}[CDF_{radar}(DBZ_{radar})] \tag{4.24}$$

4.2.3.4 采用正切动态权重法融合雷达外推和数值预报

在融合预报技术中，融合权重的分配非常关键。采用正切动态权重融合法，外推预报和数值预报的相对权重随着时间改变需要调整，在较短的预报时间内，外推预报取最大权重，而在较长时给数值预报一个较大权重。模式权重变化采用一个双曲正切线来表示，两个端点根据降水天气类型和预报员天气变化经验给定。

在计算数值模式权重时取经验方程（杨丹丹等，2010）：

$$W_m(t)=\alpha+\frac{\beta-\alpha}{2}\times\{1+\tan[\gamma(t-3)]\} \quad (1<t<6)$$

式中 α 和 β 分别是第 1 和 6 小时数值模式的权重，其取值根据预报员的天气变化经验、雷达气候学、对流系统的强弱等确定，γ 代表在融合时段中间部分的斜率，通过调节它来确定权

重曲线的变化快慢。

通过对模式回波预报场的相位订正和强度订正,通过降尺度方法改进模式预报的精度,进而将雷达外推与模式预报进行融合。融合的方法是先将雷达回波用经过卡尔曼滤波订正后的COTREC矢量对当前回波直接外推6小时,然后与模式输出的未来6小时回波预报场进行加权平均。加权方法是利用两个函数对进行:

$$z(t)=\cos\frac{\pi t}{360}\Big/\left(\cos\frac{\pi t}{360}+\sin\frac{\pi t}{360}\right)$$

$$s(t)=\sin\frac{\pi t}{360}\Big/\left(\cos\frac{\pi t}{360}+\sin\frac{\pi t}{360}\right)$$

其中 t 是预报时效,$0\leqslant t\leqslant 180$ 分钟。其中前1小时取雷达外推的比重最大而模式比重很小,此后雷达外推的权重逐渐减小,模式的权重逐渐增大,直至3小时后完全由模式预报取代,即3~6小时的预报直接由模式输出(经过相位订正)。

由于GRAPES模式输出的预报场空间分辨率为0.03°×0.03°,时间分辨率均为1小时,而雷达回波外推预报场的分辨率为0.01°×0.01°,时间分辨率为6分钟,两种资料的时空分辨率不一致,模式的分辨率远大于雷达分辨率,所以需要将模式场降尺度到与雷达相同的时空分辨率。空间降尺度采用简单的线性插值方法。模式预报场的时间降尺度通过对相邻1小时的模式预报场进行6分钟间隔的时间分配。同样利用函数对进行分配,例如对于预报时效在6分钟之间的模式预报场,取:

$$z(t)=0.5+0.5*\cos\frac{t-60}{60}\pi$$

$$s(t)=0.5+0.5*\cos\frac{t-120}{60}\pi$$

4.2.3.5 检验分析

个例1的基本情况:2015年4月19日到4月20日,地面冷空气伴随锋面南下,500百帕高空槽发展东移,同时低空伴有切变线和低空急流,广东出现了一次大范围的雷雨大风和短时强降水的强对流天气,部分市县出现了冰雹。降水方面,除粤西以外,大部分地区出现了大雨到暴雨的降水过程。个例1检验时长为24小时(2015年4月19日20时—20日20时)。对于本次过程不同等级的反射率因子外推预报,光流法的CSI整体都要高于融合法和模式预报,1小时预报时效,光流法在不同量级降水的CSI最高(0.4~0.7),2小时预报时效,光流法CSI下降明显(0.1~0.5)。2小时以上预报时效,三种方法的CSI评分均较低(表4.4)。

表4.4 2015年4月20日降水过程融合预报、光流法和模式的预报能力对比分析

合计		POD			FAR			CSI		
外推时效	回波区间(毫米)	融合法	光流法	GRAPES	融合法	光流法	GRAPES	融合法	光流法	GRAPES
1(小时)	0.0~2.0	0.73	0.81	0.40	0.27	0.22	0.75	0.58	0.65	0.18
	2.0~5.0	0.38	0.65	0.36	0.51	0.40	0.89	0.27	0.46	0.09
	5.0~10.0	0.40	0.60	0.22	0.68	0.46	0.89	0.21	0.40	0.08
	10.0~20.0	0.42	0.51	0.20	0.74	0.38	0.88	0.19	0.39	0.08
	20.0~50.0	0.47	0.56	0.22	0.80	0.33	0.89	0.16	0.44	0.08

续表

合计		POD			FAR			CSI		
2(小时)	0.0～2.0	0.64	0.64	0.39	0.42	0.37	0.69	0.44	0.47	0.21
	2.0～5.0	0.32	0.42	0.24	0.62	0.58	0.84	0.21	0.27	0.10
	5.0～10.0	0.33	0.35	0.12	0.72	0.68	0.88	0.18	0.20	0.07
	10.0～20.0	0.32	0.29	0.14	0.76	0.63	0.83	0.16	0.19	0.08
	20.0～50.0	0.39	0.23	0.04	0.83	0.72	0.93	0.14	0.15	0.02
3(小时)	0.0～2.0	0.59	0.58	0.38	0.70	0.43	0.71	0.25	0.40	0.20
	2.0～5.0	0.33	0.32	0.22	0.71	0.65	0.85	0.18	0.20	0.10
	5.0～10.0	0.28	0.22	0.11	0.77	0.74	0.87	0.15	0.14	0.06
	10.0～20.0	0.17	0.12	0.04	0.81	0.81	0.91	0.10	0.08	0.03
	20.0～50.0	0.14	0.07	0.01	0.89	0.86	0.98	0.07	0.05	0.01
4(小时)	0.0～2.0	0.57	0.56	0.37	0.68	0.46	0.70	0.26	0.38	0.20
	2.0～5.0	0.29	0.24	0.18	0.77	0.66	0.86	0.15	0.16	0.09
	5.0～10.0	0.18	0.13	0.07	0.82	0.79	0.91	0.10	0.09	0.04
	10.0～20.0	0.11	0.10	0.04	0.83	0.83	0.89	0.07	0.07	0.03
	20.0～50.0	0.03	0.02	0.01	0.95	0.96	0.96	0.02	0.01	0.01
5(小时)	0.0～2.0	0.58	0.53	0.36	0.64	0.49	0.69	0.28	0.35	0.20
	2.0～5.0	0.26	0.19	0.17	0.76	0.65	0.84	0.14	0.14	0.09
	5.0～10.0	0.11	0.08	0.07	0.85	0.85	0.88	0.07	0.06	0.05
	10.0～20.0	0.05	0.03	0.03	0.91	0.92	0.93	0.03	0.02	0.02
	20.0～50.0	0.01	0.00	0.02	0.97	0.98	0.89	0.01	0.00	0.01
6(小时)	0.0～2.0	0.57	0.50	0.35	0.61	0.51	0.67	0.30	0.33	0.21
	2.0～5.0	0.23	0.13	0.18	0.76	0.70	0.82	0.13	0.10	0.10
	5.0～10.0	0.10	0.07	0.06	0.85	0.83	0.91	0.06	0.05	0.04
	10.0～20.0	0.04	0.02	0.03	0.88	0.93	0.88	0.03	0.02	0.02
	20.0～50.0	0.00	0.00	0.00	1.00	1.00	1.00	0.00	0.00	0.00

CRA 检验：图 4.12 给出了 GRAPES 3 千米模式、光流法外推和融合法预报的逐小时降水，右侧柱状图为 CRA 检验结果，分别为第 1～6 小时的预报时效上，三种误差分解。从图 4.12 中可以看到，GRAPES 3 千米模式较好地预报出了雨带位置，但是雨强预报不稳定；光流法：强度误差随着时间临近稳定性减小，但位置误差增大。而融合法的结果则为：强度误差不稳定，临近前 3 小时强度误差最小，但是临近 1～2 小时降水量级严重偏大。

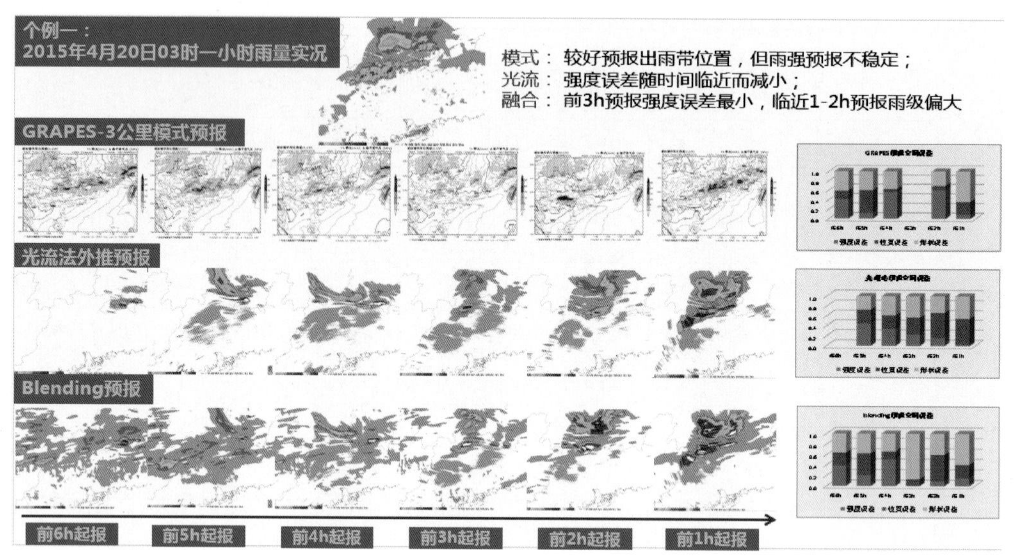

图 4.12 GRAPES 3 千米模式、光流法外推和融合法预报的逐小时降水的 CRA 检验结果

4.3 基于模式释用的中短期网格预报技术及系统

4.3.1 释用方案总体思路

根据刘黎明(1998)和黄永新(2000)以及华南地区气候变化趋势及其突变等气候特征，并从简单入手，本系统将华南区域划分为 10 个气候分区，如图 4.13。

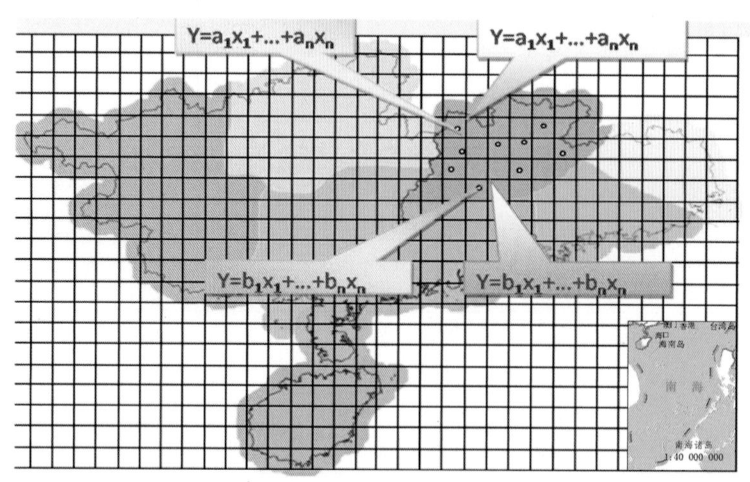

图 4.13 华南区域气候分区和网格释用方案

释用方案的总体设计思路分为三个步骤如下。

第一步，我们的数值模式释用方案是基于站点的释用，将统计模型应用到各个气候分区的站点上。

第二步，基于同一气候分区的天气气候规律有相似特征的原则，将站点的统计关系应用到了网格，挑选网格和站点之间对应关系的判据有三条：同一气候分区、距离最近、地形坡向相似。

第三步，建立好网格和站点的映射关系，实时运行的时候将站点的释用关系应用到网格，从而建立了网格精细化预报产品并同样存入网格数据库。

对数值预报的后处理，非常关键的一步就是建立对模式预报进行动态订正的释用模型。考虑到系统建立初期没有足够时长的样本进行模式输出统计订正，即所谓的 MOS 预报，而一般传统的 MOS 预报需要至少两年的预报场和观测资料来进行(Jacks et al，1990；Vislocky and Fritch，1995)。另外，MOS 建立的预报方程往往又只是反映了采样期间的各个变量(predictor)和预报对象(predictand)的平均关系状况，更趋近于气候平均状态。因此在精细化网格释用系统建设之初，此方案无法有效实施。

PP 法(Perfect Prognostics)可以不依赖模式预报来建立预报因子和预报对象的关系，认为模式是完美的，采用实况资料作为预报因子和预报对象实况之间建立同时关系，然后将模式输出量应用到预报因子、预报方程中，从而获得预报对象产品。但是 PP 法首先没有尝试纠正预报系统误差，另外，预报因子来自观测值，因此也受限于观测值，许多复杂但有意义的模式变量，如云水含量、表面通量和垂直速度等都无法在 PP 法中使用。

因此，考虑对常规动力统计预报方程(如多元线性回归)进行动态误差订正技术作为数值预报解释应用的主要技术方案，对时间样本要求不高，因此本项目采用卡尔曼滤波方法＋DMOS 的释用方法。

基于卡尔曼滤波法和短时间段(2 个月)的样本建立多元线性回归方程，使用最近获得的新资料对前一时刻获得的多元线性回归方程中的各变量系数进行不断地更新，从而利用最新的预报方程系数做出下一时刻的预报。

NCAR 的 DICAST 预报系统中，使用 DMOS(Dynamic MOS)，对最近一段时间的资料样本，周期性(一般为一周)地重建 MOS 预报方程进行动态 MOS 预报。

此外，由于数值模式运算时间较长，加上释用计算，使得释用结果通常晚于模式初始预报时间 10 个小时以上，并且对模式的释用每天只运算 2 次，建立 MOS 方程并进行卡尔曼滤波释用的方法无法融合从预报初始时间至最新时刻的天气实况。为了将最新天气实况融入模式释用结果，通过建立实况与后延时刻的要素预报量的统计关系方程，对释用结果进行滚动订正。

4.3.2　释用因子预处理与选取

各种动态订正方法的提出，都一般对连续型的变量如温度、相对湿度等预报对象较为有效，对于降水等非连续型和偏态型分布的预报对象需要做一些特殊预处理后(如进行非线性运算使之接近正态分布)进行应用。

考虑到降水既不是连续性变量，也不是一个时间点上的观测值，而是一段时间的累积量；同时降水是多因素综合作用结果，它存在与其他天气要素不同的特点，不同的天气形势在降水量中没有得到有效的反映，为此，降水客观预报——特别是定量降水客观预报的释用过程中，对降水资料进行预处理是一个必要且有效的步骤。预处理有两个方案。方案1:对降水进行开4次方处理,这样处理后降水量基本服从正态分布,而且可以得到其连续变化;方案2:考虑到0降水也包含了很多种不同信息,故根据相对湿度对0降水进行区分。

无论是网格还是站点的释用,都是基于点要素值进行,往往忽略了天气学的意义,因此应当充分利用点附近区域的点,附近时次的点,构造出能够反映天气系统(如槽区、切变线等)的变量出来。因此,在因子选取上需综合考虑华南地区天气和气候特点,计算多个反映华南地区降水特征的物理因子,包括水汽通量、水汽因子,低层风场、垂直运动、涡度平流、温度平流等动力热力因子、稳定度因子等。另外,也将考虑气候背景因子 Sin/Cos(Date of the Year)、Pentad Mean、日变化(Sin/Cos(time of day))以及地形和流场等相互作用产生的合成因子。

4.3.3 SAFEGUARD 系统业务流程

从 CIMISS 读取数值预报的基本输出变量,其中获取的站点值为站点周围的4个网格值,通过反距离加权法插值获得。插值时考虑模式地形和实际地形的差异,实际地形采用1∶250000地形。根据模式基本要素计算出降水释用需要的相关物理因子,如各种平流、稳定度等因子,并将模式因子和后计算因子进行量级统一处理。

根据模式预报间隔和预报时效,从 CIMISS 中读取逐时降水资料,并对降水资料进行正态化预处理。

利用多元回归子模块,对处理好的降水序列和各种数值预报产品因子序列进行回归计算,得到的各个站点的回归方程系数以结构化 XML 文件进行保存,XML 各节点包括:站点、预报要素、时效、对应因子回归系数,以方便读取、增加和更新不同站点、不同预报要素、不同时效、不同因子的系数。

由于各个要素的释用方案不同,将降水释用的预处理、因子选择和因子计算独立编译成 DLL 动态链接库或带参数的 EXE 可执行文件,通过统一的外壳程序按步调用执行。模块化设计也以方便日后的系统的更新和完善。

4.3.4 温度释用方案改进

对基于华南区域 GRAPES 模式的逐时温度解释应用,也就是 SAFEGUARD 结果检验显示,逐时的解释应用方案对极值温度(最高温度和最低温度)释用效果不好。原因分析表明,利用逐时温度建立回归方程后,极值温度的样本相对较少,导致了极值温度误差检验高于总体温度平均误差。本方案在原释用基础上,对未来72小时的极值温度进行再次释用。释用方案采用 PP 法,站点范围为全省86个市县。先在数值预报输出的72小时逐时温度里找出最高温度和最低温度,同时找出对应的实况最高温度和最低温度,然后利用一元回归法,得到86个站点预报方程。预报时,将数值模式网网格值作为 y 因子,将方程应用到每一个网格上。在得到每一个网格的极值温度后,将极值温度拟合到原72小时预报的温度曲线上。拟合的原则是直接替换原温度曲线中的极值温度,并按权重调整相邻的温度值。原理示意图如图4.14,实线(蓝色)为调整前温度曲线,虚线(红色)为调整后温度曲线。

逐时温度调整公式为:

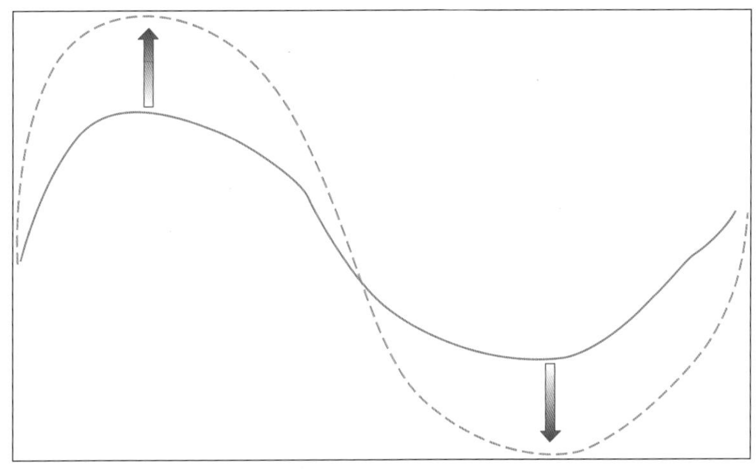

图 4.14　温度调整原理图

$$T_{\mathrm{new}} = T_{\mathrm{min}_{\mathrm{new}}} + \frac{T_{\mathrm{old}} - T_{\mathrm{min}_{old}}}{\Delta T_{\mathrm{old}}} \times \Delta T_{\mathrm{new}} \tag{4.25}$$

其中

$$\Delta T_{\mathrm{old}} = T_{\mathrm{max}_{\mathrm{old}}} - T_{\mathrm{min}_{\mathrm{old}}}$$

$$\Delta T_{\mathrm{new}} = T_{\mathrm{max}_{\mathrm{new}}} - T_{\mathrm{min}_{\mathrm{new}}}$$

举例:根据上述公式,假设原温度逐时值为 12 ℃、13 ℃、14 ℃、15 ℃、16 ℃,那么将最高温度调整为 18 ℃,最低温度调整为 10 ℃,那么调整后的逐时温度为 10 ℃、12 ℃、14 ℃、16 ℃、18 ℃。

利用 2012 年 6—8 月和 2012 年 11—12 月的数据建立方程,9—10 月和 2013 年 1—2 月的数据作为预报并检验。我们将 GRAPES 模式直接输出、SAFEGUARD 原释用结果和经过极值再次释用后的结果作为对比,图 4.15 给出了三者的检验对比结果。未经释用的 GRAPES 模式最高温度误差为 1.71 ℃,原 SAFEGUARD 最高温度误差为 1.51 ℃,

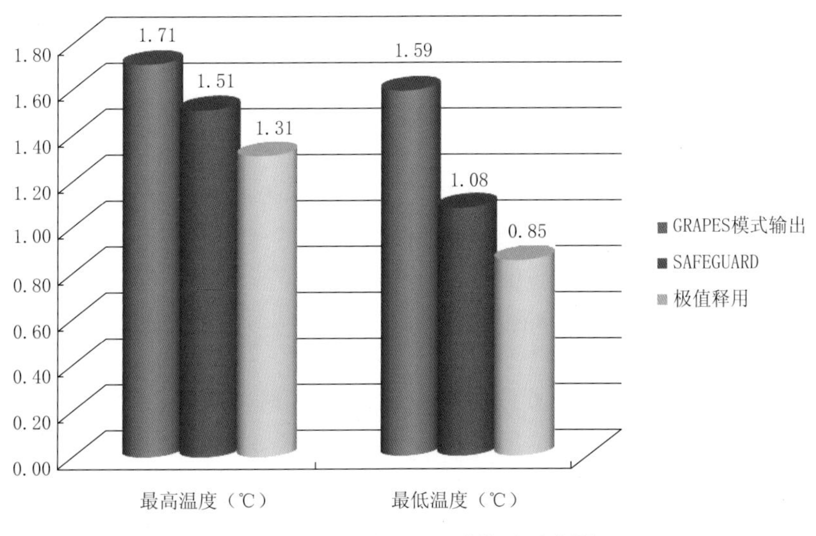

图 4.15　$T_{\mathrm{max}}/T_{\mathrm{min}}$ 三者检验对比图

经过极值释用后的最高温度误差为 1.31 ℃。未经释用的 GRAPES 模式最低温度误差为 1.59 ℃，原 SAFEGUARD 最低温度误差为 1.08 ℃，极值释用后的最低温度误差为 0.85 ℃。

将释用结果再细分成 24 小时、48 小时和 72 小时作进一步检验，结果如图 4.16 所示。从图 4.16 可以看到，细分为逐 24 小时段后，结果依然是极值释用方案优于另外两个，而且在 48 和 72 小时段，极值释用方案对 SAFEGUARD 的调整更为明显。

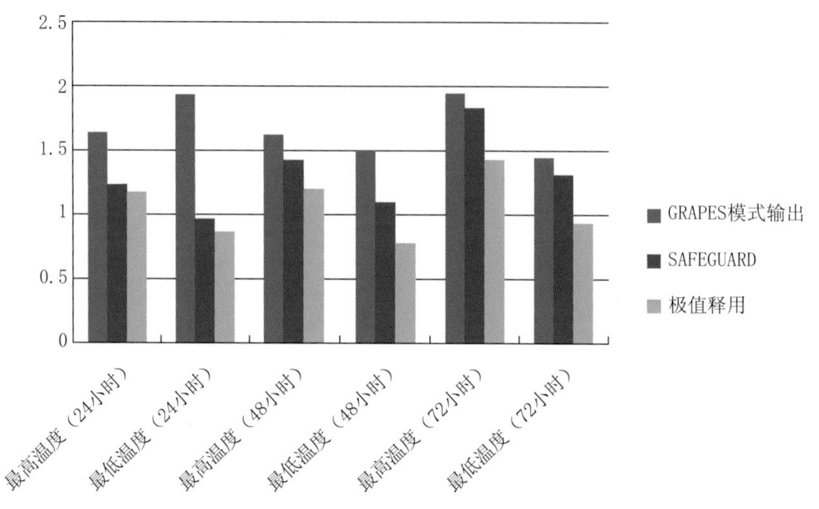

图 4.16　24 小时、48 小时和 72 小时极值温度(℃)检验对比

为了让预报员对释用方案性能作进一步的了解，对 86 个县的极值温度释用结果做进一步分析，结果发现粤北大部分市县的最高温度释用效果明显，连平、乳源、乐昌等站点提高幅度在 1.9～2.3 ℃左右。粤北释用效果较好的其中一个原因是模式的地形与实际地形有差异，而极值温度的释用正好弥补了模式这方面的不足。南部沿海的市县释用效果不明显，基本只有 0.3～0.5 ℃的改善，部分站点释用与模式原值无提高。

LAMP 法是将最新的实况与原释用温度产品作对比，然后拟合出一个新的回归方程，利用新的方程对温度预报进行二次订正。针对广东省 86 个遥测站点，选择 $t+n$ 时刻的温度作为因变量，而 $t+n$ 时刻的释用温度和 t 时刻的温度作为自变量，然后利用逐步回归方法建立回归方程，那么对于 $n=1\sim24$，可建立 24 个回归方程用于预报未来 24 小时的温度。因为在不同的季节，气象要素对温度的影响不尽相同，所以再分别对春、夏、秋、冬四个季节建立回归预报方程。在业务中，实时读取最新时刻的气象要素以及未来 24 小时的释用温度，利用建立的回归预报方程便可预测未来 24 小时的温度，实现逐时滚动温度预报。图 4.17 给出温度绝对误差的检验结果：LAMP 在前 6 个小时的调整效果较为明显，在 1.5 ℃以内，优于原温度释用的结果。

需要指出的是，经过多个不同方案的试验，基于统计回归的方案对非连续性变量（特别是降水）的预报效果改善甚微；另外，随着计算能力的提高与集合预报的广泛业务应用，集合预报释用在降水预报上优势渐显。

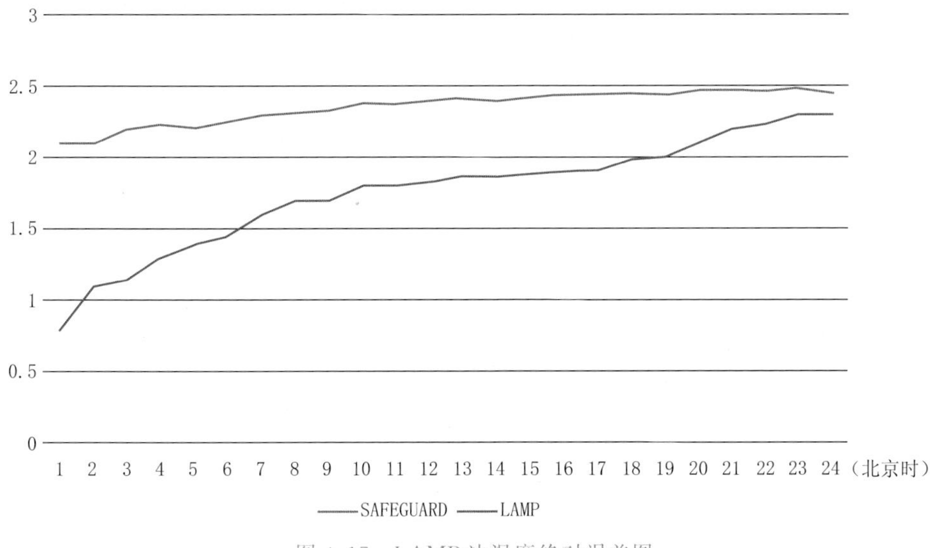

图4.17 LAMP法温度绝对误差图

4.4 集合预报技术及其在网格预报业务中的应用

4.4.1 集合预报及其应用概述

大气混沌现象的发现(Lorenz,1963)及其相应的天气预报不确定性问题引起了气象学者的广泛关注。由于大气是高度非线性系统,数值模式对初始条件微小误差非常敏感,日常要素预报误差中相当部分源自于初值误差而不是模式本身。为解决初值问题,有学者提出动力随机预报理论,引入集合预报思想,并取得了有意义的成果。基于大规模并行计算方法和计算机发展,20世纪90年代初期,美国国家环境中心(NCEP)和欧洲中期天气预报中心(ECMWF)陆续建立了自己的集合数值预报业务系统(Toth and Kalnay,1993;Molteni et al,1996)。随后,集合预报在世界各国气象中心逐渐得到越来越多的应用。研究试验和业务应用表明,集合预报不但可以提供更多的有意义的信息,其预报性能也较传统单个数值模式确定性预报有不小的提高。集合预报技术是天气预报技术发展的一个主要方向,其丰富的数值产品已成为国际主流气象机构预报的主要参考,世界气象组织(WMO)对集合预报技术在全球的推广应用也非常重视。

数字化网格天气预报是近年国际天气预报业务发展趋势。美国国家气象局、澳大利亚气象局等业务中心利用集合预报资料进行后处理统计释用,为人机交互的数字化网格预报业务提供了重要支撑,并取得了较好的应用效果。2013年起,中国气象局开始下发ECMWF等集合预报产品和开发了集合预报显示的工具箱供各地使用,为各省(自治区、直辖市)预报业务应用提供了较好的参考。作为全国网格天气预报业务试点单位,广东省气象台2012年底开始实施人机交互的数字网格预报业务,其中为预报员快速网格预报编辑提供具有较高技巧和较稳定的背景要素网格场尤为关键,而集合预报产品业务应用将是很好支撑。从管理学角度而言,群体决策不一定是最佳决策,而是风险较小的决策。

然而，考虑到人机交互的数字网格预报业务实际，面对海量数据、海量信息的多模式集合预报产品该如何进行快速有效的后处理应用订正，有效发挥先进技术支撑作用尤为关键；同时，由于数值模式具备较完善动力热力过程，其产品后处理统计释用可以订正模式的偏差，也可能会引入不少新的不稳定误差（增加预报风险和主观订正难度）。因此，从人机交互网格预报业务角度，集合预报客观释用方案重点围绕模式部分较稳定的系统性偏差进行订正（减少预报员对这部分误差的主观订正），便于有效发挥预报员和模式的综合作用。经过几年时间摸索（网格预报业务初期），广东集合预报业务客观网格释用方案设计围绕以下原则开展。

1. 先评估、再订正

数值模式在不同地区、不同季节、不同要素预报能力并不相同，在模式的后处理订正之前，先对预报对象的主客观预报性能（预报员和客观模式）进行评估，重点针对存在的可订正系统误差、采用相应的方案进行订正；同时，结合不同模式产品特点，综合发挥各模式、各成员的性能。

2. 便理解、可交互

尽管从一般大数据角度而言，只问结果、不问因果，但气象大数据后处理释用，若具备更好因果意义将对后期主观订正更有价值。为此，释用方法尽量结合误差特征进行分析归纳和便于预报员理解思路进行设计，易于后期预报员可以根据天气变化特点进行增量订正。同时，释用方案尽量参数化配置，可动态调整、也便于接入智能工具箱和预报员经验修正。

下面针对业务中最为重要的三个要素（气温、降水、风）的网格预报解释应用技术方案进行简要介绍。

4.4.2 基于多模式动态集成的温度预报技术

业务和研究均表明，多模式综合集成预报既能发挥各模式预报结果的优势具有更好的预报技巧，且不会因某个模式性能变化导致综合结果的较大变动（Krishnamurti et al，1999；Krishnamurti et al，2000；Elizabeth，2001；Woodcock et al，2005）。近年各大业务中心也逐渐开展了多模式集成的后处理应用技术开发。如，Woodcock 等（2005）利用澳大利亚多家业务数值模式和区域 MOS 产品，综合考虑不同模式近期预报表现基础上动态集成（OCF，Operational Consensus Forecasts）建立了全国客观站点指导预报，性能较模式 DMO 结果改善明显。赵声蓉等（2012）持续发展了我国 MOS 客观气象要素预报系统，近年通过大量因子建模、多模式集成等方面改进，有效提高了城镇站点客观要素指导预报水平。同时，针对近年精细网格预报业务变革，Glahn（2014）在过去几十年一直发展的站点 MOS 系统基础上，把 Bergthorssen、Cressman 和 Doos 提出的逐步订正的插值分析方法（BCD 法），拓展为增加考虑不同下垫面和地形高度影响的网格应用（BCDG 法），将 NCEP-GFS 模式的站点 MOS 结果插值分析到 2.5 千米分辨率的网格，为美国网格预报业务提供支撑（Glahn et al，2009a，b；Ruth et al，2009），但该方案也难以避免“插值分析”带来的不确定误差，并且需获取大量精细的下垫面信息、站点布局需有一定海拔落差、计算量也较大。

总体而言，在传统的 MOS 方法基础上，近年数值模式的释用方法逐渐呈现出从“固定方程向自适应调整、单模式向多模式集合转变、站点释用向精细网格释用拓展”的趋势。为此，综合订正技术发展的三大趋势，结合广东气候、地形地貌特点开发了一套多模式动态集成的网格预报方案（吴乃庚等，2017）。下面，结合业务最常预报的日极端气温进行介绍。

4.4.2.1　日极端气温的主客观预报性能评估

为直观对比，模式和主观预报分别选取国内外应用最广泛的 ECMWF 模式和广东省气象台网格预报为代表，通过空间插值将网格预报产品插值到气象观测站进行评估。对温度预报的定量评估，已有研究（Woodcock et al，2005；周兵等，2006；漆梁波等，2007；张秀年等，2011）多采用能反映整体预报偏差幅度的平均绝对误差（MAE）或均方根误差（RMSE），但两者均存在不能反映误差正负方向问题。平均误差（ME）虽出现正负相抵情况，难以反映整体偏差幅度，但也提供重要的天气信息（Nurmi，2003；Wilks，2006），ME 表征的方向性适合用于定量预报订正，预报员思考应用更多的也是 ME。因此，为综合衡量主客观预报能力和针对性地设计释用方案，下面综合应用 MAE 和 ME 进行评估。ME 和 MAE 计算见公式（4.26）和（4.27），其中 T_{fc}、T_{ob} 分别为预报和观测值，n 为需要空间平均或时间平均的样本数量。

$$\mathrm{ME}=\overline{T_{fc}-T_{ob}}=\frac{1}{n}\sum_{k=1}^{n}(T_{fc}(k)-T_{ob}(k)) \tag{4.26}$$

$$\mathrm{MAE}=\overline{|T_{fc}-T_{ob}|}=\frac{1}{n}\sum_{k=1}^{n}|T_{fc}(k)-T_{ob}(k)| \tag{4.27}$$

1. T_{max} 和 T_{min} 预报偏差的季节差异

图 4.18(a)为 ECMWF 模式在广东区域站点平均的 24 小时 T_{max} 预报的逐日 ME、|ME|、MAE 变化序列，|ME|与 MAE 的值越接近越能反映预报大范围一致性偏高（低）。从图中可见，ECMWF 的 T_{max} 预报偏差季节差异显著，冬半年（11—次年 4 月）MAE 约 2 ℃，夏半年（5—10 月）则超过 3 ℃；配合 ME 和|ME|曲线可知，夏半年的偏差为稳定大范围的预报偏低（ME 持续为负偏差、|ME|与 MAE 绝大部分时间重合）。总体来看，ECMWF 对 T_{max} 预报以偏低为主，夏半年 T_{max} 预报误差更大，但为大范围稳定偏低，而春秋过渡季节绝对误差较小，但持续偏向性差一些。

GDMO 与 ECMWF 的 MAE 曲线明显相反（图 4.18），呈现为夏半年误差小（1.4 ℃）、冬半年（1.8 ℃）误差大的特征，其中在夏半年较 ECMWF 显著偏小。这表明尽管夏半年模式 T_{max} 预报误差较大，但预报员对持续稳定的误差有明显订正能力。

对比 T_{max} 而言，T_{min} 预报 MAE 明显较小，且季节分布特征相反，呈现“冬半年大（约 1.5 ℃）夏半年小（约 1 ℃）”的特征。主客观对比可知，在 T_{min} 相对平稳的夏半年，GDMO 有一定正技巧，但在冬半年特别春秋过渡季节，平均正技巧并不明显（图 4.19）。

2. 不同温度强度下 T_{max} 和 T_{min} 预报偏差的差异

为考察不同温度强度（一定程度反映天气类型）下 T_{max}、T_{min} 预报偏差的差异，图 4.20 给出了 ECMWF 模式 T_{max}、T_{min} 的平均误差（T_{fc}-T_{ob}）及其气温预报（T_{fc}）的散点分布。已有研究表明（Nurmi，2003；Wilks，2006；Erik，2013），如果 ME 独立于预报和围绕一个固定值变化，说明存在着非条件偏差（Unconditional Bias）；而如果 ME 是流依赖（Flow Dependent），例如误差依赖于预报本身或其他参数，则存在着条件性偏向（Conditional Bias）的系统性误差，该情况表明其预报误差与大尺度天气流型密切相关。由图 4.20a 可见，当 T_{max} 越高（低）呈现出越大的负（正）偏差，表明模式的 T_{max} 预报呈现流依赖特征，存在明显条件性偏向，对较高（低）的气温模式预报更偏低（高），特别是 30℃以上高温预报严重偏低。T_{min} 的预报亦呈现一些类似特征，但相对没那么明显（图 4.20b）。

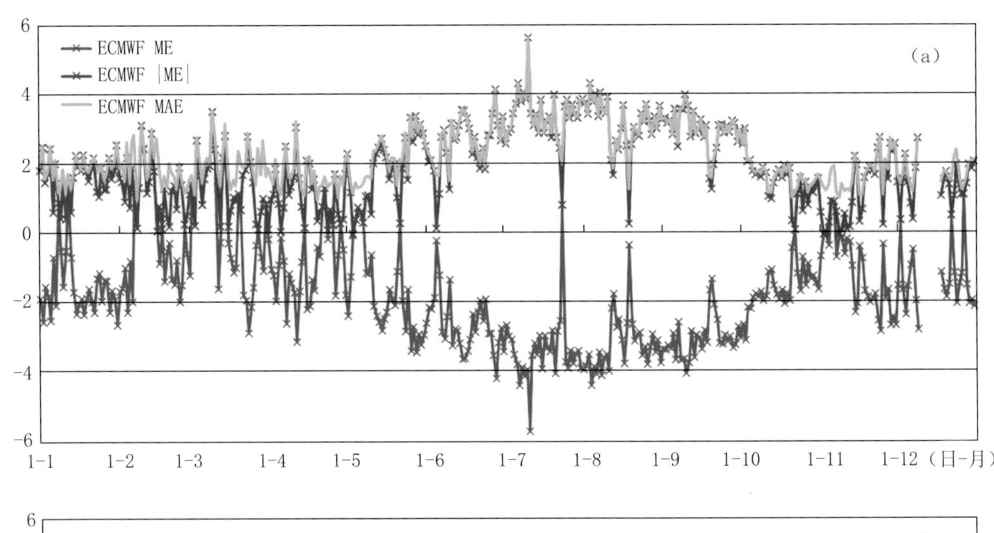

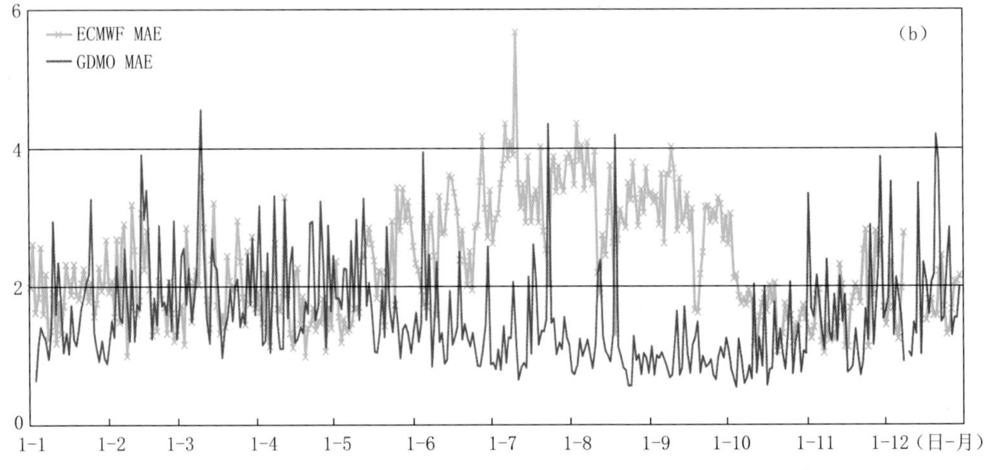

图 4.18 2014 年广东区域平均的 T_{max} 24 小时预报误差序列图(单位:℃)
(a)ECMWF 的 ME、|ME|、MAE;(b)ECMWF 和 GDMO 的 MAE

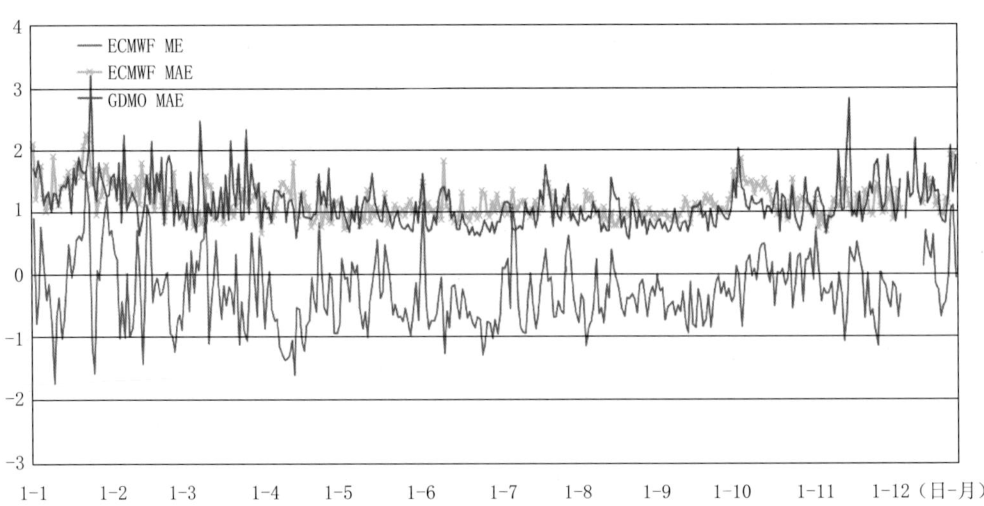

图 4.19 2014 年广东区域平均 T_{min} 24 小时预报 ECMWF 的 ME/MAE 和 GDMO 的 MAE 序列图(单位:℃)

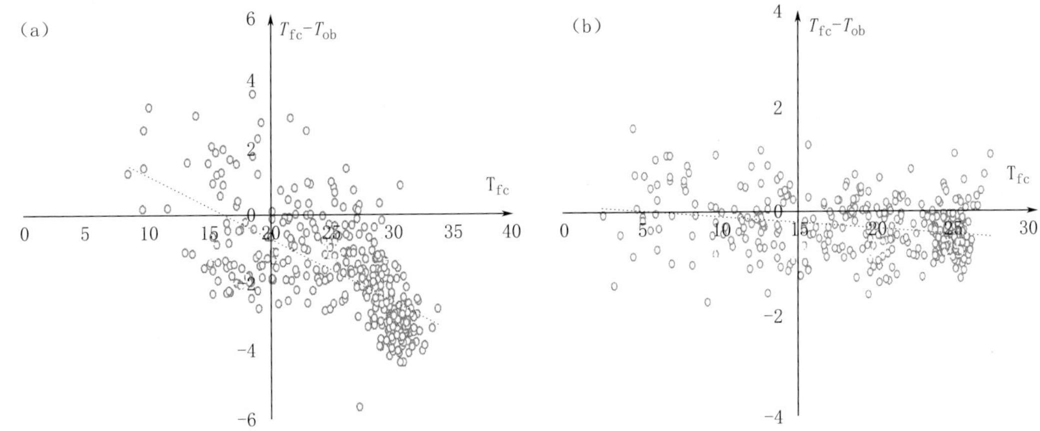

图 4.20　2014 年广东区域平均 ECMWF 模式 T_{max}(a)、T_{min}(b) 24 小时预报平均误差及其预报值的散点分布图(单位:℃,虚线为线性趋势线)

3. T_{max} 和 T_{min} 预报偏差的地区差异

图 4.21 给出的是 T_{max}、T_{min} 预报的平均绝对误差 MAE 空间分布。从 ECMWF 预报结果可见,其 T_{max}、T_{min} 预报 MAE 均呈现出“北部高、沿海低”分布特征,且南北差异十分明显(北部部分地区误差较沿海偏高超过 2 ℃),而 GDMO 预报有类似特征,但南北差异相对较小。由此可见,尽管广东总体海拔不算太高,相对南部沿海来说,北部南岭山脉地形影响仍使得预报产生了更大的偏差。

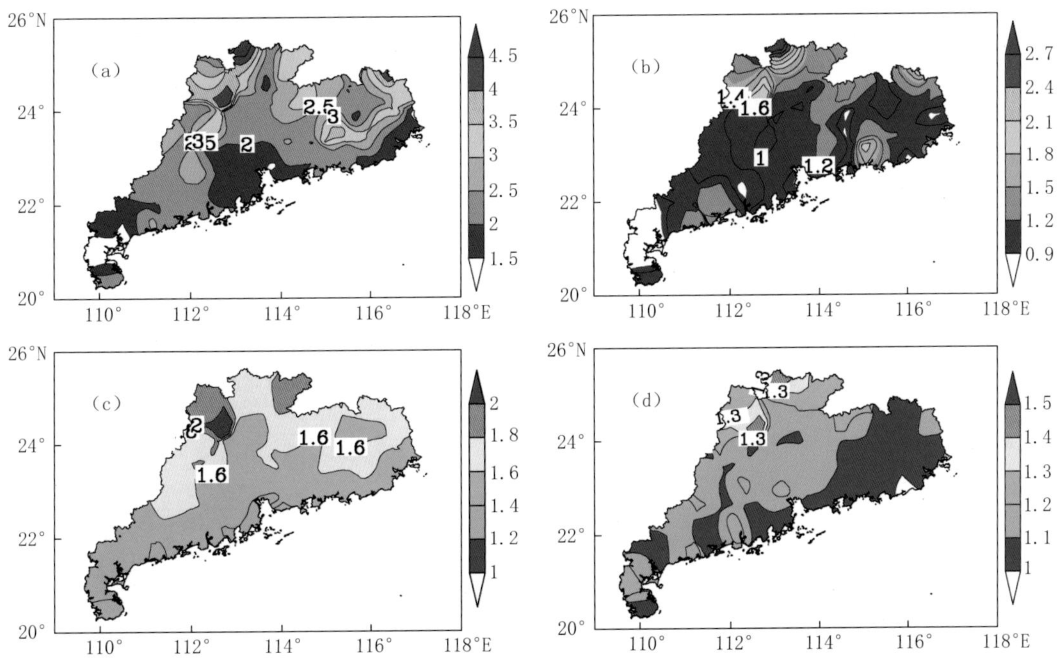

图 4.21　2014 年平均的最高(低)气温 24h 预报平均绝对误差 MAE 空间分布(单位:℃)(a 和 b 为 ECMWF 的 T_{max} 和 T_{min} 误差、c 和 d 为 GDMO 的 T_{max} 和 T_{min} 误差)

4. 不同预报时效 T_{max} 和 T_{min} 预报偏差的差异

从不同预报时效看(图 4.22),T_{max} 和 T_{min} 均为时效越长误差越大,但总体误差增长不算太大,特别是 T_{min} 预报误差仅增加约 0.3 ℃。同时,GDMO 预报有类似变化特征,且不同预报时效主观订正能力也较稳定(T_{max} 约 0.7 ℃,T_{min} 约 0.1 ℃),该结果在一定程度上也反映了不同时效的主观预报订正思路和订正的系统误差可能具有一定相似性。

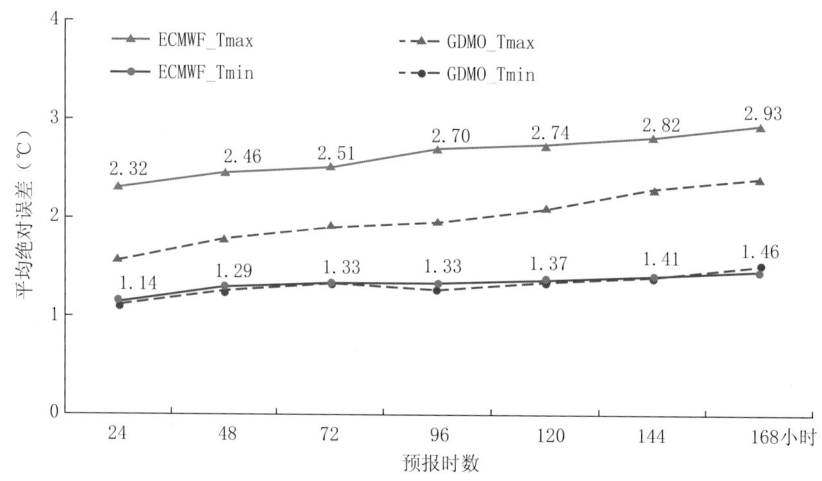

图 4.22 2014 年平均的 T_{max}/T_{min} 不同预报时效的预报 MAE 序列图(单位:℃)

4.4.2.2 多模式动态集成释用方案设计

从前期主客观预报评估分析可知,在时间和强度方面,模式对日极端气温预报往往存在“高温偏低、低温偏高”特征并具有一定的时间持续性,而主观预报的订正能力也主要在于持续性的系统偏差;空间分布和预报时效方面,山区地形对预报偏差产生影响,不同时效主观预报订正能力差异并不大。由此可见,对广东的网格预报的后处理释用,时间持续性偏差和地形影响偏差值得重点考虑。

根据评估分析结果,结合多模式集成和网格释用的技术发展趋势,开发了一套多模式动态权重集成网格释用技术方案(Multi-model Consensus Gridded Forecast,McGF)。业务程序方案包括实时站点检验、单模式站点释用、网格应用订正和多模式动态权重集成四大部分(图 4.23),程序实现模块化设计,模式数量、订正方案以及网格应用等可实现按用户需求定制。

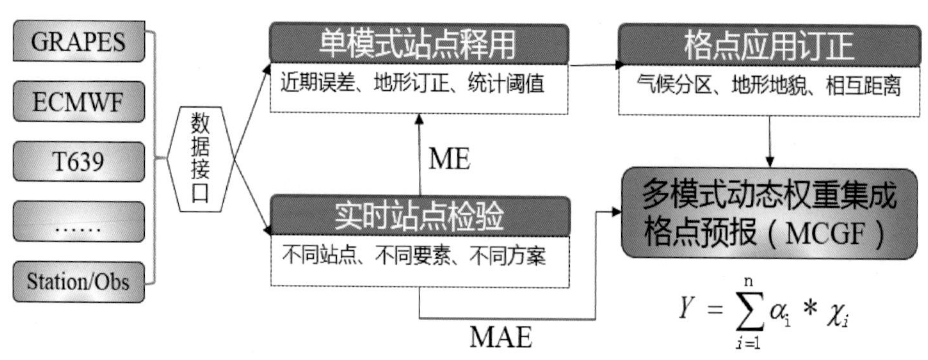

图 4.23 多模式动态集成网格释用业务技术流程图

1. 实时站点检验

实时站点检验包括两部分：(1)*ME* 检验，考虑 *ME* 正负方向性适用于模式的定量预报订正，针对不同数值模式不同站点动态 *ME* 评估，用于各模式偏差订正。(2)*MAE* 检验，考虑 *MAE* 更能稳定反映模式的平均性能，对各集成成员模式的预报结果进行动态 *MAE* 评估，用于各模式权重集成。另外，考虑到模式误差的依赖特征以及天气系统的短期波动，本方案时间滑动训练期默认设置为 7 天。

2. 模式偏差订正

不同于传统简单站点应用，精细网格预报业务中具有大量数字网格，作为网格预报制作的初始场，客观订正方案应意义直观明确。基于前期模式性能本地评估特点，重点考虑时间上的持续系统性偏差、空间上的山区地形造成偏差两方面进行订正。

(1)时间持续偏差订正：针对模式预报常存在持续系统性偏差，计算出各集成成员在不同观测站过去 7 天平均误差(ME)，据此分别进行订正。站点订正结果 $T'(t)$ 计算见公式(4.28)，其中根据滑动训练期 n 取为 7，另考虑到转折性天气较大误差波动以及模式业务中偶尔出现部分时次资料丢失情况，定义滑动训练期内模式极端气温预报(T_{fc})与实况(T_{ob})偏差超过 5 ℃则认为该训练日不具有参考价值，将其剔除。

$$T'(t)=T_{fc}(t)+\mathrm{ME}(t)=T_{fc}(t)+\frac{1}{n}\sum_{k=1}^{n}(T_{fc}(t-k)-T_{ob}(t-k)) \tag{4.28}$$

(2)空间地形影响订正：前期评估结果可知，尽管广东的国家观测站海拔不高(超过 150 米的仅 6 个)，地形对预报误差仍有一定影响。同时广东丘陵地形多，模式网格地形与真实地形存在较大差异，对精细网格气温分布将有较大影响。因此，进行地形影响订正，网格订正结果 T' 的计算见公式(4.29)，其中 H_{true}、H_{model} 分别为真实地形和模式地形高度，垂直温度递减率 γ^* 采用基于广东立体气候梯度观测站计算结果(刘尉，2013)。

$$T'=T_{fc}+\Delta T+T_{fc}+\frac{1}{100}(H_{model}-H_{true})\times\gamma^* \tag{4.29}$$

3. 站点向网格应用

对于网格预报业务而言，简单的站点插值应用意义不大，而以区域站点组合发展代表方程的方式虽然具有一定代表性，但准确率较单站点差且存在明显的边界不连续问题，对于精细网格预报带来较大影响(Glahn et al，2009a，2009b)。Glahn 等(2009)在原有 MOS 系统基础上开展的 GRIDDING MOS 方案主要考虑地形和下垫面影响，将站点 MOS 结果插值分析到网格，较好地解决了精度和边界问题。但其实施一方面引入了“插值”误差，另一方面也需大量精细下垫面信息、站点布局需有一定海拔落差(＞130 米)且计算量较大。

基于业务实际及预报员关注更多的是站点实况结果，且下垫面对气温的影响深入研究目前而言并不足够精细合理。为减少引入类似“插值”带来的不确定误差，根据气候分区、地形特点和站点距离等影响，本节设计了一套站点向网格应用的方案。站点与网格关联原则如下(按先后顺序)：

(1)网格与相关站点应属同一气候分区(本节分区基于刘黎明(1998)研究结果)；

(2)网格与相关站点应地貌相似(根据 1 千米地理信息资料计算，坡向接近，90°以内)；

(3)与网格距离最近的站点(若出现多个满足条件站点，以最近的为准)。

根据站点与网格映射对应关系(图 4.24)，将基于站点观测的 ME、MAE 误差等应用至相应网格，为模式偏差订正以及模式动态权重集成提供基础（该映射对应关系可提供台站本地进一步动态修正）。

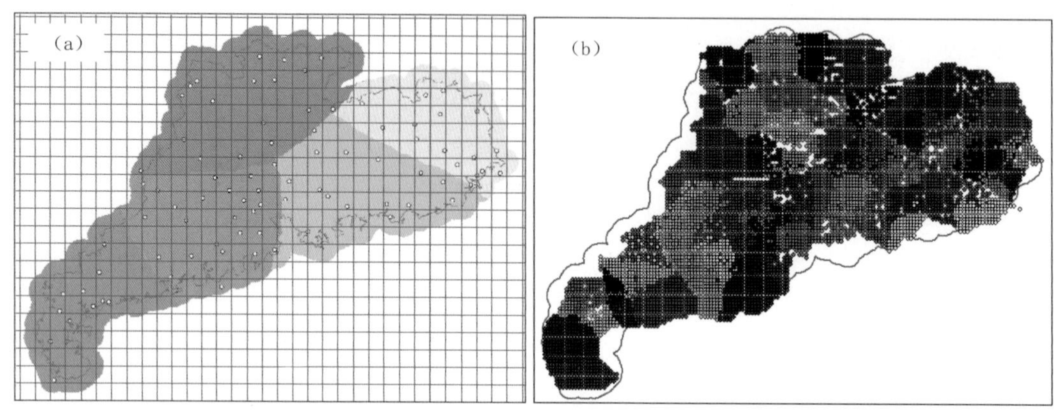

图 4.24　考虑气候分区、地形地貌的站点与网格关联示意图（a. 彩色填色代表不同的气候分区，圆点代表的是观测站点；b. 彩色填色代表不同站点映射关联的区域）

4. 动态权重集成方案

研究表明，根据模式最近一段时间的误差来确定权重（Performance-weighted averages）往往比固定权重平均的合成好（Woodcock et al，2005）。本节成员权重根据过去 7 天的 MAE 检验结果动态计算，MAE 越大的成员，权重系数越小。系数计算见公式（4.30），其中 n 代表成员总数，i 表示某一成员，w 表示权重。

$$w_i = \mathrm{MAE}_i^{-1}\left(\sum_1^n \mathrm{MAE}_i^{-1}\right)^{-1} \tag{4.30}$$

集成释用结果（McGF）：根据前面各模式偏差订正后的结果（T_i'）进行动态权重集成。

$$\mathrm{McGF} = \sum_1^n (w_i T_i') \tag{4.31}$$

4.4.2.3　释用预报效果评估

为了解释用效果，下面从业务常用的 MAE、准确（偏差）率分别进行评估，并结合实例给出网格释用空间分布效果。

1. 平均绝对误差评分

对比主客观预报可见（图 4.25），对于 T_{max} 预报，McGF 的 MAE 评分从 24～72 小时分别为 1.3 ℃、1.57 ℃和 1.81 ℃，均较模式和主观预报有较大提升，其中较 ECMWF、GRAPES 模式和 GDMO 预报分别提高约 0.7 ℃、0.4 ℃和 0.3 ℃。T_{min} 主客观预报误差均较 T_{max} 偏低，McGF 较 GRAPES 模式提升约 0.4 ℃，但较 ECMWF 和 GDMO 提升幅度不大（$<$0.1 ℃）。

2. 预报准确（偏差）率

为进一步考察 McGF 的预报性能和稳定性，表 4.5 给出了准确率和偏差率对比（若对当天广东区域平均预报 MAE$<$1.5 ℃视为“准确”、MAE$>$2.5 ℃则视为“偏差”；准确（偏差）率＝准确（偏差）天数/总天数×100%）。表中可见，对于 T_{max} 预报，McGF 方案对 72 小时内预报准确率分别达 75%、62%和 52%，明显较其他模式高；而偏差率也明显更小，特别是 24 小时预报偏差率仅 4%。

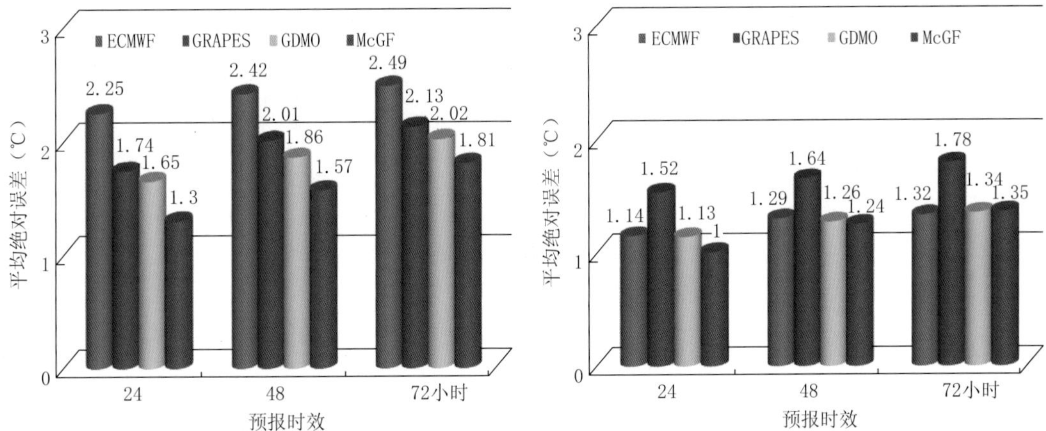

图 4.25　2014 年广东区域平均的主客观日极端气温预报 MAE(单位:℃)
(a. 最高气温、b. 最低气温)

T_{min} 预报准确率明显较 T_{max} 高，McGF 准确率较表现最好的成员(ECMWF)提高约 1%～2%，而偏差率甚至更高一些。这表明对于模式整体误差较小且无明显稳定性系统偏差的 T_{min} 预报，集成方案准确率能保持在较高水平，但异常偏差率较最好成员略有增多。

表 4.5　2014 年广东区域平均 T_{max}、T_{min} 预报准确率和偏差率

	预报时效(小时)	ECMWF(357 天)	GRAPES(298 天)	GDMO(365 天)	McGF(362 天)
T_{max} 预报(MAE<1.5 ℃)	24 小时	17%	43%	58%	75%
	48 小时	12%	30%	50%	62%
	72 小时	10%	26%	41%	52%
T_{max} 预报(MAE>2.5 ℃)	24 小时	38%	14%	11%	4%
	48 小时	42%	23%	18%	11%
	72 小时	43%	26%	21%	17%
T_{min} 预报(MAE<1.5 ℃)	24 小时	89%	60%	85%	89%
	48 小时	77%	54%	78%	79%
	72 小时	73%	47%	72%	74%
T_{min} 预报(MAE>2.5 ℃)	24 小时	0.0%	7%	1%	2%
	48 小时	0.2%	10%	2%	6%
	72 小时	1.1%	14%	5%	7%

3. 网格预报的实例

McGF 方案除了传统站点预报技巧评分外，精细网格预报分布是其重要特色。为考察网格预报效果，图 4.26 分别给出了一个显著的高温和低温实例。McGF 输出为 5 千米分辨率的矩形网格场，其中图 4.26 所示的广东区域内采取偏差订正和权重集成，广东省外则为各模式加权平均。从图中可见，无论 T_{max}、T_{min} 预报，McGF 释用订正后的广东区域结果均较好地体现了气温的精细分布，特别是广东不多见的大范围 38 ℃以上高温区域、大范围 0 ℃以下区域均与实况有较好对应。同时，对比广东省和周边区域可见，经过偏差订正和权

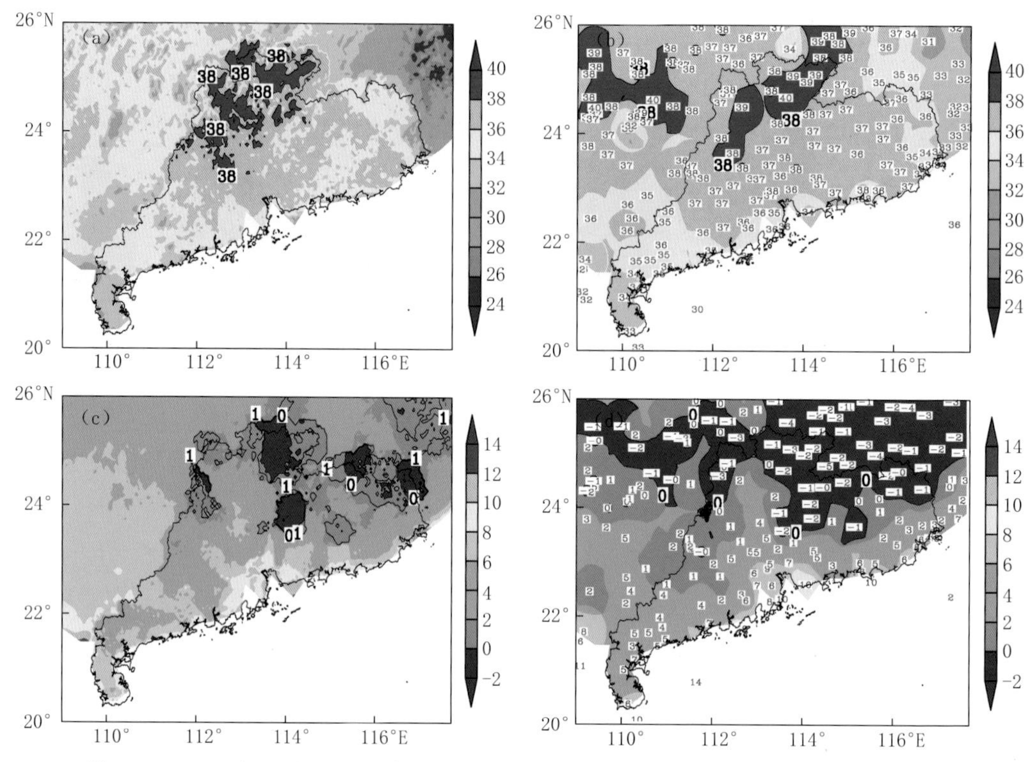

图 4.26　2014 年 7 月 23 日最高气温(a、b)和 1 月 23 日最低气温(c、d)分布(单位：℃)
McGF 的 24 小时 T_{max} 预报、b. 最高气温实况、c. McGF 的 24 小时 T_{min} 预报、d. 最低气温实况)

重集成后的广东区域预报效果明显较好，而周边地区偏差较大(T_{max} 预报偏低、T_{min} 预报偏高)。

值得注意的是，数值模式具备较完善动力热力过程，其产品后处理统计释用可以订正模式的偏差，也可能会引入不少不稳定误差。因此，目前业务客观释用方案重点在于对模式部分较稳定的系统性偏差进行订正，便于有效发挥预报员和模式的综合作用。目前，McGF 工作仍较初步，释用结果对模式系统偏差订正有一定能力，但冬春季节总体订正能力不高，转折性天气过程存在着调整滞后、偏差扩大等问题需主观预报进一步订正。另外，结合本地精细观测对主客观预报能力多维度动态评估、精细气候分区、模式过去误差的时间窗选择、下垫面对气温影响规律等亦需更进一步工作。

4.4.3　基于概率匹配/最优分位融合的降水预报技术

定量降水预报(QPF)提供的是一段时间内总降水量，其预报精准度受到落区、持续时间、降水效率、多尺度天气系统等综合影响，因此一直是业务预报的重点和难点，其预报技巧提升也相对缓慢(宗志平等，2012；毕宝贵等，2016)。模式后处理释用预报技术方面，由于降水的不连续分布、预报不确定性随着量级增加而增加等特点，相比于温度、风速等要素，其统计后处理也更为复杂(Scheuerer et al，2015)。集合数值预报方法是近年快速发展的一种用来定量估计预报误差也即预报不确定性的动力学方法，研究表明，其在定量降水预报业务应用中有较好的前景(Roebber et al，2004；Sloughter et al，2007；Glahn et al，2009a，b；杜均等，

2014;Forbes et al,2015)。在实际 QPF 业务中,基于集合预报的 QPF 的释用技术包括集合平均、多模式集成、概率/频率匹配、最优分位集成等。

4.4.3.1　集合预报 QPF 产品在广东的性能评估分析

广东省地处热带季风区,汛期长、降水影响系统复杂,是我国大陆降水最多、暴雨最频繁的区域,气候划分为前汛期(冷空气和夏季风共同影响)、后汛期(台风和夏季风影响)、冬季降水(冷空气(冬季风)影响)。为建立合适广东区域的 QPF 的释用技术方案,我们首先对业务上获取的最常用集合预报产品进行(以 ECMWF-EPS 为例)进行了分析评估。

1. 不同集合分位产品在不同季节、不同量级的预报性能

由于 EPS 的 51 个集合成员由随机扰动产生,为此我们不讨论单个成员的情况,着重考察具有概率统计意义的分位产品表现。图 4.27 给出了控制预报(Control)、集合平均(Mean)以及不同集合分位产品在广东区域不同时段、不同量级的降水的 TS 评分。从图 4.27 可见,随着降水量级增加,控制预报和各分位产品的 TS 评分均迅速减少。对于不同量级降水,最优分位(TS 评分最高)亦差异显著,随着降水量级增大,最优分位有向高分位变化的趋势。如在全年评分中,对小雨(0.1 毫米)、中雨(10 毫米)、大雨(25 毫米)、暴雨(>50 毫米)、大暴雨(>100 毫米)的最优分位分布为 Min(0%)、35%、75%、95%和 Max(100%)。这一结果表明对于小量级降水,集合预报倾向于做出较实况偏大的预报(空报、高估较多),对于大量级降水则相反(漏报、低估较多),体现了该 EPS 降水预报在降水量级谱两端存在着反向系统性偏差的特征。同时,所有不同时段、不同量级的最优分位的 TS 评分均较控制预报更高。

在不同季节中,集合预报分位数产品也具有不同特征。针对广东降水气候特点,划分为全年、冬季、前汛期和后汛期四个时段降水。图 4.27 可见,不同百分位产品在各季节预报能力差异很大。以暴雨预报为例,全年平均暴雨 TS 评分最优分位(95%)约 0.25(控制预报<0.2),冬季暴雨 TS 评分接近 0.5(与冬季大范围稳定性降水特征有关),而前汛期暴雨预报 TS 评分则不足 0.2(大暴雨评分接近为 0)。总体而言,集合预报产品对广东冬季降水较汛期降水效果更佳,特别是最优分位的暴雨 TS 评分(≈0.5)较控制预报(<0.3)有较大幅度的提升。然而,对于前汛期降水,不同百分位产品的表现均较差,表明模式对广东省前汛期降水预报能力十分欠缺,但对于暴雨而言,集合预报最优百分位 TS 评分(0.16)仍较控制预报(0.08)有不小的提升(张华龙等,2017)。

从模式在不同量级降水的预报频次分布可见,模式本身对不同量级降水存在着系统性偏差。小量级降水预报频次较实况观测明显偏多、大量级降水预报频次则较实况观测显著偏少,表明 ECMWF 模式本身存在着对弱降水空报多、强降水漏报多的特征。为了进一步了解模式对定量降水预报性能,考虑到大量样本的特点,我们设计了一个散点密度图,越靠近对角线代表预报与实况越吻合、颜色越深代表频次越多。从图 4.28 可见,对于小雨降水模式预报往往偏大且频次明显偏多(特别是 0～2 毫米),后处理释用而言需要进行针对性的控制消空订正;对于中到大雨,模式预报相对较好(较多集中于对角线附近),但亦已呈现出不少预报偏弱的特征;对于暴雨及以上量级降水,模式预报大部分以偏弱为主,低估漏报十分明显。

2. 集合预报产品对强降水预报能力评估

广东是全国强降水最频繁区域,暴雨、大暴雨的预报往往是预报重点和难点。前面检验

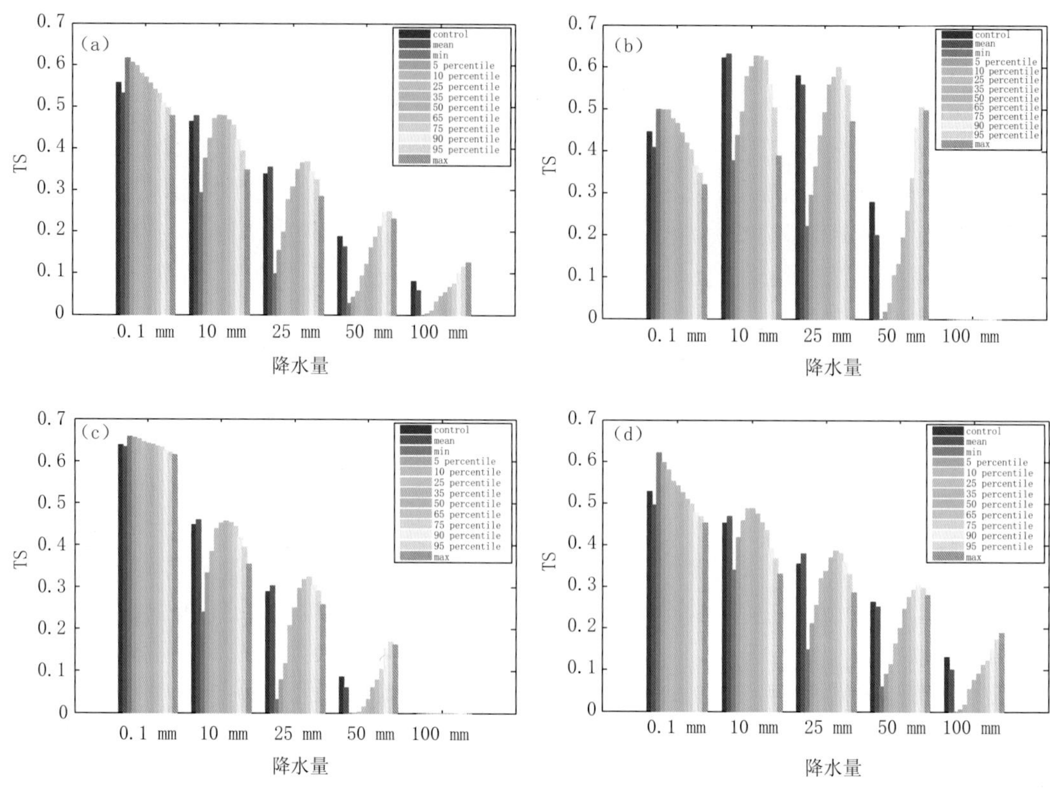

图 4.27 不同集合百分位 24 小时预报产品在不同量级降水的 TS 评分(2013 年)
全年(a)、冬季(b)、前汛期(c)和后汛期(d)

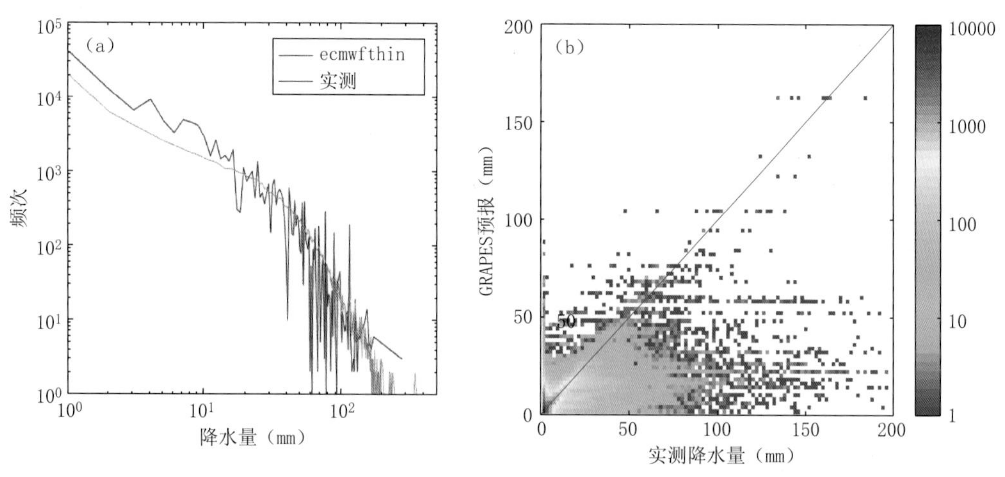

4.28 ECMWF 模式对广东省国家级自动气象观测站降水 24 小时
预报的频次(a)和散点密度图(b)(2015 年 4—5 月)

结果表明,集合预报产品对广东(汛期)强降水预报能力相对较低,呈现出预报偏弱、漏报较多,特别是对于前汛期和冬季的大暴雨量级(>100 毫米/天)降水预报评分几乎为零。为了进一步了解集合预报对这些极端强降水事件预报能力及其在不同季节的差异,图 4.29 给出了逐日大暴雨观测和集合预报大暴雨 TS 评分里最优分位(Max,各成员里预报最大值)预报频次的演变分布。从图 4.29 可见,预报频次较好的出现在后汛期,最显著的 8 月份台风“尤特”和 9 月台风“天兔”两次大范围大暴雨过程集合最优分位均能有效预报,因而总体 TS 评分较好;冬季评分较低的原因主要是大暴雨样本少、预报也明显低估;对于前汛期,预报站点频次与观测站点频次相比,除了 3 月底开汛过程预报频次显著偏多外,4—6 月间绝大部分大暴雨过程均预报频次偏低,因而造成了整个前汛期大暴雨的预报评分很低(接近 0)。

然而,这并不代表集合预报 QPF 产品在华南前汛期大暴雨预报中没有可参考意义。为了说明这一点,我们给出了集合 QPF 对广东区域大暴雨的网格预报频次。以该网格频次来看(ECMWF-EPS 0.5°分辨率与广东国家级气象站点分辨率大致相当),前汛期最优分位的网格大暴雨预报频次明显增多,不少大暴雨过程亦能有所反映。由此可见,广东前汛期暴雨预报能力偏低除了预报强度偏弱外,极端降水的空间落区偏差也是应用中值得关注的方面,在以后处理释用中加以处理对大暴雨过程预报仍有一定参考价值。

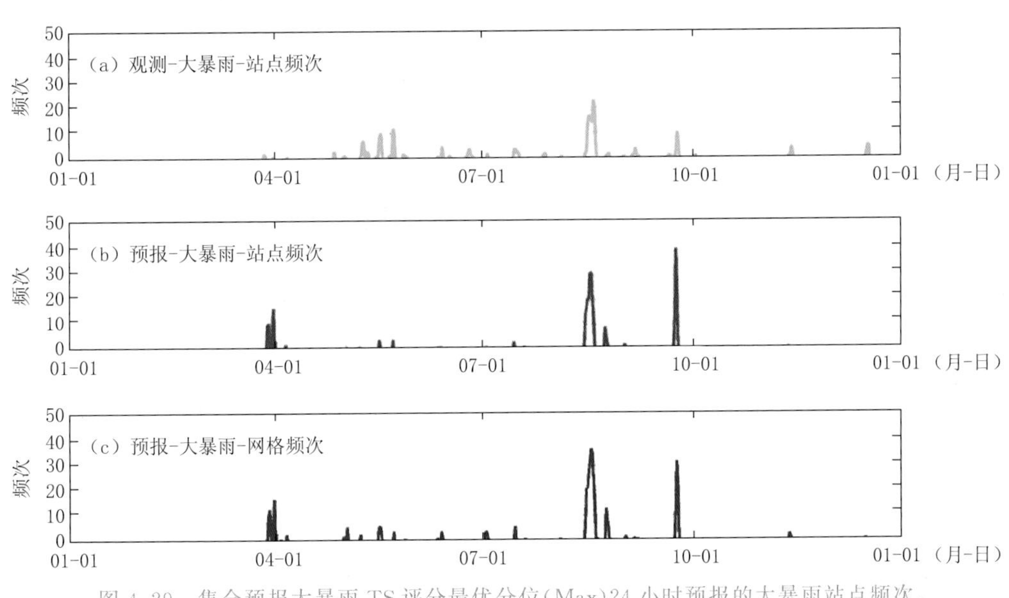

图 4.29　集合预报大暴雨 TS 评分最优分位(Max)24 小时预报的大暴雨站点频次、网格频次与实况站点(国家级自动气象观测站)频次对比(2013 年)

4.4.3.2　基于集合预报的 QPF 释用技术方案设计

根据对集合预报产品在广东 QPF 预报性能特点,我们采取了以下三个释用技术方案,整体方案设计如图 4.30、图 4.31,形成了提供业务背景参考的 5 千米分辨率网格定量降水释用产品。

1. 最优分位融合方案(Optimal Percentile Fusion,OP)

考虑到集合预报系统的成员为随机扰动产生,该方法以大量数据(集合 QPF)检验评估为基础,建立统计集成规则,综合发挥不同集合分位预报在不同量级降水的优势,形成最优分位融合的产品。该方案简单有效,且可随着模式改进,通过对本地阈值、季节、时效、统计间隔等参数针对性动态调整,进一步优化融合产品性能。其计算流程如下(以 2013 年广东前汛期统计阈值为例)。

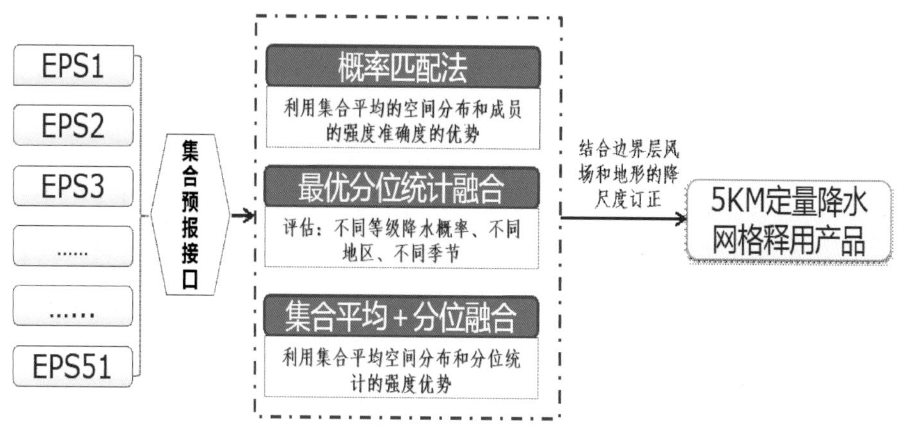

图 4.30 广东省集合预报 QPF 释用方案流程示意图

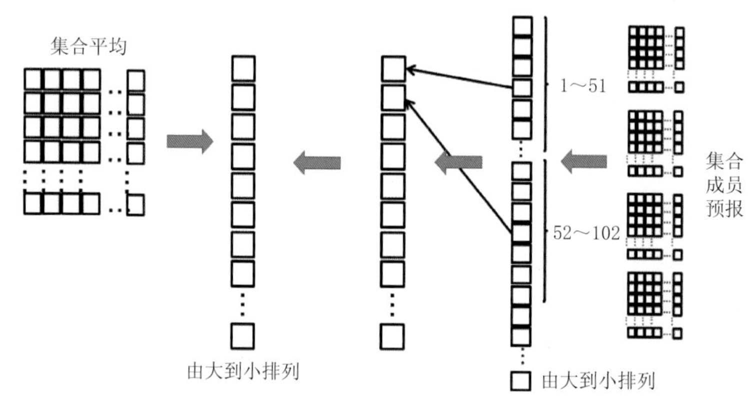

图 4.31 基于概率匹配法的集合预报网格定量降水释用示意图

按先后顺序：

(1)若 51 个成员的 100%(Max)分位值>100 毫米/天，则融合值为 100%分位值；(大暴雨)；

(2)若 51 个成员的 95%分位值>50 毫米/天，则融合值为 95%分位值；(暴雨)；

(3)若 51 个成员的 75%分位值>25 毫米/天，则融合值为 75%分位值；(大雨)；

(4)若 51 个成员的 50%分位值>10 毫米/天，则融合值为 50%分位值；(中雨)；

(5)其他情况，则融合值为 5%分位值；(小雨及无雨)。

2. 概率匹配平均方案(Probability Matching Average, PM)

概率匹配技术用于融合不同时空分布的数据源。通常一种数据源具有较好的空间分布，而另一种数据具有更好的准确度。该技术通过设置低准确度数据的概率分布函数(PDF)为高准确度的 PDF 实现。而对于集合预报，集合平均可认为是平滑掉可预报性较低特征，保留可预报性较高的天气特征，稳定性较好，而成员预报能考虑极端降水的可能，因此综合运用可对降水预报，特别是大量级降雨预报有较好作用(引自国家气象中心代刊博士报告)。

该方法在气象预报应用，区域范围的选择也是一个值得注意和考虑的因素。总体而言，

考虑到一般暴雨天气系统尺度往往数百千米，概率匹配法应用在相应尺度略大一些的区域范围更为合适，若在太大范围应用有时候可能会导致类似东北冷涡暴雨和华南热带气旋暴雨等混合匹配造成偏差。

计算流程如下：

(1)将区域内 n 个成员所有预报从大到小排列，然后保留每 $n/2$ 个间隔(中位数，可根据各地特点动态配置)的预报值；

(2)将集合平均场按从大到小排列；

(3)将第一步保留下来序列与集合平均序列匹配，即得到概率匹配集合平均产品。

3. 混合(最优分位和集合平均)方案(MIXED METHOD)

根据前两方案原理特点及业务应用情况，结合两者的优势(将集合平均和最优分位统计量混合集成)其效果可能会更佳。一方面利用集合平均能平滑掉可预报性较低、保留可预报性较高的天气特征，稳定性较好的优势；另一方面结合了统计分位在不同量级、不同季节的强度预报优势。为此，建立了混合集合平均和最优分位的方案(按其方案特点而言，应属于基于统计量检验的概率匹配改进方案)。大致流程如下：

(1)计算集合平均空间分布；

(2)计算集合最优分位的统计量值；

(3)将空间统计最优分位值按大小重新排列；

(4)将(3)重新排列结果在集合平均空间再次排列分布。

4.4.3.3　集合预报的 QPF 释用产品的业务应用和效果评估

关于释用产品的定量评估，下面结合业务上对 QPF 评估最常用 TS 评分进行简单说明。以最简便有效的基于统计量的最优分位集成释用产品为例，图 4.32、图 4.33、图 4.34 集合

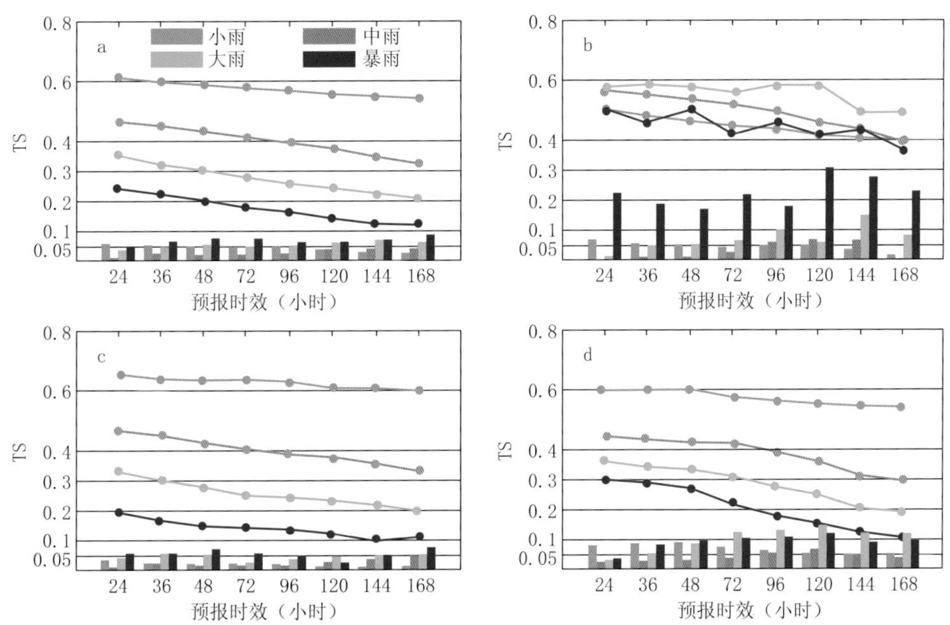

图 4.32　集合最优百分位产品在不同量级降水、不同预报时效的 TS 评分及其增幅(相对控制预报)
全年(a)、冬季(b)、前汛期(c)和后汛期(d)

最优百分位释用方案产品在不同量级降水、不同预报时效的 TS 评分及其增幅(相对于控制预报)。由图 4.32 可见,随着预报时效增加,各量级各时间段集合 TS 评分均逐渐下降,但不同季节存在较大差异。对于冬季降水,各量级降水的集合 TS 下降幅度均比较接近,至 168 小时预报时效,大雨和暴雨 TS 评分仍有约 0.4,表明集合最优分位产品对广东冬季相对稳定性降水的预报能力也较好。对于后汛期降水,前期评分较高,但到了 72 小时后性能迅速下降,至 168 小时预报时效暴雨评分已从 0.3 降至 0.1,这很可能与模式对热带气旋的后期预报能力迅速下降有关。而对于前汛期降水预报,集合最优分位预报能力相对较弱,总体暴雨 TS 评分在 0.1～0.2 之间。

从 TS 的增幅来看,在所有统计时段最优分位集成的 TS 评分均高于控制预报。总体而言,呈现出降水量级雨大、预报时效越长,最优分位集成的正技巧越显著的特征,这也表明了应用集合预报产品可为网格预报也参考提供更稳定有效的支撑。

对比三种释用方案在不同量级、不同预报时效 TS 评分可知,三种集合预报客观释用方案随着时效增加并未出现显著的评分下降,具有较好的稳定性。总体而言,三种方案对小雨(晴雨)预报评分均不高,约 0.4～0.6 之间,这与模式对小量级降水严重空报有关,造成 TS 评分较低,需要今后针对性地对方案进行优化(低量级降水阈值调整、消空处理等)。而对于暴雨量级降水,三种方案在 72 小时时效内均能维持 0.15～0.22 的评分,相对于目前业务获取的各确定性数值模式对广东暴雨预报性能而言,具有较好的业务参考价值。图 4.33-图 4.34 给出的是三种方案与 ECMWF 确定性模式、广东省台指导预报结果对比,三种客观方案在统计评分上较 ECMWF 确定性模式甚至主观预报均有一定优势,综合而言三方案性能差异不算十分显著,其中综合考虑了最优分位和集合平均优势的混合方案 TS 评分最高,72 小时时效预报 TS 评分仍有 0.19。

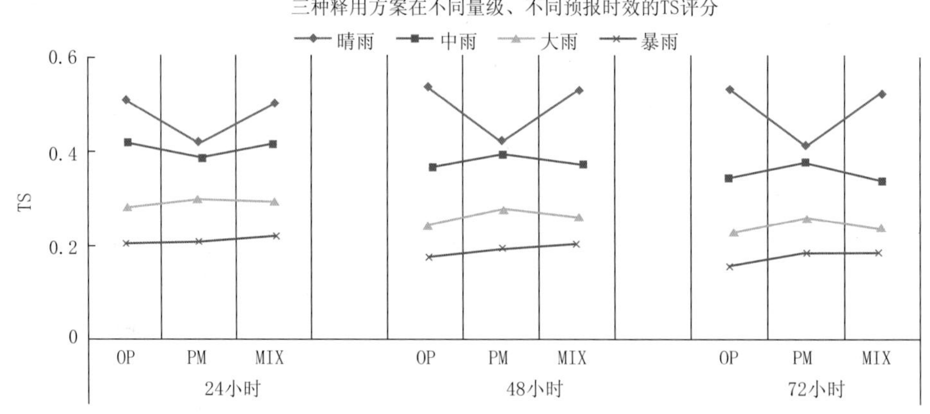

图 4.33　三种客观释用方案(最优分位融合 OP、概率匹配平均 PM、混合方案 MIX)在不同量级、不同预报时效的 TS 评分
(统计时段:2015 年 5 月 1 日—12 月 10 日)

华南前汛期暴雨个例(图 4.35):2015 年 5 月 16 日 08 时—17 日 08 时,受高空槽和西南季风共同影响,广东西南部出现暴雨到大暴雨,局部特大暴雨,所有确定性模式均未能有效预测(落区和强度均差异较大,广东西南部强度仅中雨到大雨),集合预报客观释用产品能提前 24～36 小时,较好地预报了粤西南的暴雨到大暴雨中心。

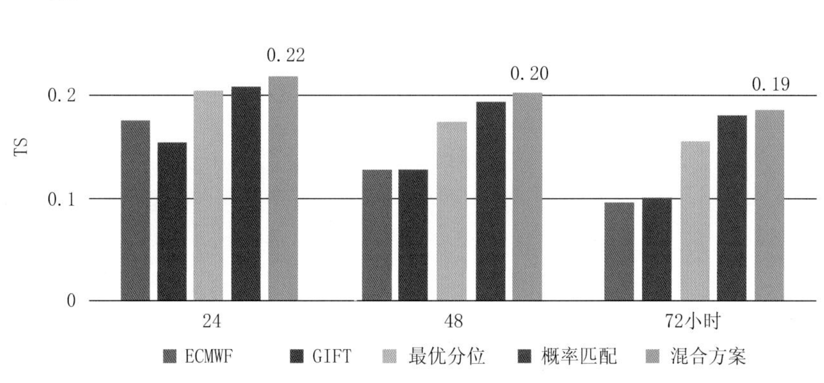

图 4.34 三种集合预报客观释用产品在广东暴雨预报中的 TS 评分对比(2015 年 5 月 1—12 月 10 日)

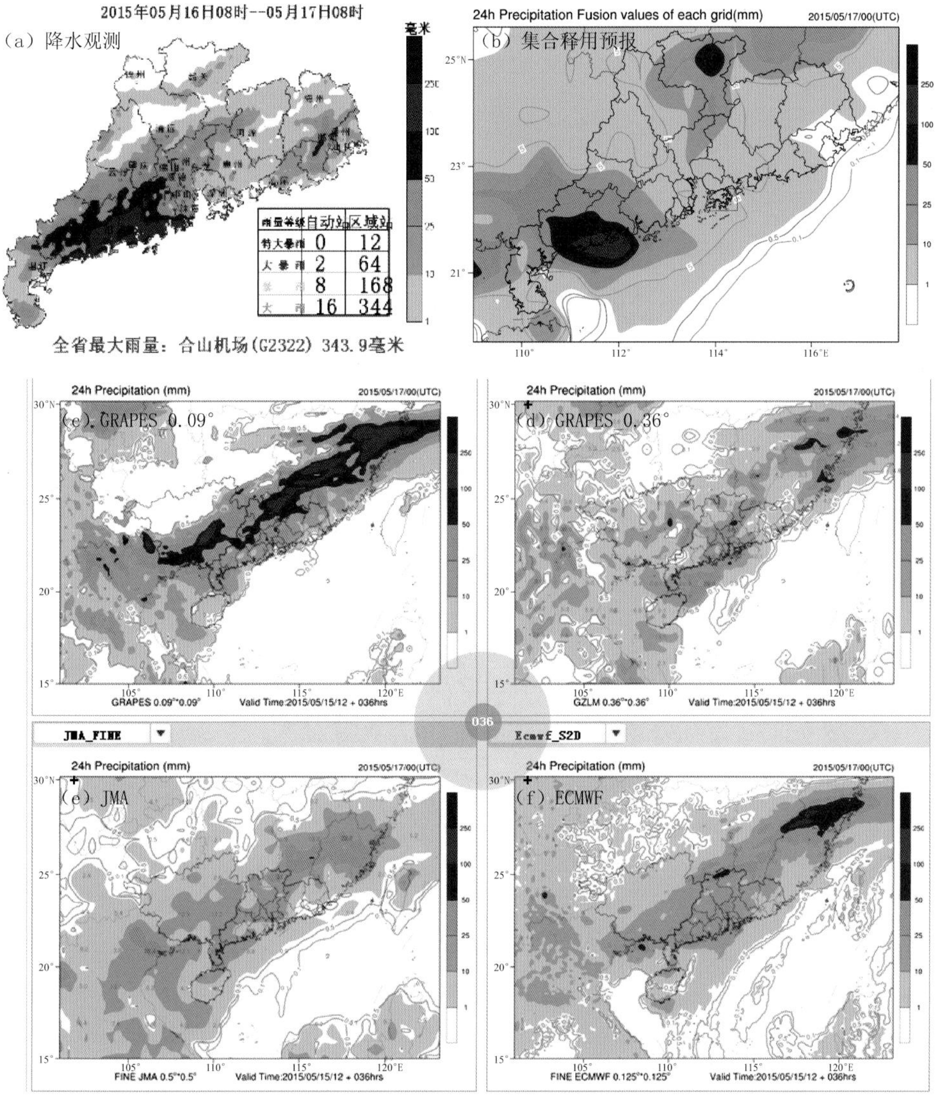

图 4.35 华南前汛期暴雨个例(观测和各业务模式预报)

4.4.4 基于贝叶斯(BMA)模型的大风预报技术

4.4.4.1 BMA 方法概述和大风释用方案设计

1. BMA 概述

对于某个要素,假如用一种模型拟合的效果较好,而换了另一种模型也有较好的拟合效果,那么此时该用谁?两种模型相差很大。只考虑其中一种显然不妥,因为没有考虑到不确定性。集合预报的每个成员都有一定概率成为最佳预报,贝叶斯模型平均(Bayesian Model Averaging,BMA),可以看作是将这些成为最优预报时的成员糅合,从而降低风险的一个做法。它考虑了模型之间、模型自身的不确定性(图 4.36)。

BMA 是集合预报的一种后处理方法,它所得到的概率密度函数(PDF),是针对加权平均的 PDF,这个权重即为预报的后验概率,它反映了在训练期内,各个成员是最佳预报的相对贡献。

假设集合预报中有 k 个成员,即 $f_1,\cdots,f_K$。BMA 对于预报变量的概率密度函数表示如下:

$$p(y \mid f_1,\cdots,f_K)=\sum_{k=1}^{K}w_k g_k(y \mid f_k)$$

其中,y 为预报量,$p(y|f_1,\cdots,f_K)$是 BMA 生成的 PDF。w_k 是当 k 成员为最佳预报时的后验概率,为非负数,且$\sum_{k=1}^{K}w_k=1$,反映了某个成员预报在某个训练期内对预测的相对贡献能力,即 BMA 的权重,预报精度越高的模型得到的权重越大。$g_k(y|f_k)$表示当 k 成员的原始预报值 f_k 为集合预报中最佳预报时的条件概率密度函数。多个成员的 PDF 加权得到 BMA 模型的 PDF。

BMA 的预报方差可以表示如下:

$$\mathrm{Var}(y_{st} \mid f_{1st}\cdots f_{kst})=\sum_{k=1}^{K}w_k\left(a_k+b_k f_{kst}-\sum_{i=1}^{K}w_i(a_i+b_i f_{ist})\right)^2+\sigma^2$$

预报方差=成员间方差(即集合预报离散度)+成员内的方差,预报方差=成员间方差(即集合预报离散度)+成员内的方差。

2. 采用 Gamma 分布的概率密度函数风速拟合

由于风速是不连续的物理量,因此风速概率的逻辑回归模型为非连续模型。该模型为两部分之和,即风速为 0(小于一节记录为 0)时的概率以及非 0 时的概率:

$$\mathrm{p}(y \mid f_1,\cdots,f_k)=\sum_{k=1}^{K}w_k(P(y=0 \mid f_k)I[y=0]+P(y>0 \mid f_k)g_k(y \mid f_k)I[y>1])$$

(1)如果风速为 0,则采用逻辑模型

$$\mathrm{logit}P(u=0|f_k)\equiv\log\frac{P(y=0|f_k)}{P(y>0|f_k)}=a_0+a_1f_k+a_2\delta_k$$

如果 $f_k=0$,则指示量 $\delta_k=1$,其他情况 $\delta_\mathrm{k}=0$。

(2)如果风速不为 0,则用 Gamma 分布函数拟合风速。如果用拟合效果不太乐观,可以考虑用风速的立方根或其他形式用 Gamma 进行拟合。

由文献知,采用 Gamma 分布比其他幂变换具有更好的拟合程度。因此对于 $g(y)$,有:

$$g(y)=\frac{1}{\beta^{\alpha}\Gamma(\alpha)}\mathrm{y}^{\alpha-1}\exp(-\mathrm{y}/\beta)$$

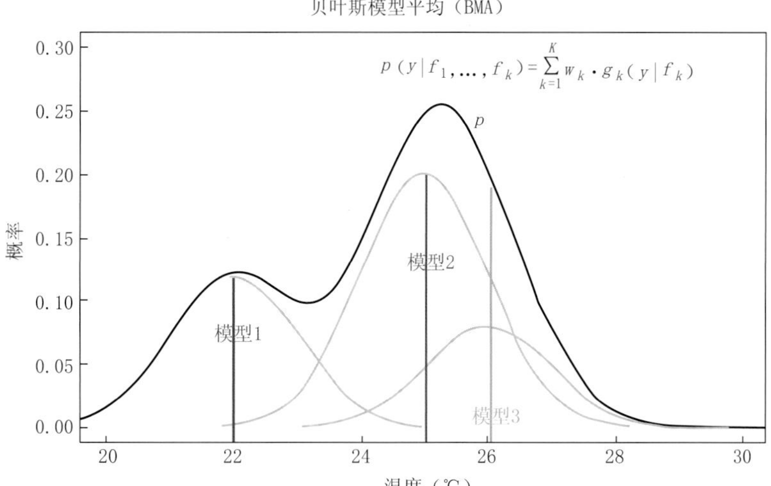

图 4.36　贝叶斯模型拟合示意图

其中 α 和 β 分别为形状参数和尺度参数，适用于 $y>=0$ 的情况，当 $y<0$ 时，$g(y)=0$。该分布的平均值为 $\mu=\alpha\beta$，方差为 $\sigma^2=\alpha\beta^2$。

对于每个成员的风速 Gamma 分布下的 PDF 分量：

$$g_k(y|f_k)=\frac{1}{\beta_k^{\alpha_k}\Gamma(\alpha_k)}y^{\alpha_k-1}\exp(-y/\beta_k)$$

Gamma 分布的参数由集合成员的预报 f_k 决定。他们的关系是：

$$\mu_k=b_{0k}+b_{1k}f_k$$

$$\sigma_k=c_{0k}+c_{1k}f_k$$

其中，$\mu_k=\alpha_k\beta_k$ 是该分布的均值，$\sigma_k=\sqrt{\alpha_k}\beta_k$ 是该分布的标准差。

$$\alpha_k=\frac{\mu_k^2}{\sigma_k^2},\ \beta_k=\frac{\sigma_k^2}{\mu_k}$$

限定标准差参数为恒定值，c_{0k} 和 c_{1k} 由 c_0 和 c_1 表示，发现几乎不影响整体效果，这样做简化了操作。

3. BMA 的大风释用模型的参数估计

BMA 模型中共有三类待估参数：

(1)参数 b_{0k}，b_{1k} 可由线性方程求得(线性回归，最小二乘法)；每个模式，每个站点有一套系数 b_{0k}，b_{1k}。

(2)a_{0k}，a_{1k}，a_{2k} 用以风速小于 1 节和风速大于 1 节两种情况为独立变量，以逻辑回归估计得到。以观测风速为因变量，成员的预报风速 f_k 为自变量(逻辑回归估计，最大似然法，Newton 迭代法)。

(3)利用训练数据采用极大似然估计可得后验概率 $w_1,\cdots,w_k$，以及 Gamma 分布的方差参数 c_0，c_1。似然函数是待估计参数的函数，定义为包含了待估计参数的风速的概率 $p(y|f_1,\cdots,f_K)$。极大似然估计值就是在训练期内最大可能被观测到的实况数据值。将似然函数的对数做最大化处理，比对似然函数本身做这种处理更方便。

4.4.4.2 BMA 大风释用结果检验与评估分析

1. 检验方案

采用不同长度的训练期，根据排序概率评分（CRPS，Continuous Ranked Probability Score）、平均绝对误差（MAE，mean absolute error）和 90%预测区间宽度进行评估，最终确定训练期长度。

CRPS 计算：

$$crps(P,x)=\int_{-\infty}^{\infty}(P(y)-I\{y\geqslant x\})^2\mathrm{d}y$$
$$=E_P|X-x|-\frac{1}{2}E_P|X-X'|$$

其中 x 表示需要预报的事件，$P(y)$ 和 $I\{y\geqslant x\}$ 别表示集合概率预报和观测真值的累计概率。完美预报的 CRPS 得分为 0；得分越大，表示集合预报系统的预报能力越低。

MAE 是能反映预报误差的指标如下：

$$\mathrm{MAE}=\frac{1}{n}\sum_{k+1}^{n}|\hat{x}_k-x_k|$$

其中 $\hat{x}_k$ 和 x_k 分别表示预报值和观测值，在集合预报中，MAE 用集合平均值与实测值的绝对误差表示，在 BMA 模型中指中位数与实测值绝对误差来表示。MAE 越小表示预报能力越高。

90%预测区间宽度：

计算得到 BMA 权重 w_k 和模型预报误差 σ_k^2 之后，采用蒙特卡罗组合抽样方法来产生 BMA 任意时刻 t 的预报值的不确定性区间。详细步骤介绍如下。

(1)根据各风速模型的权重 $w_1,\cdots,w_k$，在 $1,\cdots,K$ 中随机生成一个整数 k 来抽选模型。具体步骤如下：(a)设累积概率 $w'_k=0$，计算 $w'_k=w'_{k-1}+w_k\ (k=1,2,\cdots,K)$；(b)随机产生一个 0 到 1 之间的小数 u；(c)如果 $w'_{k-1}\leqslant u<w'_k$，则表示选择第 k 个模型。

(2)由第 k 个模型在 s 站点、t 时刻的概率分布 $p^{(j)}(y_{st}|f_{kst})$中随机产生一个风速值 yst。

(3)重复步骤(1)和(2)M 次。M 是在任意时刻 s,t 的样本容量。

BMA 在任意时刻 M 个样本由上述方法取样得到后，将它们从小到大排序，BMA 的 90%预报区间就是 5%和 95%分位数之间的部分。

2. 大风释用结果分析

为评估基于集合预报的 BMA 释用方法对风场的应用效果，下面给出了 2018 年 5—10 月对华南沿海/南海(150 天，320 个测站，有效样本 37131 站次)BMA 释用方法对 10 米风场释用结果(0.5°×0.5°)与 EC 集合预报(0.5°×0.5°)、EC 确定性预报(0.125°×0.125°)等进行了综合分析。

图 4.37 为 EC 集合预报风场、BMA 释用风场与气象站观测的 10 米风场的对比，其中填色 5 代表预报符合观测情况，EC 集合成员或 BMA 释用后(5%～95%)的数值范围能包括观测值。从图中可见，EC 集合预报对沿海测站风力预报存在着显著的“严重偏差”现象(-1 和 1，蓝色)，“符合观测”的情况(5，红色)仅占一半左右。而通过 BMA 方法释用后，风场“符合”观测的情况大幅度提升，表明 BMA 方法的释用结果显著提升了集合预报产品的预报能力。

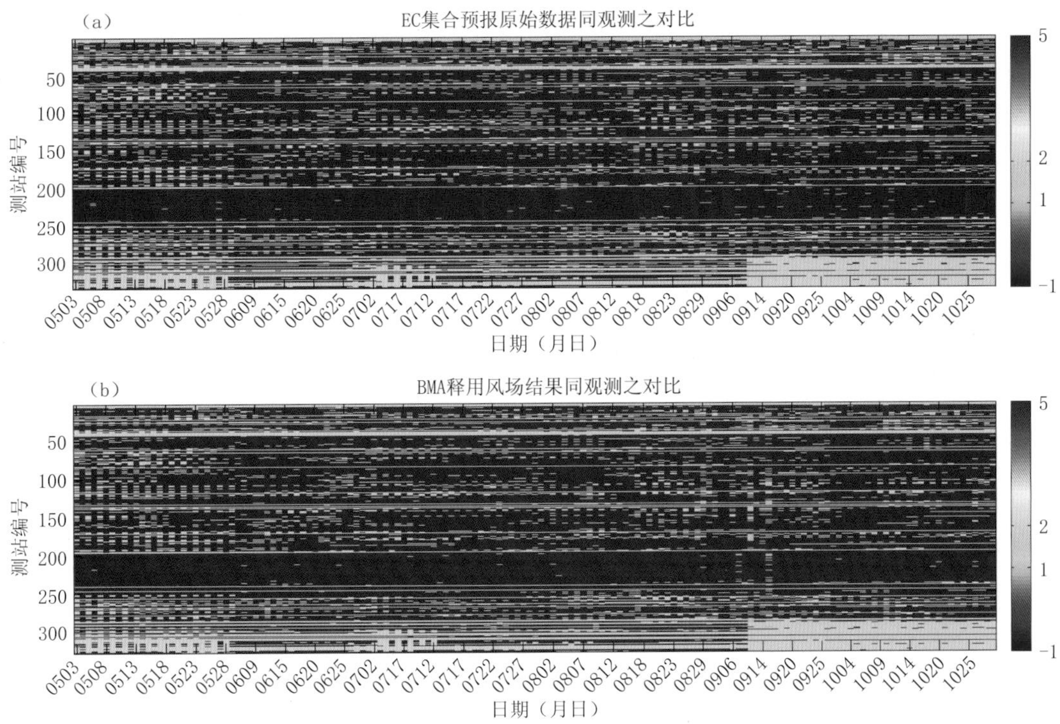

图 4.37　EC 集合预报风场(a)和 BMA 释用风场(b)与气象站观测的 10 米风场的对比
其中填色 5 为符合观测：预报结果能包括观测值；−1 和 1 为严重偏差：预报最小(大)值大于(小于)观测值；2 为数据缺测：观测或者预报缺测

对比更高分辨率的 ECMWF 确定性模式产品可见，BMA 释用风场与实况观测相关系数更高(BMA 释用 0.62，ECMWF 确定性模式 0.54)，且均方根误差更小(BMA 释用 1.59，ECMWF 确定性模式 2.54)，说明通过 BMA 对集合预报的释用结果在统计意义能对更高分辨率的 ECMWF 确定性预报评分有一定提升(图 4.38)。尽管如此，地面大风预报仍是业务

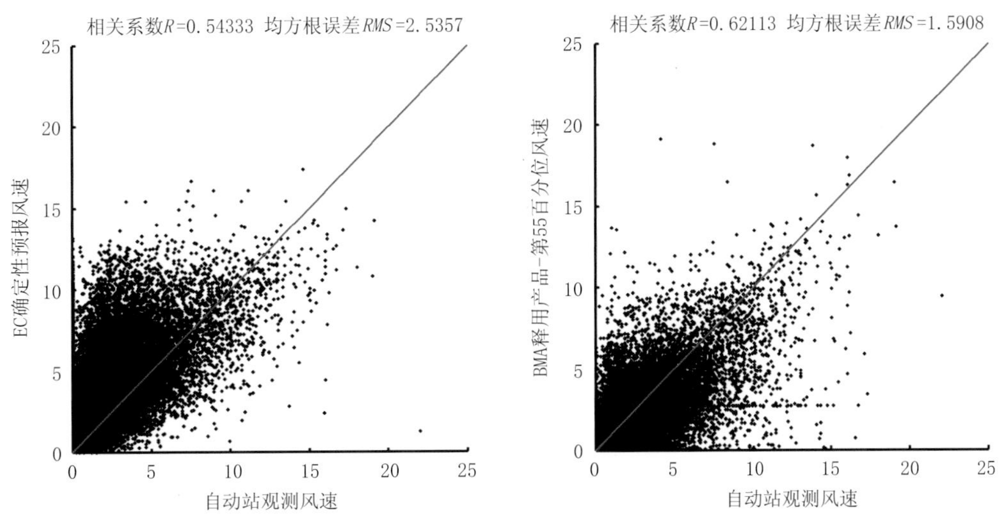

图 4.38　ECMWF 确定性模式预报风场(a)和 BMA 释用预报风场(b)
与气象站观测的散点分布图

科研的难点，目前预报精准度与实际业务需求有很大差距。特别是在海洋观测资料缺乏、集合预报模式分辨率较粗的情况下，针对不同区域的测站、在不同的天气背景下，BMA 释用统计结果也需要结合更多的观测、更高精度的模式进行更深入细致分析研究。

参考文献

毕宝贵，代刊，王毅，等，2016. 定量降水预报技术进展[J]. 应用气象学报，27(5)：534-549.

杜钧，李俊，2014. 集合预报方法在暴雨研究和预报中的应用[J]. 气象科技进展(5)：6-20.

黄永新，2000. 广西汛期降水气候特征分析及客观分区[J]. 广西气象，21(21)：16-20.

李建通，杨维生，2000. 提高最优插值法测量区域降水量精度的探讨[J]. 大气科学，24(2)：263-270.

刘黎明，1998. 广东的气候分区[J]. 热带气象学报，14(1)：47-53.

刘尉，王春林，陈新光，等，2013. 基于立体气候观测的粤北山区热量资源特征[J]. 应用生态学报，24(9)：2571-2580.

漆梁波，曹晓岗，夏立，等，2007. 上海区域要素客观预报方法效果检验[J]. 气象，33(9)：9-18.

王改利，刘黎平，2005. 多普勒雷达资料在暴雨临近预报中的应用[J]. 气象(10)：12-15.

吴乃庚，曾沁，刘段灵，等，2017. 日极端气温的主客观预报能力评估及多模式集成网格释用[J]. 气象，43(05)：581-590.

杨丹丹，申双和，邵玲玲，2010. 雷达资料和数值模式产品融合技术研究[J]. 气象，36(08)：53-60.

俞小鼎，周小刚，王秀明，2012. 雷暴与强对流临近天气预报技术进展[J]. 气象学报，70(3)：311-337.

张华龙，吴乃庚，唐思瑜，等，2017. 广东省 ECMWF 降水集合预报统计量的检验与分析[J]. 广东气象，39(02)：1-6.

张秀年，曹杰，杨素雨，等，2011. 多模式集成 MOS 方法在精细化温度预报中的应用[J]. 云南大学学报：自然科学版，33(1)：67-71.

赵声蓉，赵翠光，赵瑞霞，等，2012. 我国精细化客观气象要素预报进展[J]. 气象科技进展，2(5)：12-21.

周兵，赵翠光，赵声蓉，2006. 多模式集合预报技术及其分析与检验[J]. 应用气象学报，S1：104-109.

宗志平，代刊，蒋星，2012. 定量降水预报技术研究进展[J]. 气象科技进展，02(5)：29-35.

Atencia A，Rigo T，Sairouni A，et al，2010. Improving QPF by blending techniques at the meteorological service of Catalonia[J]. Nat hazarda Earth Syst Sci，10：1443-1455.

Austin G L，Bellon A，Dionne P，et al，1987. On the interaction between radar and satellite image nowcasting systems and meso-scale numerical models. In Proceedings Symposium on Mesoscale Analysis and Forecasting[J]. Vancouver，ESA SP-282：225-228.

Bowler N，Pierce C，Seed A，2006. STEPS：a probabilistic precipitation forecasting scheme which merges an extrapolation nowcast with downscaled NWP[J]. Q J Roy Meteorol Soc，132：2127-2155.

Elizabeth E Ebert，2001. Ability of a Poor Man's Ensemble to Predict the Probability and Distribution of Precipitation[J]. Mon Wea Rev，129：2461-2480.

Erik Andersson，2013. User guide to ECMWF forecast products[J]. Version 1. 1：113-118.

Forbes R，Haiden T，Magnusson L，2015. Improvements in IFS Forecasts of Heavy Precipitation[J]. ECMWF Newsletter，144：21-26.

Germann U，Zawadzki I，2002. Seale-dependence of the predictability of precipitation from continental radar images. Part I：Description of the methodology[J]. Mon Weather Rev，130：2859-2873.

Gibson R E，1950. The Symposium on Kinetics of Propellants. Introductory Remarks[J]. The Journal of Physical and Colloid Chemistry，54(6)：847-853.

Glahn B,2014. Determining an optimal decay factor for bias-correcting MOS temperature and dew point forecasts[J]. Weather Forecasting,29(4):1076-1090.

Glahn B, Gilbert K, Cosgrove R, et al, 2009a. The Gridding of MOS[J]. Weather Forecasting, 24(2): 520-529.

Glahn H R,Peroutka M,Wiedenfeld J,et al,2009b. MOS uncertainty estimates in an ensemble framework [J]. Mon Wea Rev,137:246-268.

Golding B,Nimrod W,1998. A system for generating automated very short range forecasts[J]. Meteorol Appl,5:1-16.

Horn B K P,Schunck B G,1980. Determining optical flow[J]. Artificial Intelligence,17(1-3):185-203.

Jacks E,Bowerm J B,Dagostaro V J,et al,1990. New NGM-based MOS guidance for maximum/minimum temperature,probability of precipitation cloud amount,and sea surface wind[J]. Weather and Forecsating, 5(1):128-138.

Krishnamurti T N,Kishtawal C M,Larow T E,et al,1999. Improved weather and seasonal climate forecasts from multi-model super-ensemble[J]. Science,285(5433):1548-1550.

Krishnamurti T N,Kishtawal C M,Zhang Z,et al,2000. Multi-model ensemble forecasts for weather and seasonal climate[J]. Journal of Climate,13(23):4196-4216.

Lee G,Daegu S,Zawadzki I,et al,2009. Improved precipitation nowcasting:model errors and their correction in operational NWPs at different scales[C]. Preprint. in:34th Conference on Radar Meteorology.

Leith C E,1974. Theoretical skill of monte carlo forecasts[J]. Mon Wea Rev,102(6):409-418.

Li L,Schmid W,1995. Nowcasting of motion and growth of precipitation with radar over a complex orography[J]. J Appl Meteor,34:1286-1300.

Liang Q Q,Feng Y R,Deng W J,et al,2010. A composite approach of radar echo extrapolation based on TREC vectors in combination with model-predicted winds[J]. Adv Atmos Sci,27(5): 1119-1130.

Lin C,Vasic S,Kilambi A,et al,2005. Precipitation forecast skill of numerical weather prediction models and radar nowcasts[J]. Geophys Res Lett,32(14):n/a-n/a.

Lorenz E N,1963. Deterministic nonperiodic flow[J]. J Atmos sci(20):130-140.

Molteni F,Buizza R,Palmer T N,et al,1996. The ECMWF ensemble prediction system:methodology and validation[J]. Q J Roy Meteor Soc,122:73-119.

Nurmi P,2003. Recommendations on the verification of local weather forecasts[J]. ECMWF Tech Mem, 430:5.

Pierce C,Hardaker P,Collier C,et al,2001. GANDOLF:a system for generating automated nowcasts of convective precipitation[J]. Meteorological Applications,7:341-360.

Rinehart R E,Garvey E T,1978. Three-dimensional storm motion detection by conventional weather radar [J]. Nature,273:287-289.

Roebber P J,Schultz D M,Colle B A,2004. Toward improved prediction:high-resolution and ensemble modeling systems in operations[J]. Wea Forecasting,19:936-949.

Ruth D P,Glahn B,Dagostaro V,et al,2009. The performance of MOS in the digital age[J]. Weather Forecasting,**24**(2):504-519.

Scheuerer M,Hamill T M,2015. Statistical post-processing of ensemble precipitation forecasts by fitting censored,shifted Gamma distributions[J]. Monthly Weather Review,143(11):150901110234004.

Schmid W,Mecklenburg S,Joss J,2002. Short-term risk forecasts of heavy rainfall[J]. Water Science and Technology,45(2):121-125.

Sloughter J M,Raftery A E,Gneiting T,et al,2007. Probabilistic quantitative precipitation forecasting using

Bayesian model averaging[J]. Mon Wea Rev,135:3209-3220.

Toth Z,Kalnay E,1993. Ensemble forecasting at NMC:The generation of perturbations[J]. Bull Amer Meteor Soc,74:2317-2330.

Tuttle J D, Foote G B, 1990. Determination of the Boundary Layer Airflow from a Single Doppler Radar [J]. Journal of Atmospheric and Oceanic Technology,7(2):218-232.

Vislocky R L,J M Fritch,1995. Generalized additive models versus linear regression in generating probabilistic MOS forecasts of aviation weather parameters[J]. Weather and Forecsating,10: 669-1164.

Wilks D S,2006. Statistical Methods in the Atmospheric Sciences[M]. Elsevier:Aca-demic press:280.

Wong W K,Linus H Y,Yeung Y C,et al,2009. Towards the Blending of NWP with Nowcast-Operation Experience in B08FDP[C]. WMO Symposium on Nowcasting,Whistler,B. C. Canada.

Woodcock F,Engel C,2005. Operational consensus forecasts[J]. Weather Forecasting,20(1):101-111.

第5章　智能编辑订正技术与平台

预报员的主观订正是网格数字天气预报业务运行中的重要一环，也是预报结果正式对外发布前的最后把关，因此相关的技术与平台必不可少。预报员在面对海量网格预报数据时，高效且切合传统预报思路和制作方式的工具，是智能编辑订正技术与平台研发的指导思想，本章5.1节也主要沿此思路展开阐述，主要包括空间调整与时间调整两部分。此外，在业务实践的过程中发现，每个预报员的订正思路与方式差异较大，基本的订正算法与工具难以满足需求，从"授人以鱼不如授人以渔"的角度出发，研发了基于二次开发环境的智能工具箱。5.2节对智能工具箱的设计思路、整体技术框架和基本封装函数进行了说明，并介绍了在广东业务使用中较为成熟的算法。最后一节，介绍了省市上下联动业务基本流程以及平台在此所提供的基础支撑。

5.1　图形化预报编辑系统GIFT

图形化预报编辑系统GIFT是通过预报员的交互操作用来修改预报图像，进而改变预报要素的落区、强度以及影响时段，解决预报员产品订正能力无法做到精细化和最终产品的精细化要求之间的矛盾。GIFT本质是对数值预报产品、模式释用产品的网格场进行可视化的、所见即所得的时间和空间的调节。在调节过程中，遵循一定的气象动力热力约束条件，能够体现地形、海陆差异效果。预报释用产品(包括预报产品本身)顺利进入日常业务并对外发布的必经一环是需经过人的主观订正，而GIFT在此环节发挥关键的作用。

5.1.1　系统框架

智能编辑订正平台是基于网络的图形化预报交互订正系统(Graphical Interactive Forecast Tuner，GIFT)，旨在实现站点和网格两种预报产品人机交互预报编辑以及省市上下级订正反馈。通过"面"上省级指导预报的制作，结合市、县级对省级指导预报"点"的订正，集合成为对省级预报"面"的反馈。突出省、市、县三级网络化、协同性，实现预报订正反馈过程"能会商、可监控、有指导"，保证预报产品上下协调，多出口一致。

GIFT系统实现了以下功能：

(1)接入多模式、多时间尺度的数值预报模式产品及其释用产品，作为网格预报的基础；

(2)完成全局或者局部的"场"订正；

(3)完成"场"的时间曲线(序列)调整；

(4)完成具有气象意义的半自动调整。如赋予降水预报产品制定的地形增幅效应，又如云量对温度的影响等，通过C#、VB等语言编辑经验公式，通过经验公式实现批量时间序列的自动调节。

基于以上的业务功能需求，GIFT 系统划分为人机交互层、业务逻辑层、网络交换层、数据提供层等四层分布式结构。

1. 人机交互层

主要是系统主界面，包括：菜单、工具条、地理信息控件、代码编辑控件、时间序列编辑界面、编辑方法、参数设置界面、系统配置界面及软件二次开发支持等界面。

2. 业务逻辑层

主要包括预报场编辑、时间序列编辑等算法，二次开发及经验公式脚本代码分析器、代码编译器、代码执行器、插件管理器等部分。业务逻辑层各个部分主要采用插件技术实现，插件管理器是逻辑层的管理中心，整个业务逻辑层为系统核心部分。

3. 网络交换层

网络交换层实现预报场、时间序列数据、业务会商交流、文件传输等数据网络传输。本部分采用客户/服务器(C/S)两层结构，基于 IP/TCP/UDP 面向连接、无连接、多播等通讯方式，以一对多、一对一多种网络结构设计。天气预报场、时间序列数据交换通过 NETCDF 客户/服务端实现，采用 C# 语言编制，通过.NET 平台网络流序列化、反序列技术完成可靠的数据传输。业务在线会商、文件传输部分通过原始套接字(socket)互联的客户/服务器实现，采用 C++ 语言编制底层网络交互，通过 C# 语言对底层网络封装。同时通过 C++ 语言开发了即时通讯、文件传输服务器，支持多通道、多协议绑定运行。

4. 数据提供层

实现气象数据存取，如雷达资料、卫星资料、气象要素场、观测站、自动站及探空站等气象报文。根据气象资料保存类型，系统归纳为离散点数据、网格数据、非结构化数据三种类型。数据提供层由一系列数据存取插件组成。

系统总体框架按分层设计成如图 5.1 所示。

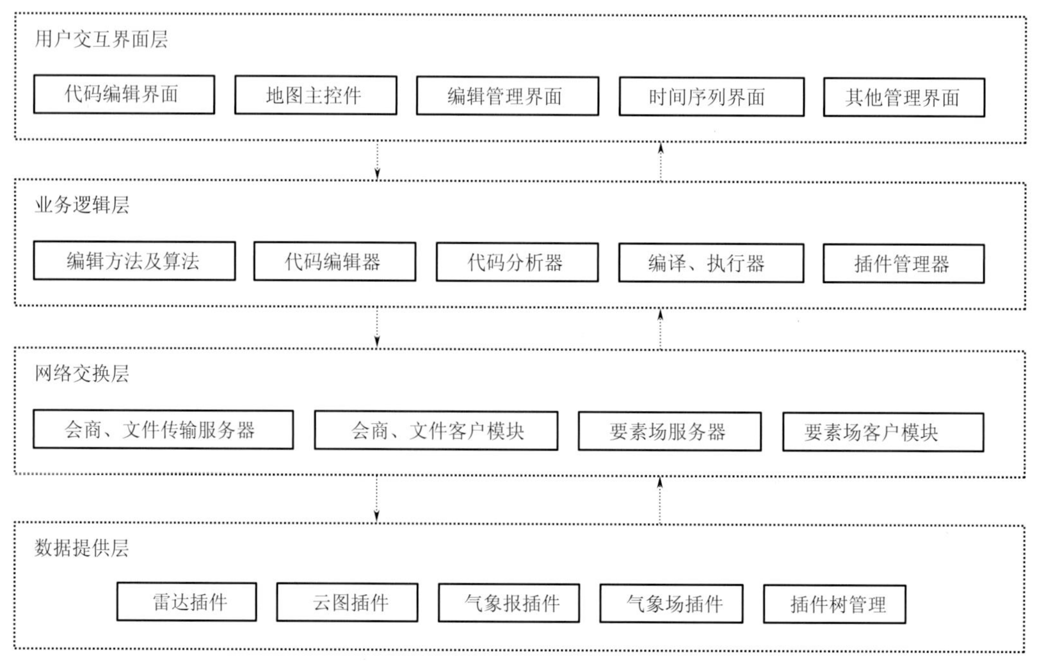

图 5.1 系统总体框架示意图

5.1.2　技术方案

5.1.2.1　数据交换技术

天气预报场编辑、时间序列编辑涉及数据量大，站点多、时次长，系统运行性能、速度及数据安全是重点及难点，为了提高系统运行性能及安全性，通过提高数据网络传输速度、编辑数据本地缓存、数据备份三方面解决(图 5.2)。

(1)网络传输上读取离散站点时间序列时，将本区域编辑站点一次性送到气象预报场数据服务器进行数据检索，数据服务器根据送来站点标识按照顺序一次性返回站点时间序列。为了保证网络传输可靠性，采用网络流序列化和反序列化，数据网络传输任务交给.NET 平台流传输。经过测试，该方式有效地提高了网络传输速度。

(2)通过将模式、元素、层次、时次连字典成检索键，采用数据字典结构缓存编辑预报场数据、离散站点时间序列。

(3)预报场面编辑及时间序列点编辑直接和数据缓存交换数据，数据检索采用数据字典快速检索方式(公认快速检索方法)，内存数据交换比每次网络交换或磁盘介质交换具有无可比拟高性能。

(4)数据编辑过程定时地保存编辑中间结果，系统发生异常退出时支持从临时文件恢复，保证每一次编辑数据安全，同时也因数据缓存的使用，能快速进行不间断地动画，提升了系统的流畅度。

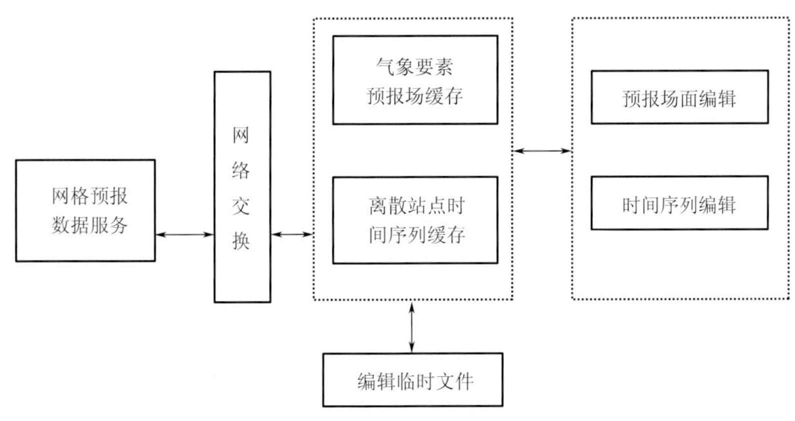

图 5.2　系统数据交换示意图

5.1.2.2　图形显示技术

由于 GIFT 系统需要处理大量的气象要素、卫星、雷达及网格场数据，进行色斑图、矢量图等图像的实时渲染处理，需要采用高效的图形处理技术。目前成熟的图形显示处理技术主要包括 DirectX 3D 和 OpenGL 技术。虽然近几年 DirectX 3D 有了长足的发展，但它主要应用在游戏领域，而 OpenGL 是专业的图形标准，在高端方面的应用占有主导地位，基本上所有的专业应用 3D 软件都使用 OpenGL 规范编制。

基于以上特点，GIFT 系统最终采用 OpenGL 技术来开发，用于实现基于地理信息系统(GIS)基础上天气要素、网格场、雷达图、卫星云图等气象资料快速展示，所用的 OpenGL 关键技术包括：

(1)采用 OPENGL 开发 GIS(地理信息系统)引擎，加速图形绘制；

(2)采用 OPENGL VBO 技术实现网格场等值线跟踪及绘制速度极快；

(3)采用 OPENGL SHADER 技术实现网格数据 bicubic 插值算法和显示填色，达到很好效果；

(4)采用 OPENGL FBO 技术提高系统所需的编辑性能，实现编辑时图形局部更新，实现即时即所得功能；

(5)将地图信息、几何图形、气象要素、气象网格场的展示以图层分层管理方式，从而实现地图层、几何图形层、气象数据层的灵活、动态叠加(图 5.3～5.5)。

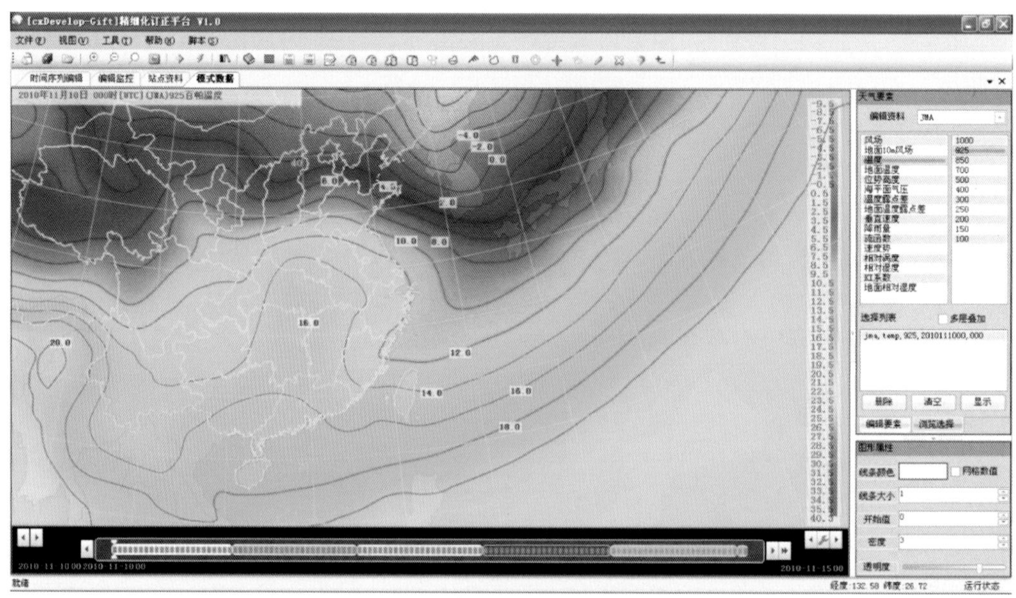

图 5.3 地图及温度场显示

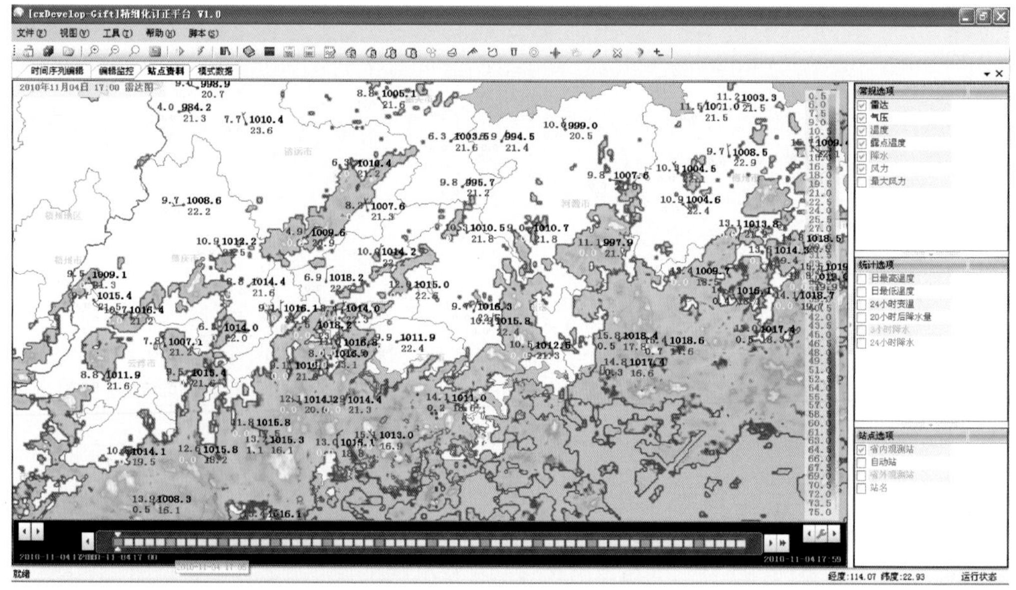

图 5.4 站点资料叠加雷达图

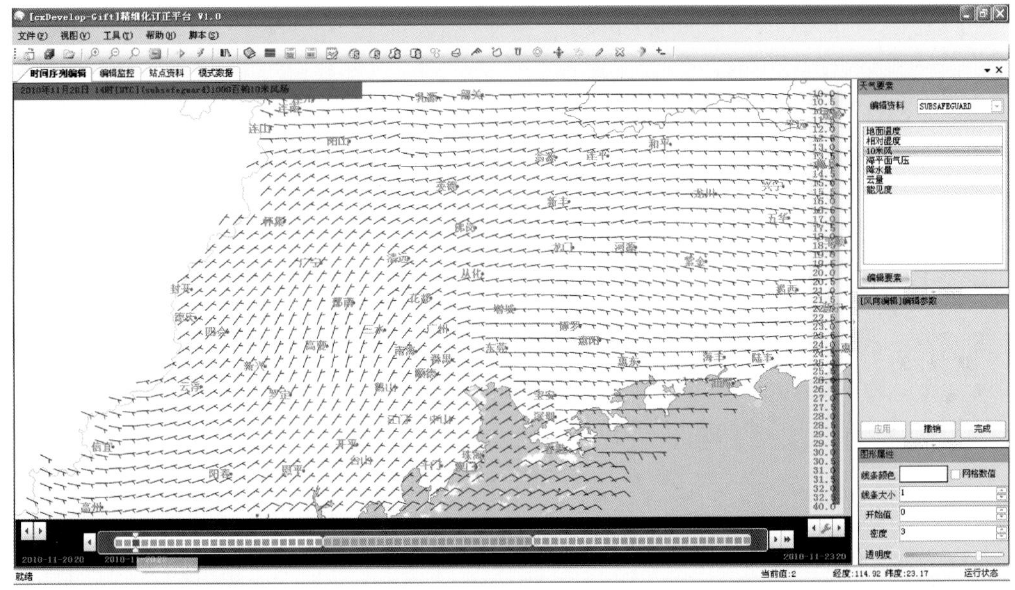

图 5.5　风场编辑及反馈

5.1.2.3　二次开发环境

为实现全面支持 C＃、VB 等语言的编程、在线编译及运行，系统的开发必须基于组态思想设计，采用组件技术搭建并引入微软公司.NET 平台反射技术、代码文档模型(CodeDOM)等主要技术。

组件技术的引进，使得 GIFT 更具模块化，重用性更高，同时组件技术也为 GIFT 支持 VB、C＃等多种计算机语言的二次开发奠定基础(图 5.6)。

关于二次开发环境的内容详见 5.2 节。

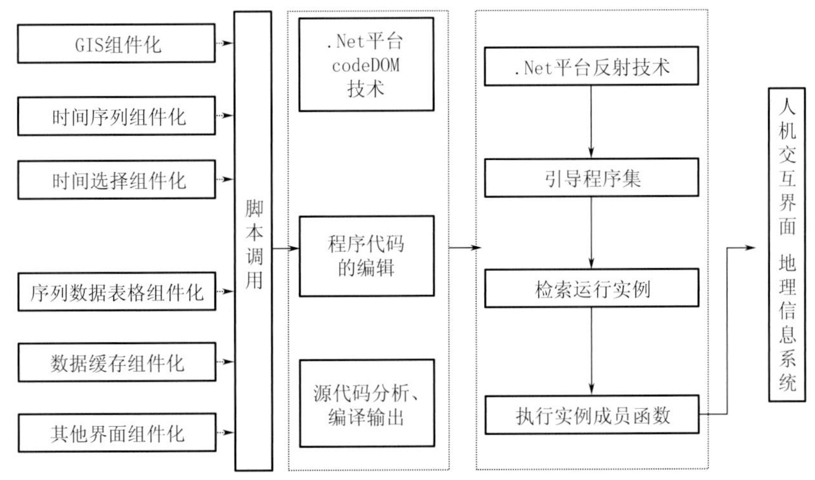

图 5.6　C＃、VB 二次开发实现路线图

5.1.3　产品分辨率

针对服务对象的范围和时效差异，结合预报关键技术的研发，目前广东业务运行的网格

数字天气预报包括三大部分：中短期陆地网格预报、短临陆地网格预报、海洋网格预报。三者既相互联系，又各有侧重，共同构建了无缝隙、精细化、高效集约的省市县一体化数字网格天气预报业务体系。其产品分辨率和发布频次分述如下。

中短期陆地网格预报：空间分辨率为 2.5 千米，预报时效为 10 天，3 天内关键要素（降水、温度、风力等）时间分辨率为逐小时，其他要素为逐 3 小时，4～10 天内各要素时间分辨率均为逐 6 小时。发布频次为每天 2 次（08 时、20 时）。

短临陆地网格预报：空间分辨率为 1 千米，预报时效为 24 小时，重点订正未来 6 小时，要素时间分辨率均为逐小时。发布频次为每天定时发布 5 次（08 时、11 时、14 时、17 时、20 时），遇到天气转折及灾害性天气时随时订正。

海洋网格预报：空间分辨率为 10 千米，预报时效为 7 天，要素时间分辨率均为逐 6 小时。发布频次为每天定时发布 2 次（08 时、20 时）。

5.1.4 GIFT 基本功能

GIFT 主界面包括八个大功能区（图 5.7）：①浮动工具条，包括主要的网格编辑功能；②编辑资料选取区；③站点显示设置；④网格显示设置；⑤时间条，即预报制作日期时间选择；⑥网格数据显示区域；⑦通用快捷赋值工具栏；⑧工具栏。

各功能区的详细作用会在结合 5.1.5 和 5.1.6 章节有所提及。

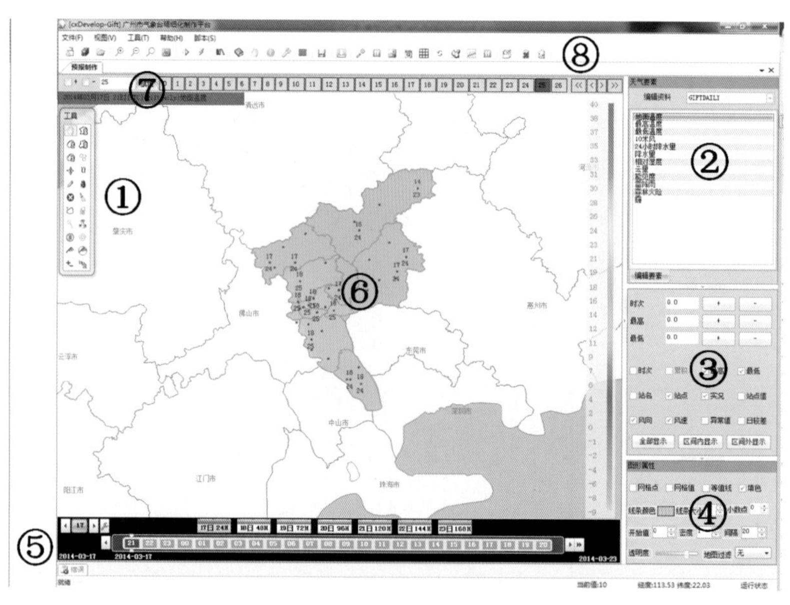

图 5.7 GIFT 主界面

5.1.4.1 预报时间（起报时间）与网格选取

即图 5.7 的区域⑤。

为预报日期（起报日期）选择，点击弹出日期选择框，选择需要编辑的日期后按“确定”。

为预报时间（起报时间）选择，左箭头往后退一个时次，右箭头向前进一个时次。

时间条上的“日期（上）”/“数字（下）”分别表示需要编辑的未来的“天”/“小时”。蓝色表示“该时次需要编辑”，灰色表示“该时次无需编辑”（如图 5.8）。

点击时间条上相应的日期或数字，即可选择相应的预报日期或时次（小时），区域⑥（图 5.7）的网格数据也会相应跟着变化。

图 5.8　GIFT 预报时间选择区

预报网格选取即区域②（图 5.7），选择需要编辑模式和要素。需要说明的是，所谓的“模式”并非一般理解上的数值模式产品，而是对网格产品的统称（系统开发之初的约定俗成的说法），每一个“模式”对应一套网格数据，可以是数值模式产品，也可以是中央台网格指导产品，或预报员订正后的网格产品，也可能是需要编辑的网格数据。

5.1.4.2　地图操作

移动地图。当浮动工具条的处于按下的状态，用鼠标左键即可移动地图。如果正在使用其他编辑功能，也可使用下列快捷键：

四个方向键（↑↓←→）分别对应上、下、左、右移动。

W、S、A、D 分别对应上、下、左、右移动。

放大/缩小地图。当浮动工具条的处于按下的状态，用鼠标滚轮即可缩放地图。如果正在使用其他编辑功能，也可使用下列快捷键：

放大：Shift＋Up 或者 Shift＋W。

缩放：Shift＋Down 或者 Shift＋S。

5.1.4.3　网格赋值

GIFT 操作的本质就是修改网格的值，所以最基础的功能就是“选择要编辑的区域，然后对区域内网格进行赋值”。

区域的选择有三种方式（见 3.1 节），选择后通过⑦上（图 5.7）的数字按钮即可对网格进行赋值。

若⑦中（图 5.7）的数据无所需要的数值，可在左边的文本框中输入任意值，然后按“赋值”，即可对网格进行赋值。

文本框左侧的“＋”和“－”，是对所选择的区域加上或减去某个值。举例：如果勾了“＋”，然后点击数字“5”，就是对选择的区域内的所有网格加上 5。勾上“－”即为减去所点击值。“＋”和“－”选项是互斥的。

5.1.4.4　撤销

通过按键“C”可撤销网格编辑操作。

5.1.4.5　完成编辑

使用浮动工具条①中（图 5.7）的编辑功能，当操作完成之后必须点击“完成”按钮（图 5.9）。大部分情况下，即使不点击“完成”而直接切换到另外一个功能，系统会给出提示或自动保存。

5.1.4.6　保存数据到本地

位于工具栏⑧（图 5.7）中。当鼠标移到工具条上相应的图标，会有浮动提示框。

此按钮只是将最后编辑的数据作为临时缓存，保存到本地硬盘，并不会上传到服务器。

该功能是以防系统崩溃后还能找回上一次的缓存数据。

5.1.4.7 从本地调入数据

位于工具栏⑧(图 5.7)中，与 5.1.4.8 对应，主要用于系统崩溃后调入在本地缓存的最后一次数据。

5.1.4.8 上传到服务器

将所有数据上传到中心服务器。根据不同的网络传输速度，此过程可能需要等待一段时间，在保存过程中，不要再做数据修改的操作。

5.1.4.9 终止上传

在部分情况下，如网络不通或网络很慢，导致上传进程出现“卡死”或“假死”状态，此按钮可停止上传过程。

5.1.4.10 预报有效天数设置

位于工具栏⑧(图 5.7)。点击后出现弹出窗口，如图 5.10 所示。

用于设置哪个时次的预报是可编辑的。广东的陆地天气预报岗位分为短期和中期，可以将短期设置 1～3 天，中期设置为 4～8 天。

通过此功能，多个预报岗位编辑的数据可以实现互不干扰。

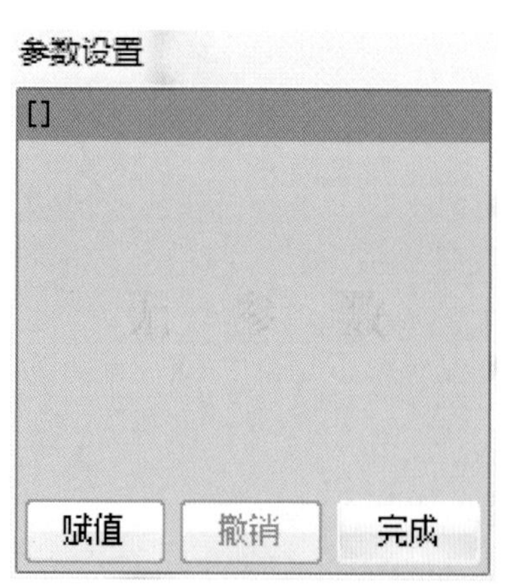

图 5.9 GIFT 预报数据编辑参数设置区

图 5.10 GIFT 预报时效设置区

5.1.4.11 参考模式

位于工具栏⑧(图 5.7)。点击后弹出窗口，可浏览多个模式的产品，包括省台指导预报。

常用的浏览操作参见 5.1.4.1～5.1.4.4 节。

参考模式有很多，具体说明见表 5.1

表 5.1

GIFTDAILY	预报员主观预报，可查看之前预报的结果
GRAPES、ECMWF、T639	各家数值模式
ECMWFTHIN	欧洲中心细网格产品
省台指导预报	省台指导预报

当浏览完全部参考产品，可选择所需要的模式调入到 GIFT 作为编辑的背景场。

多要素多时次 将所选择的模式的所有要素所有时次调入作为编辑的背景场。

单要素多时次 将所选择的模式和所选的单要素所有时次调入作为编辑的背景场。

上述两个功能会自动匹配时间。假如参考模式窗口浏览的是 3 月 15 日 20 时的预报，而 GIFT 主窗口的预报时间是 3 月 16 日，系统会自动剔除前 24 小时预报，即将 3 月 15 日的 48 小时预报放到 3 月 16 日的 24 小时预报中。也就是说，当调入昨天主观的预报时，前 24 小时就被自动剔除，而最后一天的预报为空场。

单要素单时次 将所选择的模式、所选的单要素和所选择的时次调入作为编辑的背景场。

此功能不会匹配时间，是直接调入到 GIFT 主窗口所浏览的时次。举例：GIFT 主窗口浏览的是 3 月 15 日 08 时预报，参考模式是 3 月 14 日 20 时预报，那么就会将 14 日 20 时的数据直接放到 15 日 08 时中。

5.1.4.12　刷新网格数据到站点

位于工具栏⑧(图 5.7)。显示所关注的站点所对应的网格值，采用的是“距离最近法”，即显示离站点最近的网格的值。主要用于单站预报中灾害性天气敏感值，如 35 ℃高温、5 ℃低温、50 毫米以上暴雨等。

5.1.4.13　显示相关设置

本节中与显示相关的功能，设计目的是为了让预报员对所关注的敏感值进行独立展示，以方便检查及提高效率。

值过滤显示位于③(图 5.7)中，如图 5.11 所示，设置需要显示的最高值和最低值，点击 区间内显示 。

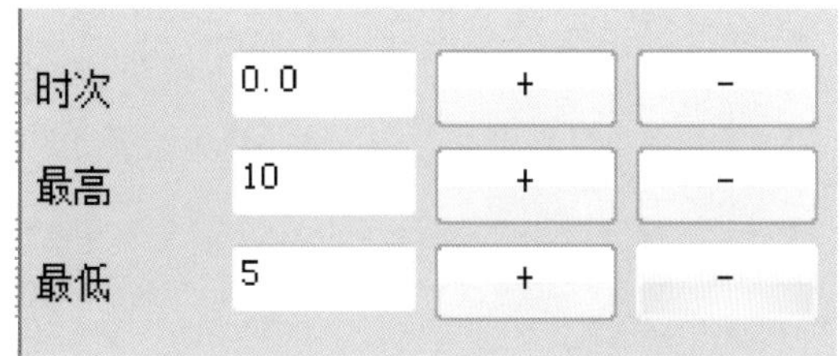

图 5.11　GIFT 数据过滤显示设置区

举例:图 5.11 的值有 0,8,10,15,设置显示 5～10 的值,结果如图 5.12。

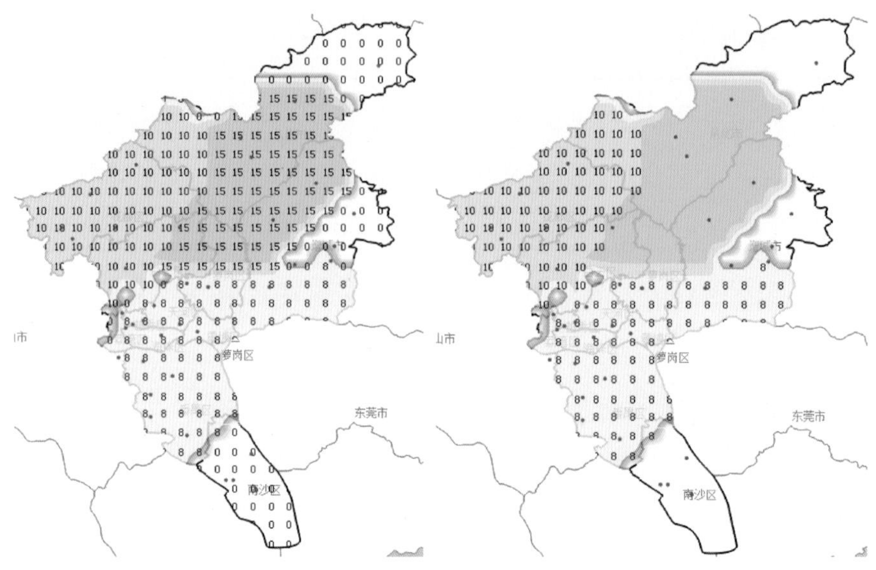

图 5.12　GIFT 数据过滤显示(区间内)效果图

若点击区间外显示,则如图 5.13 所示。

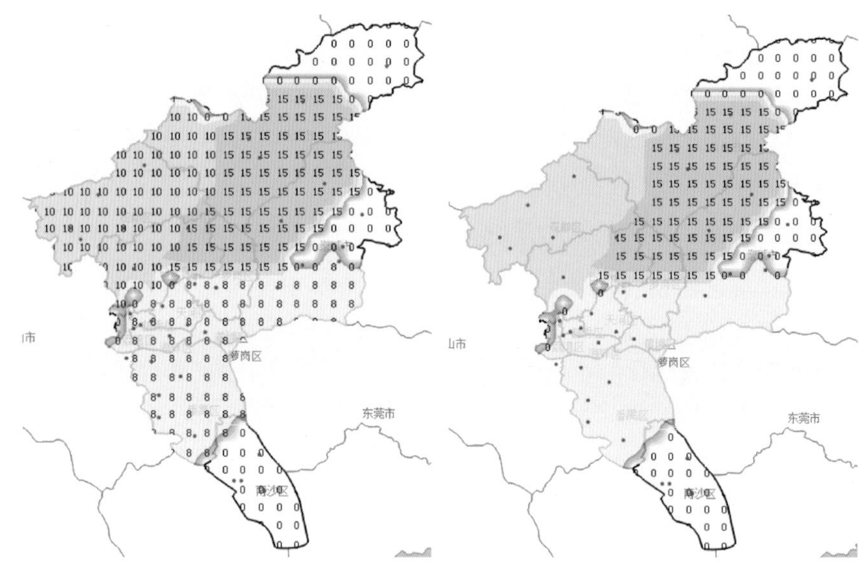

图 5.13　GIFT 数据过滤显示(区间外)效果图

站点显示位于③(图 5.7)中,用于设置是否显示站名、站点,站点值和实况(图 5.14 红色的点)。

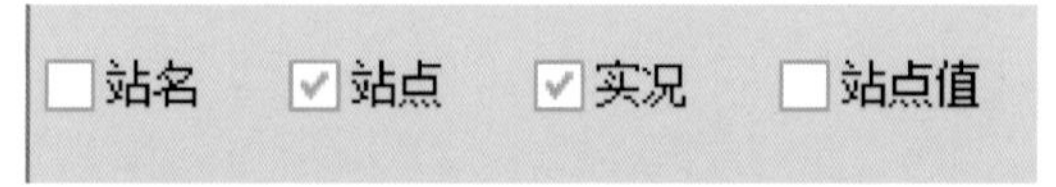

图 5.14　GIFT 站点站名设置区

需要显示的站点可在 cxGift\config\stations. xml 中配置(图 5.15)

图 5.15　GIFT 站点站名设置效果图

温度日较差显示 日较差 位于③(图 5.7)中,勾选后显示当天最高温度和最低温度的差值,效果如图 5.16,当日较差≤2 ℃,会用填红色,提醒使用者关注。

图层显示 网格点 网格值 等值线 填色 位于④(图 5.7)中,主要用于设置是否显示网格、网格值、等值线和填色。

线条颜色 线条大小 1 位于④(图 5.7)中,用于设置等值线的颜色和线条粗细。

小数点 0 位于④(图 5.7)中,用于设置网格值的小数点位数。显示时并没有采取“四舍五入”的方法,而是直接“截取”。如 5.129,设置为 1 位小数显示为 5.1,而非 5.2;设置 2 位小数显示为 5.12,而非 5.13。如图 5.17 所示。

透明度 位于④(图 5.7)中,用于设置填色图层的透明度。

地图过滤 广州地图 位于④(图 5.7)中,用于设置所要显示的地图。

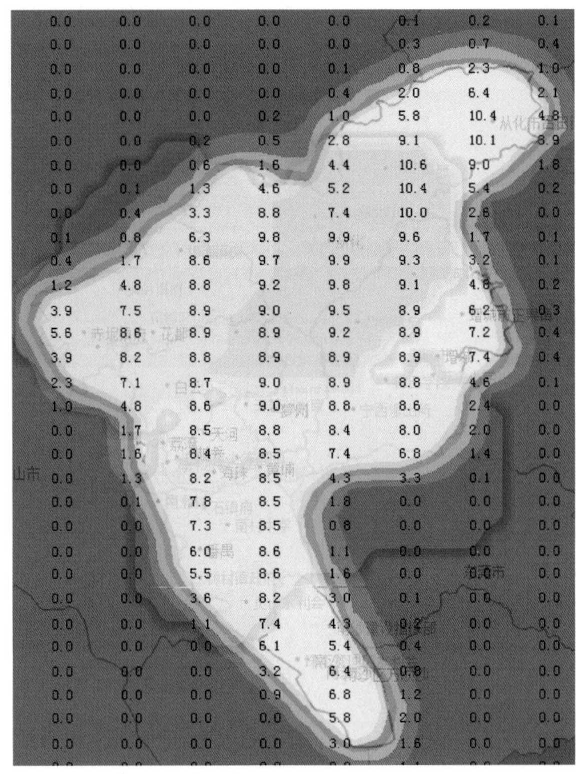

图 5.16　GIFT 温度预报日较差告警

图 5.17　GIFT 小数点显示设置效果图

5.1.5 空间编辑功能

GIFT 的基本编辑功能主要可分为空间维度编辑与时间维度编辑，本节主要介绍空间维度编辑调整相关功能，时间编辑功能介绍在 5.1.6 节。

5.1.5.1　区域选择

如前所述，区域的选择有三种方式，分别如下：

多边形选择：使用鼠标左键连续点击，形成一个多边形区域，按右键结束。

曲线选择：按下鼠标左键，连续画线，画出一个任意区域，松开鼠标左键结束。

等值线选择：自动选择鼠标所指的等值线，但由于等值线不一定闭合，选择出来的区域多数不是用户所需要的，所以此功能较少使用。

三种选择方式的结果并无区别，可根据个人习惯选用。另外，后文提及的“选择区域”是指三种中的任意一种。

5.1.5.2　站点选择

按下左键连续画线，画好区域后，在区域内点击右键，可进入站点编辑窗口。

5.1.5.3　区域移动

选择区域后，按下鼠标左键拖动所选区域到目标区域。原来的区域数据清空为零。

5.1.5.4　删除系统

选择区域后，将所选择的区域网格值用周边的网格值重新插值。

5.1.5.5　清除区域

选择区域后，将所选择的区域网格值清除（置零）。

5.1.5.6　区域外清零

选择区域后，将所选区域外的网格的值清除（置零）。

5.1.5.7　锁定区域

选择区域后，将所选区域锁定，被锁区域内的网格在解锁前不会因其他任何操作而改变值。

5.1.5.8　区域解锁

解锁5.1.5.7的操作。

5.1.5.9　图章

通过功能区⑦（图5.7），选择所要赋的值，然后在网格编辑区点击鼠标左键，则红色圆圈内的网格点均赋为所选择的值。通过鼠标滚轮可放大/缩小红圈的范围（图5.18）。

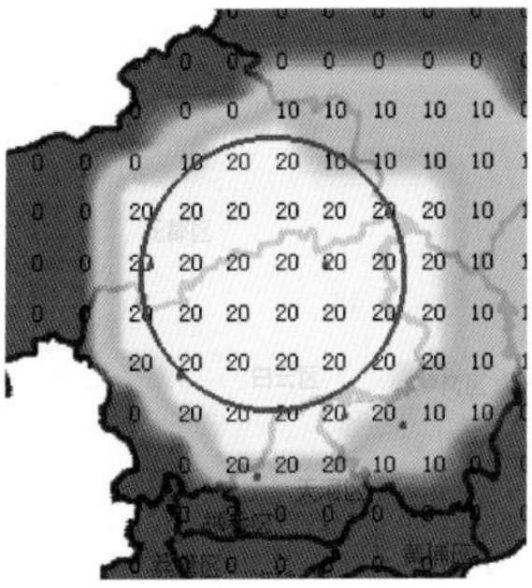

图5.18　GIFT图章功能效果图

5.1.5.10　连续赋值

首先在功能区⑦（图5.7）点击第一个值，然后按下鼠标左键连续画出第一条闭合线；再选择第二个值，画第二条闭合线，如此类推。

画闭合线一般从里往外，被第一条线包围的区域内的值不再被赋值，可以理解为“连续从里往外地画等值线”。从里往外画依次“选择值→画线1→选择新值→画线2→选择新值→画线3”（图5.19）。

需要注意的是，下图只是示意图，实际操作中不会同时存在3条红线。

按“撤销”图标按钮可撤销整条线。

5.1.5.11　凹槽凸脊

和图章操作类似。首先在⑦中选择一个值，在网格编辑区域点击左键。圆心为用户所选择的值，从圆心到边缘进行线性插值并更改对应网网格的值。

注意，当在⑦中勾选了“＋”或“－”号，则为在原来网格值的基础上，圆心加上/减去所选择值，从圆心到边缘加上/减去进行线性插值后递增/减的值。

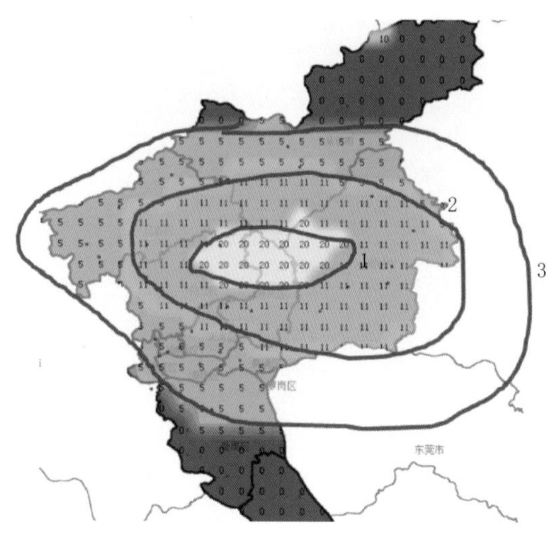

图 5.19 GIFT 连续赋值功能效果图

滚轮可以改变圆半径的大小。

5.1.5.12 风向编辑

连续点击鼠标左键画出流线，右键结束画线。系统会自动根据所画流线调整风向。红色圆圈为影响半径，风向影响角度自圆心向圆周递减。

滚轮可以改变圆的大小。

此功能只调整风的角度，不调整风的大小。风的大小调整与其他标量要素一样，可用图章、凹槽突脊等功能实现。

5.1.5.13 风向图章

操作与 5.1.5.9 的图章类似，直接所选择的角度赋值到圆圈内的网格。

5.1.5.14 全场加减

对当前编辑的全部网网格进行加减操作，如图 5.20 所示。

(1)任意值。对全场所有数值进行加减。

(2)固定值。对某一个值进行加减。举例：固定值为 5，则只对全场中数值为 5 的网格进行加减，其他值维持不变。

(3)范围值。对一个区间的值进行加减。举例：范围值为 5～10，则只对全场中数值为 5 到 10 的网格进行加减(包括 5 和 10)，其他值维持不变。

(4)当前时次。只对当前时次有效。

(5)当天时次。对当天所有预报时次有效。

(6)风选项。可选择对风速(即风的大小)进行加减，或对风向进行加减。

(7)操作。可在文本框中输入任意所需加减的值，然后按文本框左右两侧的“＋”或“－”进行操作。

图 5.20 GIFT 全场加减功能设置图

5.1.5.15　值替换

对当前编辑的全部网格中的某个值或某个区间的值进行替换，如图 5.21 所示：

(1)固定值。参见 5.1.5.13 节。

(2)范围值。参见 5.1.5.13 节。

(3)新值。所要替换的值。举例：如果范围值 5-10，新值为 20，那么就将所有网网格中值为 5 到 10 的网格替换为 20。

(4)当前时次。参见 5.1.5.13 节。

(5)当天时次。参见 5.1.5.13 节。

(6)风选项。参见 5.1.5.13 节。

当填好固定值/范围值和新值后，按“应用”按钮，替换生效。

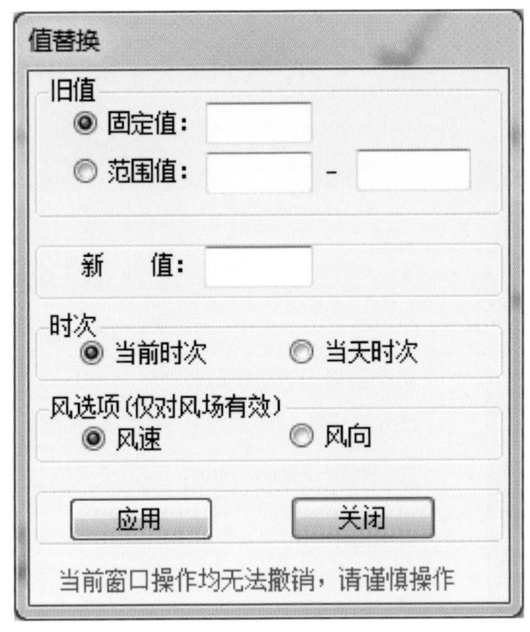

图 5.21　GIFT 值替换功能设置图

5.1.6　网格场拷贝

5.1.6.1　局部 COPY 与全场 COPY

局部 COPY：选择区域后，按下 CTRL+C，然后切换所要粘贴的网格场，按下 CTRL+V，如图 5.22 所示。

全场 COPY：按下 CTRL+C，然后切换所要粘贴的网格场，按下 CTRL+V。

注意：COPY 只能在同一个要素之间进行。

5.1.6.2　时间条右键菜单

在⑤中(图 5.7)的时间条单击右键，会弹出右键菜单，如图 5.23 所示。

(1)粘贴到当天之后所有时次。顾名思义，将当前场粘贴到当天本时次后的所有时次。

(2)粘贴当天所有时次到下一天对应时次。相当于将第一天的要素 COPY 到第二天，

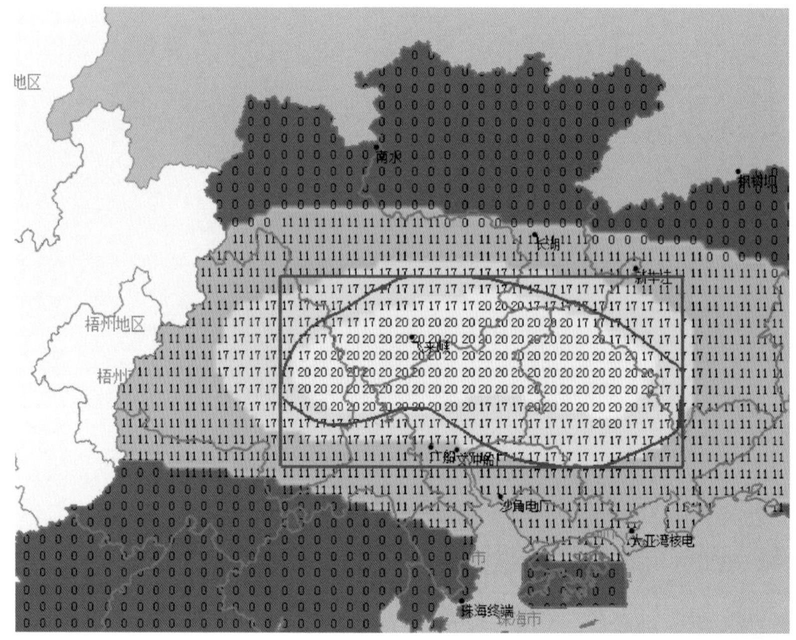

图 5.22 局部区域 copy 选择

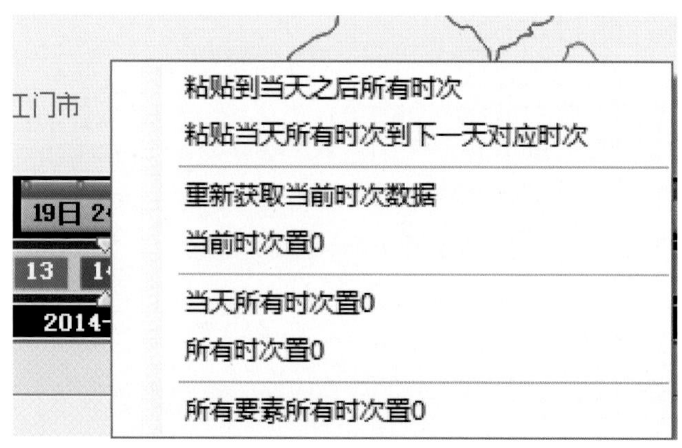

图 5.23 GIFT 网格场拷贝功能菜单

但只对当前编辑的要素生效。

(3)重新获取当前时次数据。重新从服务器读取数据，当数据出现丢包或读取不正常时可用此功能。

(4)当前时次置 0。当打开 GIFT 后而不调入任何数据，数据默认为缺测值－999.9，而 GIFT 禁止对缺测值进行编辑。此时若要编辑就需要将数据置 0，可用此功能。

(5)当天所有时次置 0。将当前要素当天所有时次置 0，参见(4)。

(6)所有时次置 0。将当前要素所有时次(7 天)置 0，参见(4)。

(7)所有要素所有时次置 0。将全部要素的所有时次置 0，参见(4)。

5.1.7　时间编辑功能

5.1.7.1　时间编辑窗口

使用 5.1.5.2 节功能，圈选出所要编辑的站点，然后单击鼠标右键，弹出新窗口如图 5.24。

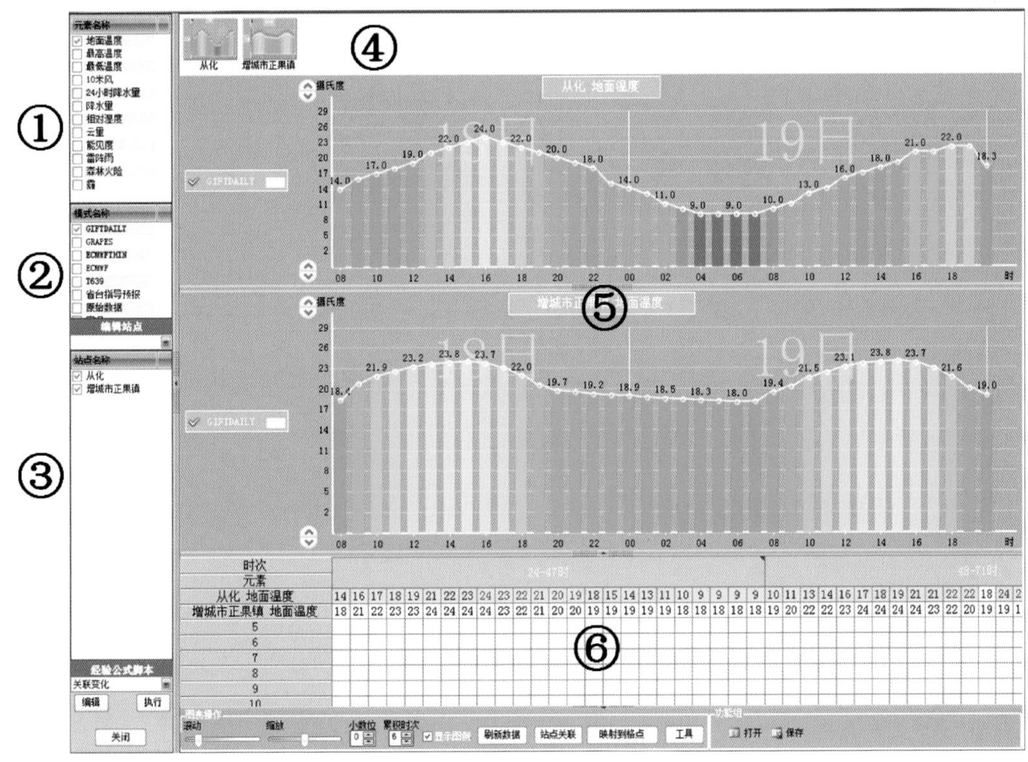

图 5.24　时间编辑窗口功能区

图 5.24 的各功能区说明如下：

①元素名称，勾选需要编辑的要素。

②模式名称，可在⑤中叠加显示其他参考模式的时间序列。

③站点名称，勾选需要编辑的站点。

④缩略图区，显示⑤中的缩略图。可使用拖放的方式将④中的图标拖到⑤中，反之也可以。

⑤编辑区，按下鼠标左键，画出所需要的时间曲线。

⑥数值区，直接在表格中输入数字，微调⑤中的曲线，⑤和⑥是联动的，

滚动　缩放 可对⑤显示的图标进行滚动和缩放操作，

当完成简单的时间序列调整后，按 映射到格点 。

5.1.7.2　打开上次时间曲线

按 打开 ，弹出新窗口如图 5.25。

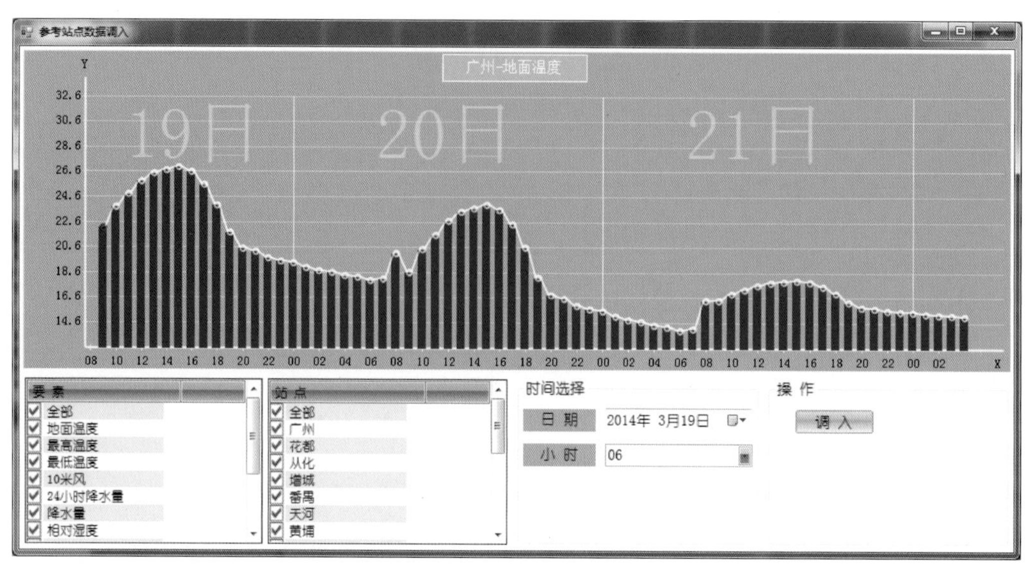

图 5.25　时间曲线编辑窗

选择好要素、站点、时间后，按 调入 ，调入上次主观预报的时间曲线。

5.1.8　站点编辑功能

按 站点关联 ，弹出新窗口如图 5.26。

图 5.26　站点关联功能设置

参考站点：选择以某个站点（仅单选）为基础进行关联操作。

目标站点：选择将关联方法应用到的站点（多选）。

关联要素：选项要关联的要素（多选）。

关联方法：加减乘除、扰动、复制等。

5.1.8.1　扰动功能

将参考站点值，在所设定的最大值和最小值区间内随机加上或减去某个值（步长），然后将值赋到目标站点上。

举例：设定最大值为 1、最小值为 −1，步长为 0.5，就是在参考站点的值的基础上随机加上 −1，−0.5，0，0.5，1，然后 copy 到所有目标站点。

5.1.8.2　复制

直接将参考站点值复制到所有目标站点。

5.1.8.3　加减乘除运算

将目标站点的值，加/减/乘/除后复制到所有目标站点，如图 5.27 所示。

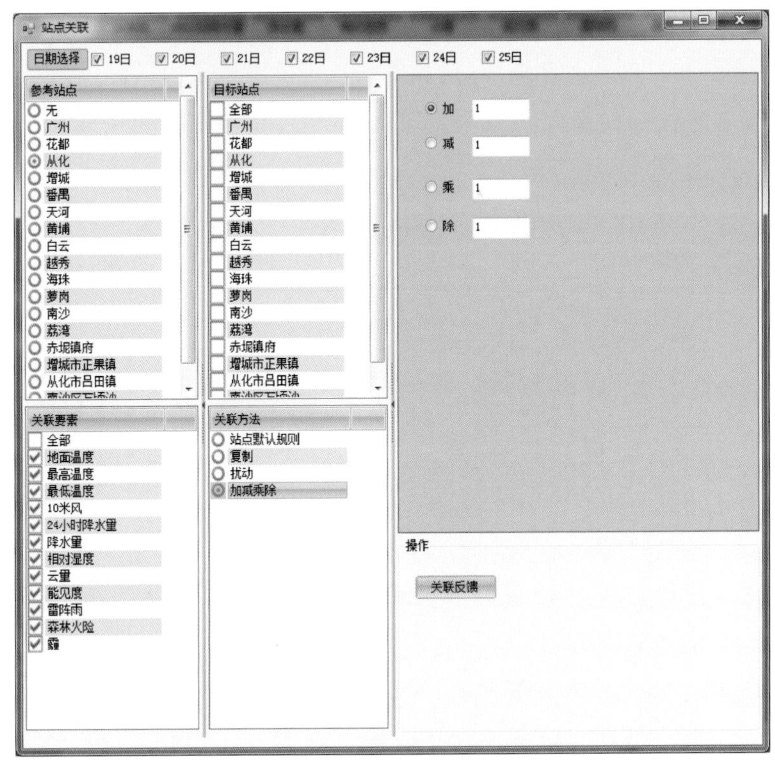

图 5.27　站点扰动功能设置

5.1.8.4　应用关联方法

完成 5.1.8.1～5.1.8.3 节设置后，按 关联反馈 ，关联生效。然后回到上一个窗口，再按 映射到格点 。

5.1.9 曲线反馈和关联反馈

ff 位于工具栏⑧(图 5.7)中。鼠标移动到图标上会有浮动的文字提示,提示为“曲线反馈”。曲线反馈的设计初衷是为了实现从累积量(或极值量)到逐时量的分配,以提高预报员网格编辑的效率。

5.1.9.1 应用目标选择

GIFT 默认是将“曲线反馈”和“关联反馈”应用到站点,可在 反馈站点 中勾选需要目标站点;也可以按 切换到网格 ,切换到将上述两者应用到全部网格。

点击最上方的日期☑ 20日 ,可切换到相应的“日期曲线”或“关联关系”。

5.1.9.2 曲线反馈

按下 ff ,弹出新窗口:

曲线反馈可将 24 小时累计雨量反馈到逐时雨量,将最高/最低温度反馈到逐时温度。通过按下鼠标左键,拖动时间分布曲线(权重曲线);也可以直接用鼠标放在小圆圈上,通过上下拖动调整蓝色柱子的高度。图 5.28 的①是温度反馈权重曲线,②是降水反馈权重曲线。

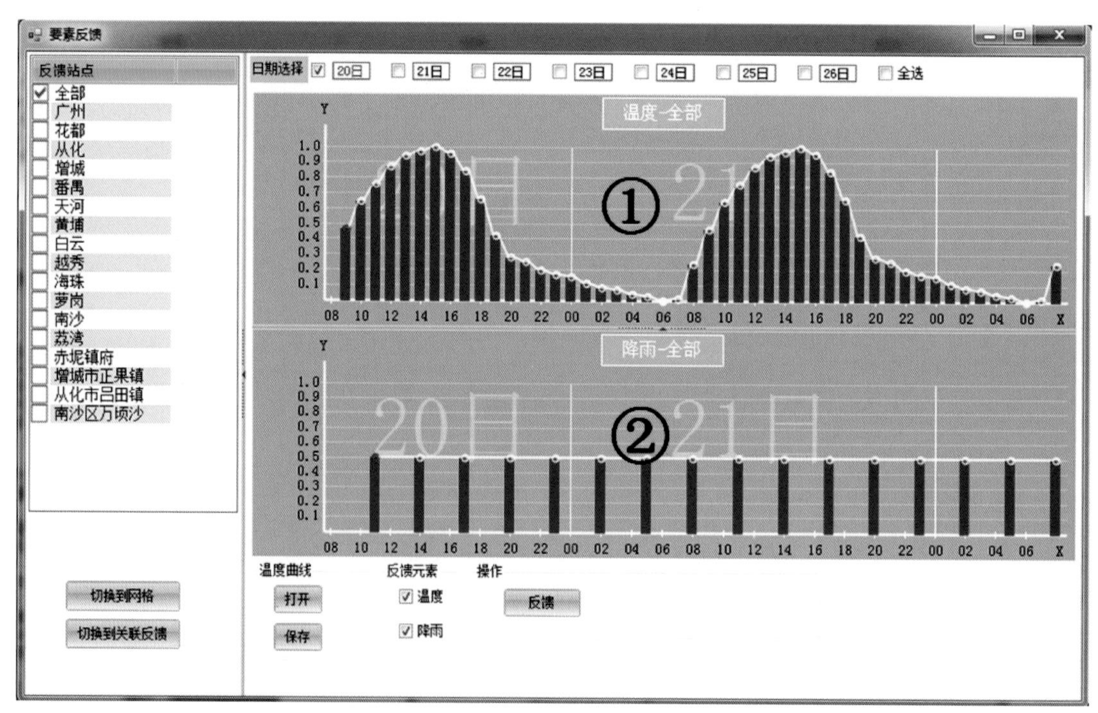

图 5.28 降水时间序列调整

逐时温度反馈原理。画好温度分布曲线后,系统会自动将最高温度赋值到曲线的最高点,将最低温度赋值到曲线的最低点,其他时次的温度通过计算逐时曲线的权重(也就是

图 5.28 中的蓝色柱子)得到。如图 5.28 的例子，最高温度会被赋值到 16 时，最低温度赋值到 06 时。

逐时降水反馈原理。系统自动计算每条蓝色柱子占所有蓝色柱子的的比重，然后直接乘以 24 小时总降水。

公式：$逐时降水=24小时降水\times\frac{每一条柱子}{所有柱子总和}$。

故，若一天的降水的平均分布，只需要拖动一条平行的直线即可，无需过于关注线条是位于 0.5 还是 0.1。

若前 12 小时无降水，后 12 小时有降水，曲线可以这样画(图 5.29)。

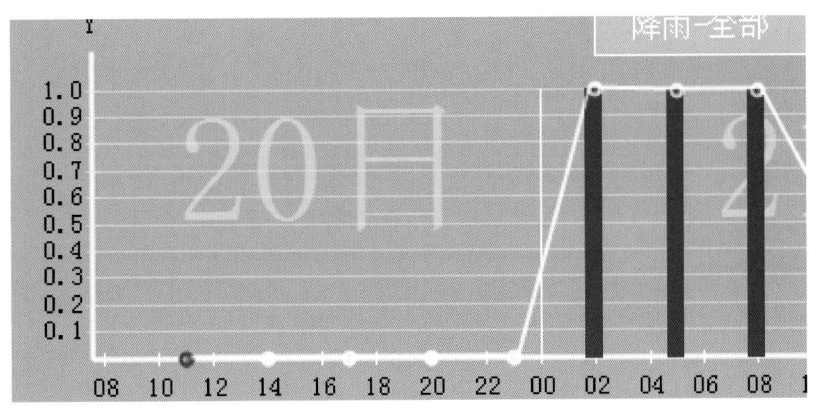

图 5.29　降水时间序列调整实例(多云转雨)

日期选择框是选择要反馈操作的日期(在日期前打勾)，如图 5.29 所示，只有 21 日被勾上，就只反馈 21 日逐时温度。

反馈元素框则是选择需要反馈操作的要素(图 5.30))。

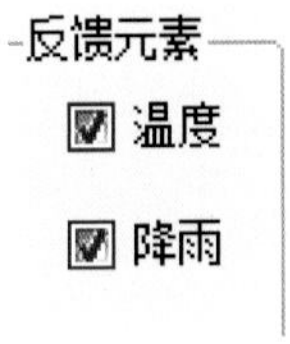

反馈元素
☑ 温度
☑ 降雨

打开：打开上次保存好的曲线

保存：保存本次画好的曲线

反馈：调整完曲线后，按此键，反馈生效。

图 5.30　关联反馈要素选择框

5.1.9.3　关联反馈

按 切换到关联反馈 切换到关联反馈，界面如图 5.31。

可在①和②中设置降水量和能见度、降水量和雨量之间的对应关系。点击 ☑ 雨量-能见度 ☑ 雨量-云量 可切换①和②的显示内容。

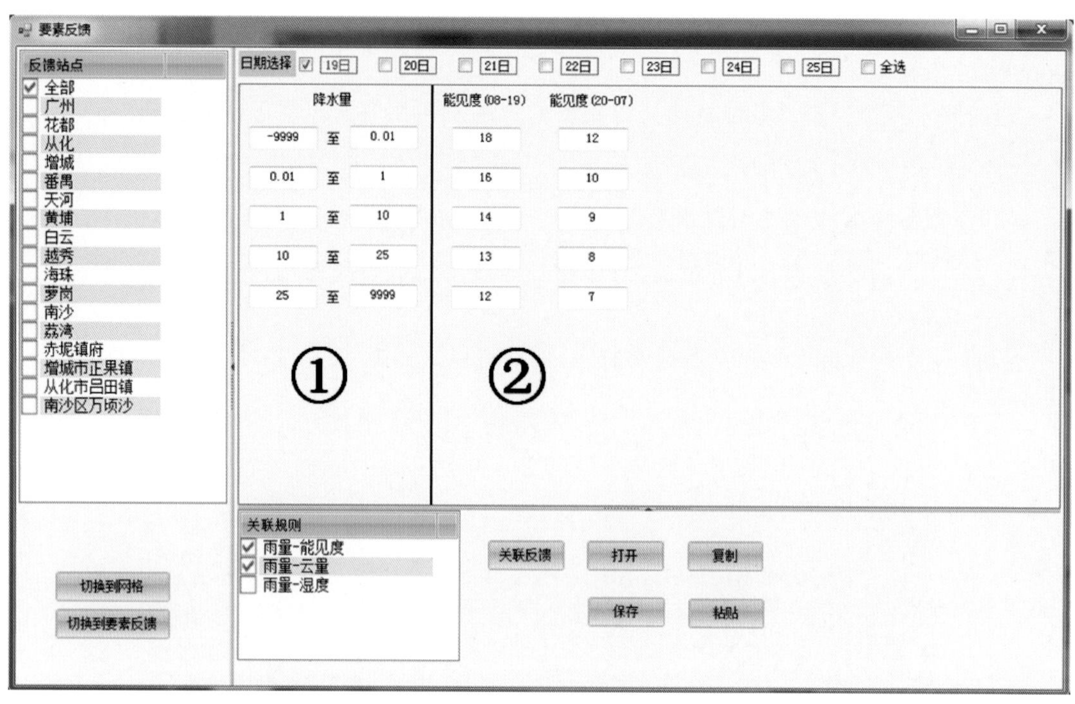

图 5.31 要素关联参数设置

当设置好关联关系后，务必在 雨量-能见度 雨量-云量 前打钩，再按 关联反馈 ，关联生效。

打开 / 保存 ：将设置好的关系保存下来，或者打开上一次保存好的关系文件。

复制 / 粘贴 ：将某一天的关联关系复制到另外一天。

5.1.10 显示相关设置

本节中与显示相关的功能，设计目的是为了让使用者对所关注的敏感值进行独立展示，以方便检查及提高效率。

5.1.10.1 值过滤显示

位于③中（图 5.7），如图 5.32 所示，设置需要显示的最高值和最低值，点击 区间内显示 。

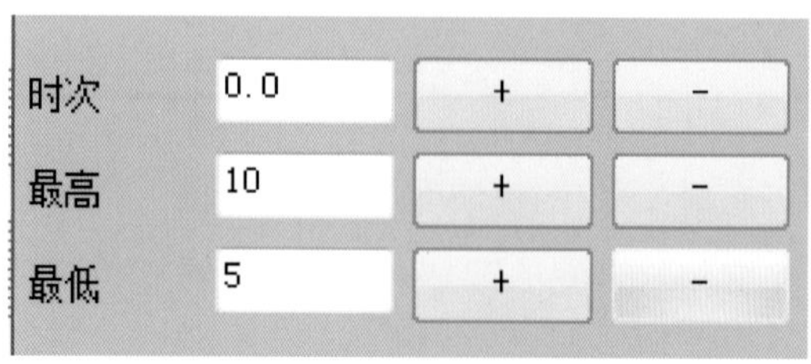

图 5.32 值过滤显示参数设置

举例:左图的值有 0,8,10,15,设置显示 5～10 的值,结果如图 5.33。

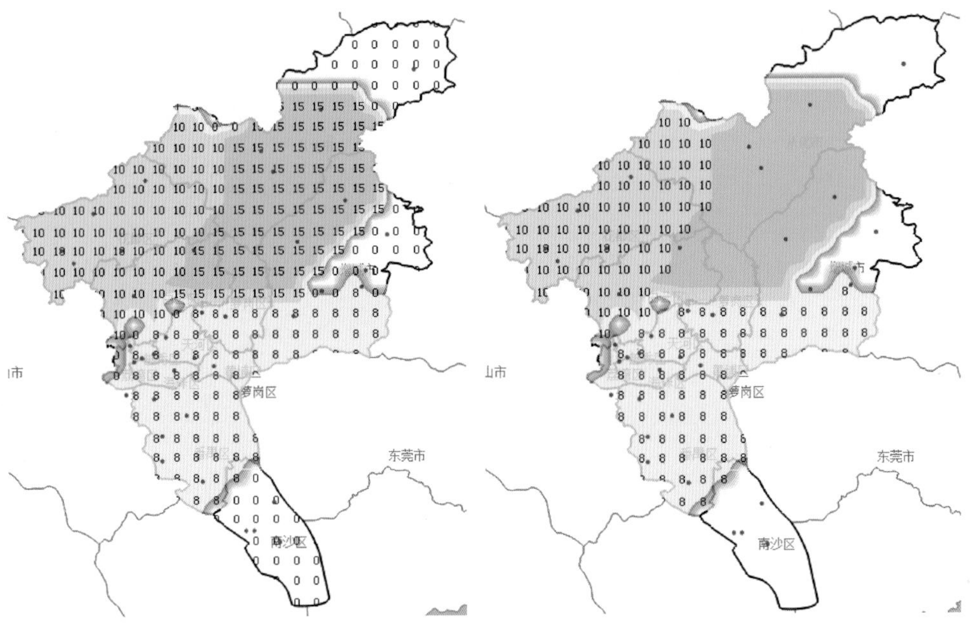

图 5.33　值过滤显示效果(区间内显示)

若点击区间外显示,则如图 5.34。

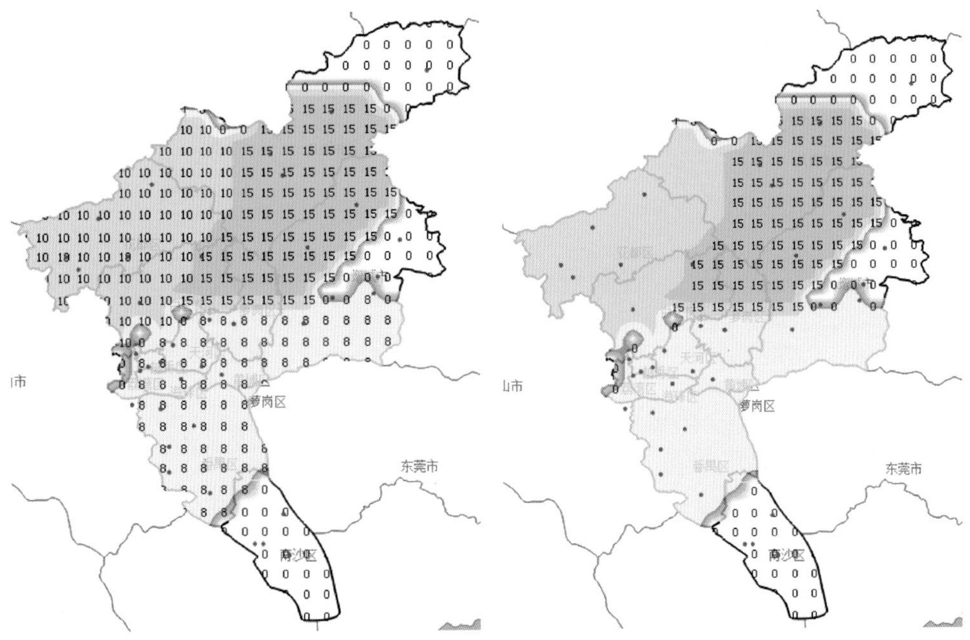

图 5.34　值过滤显示效果(区间外显示)

5.1.10.2 站点显示

□站名 ☑站点 ☑实况 □站点值 位于③中(图 5.7)。用于设置是否显示站名、站点(图中红色的点),站点值和实况(图 5.35)。

图 5.35　站点显示设置效果图

需要显示的站点可在 cxGift\config\stations.xml 中配置。

5.1.10.3 温度日较差显示

□日较差 位于③中(图 5.7)。勾选后显示当天最高温度和最低温度的差值,效果如图 5.36,当日较差≤2 ℃,会用填红色,提醒使用者关注。

5.1.10.4 图层显示

□网格点 □网格值 □等值线 ☑填色 位于④中(图 5.7)。主要用于设置是否显示网网格、网格值、等值线和填色。

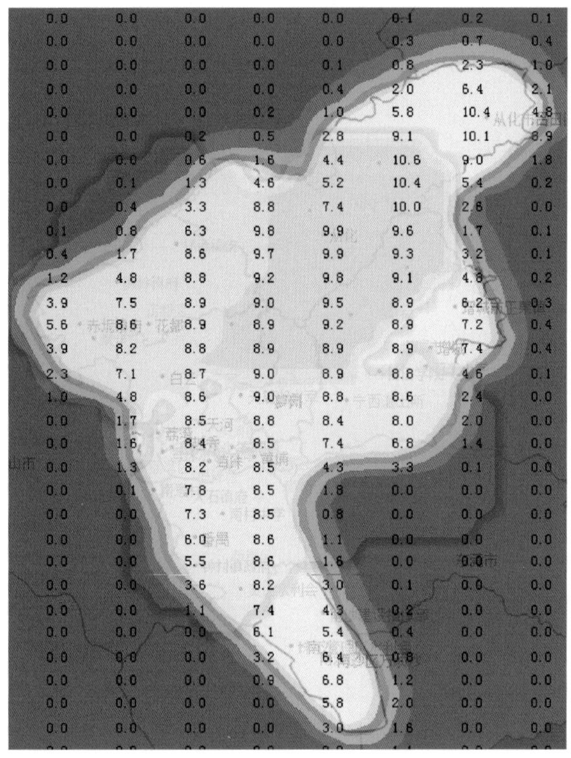

图 5.36　温度日较差值告警图

线条颜色　线条大小 1 位于④中(图 5.7)。用于设置等值线的颜色和线条粗细。

小数点 0 位于④中(图 5.7)。用于设置网格值的小数点位数。显示时并没有采取“四舍五入”的方法,而是直接“截取”。如 5.129,设置为 1 位小数显示为 5.1,而非 5.2;设置 2 位小数显示为 5.12,而非 5.13(图 5.37)。

图 5.37　格点要素值小数点显示效果图

透明度 位于④中(图 5.7)。用于设置填色图层的透明度。

地图过滤 广州地 位于④中(图 5.7)。用于设置所要显示的地图。

5.2 智能工具箱

5.2.1 智能工具箱设计思路

“授人以鱼不如授人以渔”——是智能工具箱(Intelligent Tool Box,ITB)的设计初衷。智能工具箱的作用在于将预报经验数字化(主观编辑转向客观算法)并实现了预报经验的传承图 5.38。基于智能工具箱,GIFT 不仅仅是简单的网格数字编辑器,而是变成通过先验知识和公式来扩展后处理功能的扩展模块库。ITB 可以将预报员的局地预报经验变成局地订正公式,以便预报员在 GIFT 中进行更精细、更快捷的一键式订正。

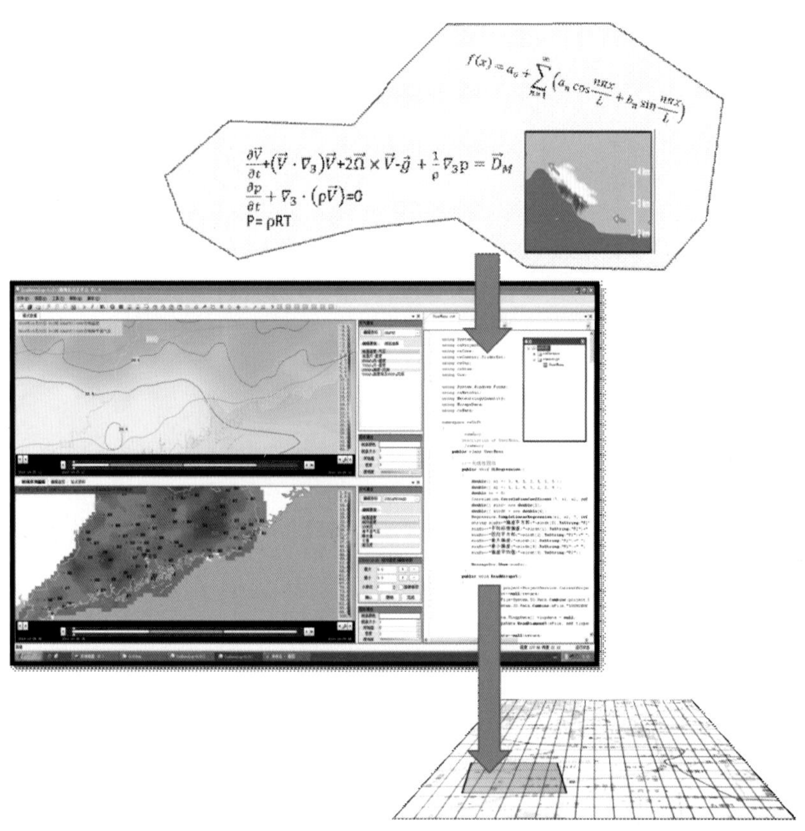

图 5.38 智能订正流程图

根据实际的使用经验,如果不同的工具箱使用顺序颠倒或重复使用,可能对预报结果起到反作用,同时也参考了美国 GFE 的做法,故在智能工具箱中引入“ITB-Flow”概念。ITB-Flow 将同一要素多个不同功能的智能工具按串联,严格按既定的顺序逐步执行,避免顺序颠倒的同时,也实现高效快捷的网格预报时空精细调整。

本系统重新设计和梳理 GIFT 系统的底层数据结构,建立基于 GIFT 系统和 C# 语言的二次开发环境,并封装成完整的开发 SDK。ITB 低层数据对象层分为数据对象层和操作层。数据对象层按气象数据特性分为观测资料(离散点)对象、网格数据(NetCDF)对象,通过封

装简化获取数据的流程，支持 Oracle 数据库、CIMISS 数据通用接口等。操作层包括对象运算、数据存储等函数接口。根据数据对象的特点，使用面向对象语言特有的重载运算符功能，或以函数的形式提供简单的对象间的加减乘除操作。对数据对象的分类和规划以及配套的数据操作接口，降低 ITB 二次开发的门槛。

基于可扩充与开放的框架，未来可根据新的经验公式，以及数据对象操作的需求，不断地扩充和完善函数库。智能工具箱 ITB 具有导入/导出功能，可对文本格式的代码文件 *.cs 或 DLL 文件进行导出和导入，方便共享和传播。

ITB 的技术研发框架图如图 5.39。

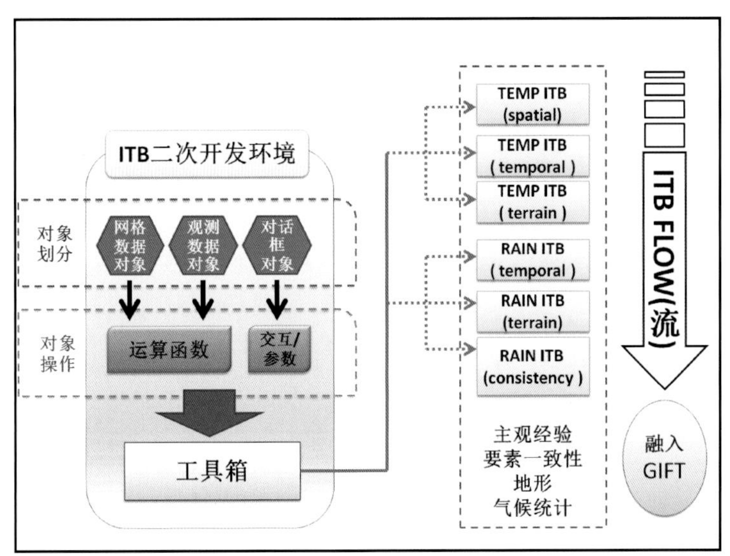

图 5.39　框架设计图

5.2.2　美国 Smart Tools 及应用

美国从 1990 年开始图形化预报制作编辑器(Graphic Forecast Editor，GFE)研究；2002 年研发了预报交互制作系统(Interactive Forecast Preparation System，IFPS)，两者相融合形成图形化网格编辑系统(IFPS-GFE)后投入业务使用，开始制作网格天气预报。

5.2.3　二次开发环境及技术

ITB 基于 C# 语言进行二次开发，采用了包括多态机制、动态生成、动态调用等技术，以 C# 程序集的形式体现。通过该动态库的接口，能将 GIFT 正在编辑的以及后台参考的网格数据暴露给开发者，并实现数据的改变和交互。

智能工具箱的 SDK 主要分为管理和接口两个部分。

5.2.3.1　管理部分

管理部分主要包括智能工具的上传、审核以及使用，开发者将智能工具开发完成，经过测试发现无问题后，上传到智能工具服务器，经过管理员审核通过后方能发布出来，供预报下载使用。

智能工具的 WEB 管理端(图 5.40)。

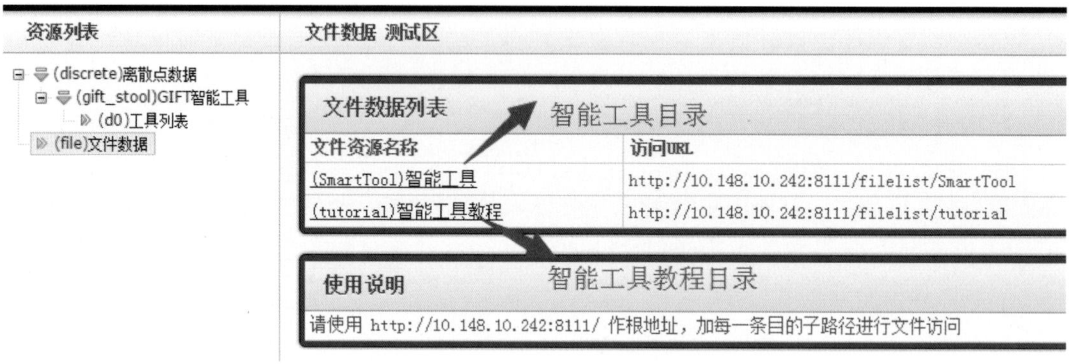

资源列表
(discrete)离散点数据
(gift_stool)GIFT智能工具
(d0)工具列表
(file)文件数据

文件数据 测试区
文件数据列表
智能工具目录
文件资源名称 访问URL
(SmartTool)智能工具 http://10.148.10.242:8111/filelist/SmartTool
(tutorial)智能工具教程 http://10.148.10.242:8111/filelist/tutorial
智能工具教程目录
使用说明
请使用 http://10.148.10.242:8111/ 作根地址，加每一条目的子路径进行文件访问

图 5.40　智能工具的 WEB 管理端

在智能工具目录里面包括当前发布出来的工具、使用说明、开发环境搭建等；教程目录里面包括目前发布的所有样例，供用户下载及查看。

智能工具的安装方法。使用者将下载的智能工具的整个文件夹拷贝到 GIFT 的 cxGift\SmartTool 子目录下，然后重新启动 GIFT，即可在智能工具列表看到该工具。

5.2.3.2　接口部分

接口部分主要包括智能工具的虚接口和 SDK。虚接口是系统提供的、供二次开发要实现的 10 个接口，接口如表 5.2 所示。

表 5.2　智能工具要实现的接口列表

序号	属性名或方法名	类别	功能	备注
1	Name	属性	中文名字	必须
2	Author	属性	作者	必须
3	Release Time	属性	发布时间	必须
4	UpdateTime	属性	更新时间	必须
5	Version	属性	版本号	必须
6	Function	属性	功能简要说明	必须
7	Initialise	方法	初始化方法，用于用户读取配置文件等	可选
8	GetParameterControl	方法	返回自定义参数面板	可选
9	GetParameter	方法	返回 start 方法执行需要的参数	可选
10	Start	方法	工具真正的执行函数	必须

只要继承 GIFT 中源代码中的基类“ToolBase”，根据需要实现表 5.2 所示的接口，即可初步建立一个基本的智能工具。

智能工具箱 SDK(Software Development Kit)：主要是系统提供的基础类库，主要包括数据获取类以及其他实用工具类。这些基础类库能将 GIFT 中正在编辑的以及后台参考的网格数据暴露给开发者，使得开发者很容易获取数据并进行经验编辑，并实时交换到数据展示缓存区，方便用户实时查看编辑效果。目前 SDK 主要包括两大类库如表 5.3。

表 5.3　主要的 SDK 开发包

序号	开发库	分类	包含的类	类功能
1	metedata (数据类)	数据类型	STDataGrid	模式数据，只读，不可编辑
			STDataGridEdit	编辑要素数据，可读可写
		管理类	DataMng	数据管理类，所有数据均从这里获取
			StatusMng	状态管理类，用于工具执行状态和进度的控制
			SelectMng	获取当前 GIFT 的选择状态，比如妆前编辑的要素等
			GisMng	用于 GIS 相关操作
		实用类	DataUtil	数据实用库，比如两个数组直接相加
			GridUtil	网格实用库，比如网格场中某个点的值，支持最近点和双线性插值
2	STDataType (枚举类型) (自动生成)	固定类型	DataEdit	当前 GIFT 中支持的编辑要素的枚举类型
			DataModel	当前 GIFT 中参考模式对话框中可以看到的所有模式
		可变类型 ……	enum_gift_ecthin	gift_ecthin 模式中支持的要素
			enum_gift_grapes9km	gift_grapes9 千米模式中支持的要素
			enum_gift_t639	gift_t639 模式中支持的要素
			enum_realgrid	realgrid 实况客观分析中支持的要素

数据的获取：在智能工具系统中，所有数据均通过 DataMng 类来获取，该类库属于静态类，无需实例化，目前支持模式数据和实况数据的客观分析结果，可以获取的模式数据种类由类库 STDataType 来指定，系统中目前可以获取两类数据，一类是正在编辑的数据，返回的类型为：STDataGridEdit；一类是参考模式的数据，返回的对象为：STDataGrid。DataMng 类提供了所有数据的获取入口，当前的 1.0 版本供提供了 20 个方法，主要的数据获取方法见表 5.4 所示。其他开发库见表 5.5。

表 5.4　主要的数据获取方法

序号	语言函数	功能说明
1	GetEditData()	获取当前编辑要素的所有预报时效的值
2	GetEditData(metedata. DataEdit name)	获取指定要素的所有时效的值 要素的名字
3	GetEditData(metedata. DataEdit name, System. Collections. Generic. List<int>validtime)	获取指定要素、指定时效的值 要素的名字 预报时效列表
4	GetData(metedata. DataModel model, System. Enum element, System. DateTimestarttime, System. Collections. Generic. List<int>validtime)	获取模式数据 模式的名字 要素的名字 数据起报时间 数据时效列表

续表

序号	语言函数	功能说明
5	GetEditModel()	获取当前编辑模式的类型
6	GetElementLeadtime(metedata. DataModel dm, System. Enum element)	获取要素的预报时效 指定模式名字 指定要素名字
7	GetGridInfor(metedata. DataModel dm)	获取网格的边界信息 指定模式的名字

表 5.5　其他开发库

序号	开发库	提供的功能说明
1	GisMng 地理信息管理类	提供地理操作有关的功能 提供了获取当前选择区域的网格的下标的功能
2	StatusMng 状态管理类	提供工具执行过程进度控制及状态显示 设置状态栏提示信息 更新状态栏进度条的进度
3	SelectMng 选择管理类	提供 GIFT 当前的选择状态 获取编辑环境下，选中的模式、要素、起报时间、预报时间、编辑天数、编辑时效等信息 获取指定预报时效属于哪一天
4	DataUtil 数据操作类	提供数据操作功能 两个数组相加 给数组每个元素增加某个值 判断两个 float 数值是否相等
5	GridUtil 网格操作类	提供网格操作功能 获取指定经纬度，在某个网格中的值，支持最近点和双线性插值 获取要素的预报时效 指定模式名字 指定要素名字

命名规则(表 5.6)：智能工具必须放在命名空间 SmartTool 下面，必须继承 ToolBase 基类，并遵循以下命名规则：

表 5.6　命名规则

路径	智能工具所在根路径	智能工具目录	智能工具文件 配置文件、依赖库
Gift/ cxGift	SmartTool	GridAdd (与 ITB 同名)	GridAdd. dll (与 ITB 同名)
			配置文件
			依赖动态库
			其他自定义文件

(1)类名字必须和库名字完全相同；

(2)工具目录名字必须和动态库名字完全相同。

5.2.3.3　运算对象

自定义的对象是无法直接参与算术计算的，必须重载相应的元算符后，才能参与计算。智能工具箱的 SDK 基于 C♯的运算符重载实现数据对象的计算。

C♯允许用户定义的类型通过使用 operator 关键字定义静态成员函数来重载运算符。必须用 public 修饰，必须是类的静态的方法。但 C♯的部分运算符允许重载。

1. 已重载的运算符

可以重载的一元运算符：＋，－，!，～，＋＋，－－，true 和 false。

可以重载的二进制运算符：＋，－，＊，/，％，＆，|，^，＜＜，＞＞。

可以重载的比较运算符：＝＝，! ＝，＜，＞，＜＝，＞＝。

2. 无法重载的运算符

＆＆ 和||条件逻辑运算符为不能重载，但可使用能重载的 ＆ 和|进行计算。

[]为不能重载数组索引运算符，但使用可定义索引器解决此问题。

()为不能重载转换运算符，但可定义新的转换运算符。

＋＝，－＝，＊＝，/＝，％＝，＆＝，|＝，^＝，＜＜＝，＞＞＝为不能重载赋值运算符，但＋＝可使用＋计算

＝，.，?:，－＞，new，is，sizeof 和 typeof 为不能重载运算符。

比较运算符(如果重载)必须成对重载；也就是说，如果重载＝＝，也必须重载! ＝。反之亦然，＜和＞以及＜＝和＞＝同样如此。

如图 5.41 所示，实现了运算符对象，支持自定义对的求和。

```
{class Operator
{
    public int Value { get;set; }
    public static Operator operator + (Operator o1,Operator o2)
    {
        Operato ro = new Operator();
        o. Value = o1. Value + o2. Value;
        return o;
    }
}
```

图 5.41　智能工具箱运算符重载示例

5.2.4　业务应用和实例

5.2.4.1　基于地形的温度订正

根据网格预报业务运行的实际经验，预报员在有限的时间内无法对成千上万的网格温度逐一进行精细的主观调整，更多的做法是基于客观背景场，对部分关键点进行订正并辐射至周边网格。为此，研发了基于地形的温度订正智能工具(算法)(图 5.42)。

1. 技术路线

(1)根据气候分区、地形的坡度与坡向，建立关键点(如：国家观测站)与周边网格的对应；(2)根据关键点与对应网格的地形高度差，利用垂直温度递减率对网格温度进行订正，从而得到精细的网格温度预报。

网格温度订正公式为：

$$T_{grid} = T_{stn} + \Delta H \times \gamma$$

其中 ΔH 为地形差，γ 为温度递减率。

温度递减率 γ 在公式中一般取 0.6 ℃/100 米，但在实际情况中由于天气状况及空气层结的差异，γ 值可以相差很大。因此利用广东处于不同海拔高度的自动站温度观测数据进行统计分析，分季节、分区域和不同天气状况，计算得到温度垂直递减率并应用与温度订正智能工具箱作为默认值，同时也允许预报员进行参数修改。

2. 应用实例

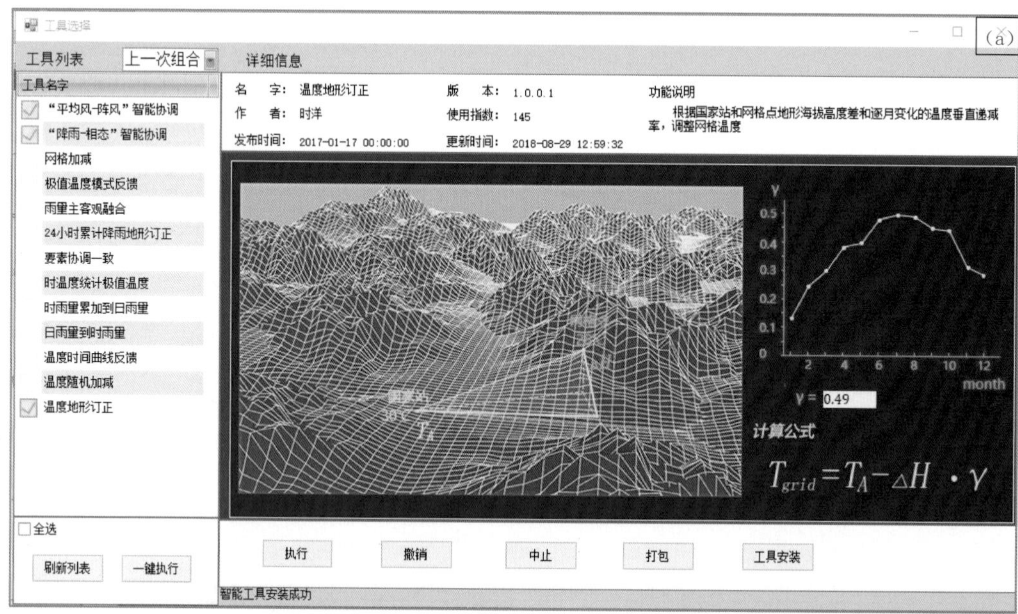

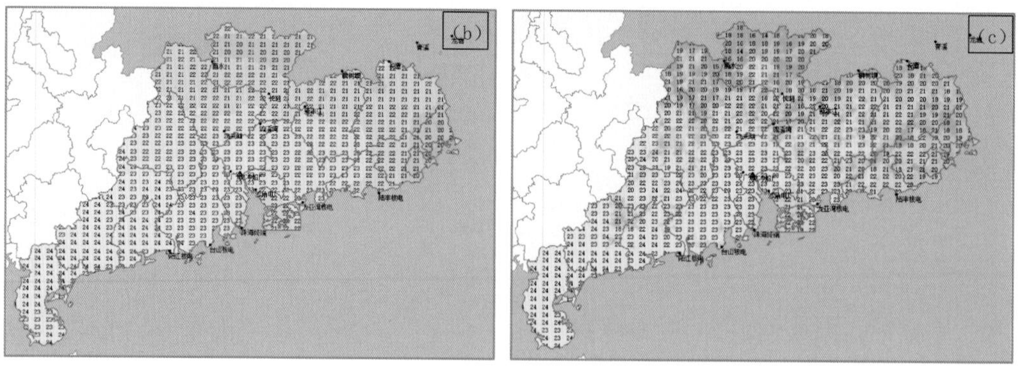

图 5.42　温度地形订正智能工具(a)工具界面(b)订正前(c)订正后

从回算的检验结果来看，利用温度智能订正工具对网格预报进行客观订正，与历史同期

主观预报相比，日最高/低温度绝对误差均降低了约 0.1 ℃(图 5.43)。

由此可见，纯客观的算法调整结果至少不比预报员花大量时间手动订正的效果差，从一定程度上释放了部分的劳动力，提升效率。

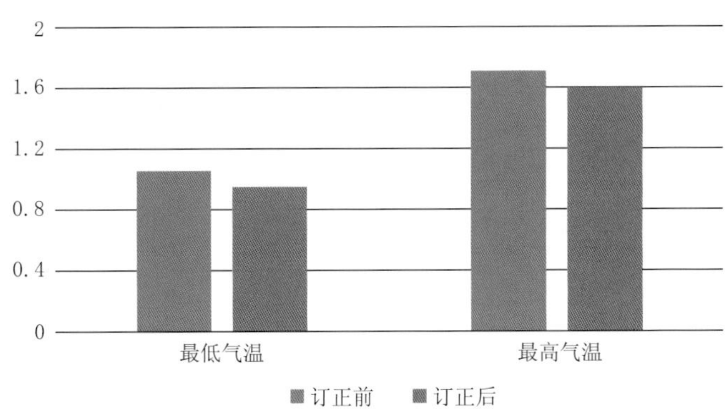

图 5.43　地形订正前后预报误差对比(样本时间段：2016 年 7 月 1 日到 10 月 31 日)

5.2.4.2　降雨主客观融合

由于数值模式不断地发展和成熟，其降水预报的准确率也在逐步提升。通过模式后处理技术，降水预报的准确率在模式基础上又进一步提高。但因大气固有的混沌效应、模式初值的误差及物理过程参数化等原因，定量降水预报依旧需要预报员根据自身对大气物理过程的认识和经验，以及对模式误差特性的了解，进行主观订正。

当前国内外降水预报业务的基本流程均是在模式降水预报基础上，预报员进行主观订正，以提高降水预报的准确率。然而，依靠预报员对全省范围进行逐个网格的精细主观订正在业务上是不现实且无法操作。此外，预报员主观订正的降水预报为落区等级预报虽然提升了预报准确率，但是精细化程度降低，降水分布的细节信息丢失。

基于以上原因，在不增加日常预报业务流程复杂程度的原则下，基于精细数值预报背景场，研发了雨量降尺度主客观融合智能工具，融合预报员主观等级落区预报和模式降水的空间精细分布优势，恢复降水的精细时空分布特征，提高网格预报的精细化和智能化水平。

1. 技术路线

(1)主观落区网格化。利用预报员主观等级落区预报，计算空白网格场的每个网格降水值。算法有两种：①直接根据落区的等级赋值为单一值；②根据网格与等值线上各点的距离，利用等级反距离权重算法，计算出该点的值。第一种方法生成的网格场在同一等级内均为相同值，且在不同等级过渡区域有明显突变，与事实明显不符，因此不予采用。本工具采用第二种方法进行主观落区网格化。

(2)客观网格预报订正。根据我国现行的 24 小时降水等级划分标准，预报员主观预报等级分别为 0.1 毫米、10 毫米、25 毫米、50 毫米、100 毫米以及 250 毫米以上。本工具根据“主观落区网格化”的网格降水等级思路，对模式降水预报有效信息进行筛选如下。

① 若某网格上的模式降水符合预报员落区等级预报，则认为是有效降水信息，反之则认为是无效降水信息。如图 5.44 所示，A、B 两网格被判别为 25 毫米、50 毫米等级，A 点模式降水为 32 毫米被筛选为有效信息，B 点降水为 18 毫米被筛选为无效信息。

② 计算无效点的降水值。根据该点与落区等值线上各点以及有效点的距离，利用反距

离权重客观分析算法分等级计算该点降水值。该步算法分等级进行的目的是为了保证客观分析结果严格遵守预报员的主观落区预报，避免分析结果出现跨等级违背预报员预报意图的情形。使用反距离权重客观分析作为基本算法的原因主要考虑该算法设计相对简单，计算速度快，在有效信息较均匀分布时结果可靠。

此外，从广东实际的业务运行效果来看，为了使订正后的网格场与预报员的主观思路更加吻合，还需对参与权重计算的有效点做进一步的筛选：选择一定空间距离内的有效点，而非全部有效点，得到的结果更优。

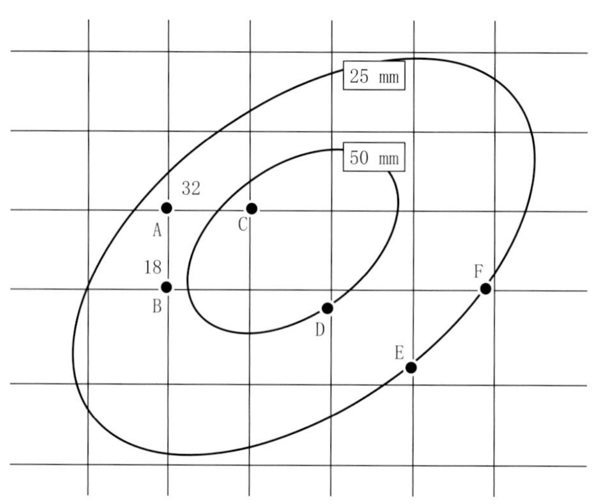

图 5.44　客观融合降水反演技术算法概念示意图

(3)主客观权重融合。该步算法假定，网格靠近预报员的落区等值线时应更多地参考主观网格预报，而远离预报员的落区等值线时应更多地参考客观网格预报。因此，通过公式(5.1)权重系数动态加权生成最终的网格降水网格场，其中 $Var^{s}_{i,j}$ 是主观网格场，$Var^{0}_{i,j}$ 是客观网格场，$Var^{f}_{i,f}$ 是最终网格场，而权重系数 ω 由式公式(5.2)可知，是网格到最近等值线距离的 e 指数衰减函数，衰减半径 R 一般经验选取为业务模式的分辨率，$r_{i,j}$ 为网格到最近距离等值线的距离。

$$Var^{f}_{i,f} = \omega \times Var^{s}_{i,j} + (1 - \omega) \times Var^{0}_{i,j} \tag{5.1}$$

$$\omega = \mathrm{e}\frac{-r_{i,j}}{R} \tag{5.2}$$

2. 应用实例

降水主客观融合智能工具提供了主观分析、客观分析、主客观融合三个方法的分步执行(图 5.45～5.50)，预报员可根据业务需求任意选择其中一种进行应用，其中“主客观融合”还可调整两种的权重系数。

在实际业务中，预报员基于客观降水背景场，绘制主观降雨等级落区，然后利用降雨主客观融合智能工具进行快速订正。以下分别展示了主观落区网格化、客观预报订正和主客观融合的结果，订正后的降雨网格场与主观降雨落区在等级上保持一致，但同时体现出雨量的精细分布，个例应用如下。

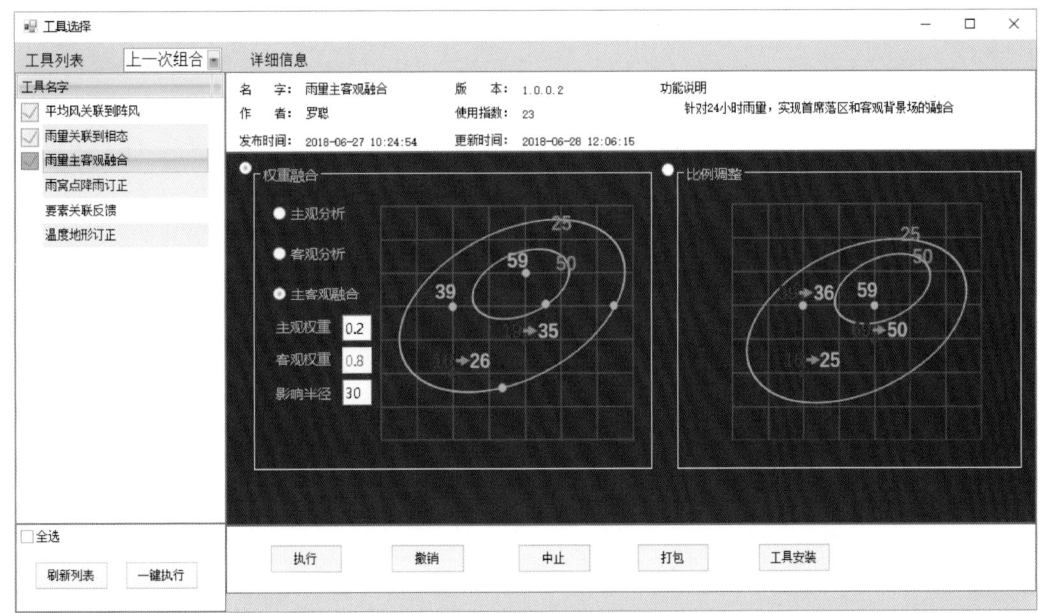

图 5.45　雨量主客观融合 ITB

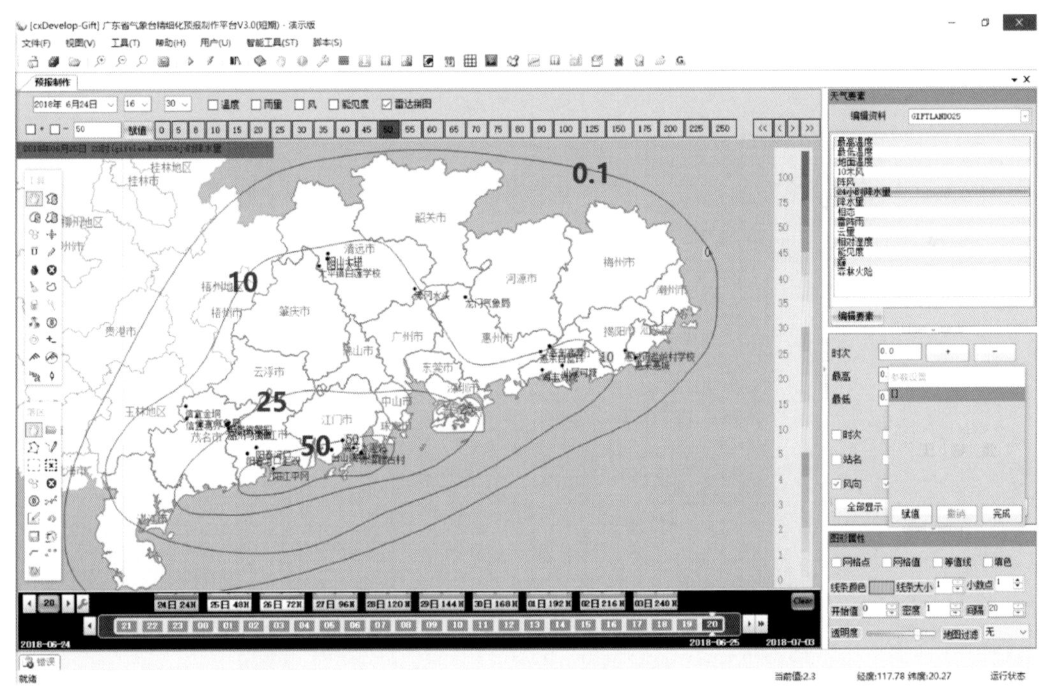

图 5.46　主观落区预报

5.2.4.3　降雨-相态协调变换

降水预报是日常天气预报业务的关注重点。在冬春季节，随着北方冷空气的南下入侵，雪、冻雨天气在广东北部山区也偶有出现。例如 2008 年中国南方大范围的低温雨雪冰冻使

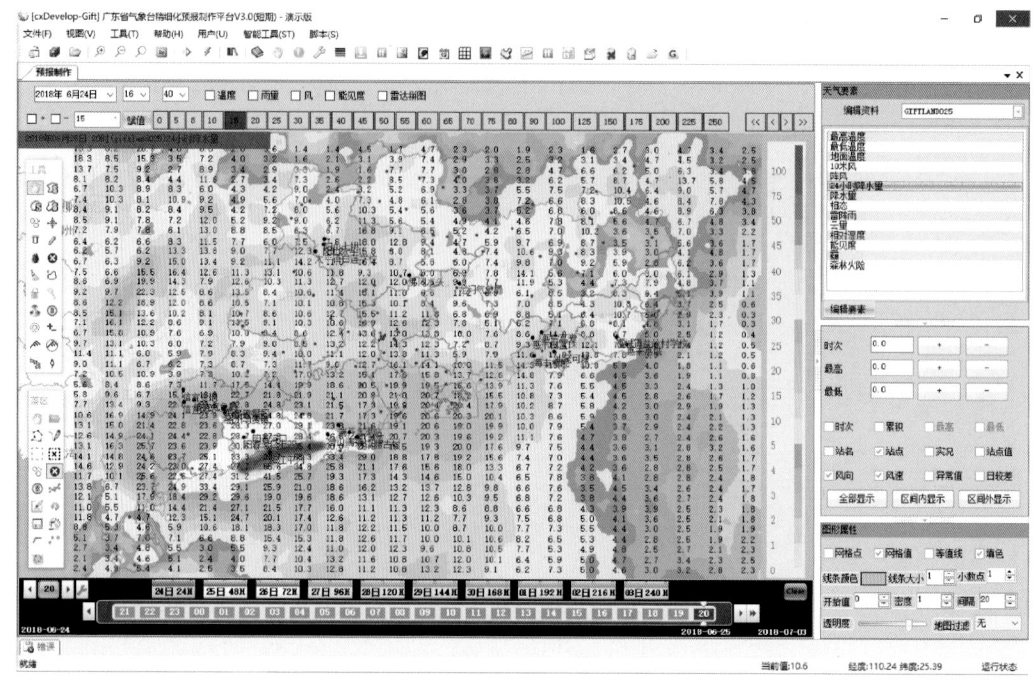

图 5.47　客观降水背景场

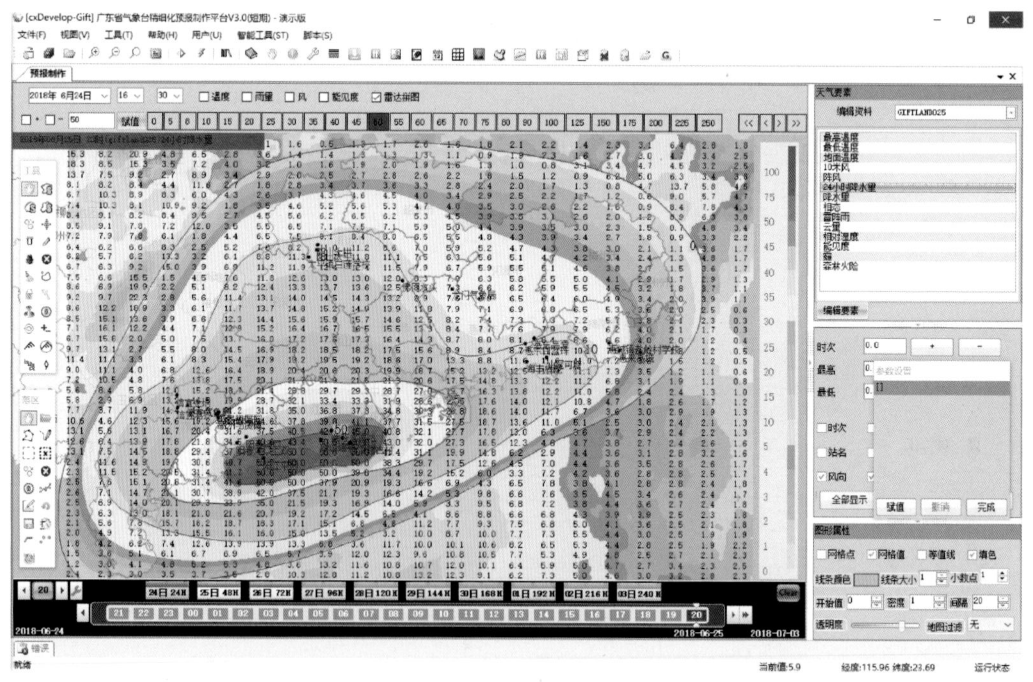

图 5.48　主观落区网格化

得城乡交通、通信等遭受重创，人民群众的生活受到严重影响、经济损失巨大。因此，降水相态预报的重要性不言而喻。基于以上原因，研发了“降雨-相态”智能协调算法，根据气温与降雨相态的统计关系，快速生成降雨相态预报产品（图 5.51～5.53）。

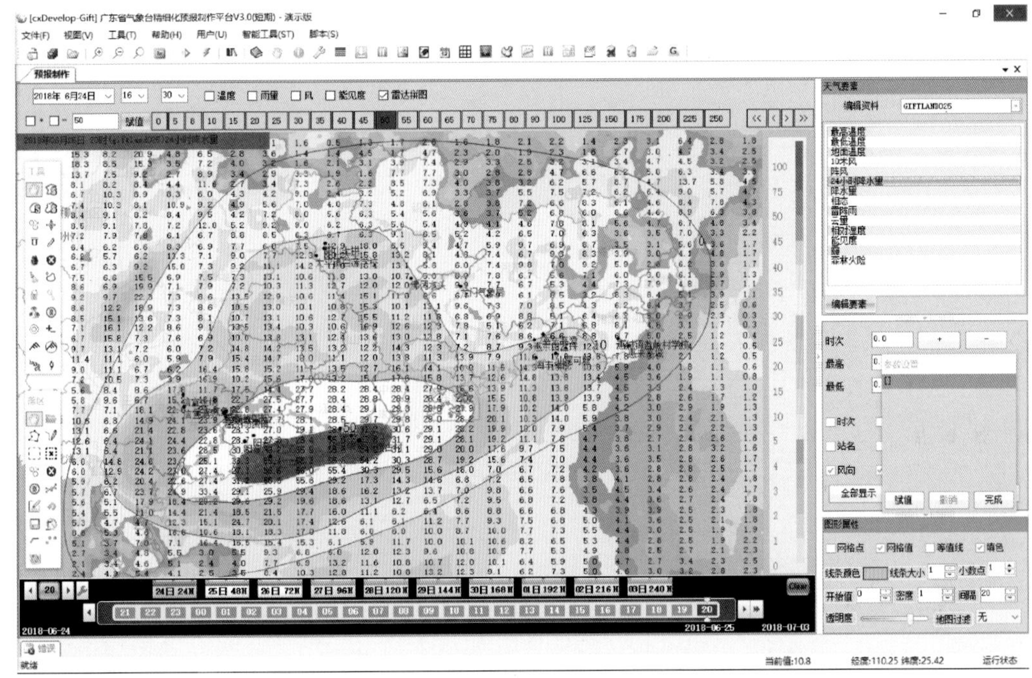

图 5.49　客观预报订正

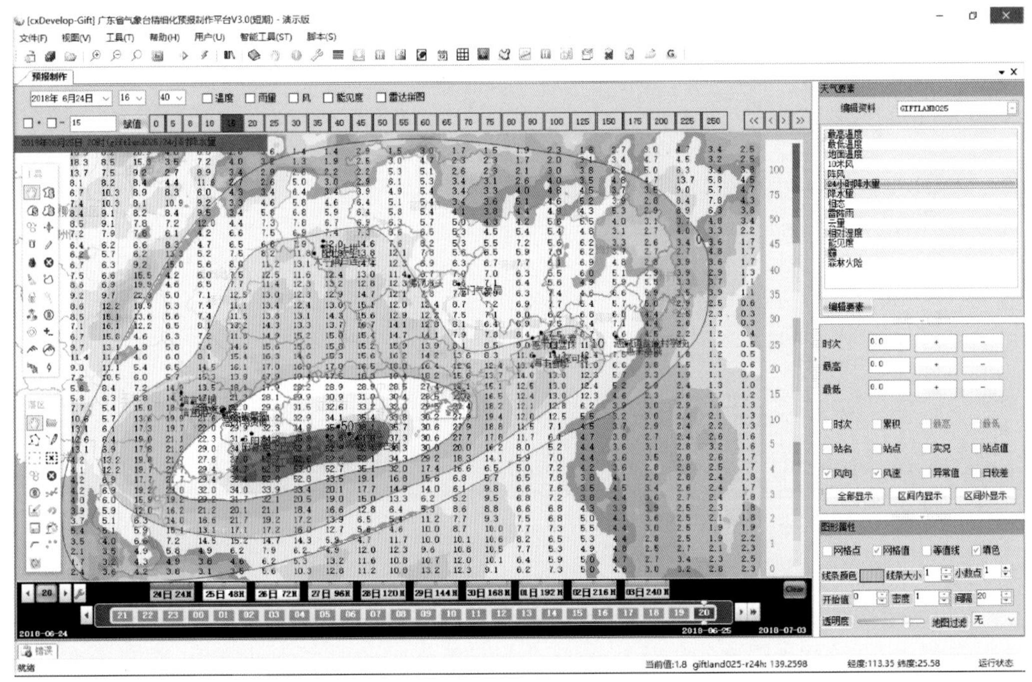

图 5.50　主客观融合预报

根据中国气象局智能网格预报规范，将降水相态分为五类：－1 表示无降水/雪，1 表示降水；2 表示混合；3 表示降雪；4 表示冻雨。本算法利用小时雨量和温度，快速生成对应的

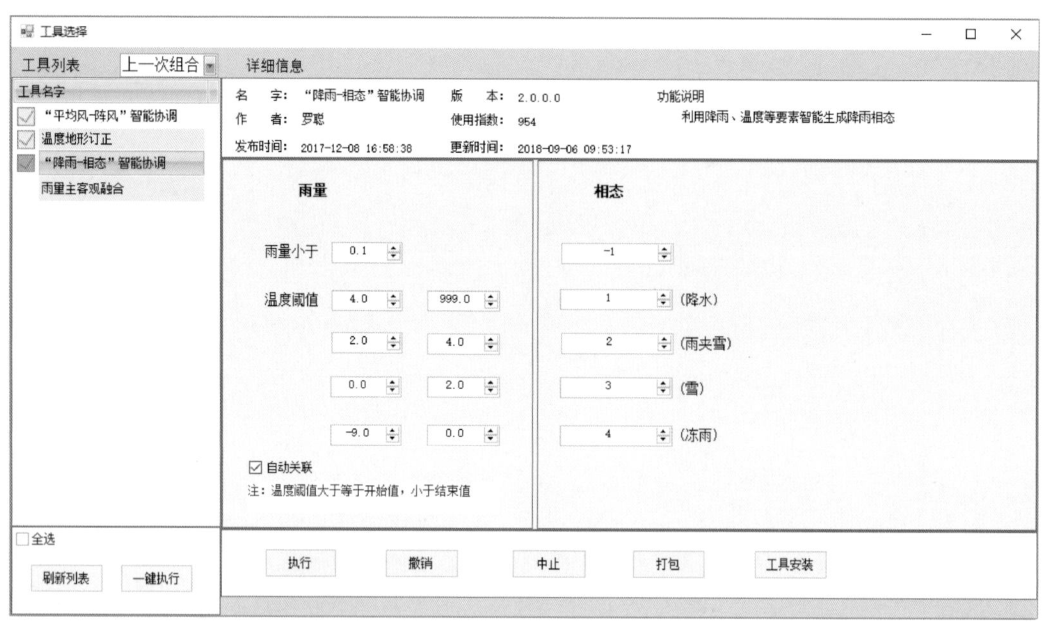

图 5.51 “降水-相态”智能协调工具

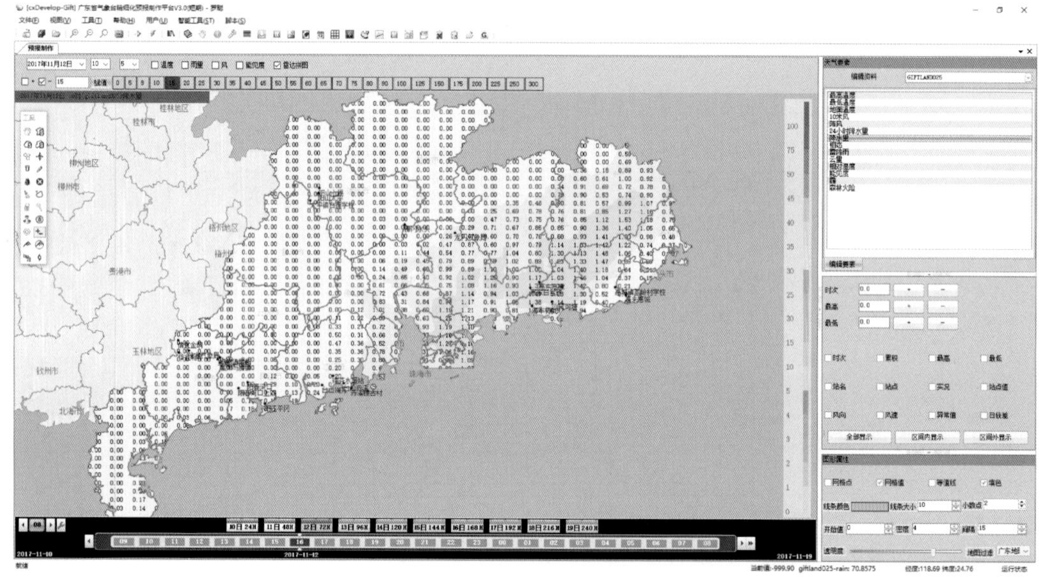

图 5.52 小时雨量分布

雨、雪相态。由于降雨的相态与温度的关系最为密切，因此根据 2008—2016 年广东的国家站历史观测资料，统计分析雨、雪、冻雨等各类相态出现时的温度条件阈值，建立基本的“降雨-相态”协调变换关系。

目前“降水-相态”智能协调工具仅仅考虑了地面温度作为降水相态的影响因子，而在实际情况中，低层上空的温度也是影响降水相态的重要因子，如冻雨天气出现时，大气层结最主要的特征就是中低空存在逆温层，此时仅仅考虑地面温度作为冻雨的影响因子是

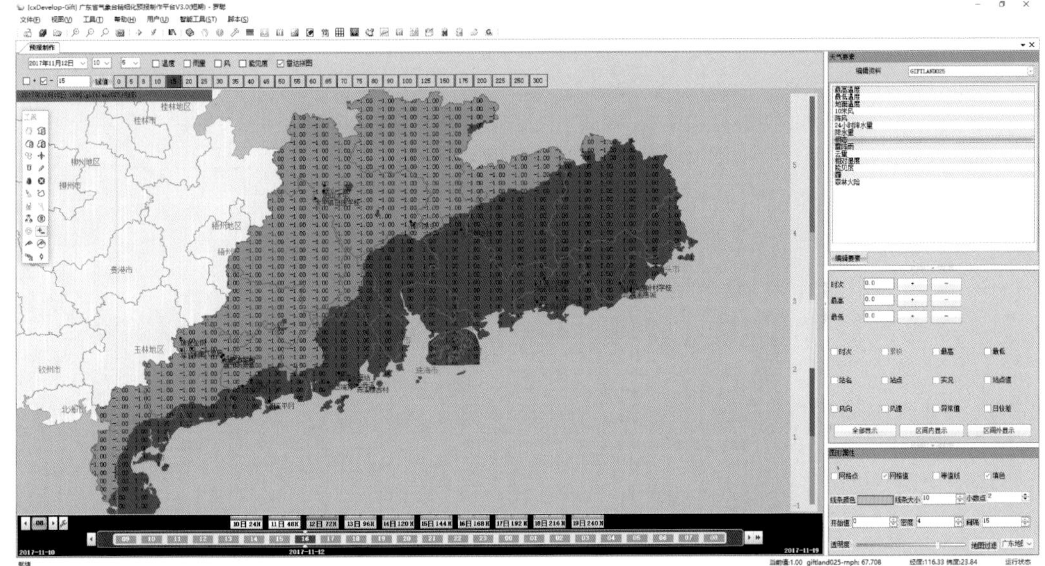

图 5.53　降水相态分布

不够的，因此未来将引入数值模式的温度作为因子，以进一步改进和优化降水相态预报的准确率。

5.3　省市在线联动

经过多年的气象现代化技术攻关，广东在 2014 年初步建成了无缝隙、精细化、高效集约的省市县一体化数字网格天气预报业务体系，在全国率先开展网格精细化预报业务，制定了扁平化、集约化的省市联动业务流程和逐时滚动更新机制，实现了全省共耕、共享、共用数字预报"一张网"。

5.3.1　省市联动流程

广东省气象台负责全省范围的网格指导预报产品的生成及下发，各地市按照"0～3 天必须订正，4～10 天按需订正"的原则，在省级网格指导预报产品的基础上进行订正并反馈。省台对地市台站的订正产品进行实时监控和审核，实现省市业务实时联动。经过地市订正和省级审核的网格预报产品存储在探测数据中心，形成全省共耕、共享、共用的数字预报"一张网"。网格预报产品通过数据接口供全省业务部门访问，用于对公众、政府及专业用户的预报服务，同时各地市气象台还根据天气变化，利用各种主客观订正技术对数字预报"一张网"进行及时更新，提高预报与实况的一致性。

1. 省市网格预报业务联动

(1)04:30—06:00，省台制作未来 7 天网格预报

① 04:30—05:30(60 分钟)

省台制作 08 时的未来 3 天全省网格指导预报产品，并利用前一天 20 时的网格预报，通过后台时间协调自动将早晨的预报时效延伸至 7 天，预报时效为 08—08 时。

② 05:30—06:00(30 分钟)

省台基于网格预报订正制作未来 3 天精细化城镇预报产品,06 时前将精细化城镇预报报文及网格指导预报上传至省局探测数据中心,并同步写入地市网格预报数据库。

(2)10:00—10:30,根据天气实况订正早晨预报

09:45 全省天气会商后,各地市修正精细化城镇预报,10:20 前将未来 3 天精细化城镇预报报文上传至省局探测数据中心,预报时效为 08—08 时。

(3)10:00—17:00,省、市联动制作未来 10 天网格预报

① 10:00—12:00(120 分钟)

省台制作未来 7 天全省网格指导预报产品,12 时前将该产品上传至省局探测数据中心,预报时效为 20—20 时。

② 14:00—15:30(90 分钟)

14:00 各市在省台上述指导产品的基础上,修订本市网格预报。

14:30 省台实时在线监控各市网格预报,当预报结论意见分歧较大时,通过 GIFT 系统通知相关台站并协商,最后达成一致意见。

各市根据省、市会商结论,于 15:30 前将未来 7 天网格预报发布至省局探测数据中心。

15:30—17:00 省台制作未来 8～10 天广东省陆地网格预报产品。

③ 15:30—16:00(30 分钟)

各市基于省市联动的网格预报产品,制作精细化城镇预报,16 时前将制作的网格预报产品以及精细化城镇预报报文上传至探测数据中心。

16 时前,各市下发未来 7 天网格预报产品(乡镇预报等)和城镇预报至所辖区县局,区县局基于上级指导预报产品开展气象服务,重点强化灾害性天气、气象灾害实时监测和临近预警。

2. 国省网格预报业务衔接

广东省气象探测数据中心负责监控网格预报发布情况,按照《全国智能网格气象预报业务规定(试行)》要求,每天 2 次(06:30 前、16:30 前)将未来三天地市网格预报数据库中的相应产品进行解码和压缩,并上传至中国气象局数值预报云。

3. 短临网格预报业务流程

各市每天 5 次(08:00、11:00、14:00、17:00、20:00)利用短临网格预报系统制作未来 6 小时的短临网格预报产品,其余时次根据天气变化随时订正,重点订正气温、风向、风速、降水等气象要素。

4. 网格预报质量检验和传输质量考核

省局定期对各市网格预报质量进行检验和通报,并对传输质量进行考核。

5.3.2 省市联动系统

5.3.2.1 实时编辑监控系统

为提升网格预报编辑的省市联动效率,研发了省市实时监控系统,以模块化方式集成到网格预报编辑订正平台,提供对全省 21 个地市网格预报场的实时编辑监控,同时还支持地市编辑场与省级指导场的差值场监控:当市级预报员进行网格要素编辑,那么其修改后的数据将会被实时上传到监控服务器,由监控服务进行数据合并,然后将合并后的数据

转发到省级监控端，省级监控端可以实时查看市级预报，或者市级预报与省级预报的差值场，便于省级预报员快速检查各地市编辑订正的合理性，并给予必要的指导，模块主要功能如图 5.54 所示。

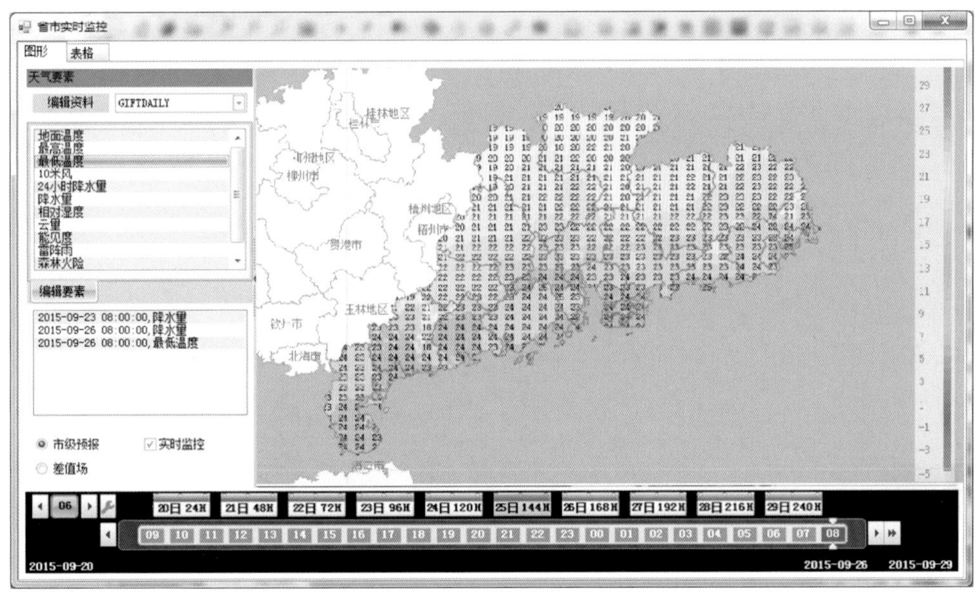

图 5.54　网格编辑实时监控系统

针对预报关键点，系统也提供以表格的方式展示出省级和市级对同一预报点的预报值，包括的要素有：最低温度、最高温度，云量，24 小时雨量等(图 5.55)。

省市实时监控

图形　表格

☐ 市级　☑ 省级　刷新　获取完成

用户	类型	9日 24H					10日 48H					
		温差	最低温度	最高温度	云	24小时降雨	温差	最低温度	最高温度	云	24小时降雨	温差
天河	市级											
	省级	7.49	25.77	33.26	3.84	0.00	7.78	25.40	33.18	3.00	0.00	8.35
白云	市级											
	省级	7.07	25.95	33.02	3.84	0.00	7.38	25.55	32.93	3.00	0.00	8.17
黄埔	市级											
	省级	7.34	25.57	32.91	3.84	0.00	7.61	25.48	33.09	3.00	0.00	8.16
越秀	市级											
	省级	7.49	25.77	33.26	3.84	0.00	7.78	25.40	33.18	3.00	0.00	8.35
海珠	市级											
	省级	7.51	25.64	33.15	3.84	0.00	7.74	25.45	33.19	3.00	0.00	8.19
五山	市级											
	省级	7.90	25.23	33.13	3.84	0.00	8.08	25.14	33.22	3.00	0.00	8.44
萝岗	市级											

图 5.55　站点编辑实时监控

5.3.2.2　编辑统计分析平台

为进一步分析预报员在网格预报中的关注重点，如重点编辑要素，要素编辑时间、顺序等，研发了 Web 版的编辑统计分析平台，提供了实时编辑监控、要素编辑排行、编辑订正轨迹、编辑订正效率等网格预报编辑过程中的详细状态信息（图 5.56）。

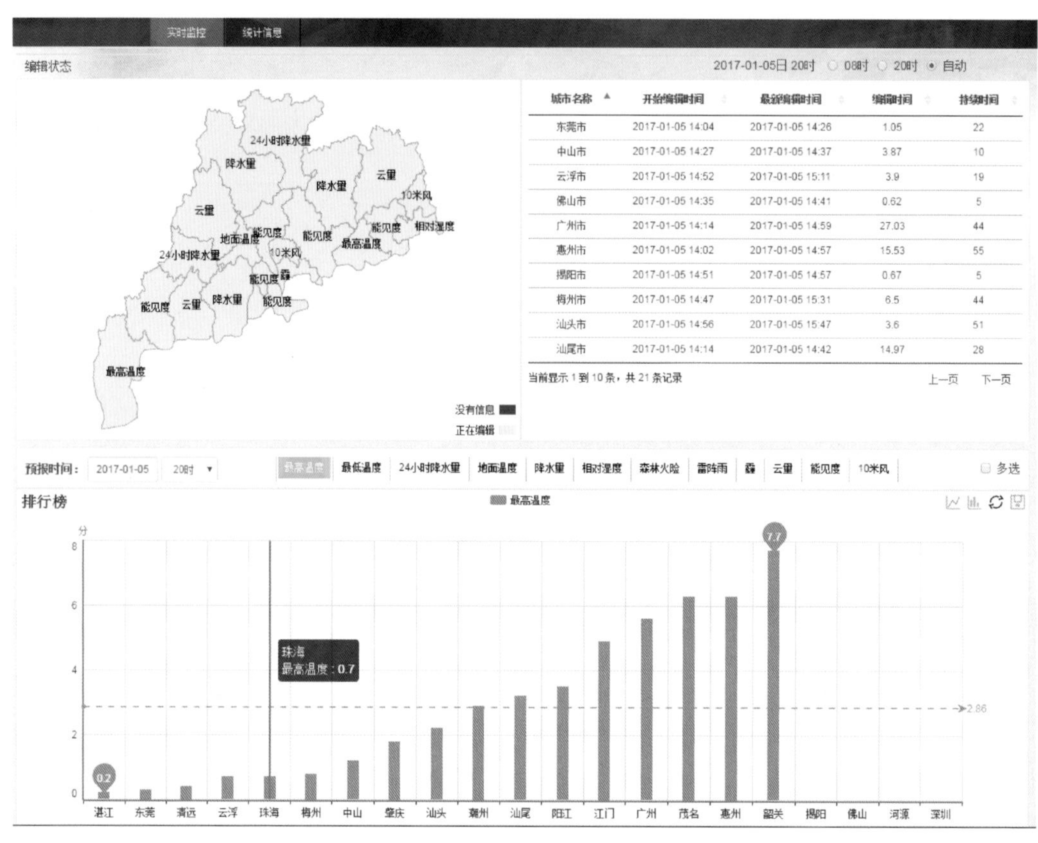

图 5.56 编辑监控统计平台

实时编辑信息监控：用地图的方式展示当前各个地市正在编辑的要素，同时以表格的方式展示各地市的编辑时间节点和累积编辑时间等信息，可为省市联动流程的合理性提供数据支撑。

要素编辑订正效率：统计一段时间段内各个城市的平均编辑耗时率以及针对某个预报要素的编辑耗时，用于分析各地市对网格要素的关注重点和技术支撑薄弱点。

要素编辑订正轨迹：记录了各城市每天编辑网格预报要素的先后顺序，结合要素编辑订正效率，可以为要素协调智能工具箱的研发提供可行性支撑。

利用此监控平台提供的历史编辑状态信息，能有的放矢去改进和优化编辑订正平台，并结合网格预报质量检验结果针对性地研发相应的网格预报技术。

第6章　网格数字天气预报应用

网格数字天气预报的出现，让天气预报发生了天翻地覆的变化：从面向城镇的定性预报发展为定点、定时、定量的精细化网格预报；从基本的天气现象、降水、高低温和风速风向预报扩展到降雨相态、雾霾、能见度等更多专业的预报；从一天3次的预报发布频次增加到逐时或更高频次更新或发布；从以站点、文本预报为主的编辑制作方式转变为基于空间网格、交互式定量、图形编辑为主的智能网格编辑方式。网格数字天气预报的发展为提高公众气象服务和防灾减灾决策气象服务水平提供了精细化、定量化的预报支撑，为开展专业化、精细化、个性化的专业气象服务奠定了基础。

基于网格数字天气预报，利用智能预报引擎将数字天气智能解读为图文并茂、通俗易懂的服务产品，并通过一键式产品制作发布平台实现产品个性化定制、智能化生成、自动化生成、靶向式发布，将网格数字预报融入政府、公众和社会各行各业，发挥了更大的社会效益和经济效益：(1)基于网格数字天气预报，为省政府的防灾减灾工作提供精准定量的决策服务，用数据说话、用数据管理、用数据决策，凸显社会效益；(2)融合网格预报和监测实况等气象大数据，针对用户的气象信息使用场景，提供基于位置的个性化天气预报和预警推送，为公众的生活出行提供贴心便捷的个性服务；(3)利用精细化、图表化、多样化的网格预报产品，面向环境、交通、旅游等专业领域，提供量体裁衣的定制服务，凸显专业服务的科技含量，提升经济效益。

6.1　智能预报逻辑引擎

随着天气预报技术的发展，天气预报从定性预报、描述性预报向数字化、格点化预报发展。传统气象业务系统已无法满足当前网格数字预报应用需求，主要体现在：开发语言种类多，升级维护难度大；系统的气象逻辑与系统逻辑耦合紧密，逻辑变化轨迹跟踪困难；系统开发只面向程序员或运维人员，预报员参与度不高。

另外，目前很多气象系统关于气象逻辑的应用与管理存在不灵活、不可配、不统一等问题，具体为：气象逻辑的不可管理，不可查询，无法复用，没有版本控制；气象逻辑的频繁变更导致天气预报的响应能力严重下降，最直接受到影响的是气象预报人员，给气象逻辑的开发及后期维护上都带来巨大的挑战。对于不同角色成员而言，会带来诸多的难题：预报员难以快速响应逻辑变更，技术人员缺乏良好的架构，开发人员低效难以开发，管理员难以管理和维护。

针对以上问题，需引入智能预报逻辑引擎(SFE)，实现气象预报从硬编码到可视化、可配置化管理，打破“硬编码＋手工修改表”的繁琐开发与维护，体现按需所取、个性化配置的系统设计思路，从长远考虑一次性解决这些问题。

智能预报逻辑引擎基于自然语言识别，实现预报逻辑的智能判断，结合相关气象要素，组建逻辑,并形成逻辑流,最终实现智能的预报逻辑。预报员只需输入自然语言,智能预报逻辑引擎即可将相关自然语言转换为计算机代码,并进行相关运算。基于智能预报逻辑引擎强大的逻辑能力,提供相关气象要素的配置,并实现气象数据的对接,包括对预报数据的配置和读取。

广东省开发了智能预报逻辑引擎系统,通过智能获取相关接口数据和变量转换等,实现了与业务系统的对接,其主要优点表现在:(1)丰富气象逻辑。整合各预报员专业气象逻辑,实现知识共享。(2)提高时效性。产品直接面向气象预报人员,即时修改气象逻辑,即时进行发布。(3)分离气象逻辑与系统逻辑。预报员负责气象逻辑,技术人员负责系统逻辑。

6.1.1 系统架构

从系统架构上看,智能预报逻辑引擎分为四层:应用层、服务层、数据层、采集层,通过底层架构的搭建与要素逻辑的处理,实现与各个应用服务系统如智能产品制作平台等进行数据交换、逻辑处理与数据展示(图 6.1)。

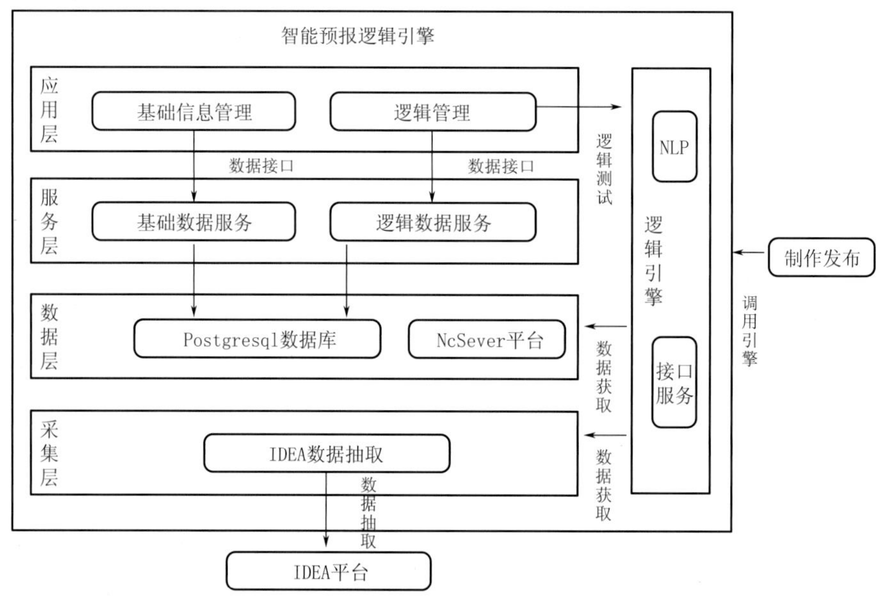

图 6.1 智能预报逻辑引擎系统架构图

采集层主要对接 IDEA 平台进行相关预报数据的抽取,并加载到逻辑引擎系统中作为基础数据源。

数据层实现对采集过来的预报数据清洗、入库、加工和归类处理,主要利用空间数据库 Postgresql 对这些数据装载,并将本系统业务处理后的要素、逻辑等数据进行存储;同时通过 NCServer 接口平台以单点接口或区域接口方式提供预报要素所需的 NetCDF 文件。

服务层实现整个系统用户体系与相关业务逻辑的处理并组装生成各类预报逻辑产品,主要提供基础数据服务和逻辑数据服务,通过数据接口形式提供,包括组装要素、要素集合、逻辑包以及逻辑这些不同类型数据之间的层级关系,并最终以可视化编程语言生成各个预报要素逻辑流及进行逻辑测试。

应用层是以用户角度出发,提供逻辑配置的整套应用流程(创建要素-创建逻辑包-创建

对象-配置逻辑-配置逻辑流-测试逻辑-发布逻辑)，并将整个流程打通，以可视化界面的形式体现流程中的每个环节及最终的预报逻辑产品。

最后，系统将生成的预报逻辑结果以接口服务方式提供给各个应用服务系统如智能产品制作平台等，实现业务系统灵活对接并调用逻辑引擎系统的预报逻辑，并最终成为业务系统相关预报产品中的组成部分。

6.1.2　主要功能

系统主要功能模块包括接口管理、业务管理、配置管理和基础管理(图 6.2)。

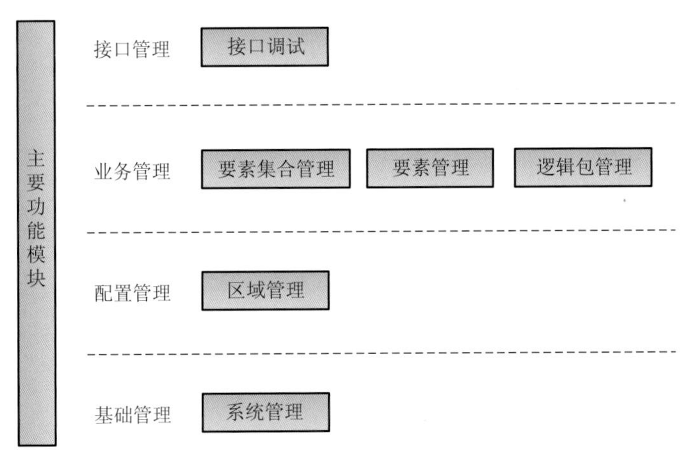

图 6.2　系统主要功能模块图

接口调试：对已发布的预报逻辑根据不同的接口类型、要素、产品进行接口调试查询。通过输出结果，可以查看预报逻辑是否编写成功。

要素管理：配置逻辑的数据源，接口的输出属性名称。在编写某一类的预报逻辑前，要关联相应的气象要素，对应一个或多个 NC 文件，可用于接口调试(图 6.3)。

图 6.3　要素管理功能图

要素集合管理：多个输出要素结合在一起，接口的输出多个属性。针对预报产品一般需要输出多个预报要素结果，因此将多个独立的要素组合成一套产品，减少接口配置多要素的复杂程度(图 6.4)。

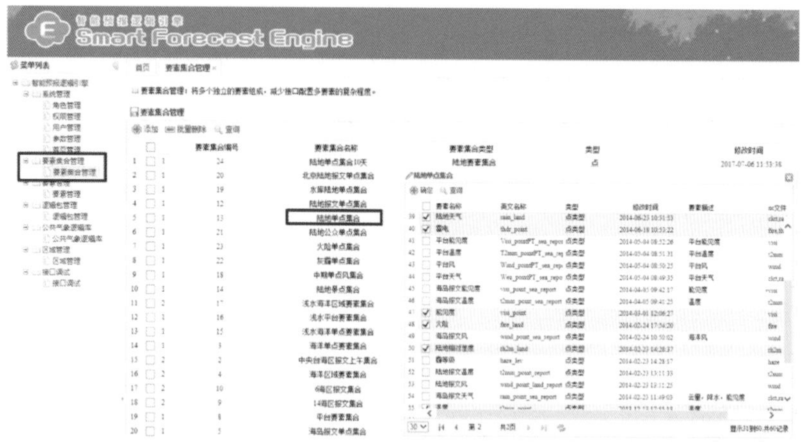

图 6.4 要素集合管理功能图

逻辑包管理：对要素进行逻辑配置和管理，一个要素可输出多个逻辑属性。要素的组成部分，拥有独立的对象，可包含多个逻辑，可以单独进行逻辑测试(图 6.5～6.6)。

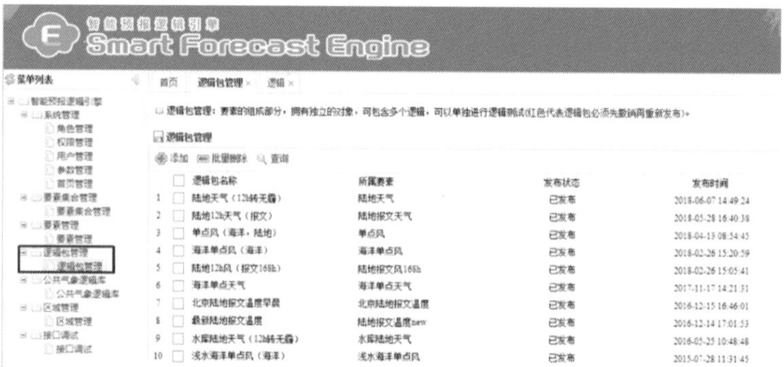

图 6.5 逻辑包管理功能图

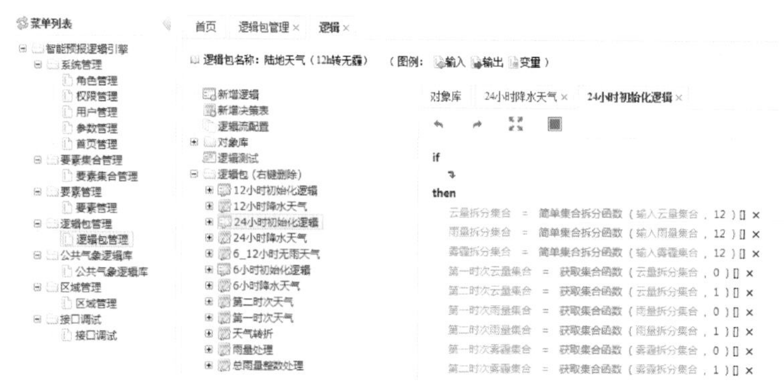

图 6.6 逻辑包规则编写图

区域管理：在地图上任意划分和修改区域，可对区域进行定制逻辑（图 6.7）。

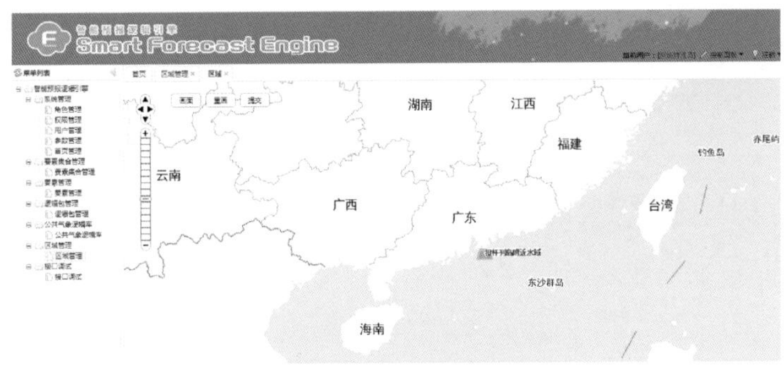

图 6.7　区域管理功能图

系统管理：智能预报逻辑引擎系统的各种角色，控制用户访问菜单及权限，包括角色管理、权限管理、用户管理、参数管理、首页管理。

6.1.3　应用实例

每个要素的逻辑引擎包括 7 个配置步骤：(1)创建要素；(2)创建逻辑包；(3)创建对象；(4)配置逻辑；(5)配置逻辑流；(6)测试逻辑；(7)发布逻辑。预报员首先要梳理出具体的气象逻辑规则，并根据以上步骤即可完成逻辑引擎的配置。

以“海洋单点风”逻辑配置为例：首先根据预报经验和相对合理原则，制定了海洋单点风的气象逻辑规则（表 6.1），然后在逻辑引擎系统上创建海洋单点风要素，关联预报风场 nc 文件，接着通过判别语句、赋值语句和函数等逻辑语言编写逻辑，再通过逻辑流把各个逻辑语句整合成一个可执行的海洋单点风逻辑（图 6.8）。如果产品为 6 小时分辨率，逻辑规则比较简单，根据预报的风速和风浪对照表，可以转换输出中文和英文的风级、风（节）、阵风、浪、涌和浪周期等预报结果。如果产品为 12 小时或 24 小时分辨率，逻辑规则比较复杂，根据制定的转风规则获取转风风速风向，再根据风浪对照表，获取预报结果。最后对逻辑进行测试和发布（图 6.9）。

表 6.1　海洋单点风的气象逻辑规则

风力风向	6 小时段	12 小时段	24 小时段
总规则	以 6 小时作为基本时间段，风力取单点网格 6 小时内的逐小时平均值，风向取 6 小时内的最大风速的风向值。		
风向变化规则	如果风向夹角小于 45°，直接取第一个时段的风向 如果风向夹角大于 45°，则取第一个时段风向转最后一个时段风向		
风力变化规则	取 6 小时内的逐小时平均值	1. 若 wind06 与 wind12 风速差小于半级，则取最大风速 2. 若 wind06 与 wind12 风速差大于一级，则取 wind06 转 wind12	首先判断风力是否大于 5～6 级，然后结合大风所在时段判断风力的转换，例： 1. 小小大小：1～2 里（1 里＝500 米，下同）的最小转 3～4 里的最大风 2. 小大小小：第 1 个小风转后 2～4 里的最大风

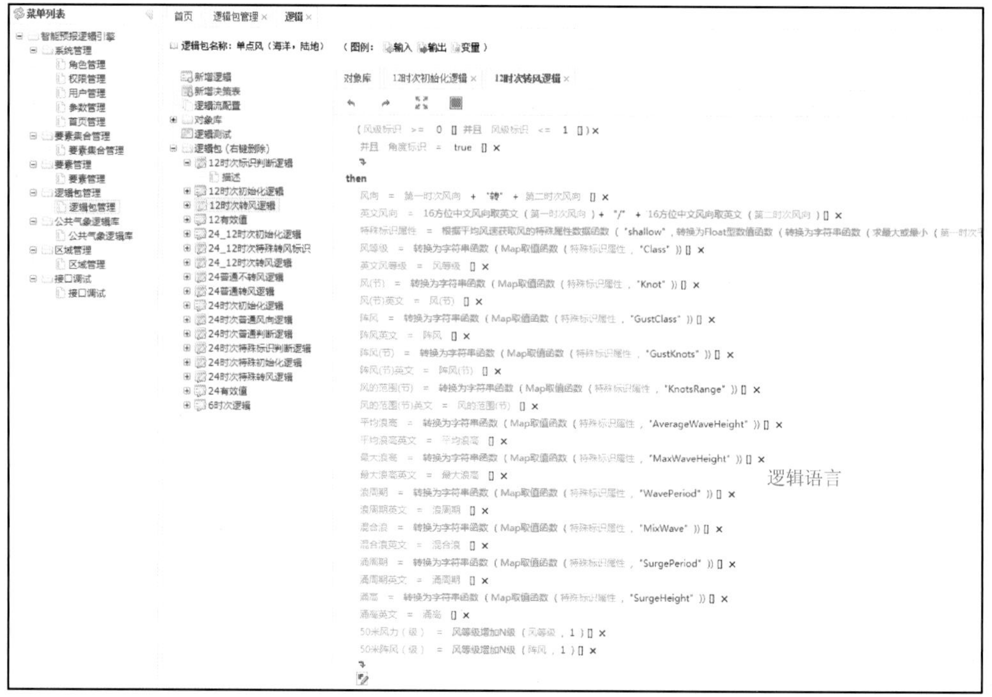

图 6.8　海洋单点风(海洋)逻辑图

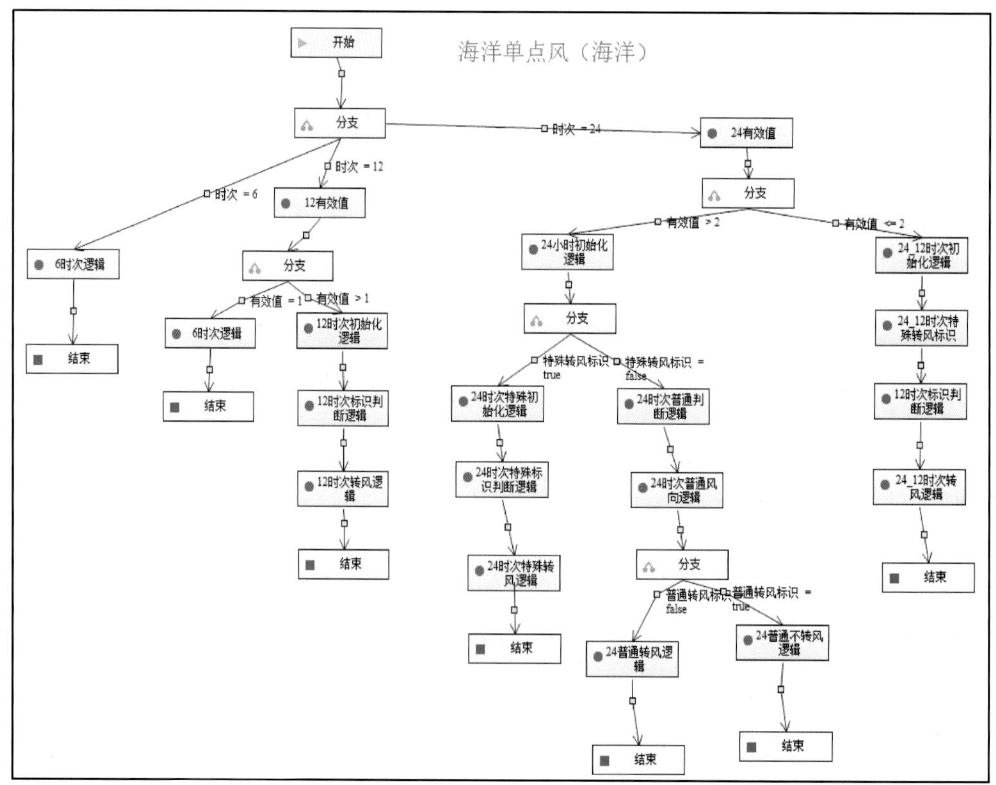

图 6.9　海洋单点风(海洋)逻辑流图

以“陆地天气现象”逻辑配置为例：首先制定了陆地天气的气象逻辑规则(表 6.2 和表 6.3)，然后在逻辑引擎系统上创建陆地天气要素，关联云量、降水、霾和雷等多个 nc 文件，接着根据气象逻辑规则编写逻辑(图 6.10)，再通过逻辑流把各个逻辑语句整合成一个可执行的陆地天气逻辑(图 6.11)。如果服务产品为 6 小时或 12 小时分辨率，根据总雨量是否为 0 的条件，判断输出中文和英文的天空状况或降水量级预报结果。如果产品为 24 小时分辨率，根据制定的天气转折规则，在前 12 小时和后 12 小时都有降水的情况，就输出 24 小时总雨量对应的降水量级预报结果，其他情况就输出转折天气的预报结果。最后对逻辑进行测试和发布。

表 6.2　天空状况

云量(1～10 份)	用语
0～1.99	晴
2～3.99	晴到多云
4～5.99	多云
6～7.99	多云到阴天
8～10	阴天

24 小时天气转折规则：云量差值大于等于 3 时才考虑转，但是符合以下条件不转(晴到多云转多云到阴天不要出现，直接出晴转多云)，云量差值小于 3 时，取云量大的，例如：晴转晴到多云，直接取晴到多云。

表 6.3　雨量等级

用语	6 小时降水量(毫米)	24 小时降水量(毫米)
阵雨	总雨量＜5，同时满足： ① 2—11 月为阵雨； ② 12—2 月为小雨	总雨量＜10，同时满足： ① 有效(可用)时次≥4 ② ＞1/3 时次是没有雨的 ③ 如果①不满足，则 2—11 月为阵雨
雷阵雨	同时满足：① 阵雨； ② 预报有雷(雷=1)	
小雨	0.1～4.9	0.1～9.9
中雨	5.0～9.9	10.0～24.9
大雨	10.0～19.9	25.0～49.9
暴雨	/	50.0～99.9
骤雨	20.0～29.9	/
大骤雨	≥30.0	/
大暴雨	/	100.0～249.9
特大暴雨	/	≥250.0

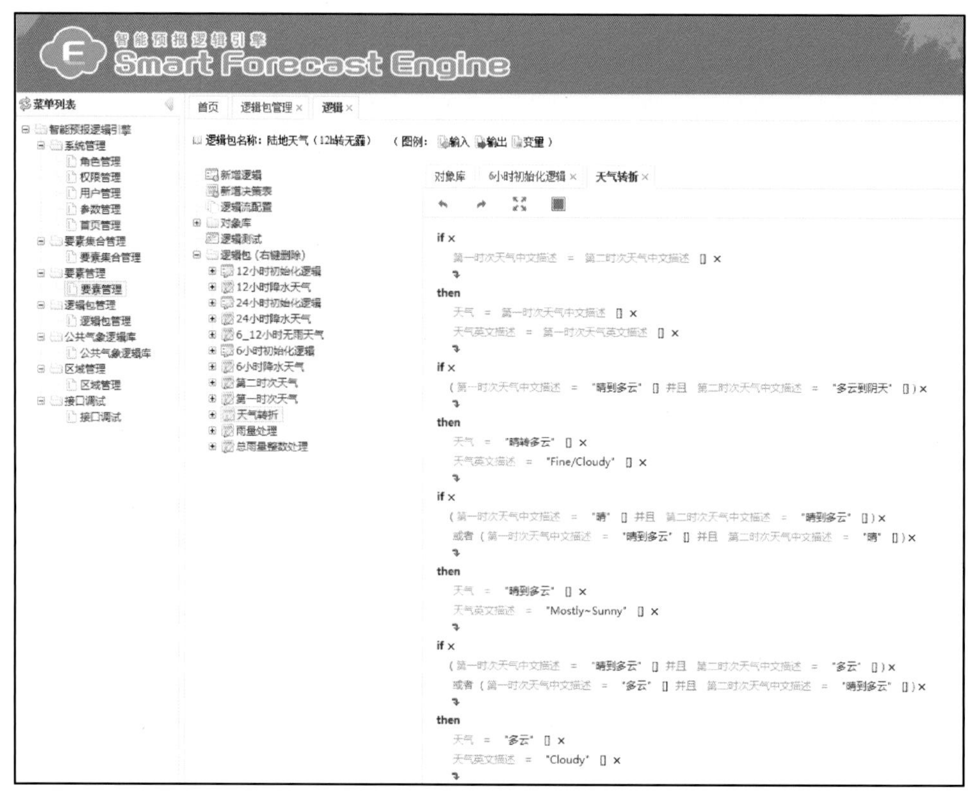

图 6.10　陆地天气逻辑图

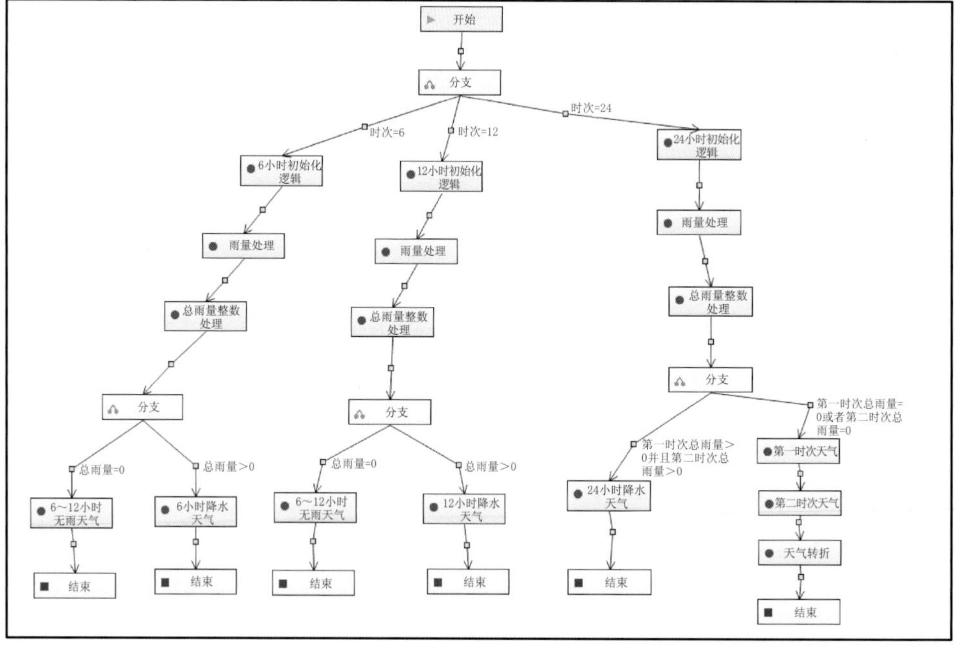

图 6.11　陆地天气逻辑流图

6.2　产品制作发布

广东地处低纬度地区，濒邻南海，属海洋性亚热带季风气候，气象灾害频发，给国民经济造成的损失非常巨大，所承受的防灾减灾压力也越来越重。气象部门作为防灾减灾的重要联防部门之一，与政府各个部门、主流媒体及社会气象高影响单位都有密切合作关系。随着气象现代化进程的推进，与气象局合作的单位也逐年增多，并且这种合作越来越频密。合作单位对预报预警产品的需求也更趋向于个性化、精细化。气象部门的岗位分工也越来越细化，业务增多，工作流程趋向复杂。所以，提升制作分发预报预警产品的速度，提高精细化预报预警服务的能力，是争取防灾救灾时间，保护人民生命、财产安全的迫切需要。但随着预报、预警、服务不断向更精细、更多频次、更高分辨率和更具有个性化的方向发展，业务操作平台适应能力已经凸显不足，尤其是在产品的个性化定制、服务产品多样性及多种产品快速发布能力方面存在明显的不足。因此，在已有的各个分散的预警预报制作发布系统基础上，研发了广东气象预报预警制作发布一体化平台（FAST3.0）。其以智能预报逻辑引擎、地理信息 GIS 引擎和气象产品图形引擎为核心技术，通过灵活的任务配置、产品配置、渠道配置、接口配置、逻辑配置、图形配置、地理配置，将气象预报预警业务从离散多头、单一文字、固定不变、繁琐编辑的模式优化为集中统一、图文并茂、灵活可配、一键圈选的模式，从而实现岗位设置、交班提醒、值班记录、任务提醒、多任务操作、产品制作、一键发布、精细化预警等功能。

6.2.1　系统架构

6.2.1.1　系统整体框架

FAST3.0 系统整体基于 B/S 的技术架构路线，同时支持云计算、高兼容的要求，可以跨平台部署在 Windows/Linux/Unix 等不同的操作系统上。FAST3.0 主要分为数据层、数据服务层、业务逻辑层、服务层及展示层。系统架构图如图 6.12。

图 6.12　系统架构图

气象预报预警制作发布一体化平台在标准规范体系和安全体系的指引下，建立数据层、数据服务层、业务逻辑层、服务层及展示层。各层说明如下。

1. 数据层

数据层是在数据体系的基础上进行设计，实现对源数据进行采集、清洗、转换和加载，然后把加工后的数据以分布式储存的方式保存到原始数据库，包括空间数据、关系数据、文件数据、日志数据、气象探测中心数据，并划分为不同的主题实现数据分类存储，按预报、预警、决策服务、基础数据等类型形成各类数据库，以满足各种数据分类存储及数据分析需求，为业务系统提供数据存储管理的环境。

2. 数据服务层

数据服务层需搭建逻辑引擎、图形引擎和 GIS 引擎作为底层核心技术的支撑，并提供一系列的内外部接口（Webservice/Http/Ftp/文件接口）实现数据或服务的统一访问与便捷管理，用于实现对业务系统的各项数据和产品服务的支撑。其中逻辑引擎提供一系列的预报要素逻辑用于实现丰富的气象逻辑预报，图形引擎通过自动绘图程序实现定时生成多种预报实况图，地理信息引擎主要是支撑需要用到地图的模块或功能，数据接口主要实现内部数据和外部系统数据之间的数据访问、交互与共享。

3. 业务逻辑层

业务逻辑层是整个系统的枢纽，向下访问数据服务层，向上给服务层提供数据服务和产品资源，起到承上启下的作用。该层通过各项配置服务实现产品制作的具体流程和业务逻辑，基于后端可视化界面面向管理员提供预报配置、预警配置、站点/变量/岗位等基础信息配置，为产品生成提供一系列的流程化配置服务。

4. 服务层

服务层重点面向预报员基于业务逻辑层的业务流程逻辑实现产品的自动生成、产品制作与分发服务，完成产品的智能组装，主要按预报预警服务分别生成实况监测数据和预报预警产品，预报员可以根据这些产品实现各种流程化产品的快速制作与分发，以实现产品制作的一体化服务。

5. 展示层

展示层面向预报员以 web 可视化界面提供各种查询展示类信息，实现对数据和产品的全景概览。前端采用构建用户界面的渐进式框架，自底向上增量开发的设计，完全是基于数据驱动的编程模型，根据数据的状态决定 UI 以何种方式展示，能完美地驱动复杂的单页应用。无论展示层如何定义和更改，服务层都能完善地提供服务。

6.2.1.2　系统接口框架

FAST3.0 通过一系列的内外部接口实现数据或服务的数据采集、存储、加工、关联、转换、传输等逻辑处理，实现气象业务的一体化过程。

系统内外部接口如图 6.13。

系统内部接口指数据处理与存储系统、预报预警制作发布子系统、预报预警制作管理子系统、MCD 多渠道协同发布系统、预警监测数据引擎、智能预报逻辑引擎、智能图形产品引擎、地理信息 GIS 引擎互相之间的交互是通过与业务数据库的公用接口及缓存数据的公用接口进行数据交互。存在其他模块之间的接口交互，如表 6.4 所示。

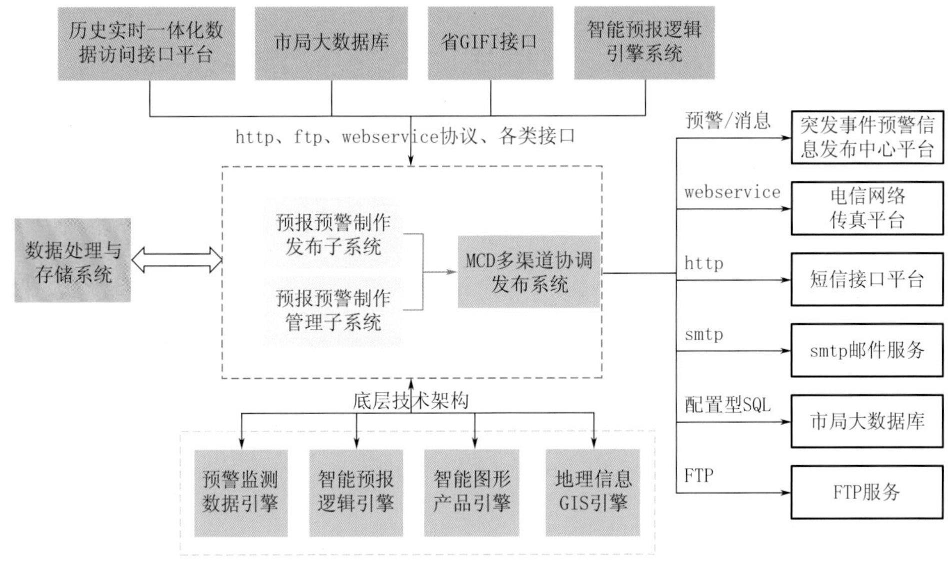

图 6.13　系统接口图

表 6.4　模块间接口交互表

子模块	调用粒度	说明	来源
预警系统的登录	触发调用	从管理平台登录预警系统。	系统内部
逻辑引擎获取集合	触发调用	从逻辑引擎获取配置的集合。	系统内部
逻辑引擎获取要素	触发调用	从逻辑引擎获取配置的要素。	系统内部
逻辑引擎获取数据	触发调用	从逻辑引擎获取预报、指数数据。	系统内部
逻辑引擎登录	触发调用	登录逻辑引擎	系统内部
NCL 绘图	定时调用	根据配置定时调用 NCL 绘图引擎进行绘图	系统内部

系统外部接口指系统定时或实时通过 http、ftp、webservice 等协议从接口提供方的平台上同步数据到本地接口的统称。FAST3.0 需要与历史实时一体化数据访问接口平台、智能预报逻辑引擎系统、突发事件预警信息发布中心平台、电信网络传真平台、短信接口平台、smtp 邮件服务和 FTP 服务等外部接口/平台进行数据交换。

6.2.2　主要功能

6.2.2.1　产品模块化生成

FAST3.0 系统集流程化、标准化及模板化于一身，采用组件化设计和积木式部署的基本思路，有效保证系统具备高度的功能扩展性，同时采用业界成熟的技术框架体系、软件设计中的冗余机制、容错机制和自恢复机制、软件执行全过程的监控机制以及软件部署中的集群机制等，从而保证系统的可靠性，提高系统质量。

通过建设系统管理、图形管理、预报产品配置、预警产品配置以及决策服务产品配置等模块，实现各类任务模板的可配置可编辑。管理员可对任务、模板、岗位、角色、权限、渠道、要素等进行配置和管理；通过配置可以对调用网格预报的天数、预报频率、预报时次进行、气象要素、调用站点进行配置。当进入到预报员模式时候，可根据管理员对各项任务的配置进行系统任务制作、发布、浏览、查询等操作。通过该功能，省市县各级预报台站均可根据自身的实际需求配置编辑相应的任务(图 6.14)。

图 6.14　FAST3.0 系统产品配置界面

6.2.2.2　图形化交互订正

传统的业务系统预报结论输入方式仅限于数字及文字类型，而传到各种分发渠道到展示层面时，往往以图形化的方式展现，所以预报员在制作预报结论时，往往无法知道自己输入的预报结论将会在展示层面呈现什么样的图样。

FAST3.0 改变了传统的文字和数字预报输入方式，实现图形化交互订正，可以自由拖动和更改图形上的预报结论，如七天天气预报的温度、湿度、风力等，快捷方便，所见即所得(图 6.15)。

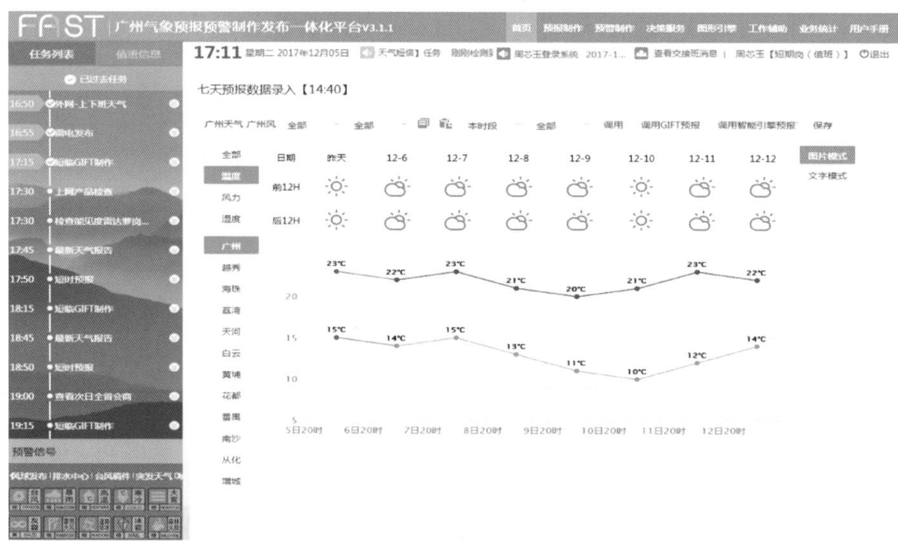

图 6.15　七天预报图形化交互订正界面

6.2.2.3　产品一键发布

通过建设多渠道分发模块以及协同分发模块,实现对各类预报预警产品的一键分发。管理员可以对渠道的名称、业务类型、接口类型、账号、密码、端口、服务器路径、IP 地址等信息进行配置。产品发布时,该模块可以根据前期配置好的产品类型及分发渠道,将各类产品通过省突发事件预警信息系统、短信、邮件、ftp、传真、notes、微博、微信、网页、数据库等渠道一键分发出去,增加了产品的发布效率,并提供发布状态及产品预览功能,便于检查、监控(图 6.16)。

FAST 广州气象预报预警制作发布一体化平台V3.1.7　首页　预报制作　预警制作　决策服务　图形引擎　配置管理　系统管理　逻辑引擎　用户手册

09:53 星期二 2018年09月04日　广州管理员【管理员】 退出

渠道信息管理　查询　添加　删除　添加新浪微博渠道　添加腾讯微博渠道

序号	渠道名称	渠道描述	业务类型	接口类型	操作
1	乡镇预报市局新FTP		预报	FTP	
2	台风稿传决策APP		预报	FTP	
3	上下班传决策APP		预报	FTP	
4	虎门短信		预报	WebService	
5	短信存FTP		预警	FTP	
6	环投短信		预报	WebService	
7	广州气象信息快报短信		预报	WebService	
8	广州气象专报传真		预报	WebService	
9	广州气象快报传真		预报	WebService	
10	广州气象快报上省局决策网2		预报	网络映射	

显示第 1 到第 10 条记录,总共 134 条记录 每页显示 10 条记录　1 2 3 4 5 … 14

图 6.16　分发渠道配置界面

6.2.2.4　自动纠错功能

传统的业务系统中,输入的预报结论会直接保存并发送到各种分发渠道去,这样可能会造成人工制作或机器读取的错误预报数据被无差别地分发,引起不良后果。所以,在新的 FAST3.0 平台系统中加入了自动纠错功能。当预报员输入预报结论并点击保存按钮时,如果出现异常数据,系统会发出警告。比如,广州历史上很少出现降雪,若出现雪的天气现象时会提醒当班预报员再次判断这个预报结论的合理性,或者输入的温度超过当季历史极值,相应的 FAST 也会给予提醒。

自动纠错功能是预报结论进入发布阶段的一道自检程序,增加此功能能避免一些不必要的预报错误(图 6.17)。

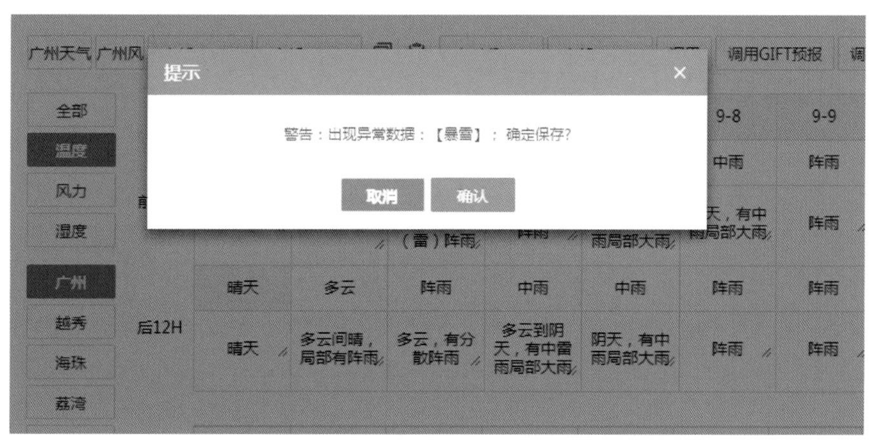

图 6.17　产品自动纠错界面

6.2.2.5 预警产品制作

此模块重点解决了区域选择和识别的功能。利用智能地图引擎,选择预警的类别和等级,预警区域选择包括单击区域选择或利用边界跟踪技术提取。无论哪一种选择方式,均能识别出所选取的街镇及其所在的区,并自动加入到预警内容中,作为选择预警信号发布对象和确定预警生效区域的依据。

根据选取区域、预警类型和级别、预警发布渠道生成对应的预警产品。不同的发布渠道生成的产品形式不同,如手机短信生成文本,传真生成 word 文档或网页、报文形式。

预警发布时能读取预设配置,利用短信(本地 MAS 机)、省突发平台、传真、邮件、notes、ftp 接口自动将相应的产品推送到目的地,实现一键式发布,同时将发布状态实时返回到分镇预警平台,便于查询,避免漏发等情况出现。预警产品的发送对象应当根据预警类别、级别、生效区域动态调整,并根据不同用户的优先级别确定预警信息的发送次序(图 6.18)。

图 6.18 预警产品制作界面

6.2.2.6 图形产品制作

该模块可以将网格预报数据生成图形化产品发布。图形产品制作面向管理员端和预报员端。管理员端实现图形库的管理与配置,管理员可灵活配置不同时间段的定时产品图任务以及临时任务。图形配置内容包括:添加产品、配置产品属性、编辑产品内容(包括图、添加文字、添加时间、添加图例)、提交生成任务列表(图 6.19)。

预报员端图形库模块可将定时任务生成的产品图直接下载到本地,经管理员配置后,可自动保存每次定时任务;也可以编辑临时任务,按需要对产品图进行修改文字、时间或图例。

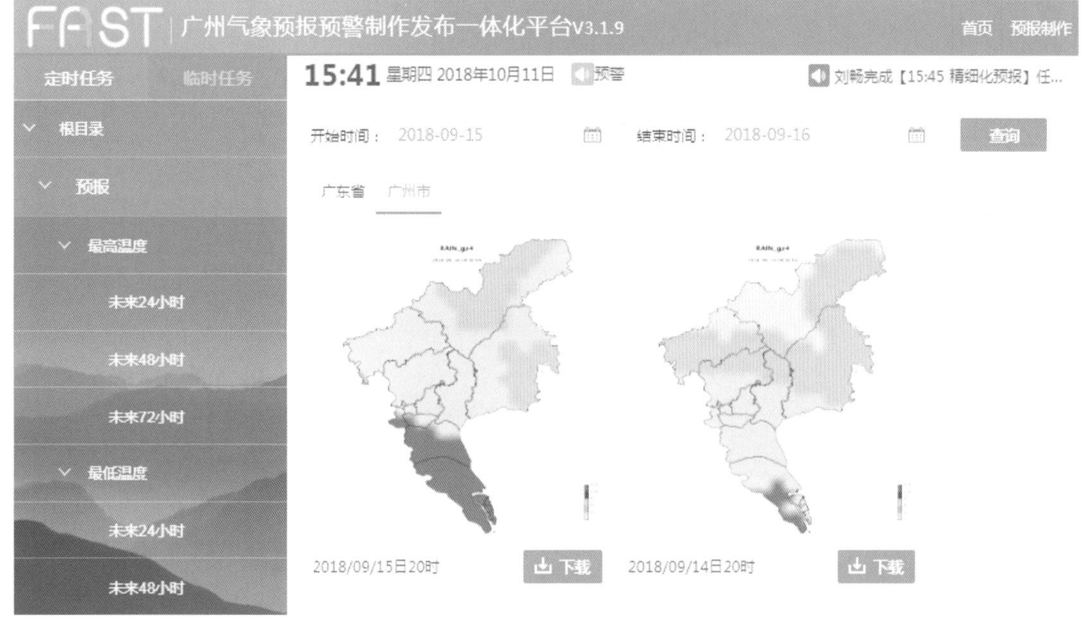

图 6.19　图形化产品制作界面

6.2.3　应用实例

2018 年 9 月 25 日下午，广州市区有局地强降水云团发展，系统监测到后自动提醒达到暴雨黄色预警级别，提醒预报员发布预警信号及订正预报产品（图 6.20～图 6.23）。

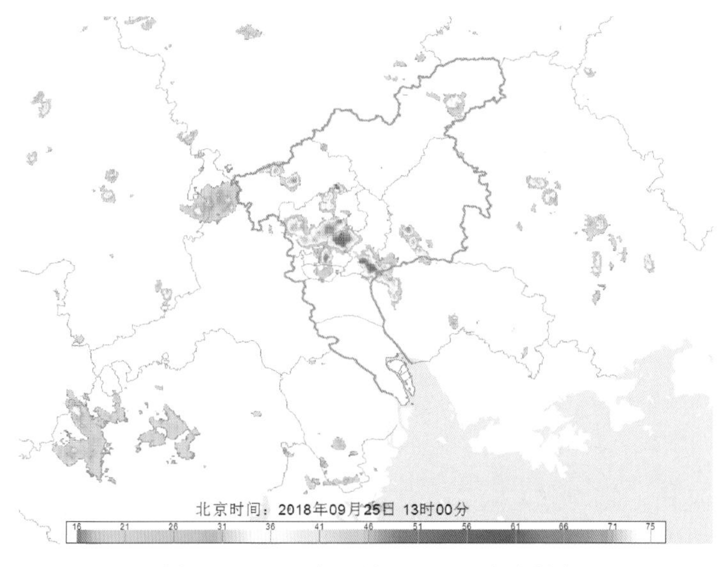

图 6.20　2018 年 9 月 25 日 13 时雷达图

当探测到强降水时，系统中暴雨预警信图标自动变为黄色，提醒预报员关注实况并发布预警信号。

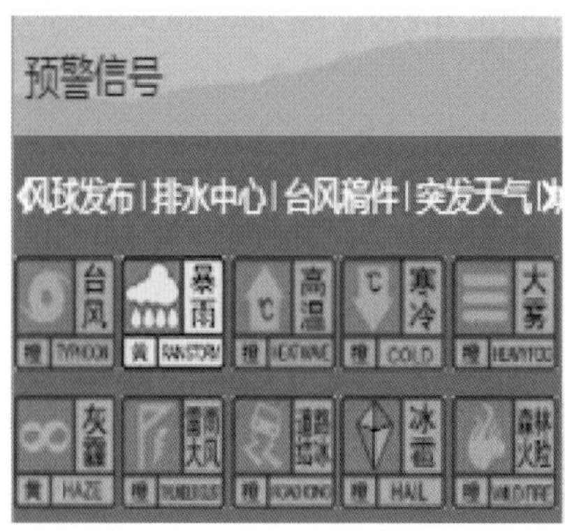

图 6.21　系统自动提醒功能

图 6.22　选择发布预警信号的地区、种类、级别

图 6.23　对报文、网页、短信等各类产品进行编辑发布

预报员对天气进行研判，选择要发布暴雨预警的区域、暴雨预警的级别，系统根据模板，自动生成报文、网页、短信、微博等产品，预报员也可对各类产品进行再次编辑，编辑好后一键式统一发布(图 6.24)。

图 6.24　网页上及时显示预警信号发布情况

在发布预警信号的同时，及时订正短期预报，将预报结论订正为暴雨转多云，并对外一键发布，对各项预报产品进行订正(图 6.25～6.26)。

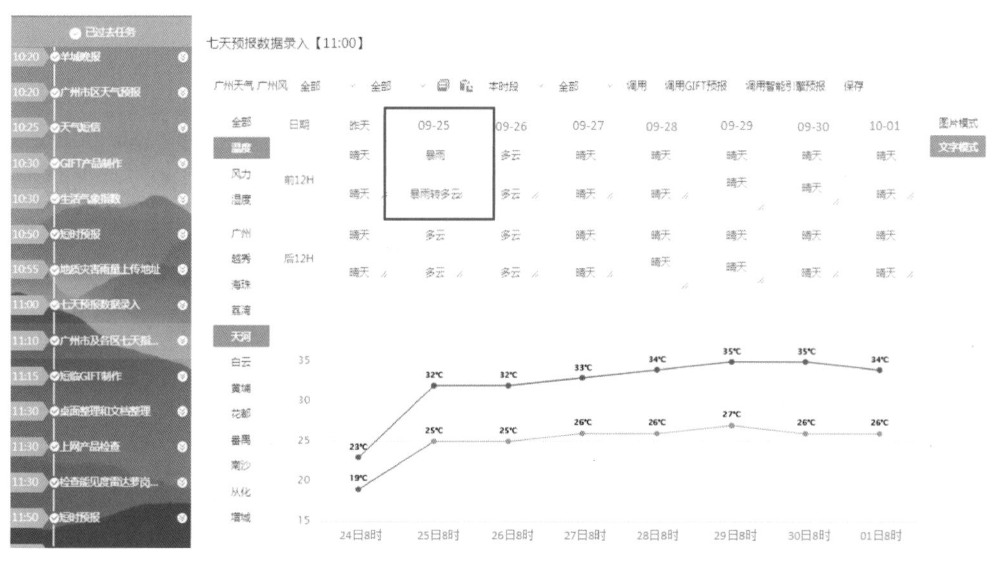

图 6.25　订正七天预报结论，将天气现象修改为“暴雨转多云”

图 6.26 订正后的 7 天预报

6.3 气象服务应用

6.3.1 决策气象服务应用

6.3.1.1 系统框架

基于网格数字天气预报，广东省气象局研发了自动化的决策产品支撑平台，通过更精细的预报结论和更丰富的图表展现方式，为广东气象防灾减灾提供决策依据，方便政府有针对性地调配防灾减灾资源。

决策产品支撑平台的主要目的是满足决策服务需求，发挥网格数字天气预报的效益，并能高效快速地输出通俗易懂的决策服务产品。决策服务产品主要基于观测和网格数字天气预报自动形成可视化的图形产品、表格产品，通过制定分类模板，可自动形成汇报 PPT；制定网格数字天气预报到服务产品的转换规则，自动输出基于不同区域范围的文字产品，自动形成《天气报告》《重大气象信息快报》等文字类产品。

平台主要分为数据层、业务逻辑层、产品终端层，满足用户对时间、空间、要素等可选择性和决策服务产品可编辑性等方面的需求。平台的业务框架见图 6.27。

6.3.1.2 主要产品

基于实况和网格预报，可自动生成的产品包括如下。

1. 降水动态累积时间演变图(或动画)

选定降水过程开始和结束时间，可输出基于地理信息和行政边界的降水动态累积图和动画。例如，从 3 月 20 日 10 时开始，输出 10—11 时累积雨量、10—12 时累积雨量、10—13 时累积雨量……，一直到 3 月 20 日 10 时—21 日 10 时的累积雨量图，并可输出动画。

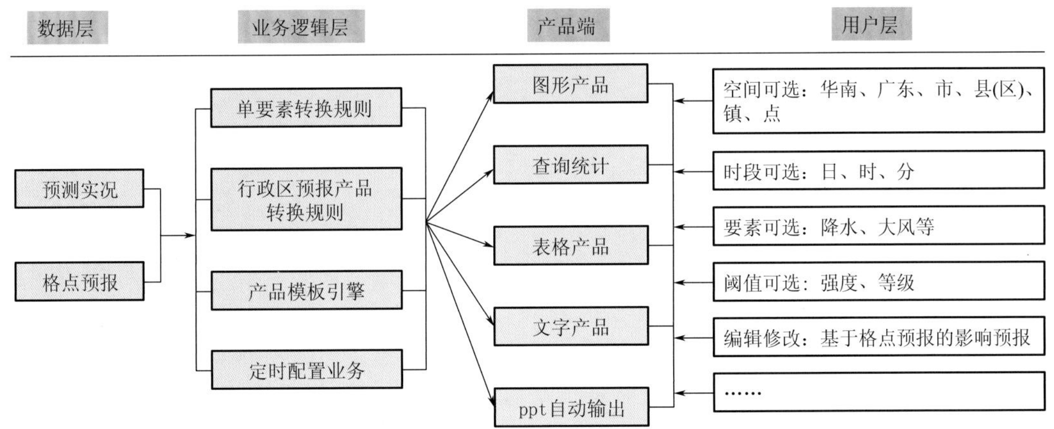

图 6.27　基于网格预报建立的决策产品支撑平台框架图

2. 强风动态演变图(或动画)

选定过程起始时间，在选定的时间段里，以小时为时间间隔，用填色图画出大风推进图。如从 10 月 10 日 10 时起，出现过 8 级以上大风的填色，10—11 时、10—12 时、10—13 时……以此类推，输出图片和动画。

基于地图漫游，可以实现任一点风向和风速的时间演变图。

3. 影响预报之灾害性天气空间识别

降水、温度、风等要素的空间分布；灾害性天气的空间分布，如 50 毫米降水出现的乡镇(县、市、格点)空间显示；8 级(10 级、12 级、14 级)以上大风乡镇空间拼接显示(乡镇填色显示、格点显示)。

4. 影响预报之灾害性天气的时间识别

强降水、低温、高温、大风等灾害性天气的出现的市、县、乡镇的时间段，输出图形、表格等信息，灾害性天气出现的时间和持续时间(列表、时间序列图)，如 100 毫米以上降水的乡镇列表和降水时间，10 级以上大风的起风时间和持续时间。

5. 实况和预报文字描述信息

基于乡镇、县、市等行政空间的极值查询、出现时间查询，可输出表格、图形和简单的文字信息。基于乡镇的灾害性天气识别和统计信息；基于空间和时间进行实况描述、预报描述，比如以广东省为例，自动生成如下天气实况和预报：29 日白天到 30 日早晨，粤东、珠江三角洲的大部分市县和阳江普降暴雨到大暴雨，其中珠海、中山、江门、深圳、东莞、惠州、汕尾、揭阳 8 市共 84 个站录得超过 250 毫米的特大暴雨，粤北市县出现了中到大雨局部暴雨。据气象水文监测，29 日 08 时到 30 日 08 时，全省平均雨量 49 毫米，超过 25 毫米站点占全省总站数的 50.3％，有 84 个站录得超过 250 毫米的特大暴雨，有 645 个站录得 100～250 毫米的大暴雨，有 655 个站录得 50～100 毫米的暴雨，有 1062 个站录得 25～50 毫米的大雨；中山南朗镇录得全省最大雨量 492.5 毫米，其他雨量较大的站点有：江门新会沙堆镇 462.5 毫米、珠海斗门镇 458.6 毫米、深圳龙岗区 414.2 毫米、东莞凤岗镇 390.2 毫米、汕尾陆丰洋陂镇 313.2 毫米、揭阳惠来隆江镇 275 毫米。未来三天预报如下：30 日，珠江三角洲和粤东市县有暴雨到大暴雨局部特大暴雨，阳江、茂名有暴雨局部大暴雨，其余市县有大雨到暴雨局部大暴雨。31 日，我省大部市县雨势减弱，粤西、珠江三角洲市县有大雨转阵雨，其余市县中雨转阵雨。9 月 1 日，我省大部多云，部分市县有(雷)阵雨。

6. 汇报材料初稿自动生成

基于分类模板配置，自动化输出汇报 PPT，包括实况图形和文字、预报图形和文字、预报理由图形产品、影响预报产品、防御建议等。

6.3.1.3　应用实例

广东是全国登陆台风最多的省份，平均每年有 3.7 个台风登陆广东，台风是广东气象灾害防御的首位关注对象。根据政府和相关部门综合防灾减灾救灾需要，气象部门需提供台风的精细化风、雨影响的开始时间、持续时间、空间分布、影响程度及影响范围等细致信息。

广东省气象局基于历史统计和实时网格预报，建立客观化大风分析系统，形成基于乡镇的台风灾害性大风时空分布预报，流程如图 6.28。

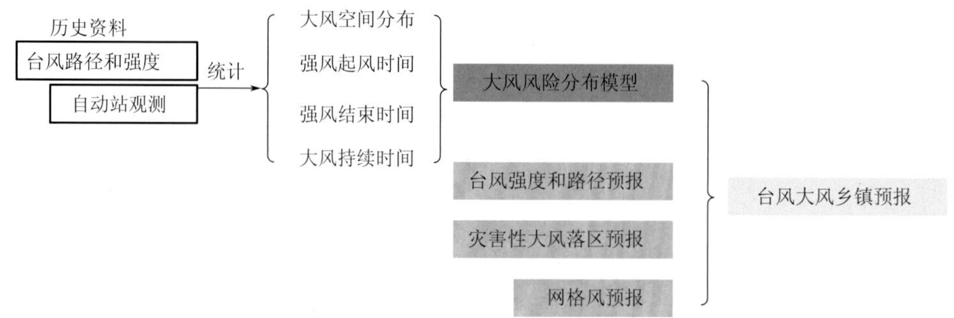

图 6.28　基于格点大风预报输出的台风大风决策服务产品流程

基于上述大风预报流程，决策产品支撑平台可自动输出海上大风和陆地大风随时间的空间演变图、单点时间序列的变化图，输出 10 级或 12 级以上大风乡镇分布图和列表，10 级和 12 级以上大风持续时间等产品。图 6.29 是 2015 年超强台风“彩虹”登陆湛江时提供给政府的大风影响预报决策产品，根据格点大风预报，结合乡镇地理信息，提取出 12 级以上大风的影响乡镇。图 6.30 是 2018 年强台风“山竹”登陆江门台山前一天提供的决策材料之一，包括台山沿海大风变化预报图，清晰展示出 12 级大风(阵风)时间，影响时长约 8 小时。本次提供的大风预报信息，无论是强度、区域及其时间，都为政府开展大范围停工、停业、停课、停市、停运提供了科学依据。虽然“山竹”是 2018 年的“风王”，但从人员伤亡和经济损失来看，防御效果都非常好。

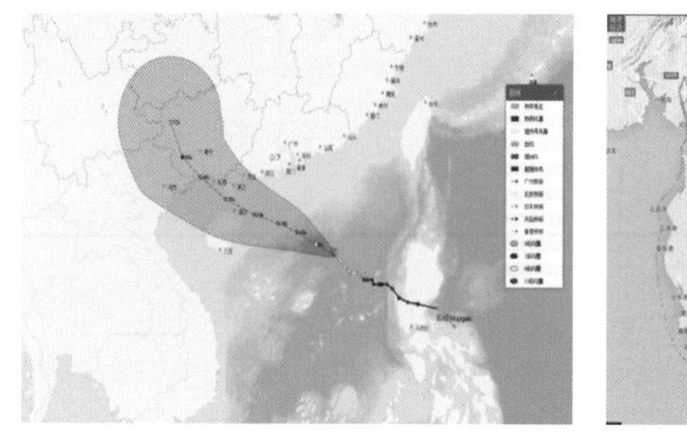

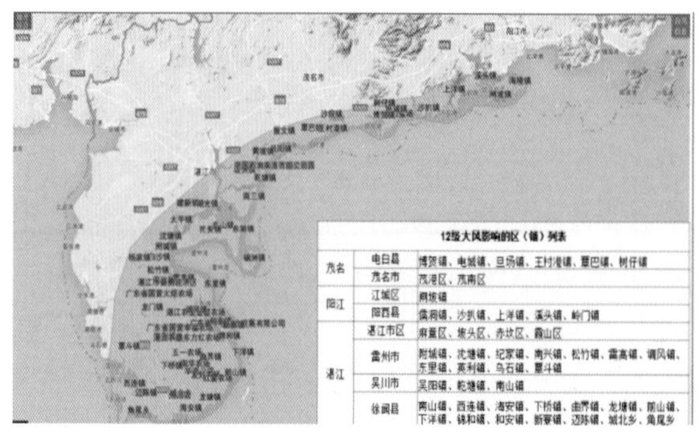

12级大风影响的区（镇）列表

茂名	电白县	博贺镇、电城镇、旦场镇、王村港镇、覃巴镇、树仔镇
	茂名市	茂港区、茂南区
阳江	江城区	闸坡镇
	阳西县	儒洞镇、沙扒镇、上洋镇、溪头镇、岭门镇
湛江	湛江市区	麻章区、坡头区、赤坎区、霞山区
	雷州市	附城镇、沈塘镇、纪家镇、南兴镇、松竹镇、雷高镇、调风镇、东里镇、英利镇、乌石镇、覃斗镇
	吴川市	吴阳镇、乾塘镇、南山镇
	徐闻县	南山镇、西连镇、海安镇、下桥镇、曲界镇、龙塘镇、前山镇、下洋镇、锦和镇、和安镇、新寮镇、迈陈镇、城北乡、角尾乡

图 6.29　2015 年超强台风“彩虹”的 12 级大风乡镇影响预报图

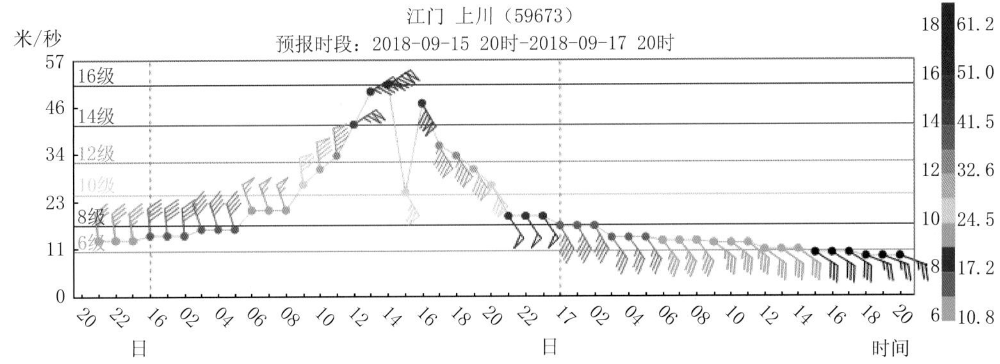

图 6.30　2018 年强台风“山竹”在江门台山的大风预报时间变化图
（9 月 15 日 20 时起报，12 级阵风影响时间 8 小时）

根据格点精细化雨量预报产品，除了提供暴雨、大暴雨和特大暴雨落区等防灾部署决策参考产品外，也针对重点防御区提供定时定点定量的降水预报产品。表 6.5 是 2018 年强台风“山竹”登陆两天前（9 月 14 日）提供的广东“雨窝”点降水预报，9 月 16—17 日，阳江阳春出现了超警戒水位，正是由于阳春雨窝及其附近的强降水造成的，相关部门根据雨量预报，及时组织撤离、泄洪等有效措施，未造成人员伤亡。

表 6.5　基于网格预报的“雨窝”降水决策产品（2018 年 9 月 14 日预报）

市	县	雨窝点	降水级别	雨量（毫米）	降水时段
茂名	信宜	金垌镇	特大暴雨	250	16 日 08 时—17 日 20 时
		北界镇	大暴雨	220	16 日 08 时—17 日 20 时
	高州	马贵镇	特大暴雨	300	16 日 08 时—17 日 20 时
		新垌镇	大暴雨	150	16 日 08 时—17 日 20 时
		长坡镇	大暴雨	150	16 日 08 时—17 日 20 时
阳江	阳春	河口镇	特大暴雨	300	16 日 08 时—17 日 14 时
		平冈	特大暴雨	300	16 日 08 时—17 日 14 时
江门	台山	端芬镇	特大暴雨	400	16 日 02 时—17 日 08 时
		深井镇	特大暴雨	350	16 日 02 时—17 日 08 时
		赤溪镇	特大暴雨	300	16 日 02 时—17 日 08 时
惠州	惠东	白盆珠镇	大暴雨	120	15 日 20 时—17 日 08 时
		高潭镇	大暴雨	100	15 日 20 时—17 日 08 时

6.3.2　公共气象服务系统

相较于传统的城镇天气预报，网格数字天气预报的优势在于能提供空间更精细、时间更频密的定点、定时、定量预报，结合用户的气象信息使用场景，可以实现基于位置的个性化随身预报和靶向预警推送，为公众的生活出行提供重要参考，充分发挥网格数字天气预报的社会效益。

广东基于“互联网＋”技术，开展精细化到街道级的、服务数据一致的、分钟级滚动更新的位置天气服务，研发了停课铃、缤纷微天气等广东天气品牌的业务应用，提供全省预报服务一张网的支持。

6.3.2.1 系统架构

互联网＋气象服务系统采用公有云架构，如图 6.31 所示。

图 6.31 互联网＋气象服务系统总体架构

公共气象服务资源池：是云计算资源和云服务的统称。云计算资源包括了云计算服务器，云存储，云数据库，负载均衡器等，云服务主要通过精细化位置天气服务引擎，统一响应位置天气请求，快速返回位置天气服务数据，如图 6.32 所示。

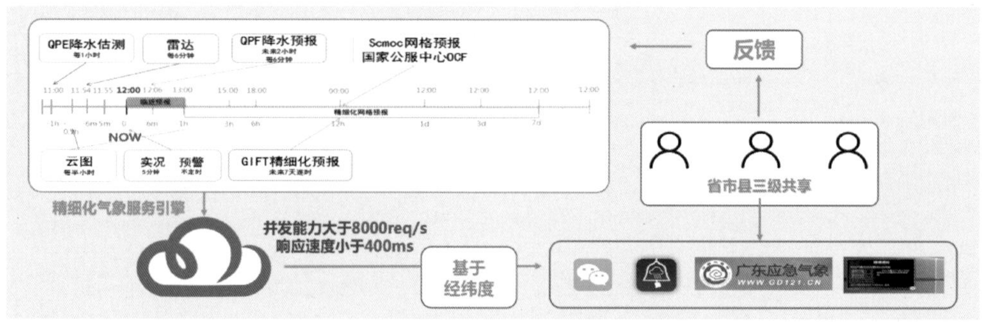

图 6.32 网格数字天气预报支撑开展互联网＋气象服务

用户中心、定制中心和互动中心是“互联网＋”气象服务系统的后台数据管理能力，用于用户信息管理，产品定制管理和反馈互动管理等方面。

停课铃和缤纷微天气是广东天气的重要服务品牌，面向不同的服务对象有侧重地提供“互联网＋”气象服务。其中停课铃属于手机 APP，主要面向学校家长和学生，一方面提供停课信息通知服务，另一方面应用网格数字天气预报成果，把网格数字天气预报转换为分钟级降水、逐时预报等产品，为家长、学生以及公众提供位置天气服务。缤纷微天气是微信微门户，主要面向微信生态圈的轻应用，应用网格数字天气预报成果，把网格数字天气预报转换为分钟级降水、逐时预报等产品，通过 H5 的方式，嵌入市县微信公众号，形成省、市、县的统一位置天气服务。

6.3.2.2 技术方法

1. 精细化位置天气服务引擎关键技术

精细化位置天气服务引擎是在网格数字天气预报技术的基础上，融合当前及历史的网

格实况、突发事件、气象预警等各种类数据。基于云计算技术，为公众和专业用户提供空间无缝隙，时间无漏白的位置请求响应和精准预警推送。空间上提供点、线、面位置请求支持，动态响应各类精细化气象服务；时间上提供过去 3 天历史实况及预报在万级并发请求下的毫秒级响应速度和更久历史实况的秒级响应速度。系统架构如图 6.33 所示。

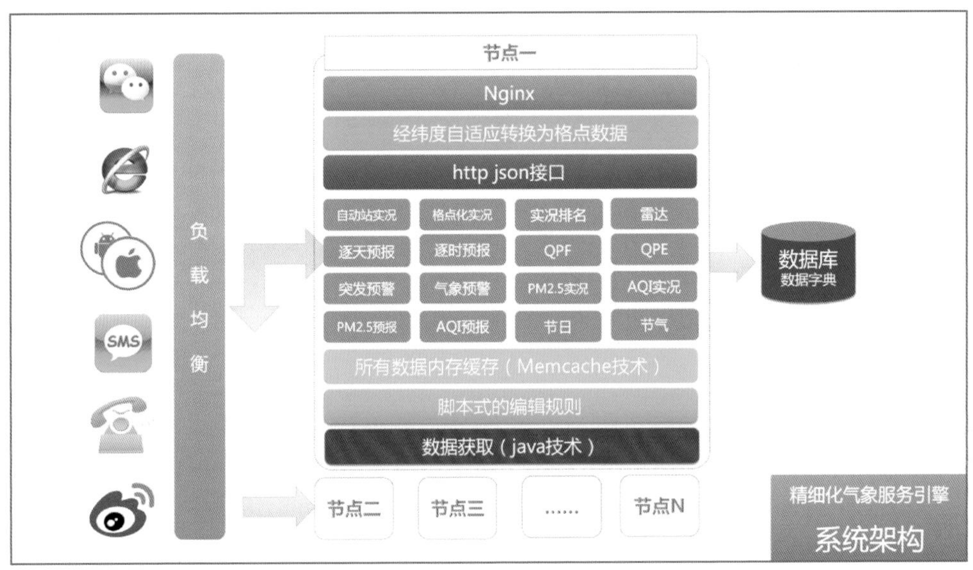

图 6.33　精细化位置天气服务引擎系统架构

实况降水：区域自动站观测（1 次每 5 分钟）是最客观的地面降水点测量值；QPE（1 次每 6 分钟）是基于自动站插值成网格并结合雷达回波来综合评估网格内降水值。他们都是过去降水值，虽然无法直接提供当前 0 时刻的雨强，但当 QPF 出现空报和漏报情况时，可以用此来弥补服务质量。当前实况的数字析用流程如图 6.34 所示。

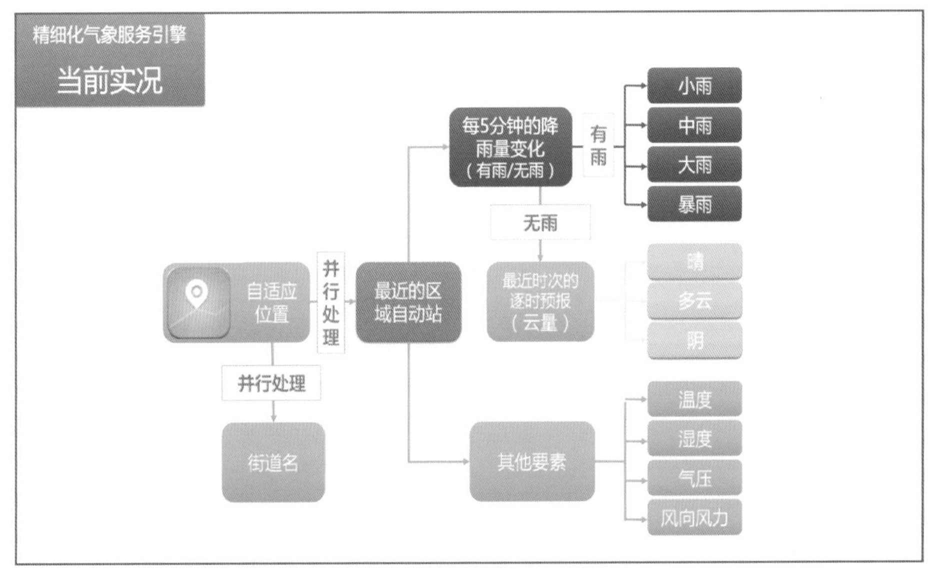

图 6.34　当前实况的数字析用流程

临近预报/分钟级降水：QPF 主要依赖雷达回波进行光流法外推后经过 Z-R 关系转换后输出数字化产品。雷达回波的实况是真实发生的，可单向订正 QPF。该订正主要作为 QPF 数据可信度的辅助订正，对反演临近时刻的晴、阴、多云、雨也有帮助。临近预报/分钟级降水的数字析用流程如图 6.35 所示。

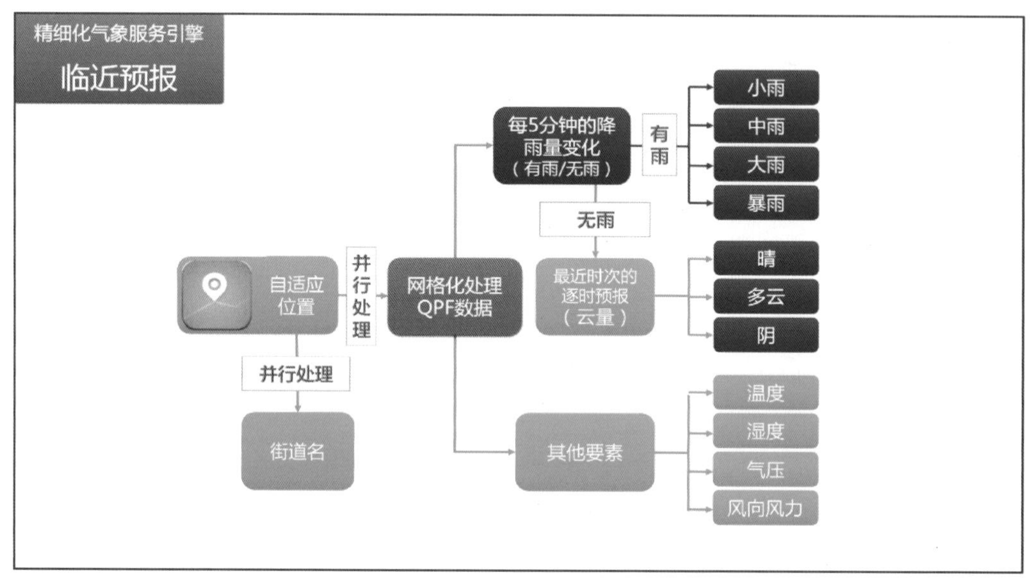

图 6.35 临近预报/分钟级降水的数字析用流程

短时预报：由于网格逐时预报和 QPF 属于不同的预报产品，在时间尺度上有所重叠，网格业务是地市一天人工订正 1～2 次不等，而 QPF 则是全自动运作，由于网格预报中有降水、云量等要素，一方面，正好弥补了 QPF 只有降水要素的单一性；另一方面人工订正后的网格预报和出现了极大偏差时，订正 QPF。逐时预报的数字析用流程如图 6.36 所示。

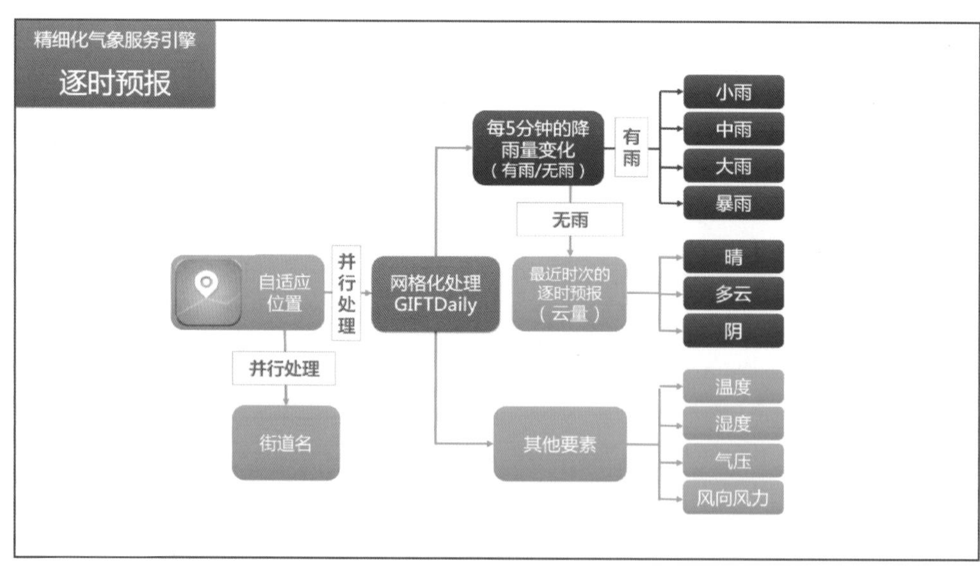

图 6.36 逐时预报的数字析用流程

位置天气服务一条时间轴：公众对位置天气服务的需求是所请求位置当前时刻、2 小时内的分钟级降水，2 小时后的逐时预报等信息。所以，不同预报体系输出等网格数字天气预报进行基于时间轴的拼接整合。整合位置天气服务一条时间轴的方法如图 6.37 所示。

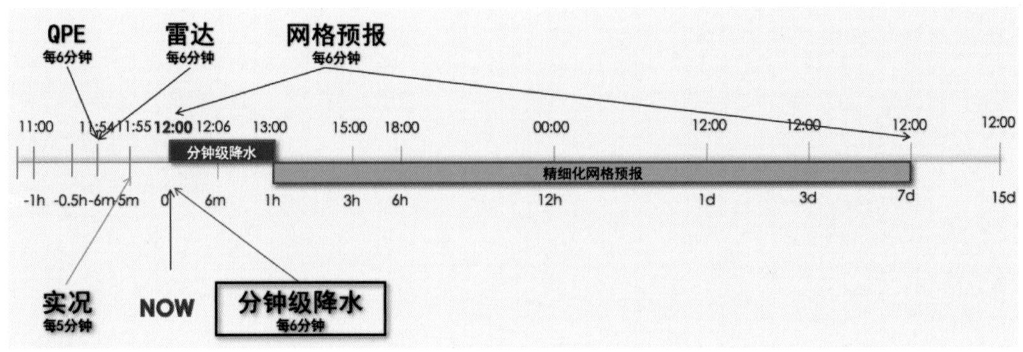

图 6.37　整合位置天气服务一条时间轴的方法

2. 公有云计算技术

用了消息队列的方式进行内网数据和公有云的数据信息同步。所有数据在公有云服务器中缓存，全国 CDN 节点分发同步。

位置天气服务引擎融合多种实况和预报源数据，所有数据均存储在内存数据库中，当收到位置信息请求时，可以实时计算快速返回结果。单台服务器(4 核，16G)可以支撑约 2000 请求每秒的并发访问，响应平均时间低于 300 毫秒。

采用公有云负载均衡技术，把用户请求均衡到 4 台服务器。一方面，4 台服务器共同服务可以支撑约 8000 req 每秒的并发请求，请求响应平均时间低于 300 毫秒。另一方面，有效避免单点故障导致的服务瘫痪。

对全省 100 个市县进行每 5 分钟进行实时采样，动态分析更新时间，气象数据是否超过阈值，每种多源预报获取是否正常等。在一个界面中进行综合监控，保障 7×24 小时滚动服务不中断。

公有云计算技术架构如图 6.38 所示。

图 6.38　公有云计算技术架构

6.3.2.3 产品应用

1. 分钟级降水(缤纷微天气为例)

分钟级降水通过网格数字天气预报中 QPF6min 采集网格数据，经过预处理和析用过程将网格数字转换为分钟级降水服务，通过 H3 Canvas 技术实现数据可视化，通过服务用语转换，将网格数字转换为提醒用语(图 6.39)。

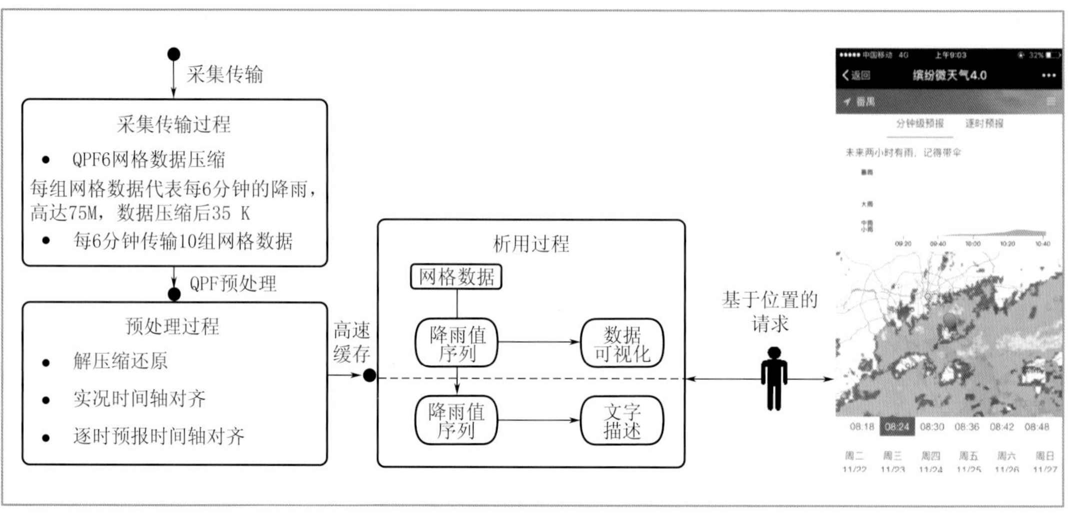

图 6.39 分钟级降水析用过程

2. 位置天气(停课铃为例)

位置天气服务通过腾讯地图定位服务获取用户所在位置的经纬度信息，通过经纬度信息逆向解析行政区划码，通过经纬度信息和行政区划码共 3 个参数，向精细化位置天气服务引擎请求数据，即可毫秒级响应，返回所在位置的天气实况、停课信息、气象预警、分钟级降水、逐时预报等数据，在客户端上进行产品包装和数据可视化。如图 6.40 所示。

图 6.40 位置天气应用

3. 分区预约预警(缤纷微天气为例)

分区预约预警，通过用户自定义选择地区、预警类型和预警级别，来个性化发布预警。当用户关心的地区有预警发生时，在后台数据库中自动匹配发送对象 openid 数据集合，快速通过微信消息接口，给用户发布分区预警。如图 6.41 所示。

4. 逐时天气预报(缤纷微天气为例)

逐时天气预报是基于网格数字天气预报数据生成的产品。分别调用网格数字天气预报中的温度(t2mm)、湿度(humi)、云量(clct)、降雨量(rain)、空气质量(aqi)等要素进行计算。如逐时天气状况是通过降雨量、云量和当天的城镇预报报文等要素，通过算法计算而得(图 6.42)。

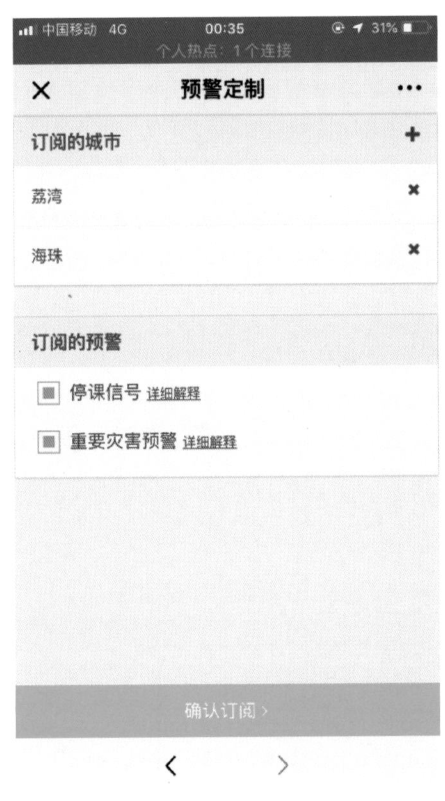

图 6.41 分区预约预警定制界面

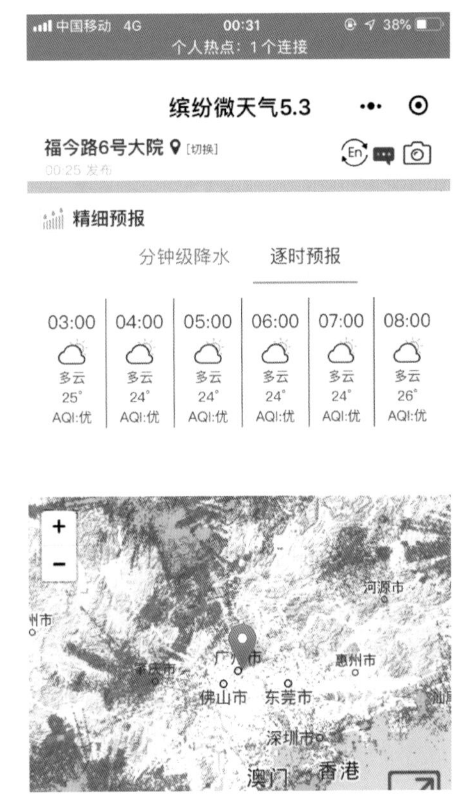

图 6.42 逐时网格预报应用

6.3.3 环境气象服务系统

广东是中国的经济大省，尤其珠江三角洲在改革开放以来经济社会取得了长足发展，人民生活水平得到极大提高。但珠江三角洲相当部分经济增长是靠高投入、高消耗、高排放和高污染来支撑，经济增长方式和产业结构尚未实现根本性的转变。加上近年来工业化和城市化进程加快、机动车数量迅速增加，致使该地区环境形势面临着巨大挑战和隐忧。20 世纪 90 年代以来，珠江三角洲地区在经济社会快速发展的同时，产生和排放大量大气污染物，由于污染物高强度、集中性排放，加上地形、天气等因素影响，这些大气污染物在区内积聚、相互输送、相互影响和关联，并发生着化学反应。一些发达国家工业化百年来分阶段出现、分阶段解决的大气污染问题，在珠江三角洲地区近 20 年的发展历程中集中地出现。大气污染物排放量大大超过了环境承载能力，局部地区大气质量退化，煤烟型污染的老环境问题尚未解决，以氮氧化物为代表的机动车尾气污染和以臭氧为代表的光化学烟雾污染等新的大气污染问题接踵而至，污染物含量的增加导致灰霾天气频现。

空气环境质量事关人民群众的健康、福祉和经济社会可持续发展，2013 年 9 月国务院发布了《大气污染防治行动计划》，详细规划了大气环境污染治理的具体措施，规定“建立监测预警应急体系，妥善应对重污染天气”，其中明确要求“京津冀、长三角、珠三角区域要完成区域、省、市级重污染天气监测预警系统建设”“京津冀、长三角、珠三角等区域要建立健全区域、省、市联动的重污染天气应急响应体系”。2013 年中国气象局发文要求各省从 9 月开始开展空气质量预报工作，制作县级城市以上的6种污染物浓度和AQI指数预报指导产品，并与环保局联合开展空气质量预报、重污染天气监测预警、大气污染防治联动联防等方面的合作。为了应对突发的区域性重污染天气，广东省气象局和广东省环境保护厅达成了《广东省环境保护厅与广东省气象局共同推进空气质量预报预警工作合作协议》。

为满足现阶段精细化环境气象预报预警服务的需求，广东省气象局基于GIFT系统框架建立了环境气象网格预报编辑系统（GIFT-ENV），实现了环境气象预报业务精细化预报产品的制作功能，可对灰霾、雾、能见度、相对湿度、颗粒物质量浓度、臭氧、氮氧化物、二氧化硫、一氧化碳、AQI、污染气象条件等十几种预报产品进行编辑制作，GIFT-ENV主要由高分辨率空气质量模式GRAPES-CMAQ、解释应用产品和空气污染气象条件模式TRAMS支撑。

6.3.3.1 系统架构

环境气象服务系统架构如图6.43所示。GIFT-ENV实现了高分辨率空气质量模式GRAPES-CMAQ、GRAPES-CAMx、解释应用产品和空气污染气象条件预报模式TRAMS的预报产品的快速调用（图6.44），每日经由省（市）气象台、环保局进行会商后，通过GIFT-ENV开展主客观交互订正，形成覆盖全省的环境气象网格预报，并利用环境气象预报发布平台实现电视、短信、微信、网页等多渠道图文产品的一键生成和发布（图6.45）。

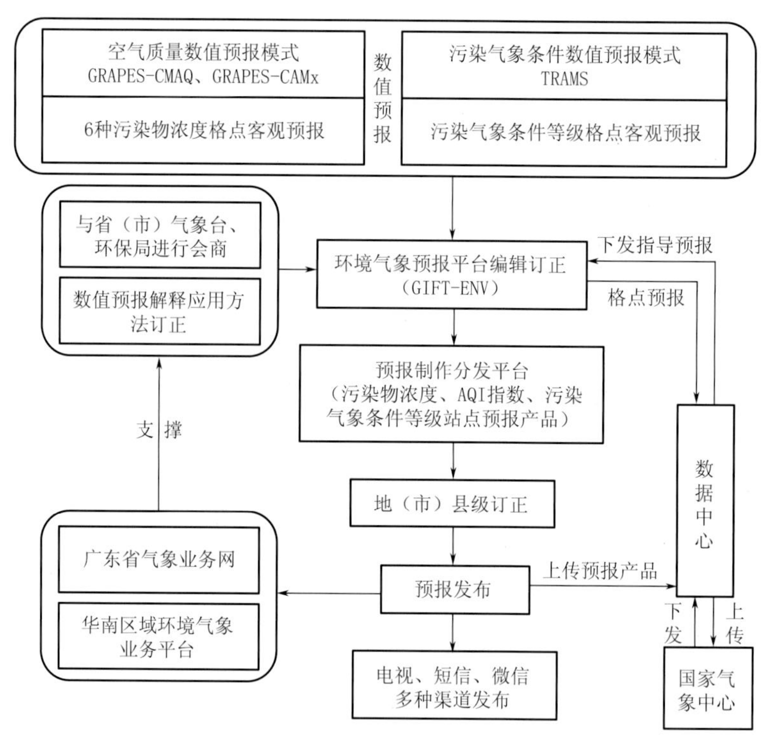

图6.43 环境气象服务系统架构

同时，还立足广东、辐射区域，建立一体化的华南区域环境气象业务平台（EMOS）（图6.46），面向华南区域的相关业务人员，通过图、表、曲线等表现形式，提供空气质量、灰霾、气象污染条件等实况和预报数据的查询、分析、展示及检验，为广东地区空气质量和灰霾预报预警和区域大气污染联防联控提供技术支撑。

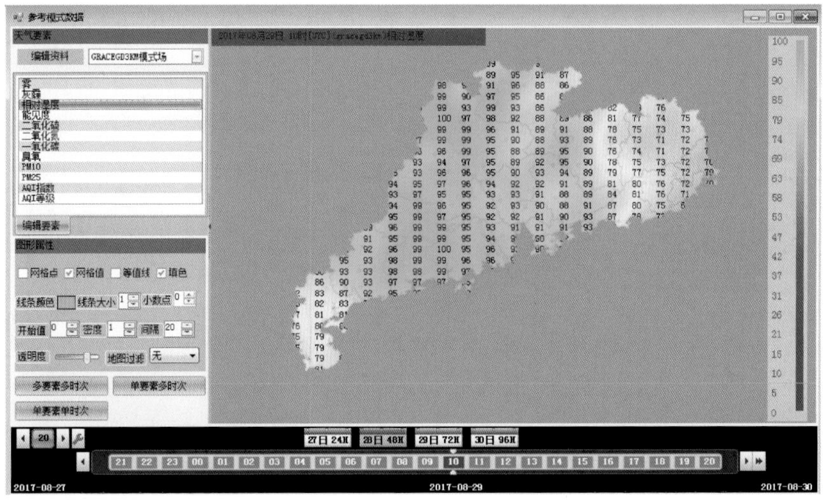

图 6.44　模式结果调用展示

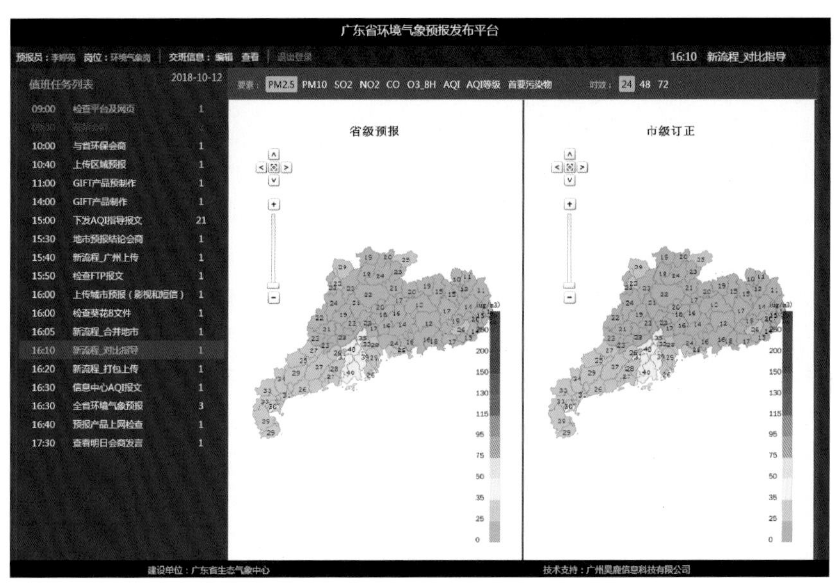

图 6.45　广东省环境气象预报发布平台

6.3.3.2　技术方法

高分辨率空气质量模式 GRAPES-CMAQ 中包含气象模式、排放源模式和大气化学模式三个模式。气象模式使用的是中国气象局自主研发的 GRAPES 模式，排放源模式使用的是自编写的动态排放源处理系统，大气化学模式使用的是美国国家环境保护署开发的大气化学质量模式(CMAQ)。其中，GRAPES 气象模式同化本地常规与非常气象资料，可以为排放源模式和大气化学模式提供精细化的气象场数据。高分辨率空气质量模式 GRAPES-CMAQ 为每天运行 2 次，分别为北京时 08 和 20 时；预报时效为 96 小时，每小时 1 张图；预报产品有：灰霾、雾、能见度、相对湿度、颗粒物质量浓度、臭氧、氮氧化物、二氧化硫、一氧化碳、AQI。

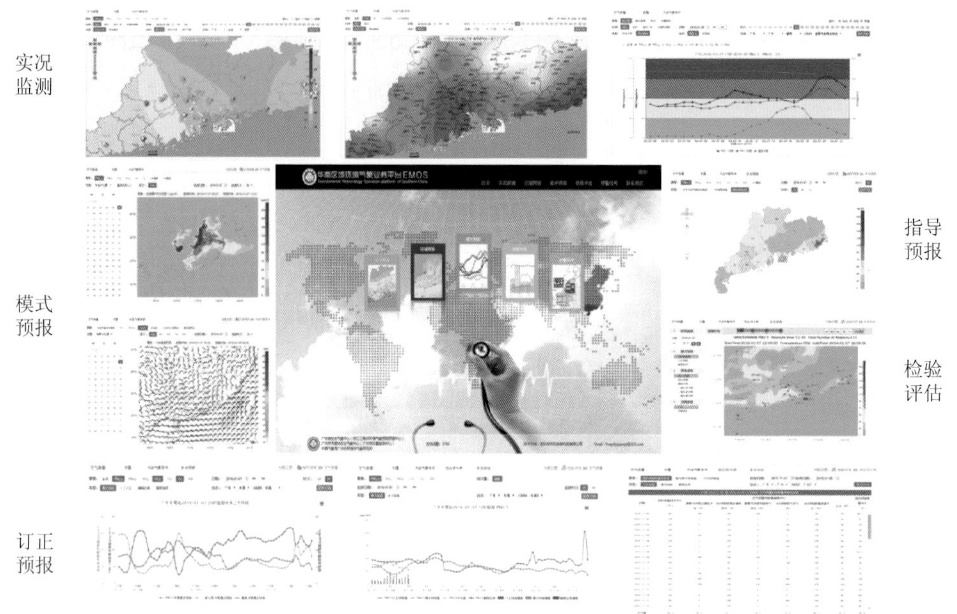

图 6.46 华南区域环境气象业务平台

高分辨率空气质量模式 GRAPES-CAMx 使用美国 ENVIRON 在 20 世纪 90 年代后期开发的三维欧拉区域空气质量模式(CAMx),可应用于多尺度的、有关光化学烟雾和细颗粒物大气污染的综合模拟研究。CAMx 以 GRAPES 模式气象场作为驱动,排放源清单采用清华大学 MEIC2010 年的排放源清单,模拟大气污染物的输送、扩散、化学反应、干湿沉降等过程。CAMx 采用了多重嵌套网格技术,可以方便地模拟从城市尺度到区域尺度的大气污染过程。在光化学机理方面,CAMx 可有多个化学机理选择。该模式有几项拓展功能,包括:臭氧源识别技术、颗粒物源识别技术、敏感性分析、过程分析和反应示踪,均可作为数值预报模拟系统的输出产品。高分辨率空气质量模式 GRAPES-CAMx 每天运行 2 次,分别为北京时 08 和 20 时;预报时效为 72 小时,每小时 1 张图;预报产品有颗粒物质量浓度、臭氧、氮氧化物、二氧化硫、一氧化碳、AQI 和颗粒物、臭氧来源解析产品。

解释应用产品的研究方法采用多元逐步回归方法,将变量逐个引入模型,每引入一个解释变量后都要进行 F 检验,并对已经选入的解释变量逐个进行 t 检验,确保每次引入新的变量之前回归方程中只包含先主动变量,从而得到最优的回归方程。解释应用预报时次为每天 1 次,为北京时 20 时;预报时效为 84 小时,每小时 1 张图;预报产品有:颗粒物质量浓度、臭氧、氮氧化物、二氧化硫、一氧化碳、AQI。

空气污染气象条件模式 TRAMS 根据 GRAPES 模式预报场判断地面天气形势并给予其加权数,结合各气象参数的加权数计算得到的污染气象条件等级。

6.3.3.3 产品应用

由于污染物高强度、集中性排放,加上地形、天气等因素影响,大气污染物在区域内积聚、相互输送、相互影响和关联,并发生着化学反应,臭氧污染问题日益突出,形成了以臭氧和 $PM_{2.5}$ 为首要污染物的复合型污染,而这种复合型污染在每年秋季尤为凸显。2017 年 9 月 17 日,广东经历了一次复合型污染过程,主要污染物为臭氧和 $PM_{2.5}$(图 6.47)。16 日,预报员与省环保部门进行会商，通过 GIFT-AQI 对污染物浓度进行交互编辑（图 6.48），制作发布全省 AQI 预报（图 6.49），结果通过网页、短信、微信等渠道发布，提醒省环保部门可能出现的污染区域、强度和影响时段，协助环保厅实施大气污染防治行动计划。

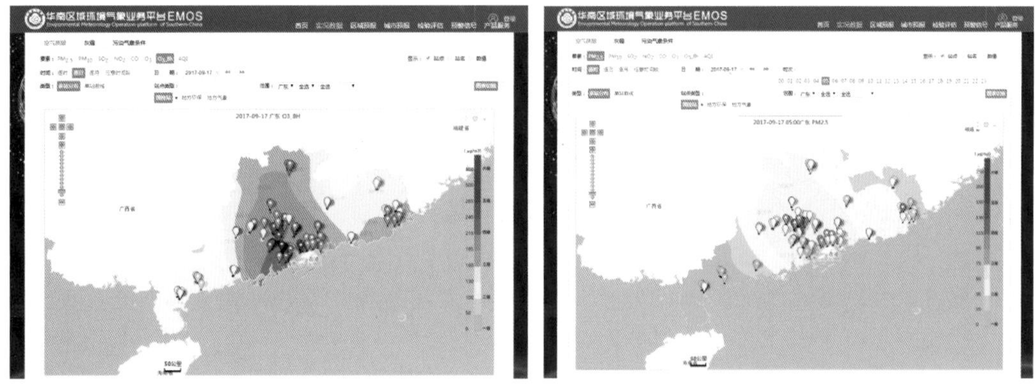

图 6.47 2017 年 9 月 17 日复合型污染臭氧和 $PM_{2.5}$ 浓度分布图

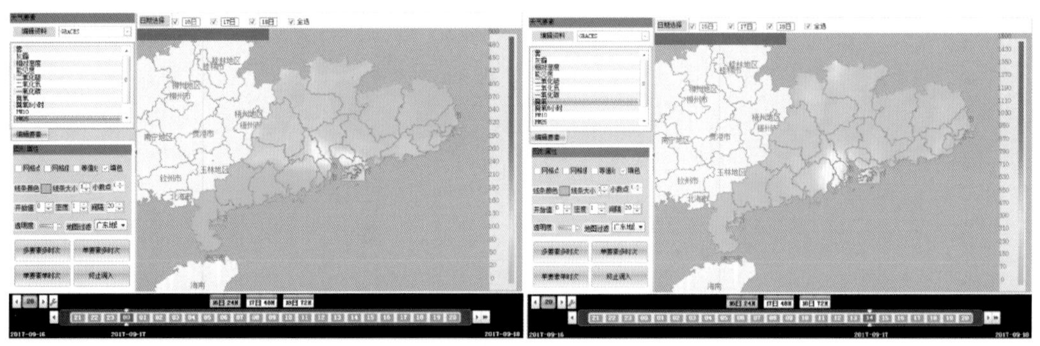

图 6.48 污染物预报编辑（a. $PM_{2.5}$；b. 臭氧）

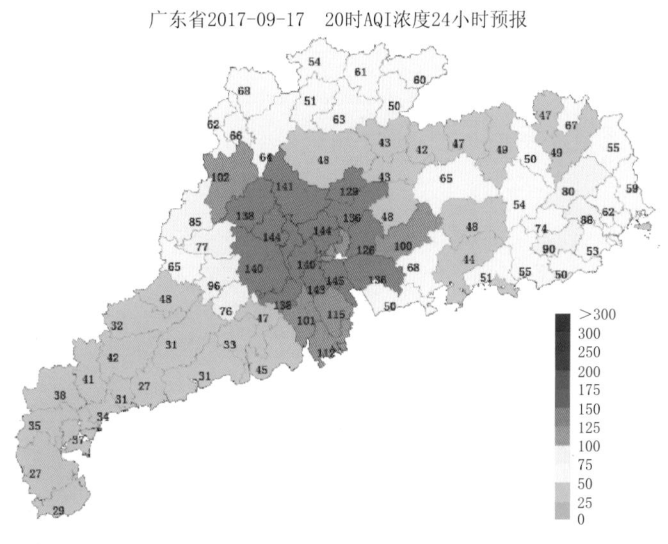

图 6.49 2017 年 9 月 17 日 AQI 预报结果

6.3.4 交通气象服务应用

2018年春运，粤北山区公路因受路面结冰、积雪等因素影响，京珠北高速封闭达10天之久；琼州海峡因受大雾影响造成堪称67年来首次出现的大拥堵。如何及时、准确、有效地提供交通气象服务，才能避免此类事件的发生？传统的交通气象服务智能化水平不够高，依然以普发式为主，定制式服务较少，缺少预判式服务，缺乏对交通行业发展的针对性建议。在新形势下，需要用互联网连接气象、交通管理、出行，把交通气象监测系统纳入高速公路建设体系中去，把交通气象保障工作纳入到智能化交通管理系统中，为交通运营智能化管理提供科学依据。建立广东省交通气象业务平台对于构建和谐社会、保障交通安全、建设智能交通、满足群众出行等方面具有重要意义。

广东省气象局建立了交通气象业务平台建设，主要面向政府开展交通气象决策服务和面向交通行业单位开展专项气象服务。该平台基于地理信息系统(GIS)，集监测、预报与预警信息发布于一体，实现专业化、精细化与定量化的交通气象服务产品发布。业务平台包含实况监测、再分析、短期预报、短临预报、专题图库、编写报文、历史查询、道路预警等模块，为全省高速公路交通安全提供高效、快速的专业气象服务保障(图6.50)。

6.3.4.1 系统架构

广东省交通气象业务平台主要包括监测、预报和预警三大功能，将实时获取的数据资料集成存储于交通气象信息数据库中，并通过业务平台窗口进行综合展示，分为实况监测、再分析、短期预报、短临预报、专题图库、编写报文、历史查询、文档管理、道路预警等9大模块。

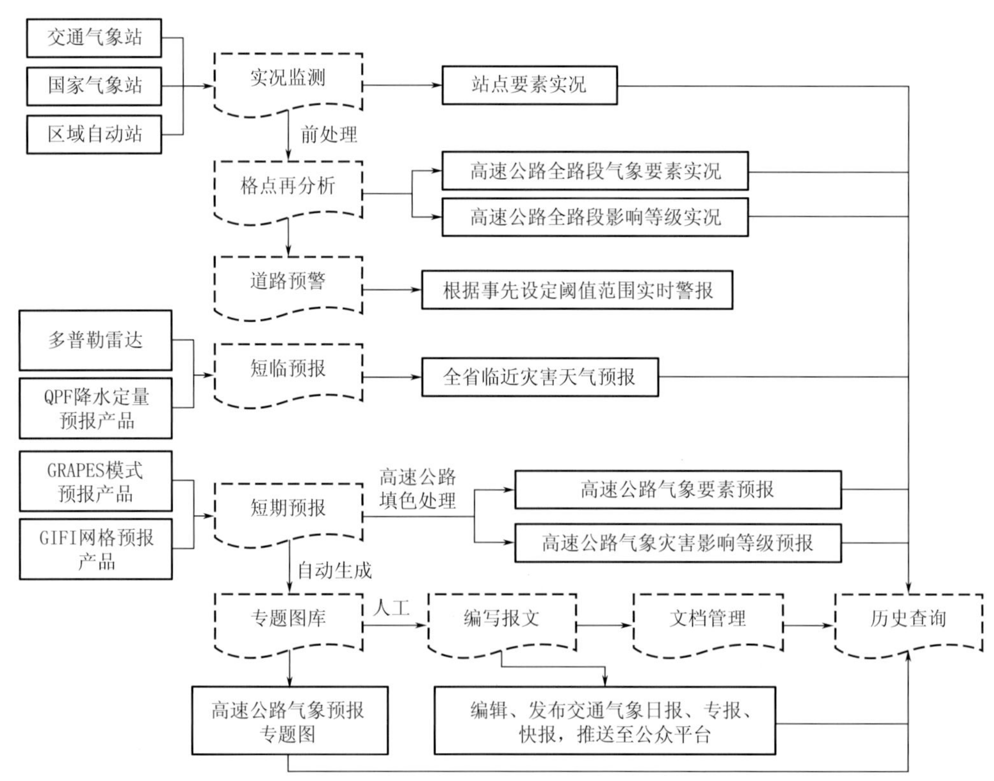

图6.50 广东省交通气象业务平台系统架构

主要模块功能包括如下。

（1）实况监测：接入全省交通气象站、国家气象站、区域自动气象站的监测数据，主要监测要素包括气温、相对湿度、风速、降雨量、能见度、地表温度、地面气压等，以地图展示方式支持各站点、各要素实时数据（图 6.51）。

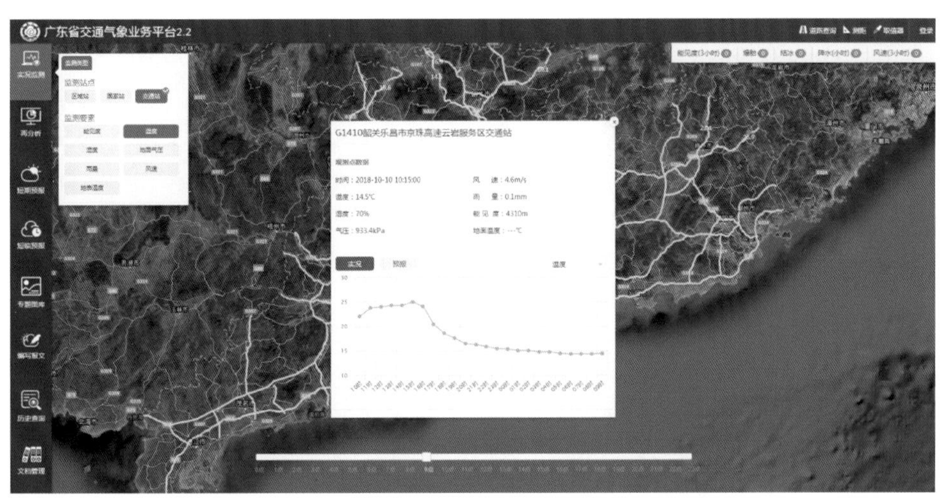

图 6.51 广东省交通气象业务平台——实况监测

（2）道路预警：根据用户需求事先在后台设定阈值范围，对某要素超过设定阈值的高速路段进行实时警报，及时提醒服务人员进行关注影响交通安全的低能见度、强降水、大风、路面高温、道路结冰等气象灾害事件。

（3）短期预报：提供全省高速公路、国道以及高速公路服务区、高速公路出入口、港口等重要地点的未来 24 小时精细化短期预报，分为气象要素值预报和气象灾害影响等级预报，预报要素包括气温、风速、相对湿度、小时降雨量、24 小时降雨量、能见度、雾、24 小时最高温度、24 小时最低温度，以地图方式展示各要素预报数据，可选择高速线状填色或全省面上填色（图 6.52）。

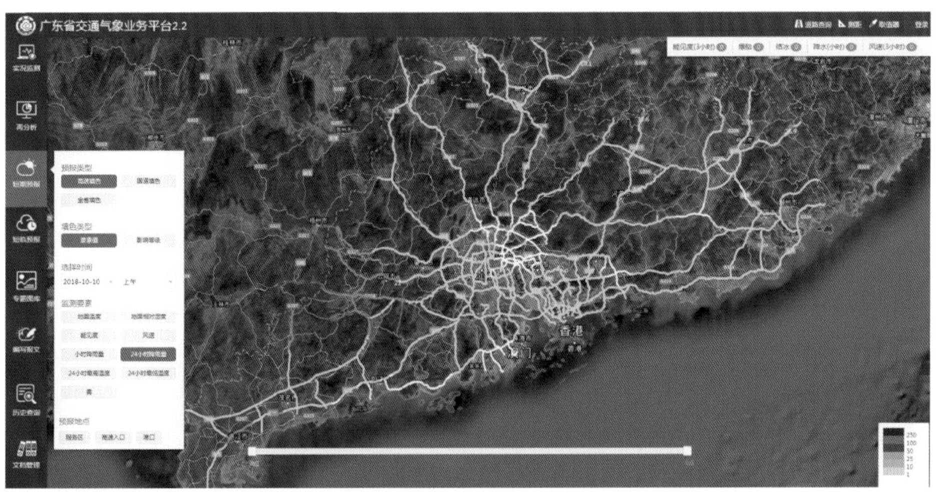

图 6.52 广东省交通气象业务平台——短期预报（如图为 24 小时降雨量高速填色）

（4）短临预报：接入基于雷达外推的降水预报、基于“雷电临近预警系统”的雷电预报，以地图方式展示全省临近灾害天气预报。

（5）报文编写：支持人工在线编辑、发布广东省及各地市的交通气象日报、专报和快报，同时支持定时向其他公众平台推送全省高速公路气象综合预报图。

6.3.4.2 技术方法

广东省交通气象业务平台的监测、预报和预警三大功能的实现，主要依托全省密集的监测站点和精细化的预报产品。

（1）监测：站点实况监测来源于广东省交通气象站、国家气象站、区域自动气象站、风廓线雷达、多普勒雷达等监测数据。基于站点观测数据，通过再分析处理，得到全省高速公路各要素实况资料。另外，道路热谱测量技术的研发为实现基于单点路面温度推算全线路面温度提供强有力支撑，目前已形成粤西北高速公路热谱数据库（图 6.53）。

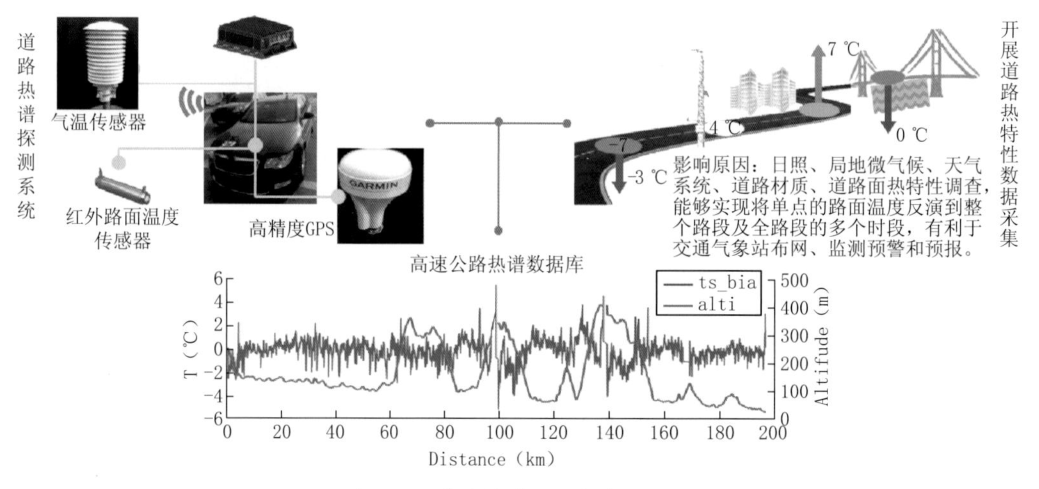

图 6.53　道路热谱测量技术示意图

（2）预警：根据高速公路再分析资料和预设阈值，对单要素或多要素超过设定阈值的高速路段进行预警提醒（图 6.54）。

（3）预报：未来 1～6 小时的短临预报基于多普勒雷达监测数据和 QPF 降水定量预报产品。未来 24 小时的短期预报是基于广东省数值天气预报重点实验室的 GRAPES 模式预报产品和广东省气象台 GIFT 网格预报产品，通过对模式产品的释用及订正，从而得到全省精细化网格预报产品。采用相关模型算法，利用网格预报产品进行高速公路填色处理，进而得到全省高速公路气象要素值预报和气象灾害影响等级预报等服务产品。其中，路面温度预报在统计预报的基础上，引进基于能量平衡方程和热量传导方程的预报模型，提高路面温度预报的准确度。

6.3.4.3 产品应用

广东省交通气象业务平台在部门合作方面发挥了重要作用。春运期间，高速通行压力剧增，同时粤北山区极易受山区雾和道路结冰影响，广东省气象局已连续 3 年春运为广东省交通厅推送春运交通气象专题服务产品，有效为交管部门提供精细化高速交通气象保障服务。图 6.55 为 2016 年春运期间发布的春运交通气象专题服务专报之一，提醒行车关注雨雾、地面湿滑和低能见度的不利影响。

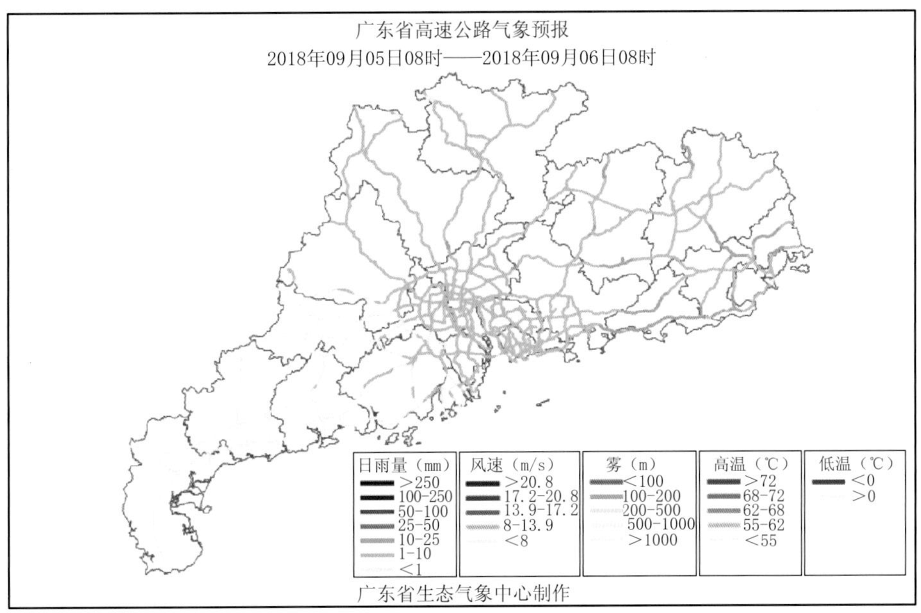

图 6.54　广东省高速公路气象综合预报图

中国天气网 > 广东 > 春运天气 > 2014

2016年春运交通气象专题服务（第108期）

2016-02-22 14:47:01　来源：中国天气网广东站　【字体：大 中 小】

22日夜间到23日白天，粤北、珠三角和粤西有小到中雨局部大雨，粤东有小雨，部分市县有雾，雾时能见度小于1公里。最低气温：粤北6℃～10℃，粤东、珠三角10℃～14℃，粤西12℃～16℃。全省雨雾天气对交通运输有一定的影响。

受雾影响的主要高速路段有：

京港澳高速（G4）乳源-曲江段、广州段，广澳高速（G4W），乐广高速（G4W3）乳源-曲江段、广州段，沈海高速（G15）广州-花都-三水-南海-鹤山-新会-开平-恩平段，长深高速（G25）龙川-河源段，济广高速（G35）龙川-河源段、广州段，大广高速（G45）新丰-从化-花都-广州段，二广高速（G55）怀集-广宁-四会-三水-广州段，汕昆高速（G78）怀集段，广昆高速（G80）南海-三水-高要-云浮段，珠三角环线高速（G94）珠海-中山-江门-新会-鹤山-高明-高要-四会-花都段，广清高速（G107）广州段，广河高速（S2）广州段，广深沿江高速（S3）广州段，广明高速（S5），从莞深高速（S29），东新高速（S39），广州机场高速（S41），广珠西线高速（S43），江珠高速（S47），新台高速（S49），韶赣高速（S10）韶关段，派街高速（S16），深罗高速（S26）新兴-高明段、鹤山-新会-江门-中山段，西部沿海高速（S32）台山-新会-斗门-中山段，广州环城高速（S81），佛山一环高速（S82）。

关注天气要点：

雨雾天气、地面湿滑及低能见度对交通的不利影响。

图 6.55　2016 年广东省春运交通气象专题服务

图 6.56 为 2018 年春运期间向广东省交通厅推送的其中一次春运交通气象 24 小时预报产品，重点提醒关注粤北山区道路结冰对行车安全的不利影响。

广乐省公路交通气象24小时预报产品

广东省生态气象中心提供

2018-02-01 07：20发布

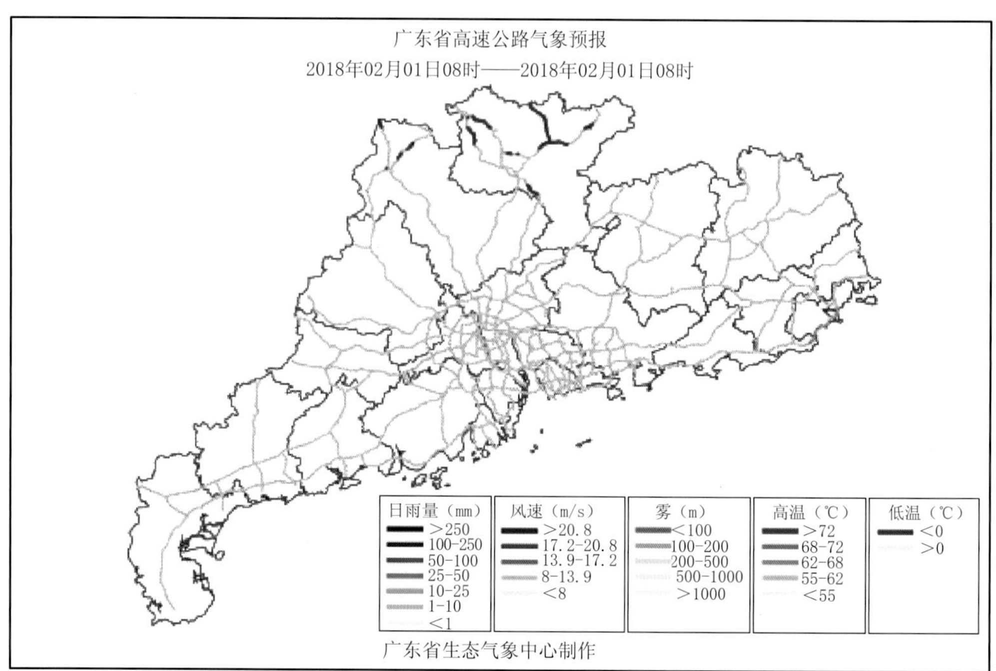

受路面结冰影响的高速公路路段：

高速公路名称（编号）	路段信息
京港澳高速（G4）	乐昌市-乳源瑶族自治县-韶关市-翁源县
武深高速（G4E）	仁化县
许广高速（G4W2）	连州市-清远市
乐广高速（G4W3）	乐昌市-韶关市
二广高速（G55）	连南瑶族自治县-连州市
南韶高速（G6011）	南雄市-仁化县-韶关市-始兴县
韶关北环高速（S84）	韶关市

图 6.56　2018 年广东省春运交通气象专题服务产品（推送至交通厅）

广东省交通气象业务平台的充实与丰富离不开网格数字预报的支撑，未来将充分利用数值预报产品，建立适用于广东省交通道路的横风、路面温度、水膜厚度等预报模型；将依托广东省气象台的精细化网格预报产品，拓展现有的交通气象业务，实现覆盖全省高速公路、国道、省道、县道、港口、码头等的海陆交通气象专业服务。

6.3.5　旅游气象服务应用

近年来因气象灾害导致的旅游者伤亡、旅游设施损毁事故时有发生。泰国普吉岛游船倾覆事件、江门台山漂流事故、湖北监利“东方之星”号客轮翻沉事件，无一不是血与泪的教训。为充分发挥气象信息对旅游经营者和各级旅游管理部门防范气象灾害、保障安全生产的重要作用，对旅游数据和气象数据进行资源整合、开展旅游气象服务具有重要意义。另一方面，在出游期间游客常常因“天公不作美”而与壮美气象景观擦肩而过感到遗憾。因此，借助气象部门现有的观测网络以及网格数字预报产品，挖掘景区气象资源，提供日出、云海、海浪、花期等旅游特色景观预报，让旅游气象服务有效提升游客旅游品质，促进景区效益增收，通过大数据分析和应用，助力景区安全营运与效益提升。

广东生态旅游气象服务系统由广东省生态气象中心研发建设，基于地理信息系统(GIS)，集监测、预报与预警信息发布于一体，实现专业化、精细化与定量化的旅游气象服务产品发布。服务系统分为公众预报产品、运营气象、决策气象三大类型，为不同的目标用户提供全省旅游气象服务保障，进一步提升旅游气象服务能力。

6.3.5.1 系统架构

广东生态旅游气象服务系统主要有监测、预报和预警三大功能，同时具备景点的气候生态预测、特殊景点景观预测功能，分为公众预报产品、运营气象、决策气象三大类型，将实时获取的数据资料集成存储于旅游气象信息数据库中，并通过系统界面进行综合展示(图 6.57)。

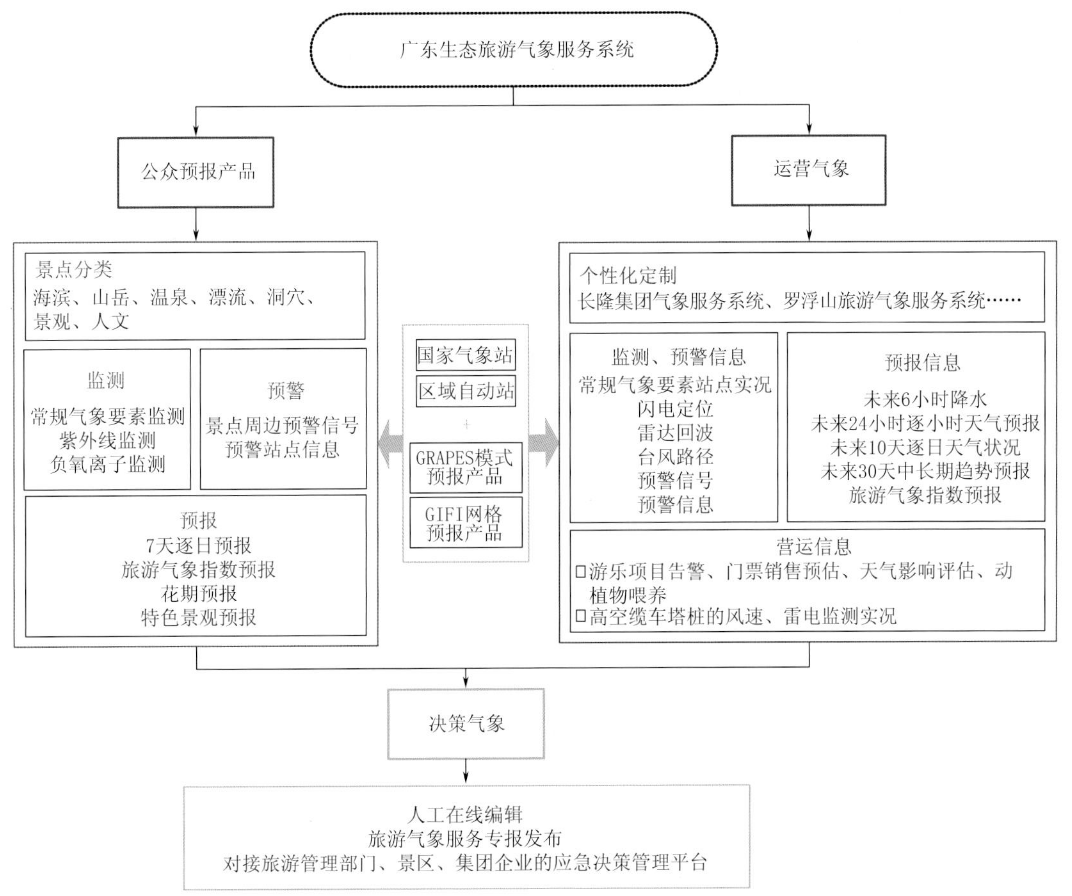

图 6.57 广东生态旅游气象服务系统架构

1. 公众预报产品

将旅游景点划分为海滨、山岳、温泉、漂流、洞穴、景观、人文旅游 7 大类，根据不同的景点类型展示广东省 4A、5A 景点相关的气象监测、预警和预报产品，包括各景点常规气象要素监测实况、7 天逐日预报、旅游气象指数预报（穿衣指数、风寒指数、中暑指数、紫外线指数、人体舒适度等）、花期预报、特色景观预报（如云海、日出、日落、雾凇、雪景等）、周边预警信号与预警站点信息，同时展示全省最佳赏花时间、全省紫外线监测、全省负氧离子监测等。另外，接入广东省旅游局共享的热门景点排行数据。支持各景点的气象要素、旅游气象指数等信息的搜索查询（图 6.58）。

图 6.58　广东生态旅游气象服务系统界面

2. 运营气象

为景区定制专属服务系统，支持企业的个性化编辑与管理。目前已定制“长隆集团气象服务系统”和“罗浮山旅游气象服务系统”并投入景区日常使用（图 6.59～6.60）。

图 6.59　长隆集团气象服务系统界面——实况预警信息

运营气象模块的子系统包括：(1)监测、预警信息，景区不同半径范围内常规气象要素站点实况、闪电定位、雷达回波、台风路径、预警信号和预警信息；(2)预报信息，未来 6 小时降

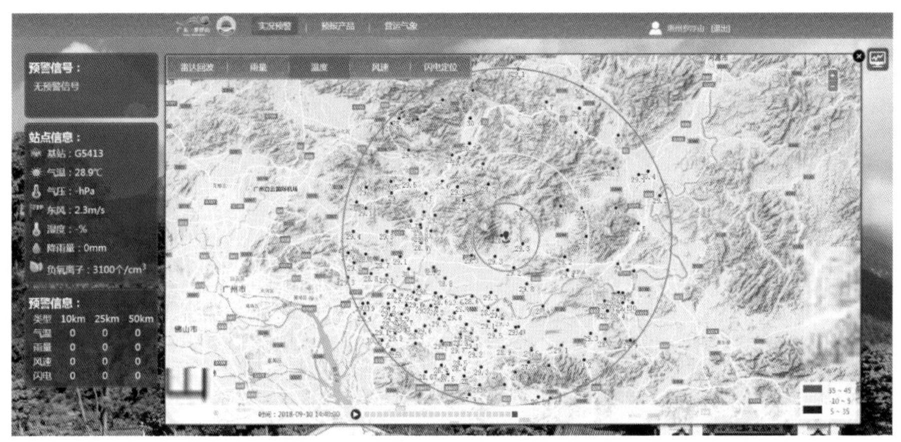

图 6.60　罗浮山旅游气象服务系统界面——景区 50 千米范围内站点实时观测(如图为温度要素)

水、未来 24 小时逐小时天气预报、未来 10 天逐日天气状况、未来 30 天中长期趋势预报的多时间尺度天气预报产品，以及旅游气象指数预报；(3)营运信息，配置游乐项目告警、门票销售预估、天气影响评估、饲养调节等营运气象模块；接入景区内高空缆车塔桩的风速、雷电监测实况。

3. 决策气象

支持人工在线编辑、发布广东省及各景区的旅游气象服务专报，同时支持对接旅游管理部门或景区、集团企业的应急决策管理平台。

6.3.5.2　技术方法

全省监测数据和精细化的预报产品是广东生态旅游气象服务系统的主要数据支撑。

(1)监测：基于广东省自动气象站、风廓线雷达、多普勒雷达等监测数据，经过再分析处理，得到景点各要素实况资料。

(2)预警：以景区为中心，设定不同半径关键区范围，分别获取不同预警区内所有自动气象站数据、天气雷达数据、大气电场仪数据，当对应关键区范围内的监测数据达到服务阈值，高亮显示超过阈值的站点及数值，同时提供告警提醒。

(3)预报：基于广东省数值天气预报重点实验室的 GRAPES 模式预报产品、广东省气象台 GIFT 网格预报产品等数据，通过对模式产品的释用及订正，得到全省精细化网格预报产品，进而得到省内任意 4A、5A 景点未来 1～6 小时降水预报、24 小时逐小时天气状况预报、1～10 天逐日天气预报、30 天天气趋势及天气系统影响预报，以及在此基础上衍生得到的旅游气象服务预报产品，包括：

① 紫外线预报：基于辐射传输模式、三维中尺度天气模式、空气质量模式和卫星反演参数，建立紫外辐射预报模型，输出紫外辐射强度和指数预报产品(图 6.61)。

② 旅游气象指数预报：利用精细化网格预报产品，建立风寒指数、穿衣指数、中暑指数、人体舒适度等旅游气象指数的计算模型。

③ 花期预报：根据农业气象花期预测模型，融合市县代表站点中长期预报、广东省开花植物分布及其气候花期，研发景观花期预报产品。

④ 景观预报：基于环境气象预报与天气要素预报，建立云海、日出、日落、雾凇、雪景等特色景观出现概率模型。

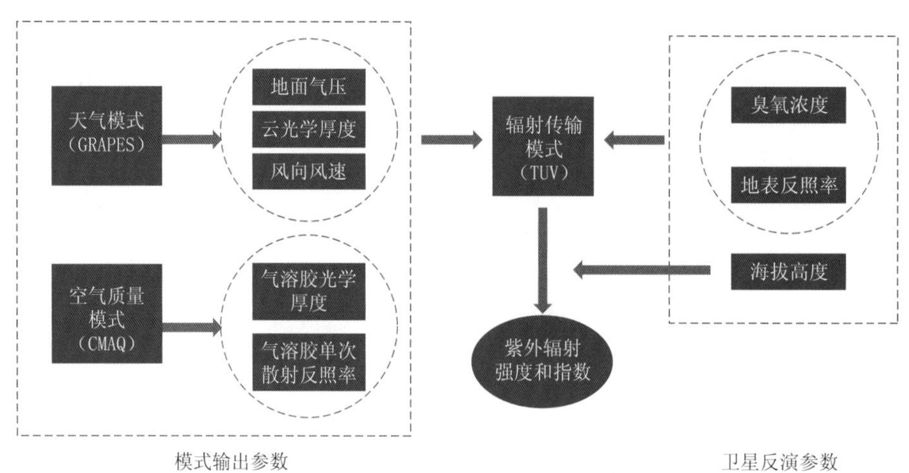

图 6.61　紫外线预报模型技术路线

6.3.5.3　产品应用

广东生态旅游气象服务系统是网格数字天气预报在交叉行业的重要应用。一方面从"趋利"角度,通过挖掘和打造景区核心资源,规划景区生态气象观测站网配套建设,从而发挥生态效益;通过设计旅游气象服务产品,为用户的经营策略调整提供技术支撑,从而提升经济效益。二是从"避害"角度,加强对景区灾害性天气影响期间的服务,保障安全生产。广东生态旅游气象服务系统很好地提升了旅游气象服务能力,主要服务案例如下。

1. 气象规划助力生态成效

以惠州市博罗县罗浮山景区申报"中国天然氧吧"为契机,广东省气象部门对罗浮山景区开展生态旅游气象服务,在保障景区安全生产的同时,助力地方生态文明建设和经济效益增长(图 6.62～6.63)。从景区加强生态保护以及可持续发展的需求出发,为其打造生态气象服务全链条,其中包含:(1)对景区生态和旅游气象资源的评估,确定气象核心要素及产品切入点;(2)进一步挖掘和打造景区核心资源,获得品牌效益增长点;加强对景区灾害性天气影响期间的服务,保障安全生产;(3)利用气象部门在气象监测、预警、预报信息综合展示的丰富经验,为景区搭建"罗浮山旅游气象服务系统",并配套建设生态旅游气象观测站网;(4)围绕景区发展规划和目标,制定负氧离子体验馆设计方案,利用气象渠道加大品牌宣传力度。经过中国气象服务协会评选,罗浮山景区凭借生态环境优美、生态旅游规划妥当、配套设施完善等诸多优势,成功获得 2017 年"中国天然氧吧"称号。气象部门成功将生态气象服务融入地方生态文明建设,为"绿水青山就是金山银山"保驾护航。

2. 气象评估带来效益增收

2017 年春季,根据气象监测数据,2 月和 3 月珠三角日平均气温较常年同期偏高、降水偏少,同时根据广东省气象部门的预测,4 月份日均温度仍然偏高。鉴于此,广州长隆水上乐园决定提前开园,按照每日 5000 人的游客数量来计算,4 月份总收益为 3100 万元。长隆集团旅游气象服务给长隆集团的运营决策带来了实质性受益。

3. 气象监测保障安全生产

"长隆集团气象服务系统"自上线以来,获得用户长隆集团的认可与好评,认为在夏季台风频繁登陆期间,系统精准的监测预警发挥了重要作用。

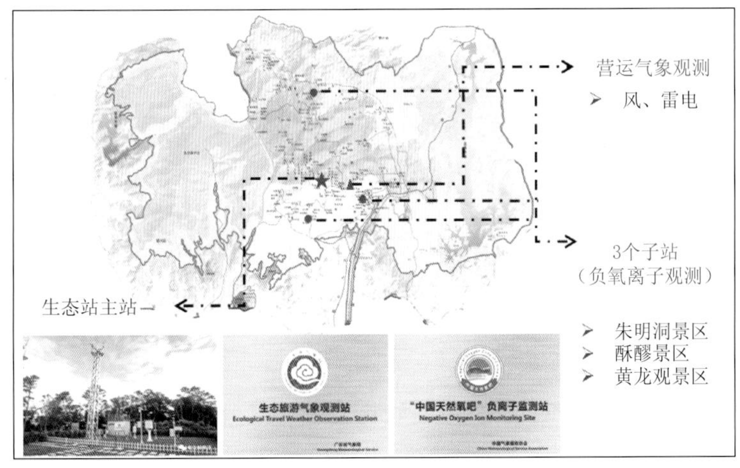

图 6.62　罗浮山生态旅游气象观测站网

图 6.63　罗浮山景区缆车气象实况

(1)在 2017 年第 13 号强台风“天鸽”影响广东过程中，“长隆集团气象服务系统”提供的实况监测与预警信息(如图 6.64)，使得长隆水上乐园能够及时掌握台风对景区的破坏力，为景区工作人员做出相应的防御措施争取了宝贵的预警时间，长隆集团特地致信感谢。

(2)在 2017 年第 20 号强台风“卡努”步步逼近广东过程中，在 10 月 15 日 10 时，珠海市台风黄色预警信号正生效中。长隆珠海园区工作人员通过“长隆集团气象服务系统”的实况监测与预警信息，结合气象部门的及时提醒，得知“卡努”台风路径将偏西移动，珠海市升级台风橙色预警信号的可能性较小，不会对景区造成更大的影响，使得长隆海洋王国及时做好应对工作，无需采取闭园紧急预案。

(3)在 2018 年第 22 号强台风“山竹”正面袭击广东的过程中，“长隆集团气象服务系统”提供台风“百里嘉”和“山竹”气象监测、预警预报、台风路径信息(图 6.65)，帮助长隆集团提前研判台风“山竹”对景区的影响程度及台风预警信号的风险等级，使得长隆集团提前三天开始部署防御准备(闭园准备)，做了大量防御提升工作，最终长隆集团珠海、广州度假区基本没有损伤及灾害。

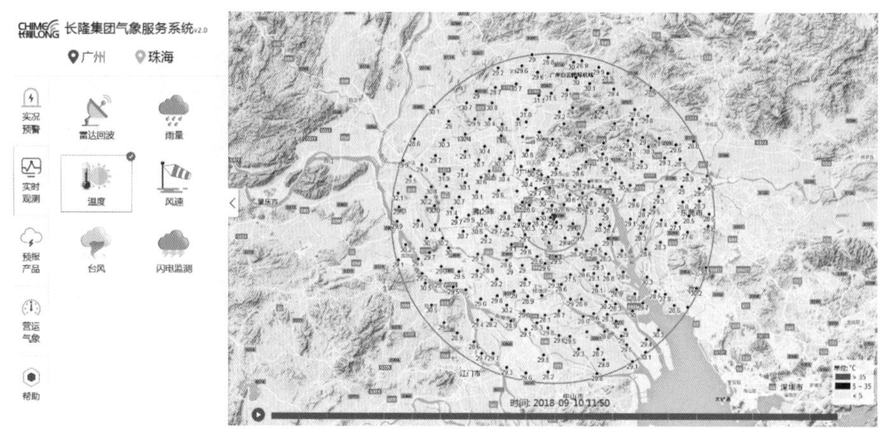

图 6.64　长隆集团气象服务系统——景区 50 千米范围内站点实时观测

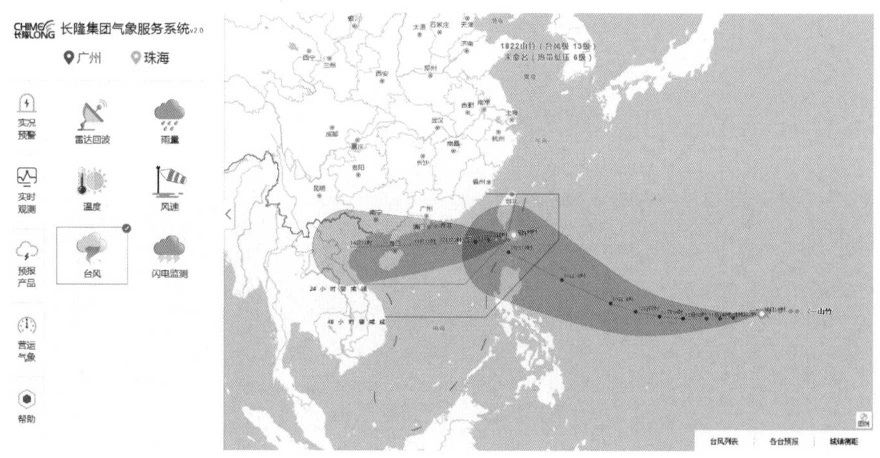

图 6.65　长隆集团气象服务系统台风“山竹”路径信息

6.3.6　海洋气象服务应用

海洋气象预报服务是保障海洋经济平稳运行的关键因素，海洋气象业务发展水平也是一个国家海洋综合实力的重要指标。随着社会和经济的不断发展，海洋防灾减灾、海洋经济和资源开发、海上交通安全、海上军事行动和国防安全等方面都对海洋气象预报业务提出了更高标准的要求。

“海上丝绸之路”是“一带一路”的重要组成，建立“海上丝绸之路”海洋气象安全保障线，强化综合防灾减灾、生态安全保障、应对气候变化等能力，服务于我国对外技术援助、促进欠发达国家、地区区域气象防灾减灾能力提升，服务我国在沿线国家实施的各项重大工程项目，是“一带一路”倡议的必然需求。

“海上丝绸之路”沿线海域气象灾害种类多，发生频率高，往往会造成重大经济损失和人员伤亡。因此，面向二十一世纪“海上丝绸之路”和国家发展战略实施的现实需求，广东省气象局基于海洋网格预报和多源观测数据，开展了“海上丝绸之路”海洋气象预报服务系统建设，为提升我国和“海上丝绸之路”沿线国家和地区海洋气象服务、灾害风险管理能力提供核心技术支撑。

6.3.6.1　系统框架

“海上丝绸之路”气象服务系统以保障海洋经济建设和沿线航行为核心出发点，基于广东省海洋网格预报产品，同时整合沿线各国和地区的船舶和岛屿观测、天气预报、数值预报、热带气旋警报及卫星遥感观测等多种信息于一体，开发了一套基于 WebGIS 技术的气象预报和预警服务系统。图 6.66 给出了系统框架，其主要包含实况观测和预报产品、资料处理、数据库和资料显示系统等四个模块。

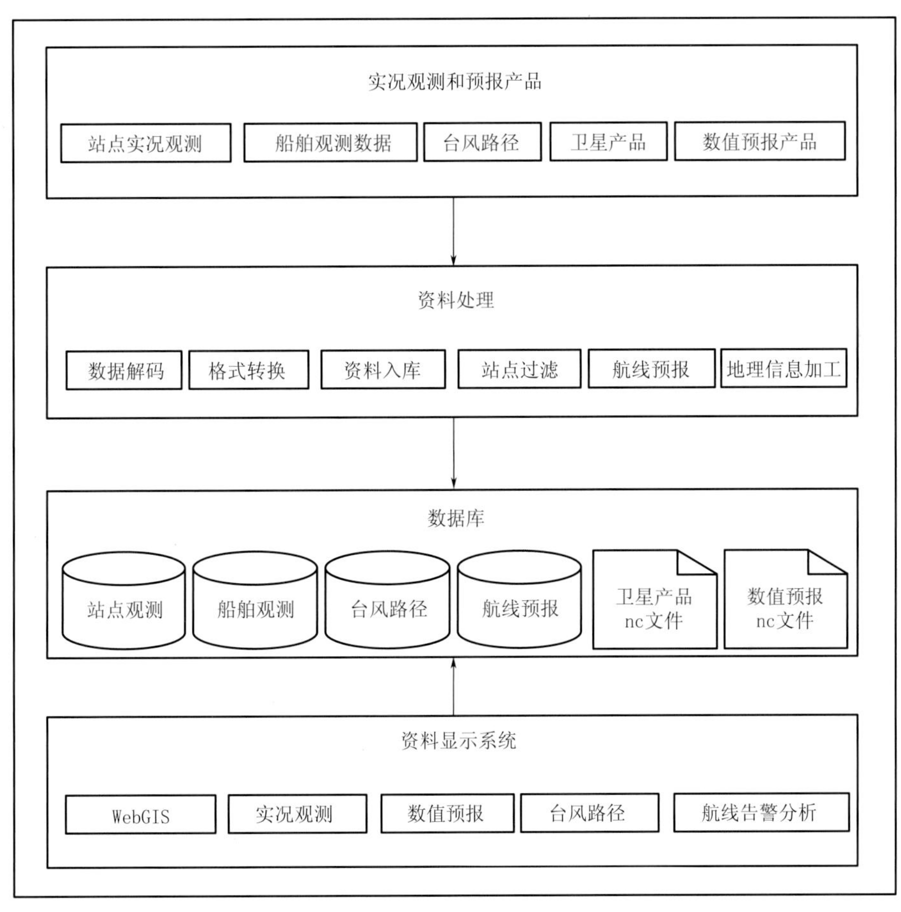

图 6.66　“海上丝绸之路”气象服务系统框架图

6.3.6.2　主要产品

“海上丝绸之路”气象服务系统具有结构化、模块化和可配置性等特点，通过点、线、面三种形式共同构建多维海洋气象预报服务展示系统。系统包括 7 个模块产品：天气预报、海区预报、航线风险、天气实况、卫星云图、热带气旋、南海预报。各个产品之间的信息可以自由组合叠加，提供多角度的气象预测预警信息。

1. 天气预报产品

天气预报产品涵盖了“海上丝绸之路”沿线的各个国家和地区的 60 多个主要港口及城市的未来 7 天的天气预报。具体显示内容包括：城市名称、天气图标、最高温和最低温、风向以及风力等级等气象要素。

2. 海区预报产品

海区预报产品则提供了海上丝绸之路所经海域的海洋 7 天大风等天气的预报和警报，并可获取任一海域的海洋单点未来 7 天天气预报。基于地图漫游，可以实现任一点风向和风速的时间演变图（图 6.67）。

3. 航线风险产品

航线风险产品提供了 20 多条主要航线的风险分析及 4 种等级风险告警，航线风险告警等级具体为：无风险，有一定风险、较大风险、非常危险。当选取任何一条有风险的航线时，系统会自动弹出航线风险告警分析信息，具体内容包括：经纬度信息、航线告警等级以及风险提醒描述等信息。

4. 天气实况产品

天气实况产品提供收集的沿线海域的各种观测和探测的实况数据资料。具体显示内容包括：经纬度信息、日期、温度、气压、降水、能见度、风向和风速等。

5. 卫星云图产品

卫星云图产品主要展示 FY 系列静止卫星数据资料，包括单张显示、动画播放、过滤显示等功能。

6. 热带气旋产品

热带气旋产品发布相关海域的热带气旋预警信息。具体显示内容包括：台风编号、台风强度、台风名称、时间、位置、气压、风力、七级风圈和十级风圈等。

7. 南海预报产品

南海预报产品提供南海 14 个海域的未来 7 天预报。各海区用虚线分隔开，每个区域使用区域名加天气图标标识，具体显示内容包括为：日期、天气、风向、风力、阵风和能见度。

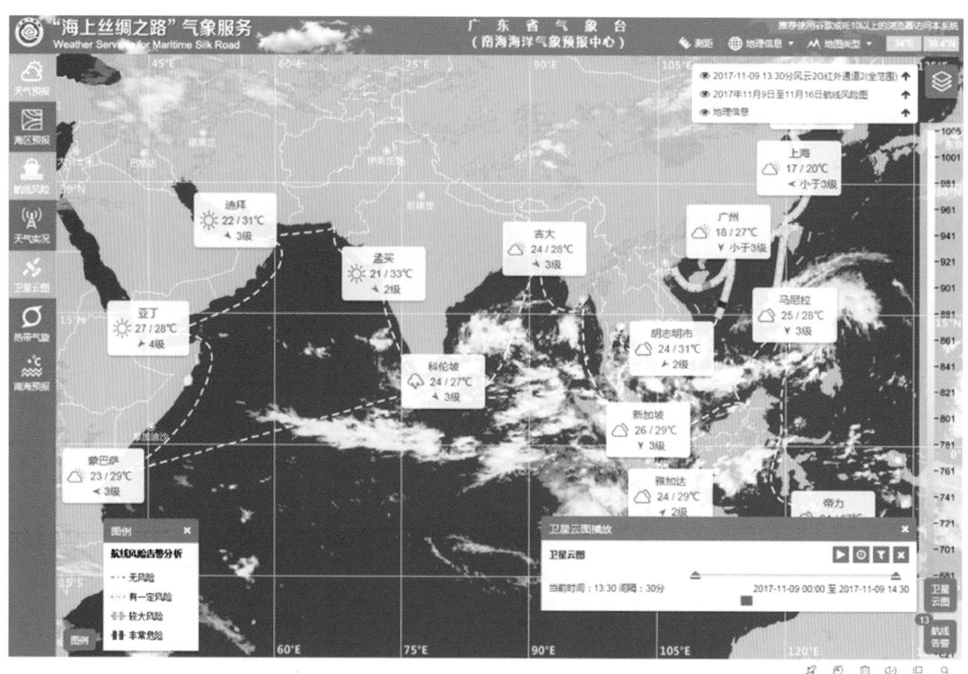

图 6.67 “海上丝绸之路”气象服务系统界面

6.3.6.3　产品应用

“海上丝绸之路”沿线区域海洋气象灾害频繁，热带气旋、强冷空气活动等导致的大风、暴雨、强对流、雷电、风暴潮、大雾、海冰等灾害时常发生，给海上和沿海安全生产带来严重威胁。海上风大浪高，气象条件复杂，准确的气象预报预警和及时优质的服务显得尤为重要。“海上丝绸之路”预报服务系统的建成及应用，为海洋气象服务业务的发展提供了有力的支撑。基于该系统发布的精细化预警预报服务，已逐渐在海上安全生产、远洋捕捞、海上运输和防灾抢险等领域发挥着重要作用，有力地提升了我国海洋气象服务能力。

近年来，我国遭受了多次强台风袭击，“海上丝绸之路”气象服务系统在台风防灾减灾过程中发挥着巨大的作用。例如，图 6.68 给出了“山竹”登陆前 9 小时(2018 年 9 月 16 日 08 时)的航线风险和海区大风预报等信息。系统显示南海大部海区均会出现 6 级以上大风，其中台风中心经过附近海域风力可达 11 级以上。同时，系统还发布了 24 条航线风险告警，图 6.69 给出同一时刻的航线告警部分列表，为相关航线提供了告警等级及风险提醒信息。

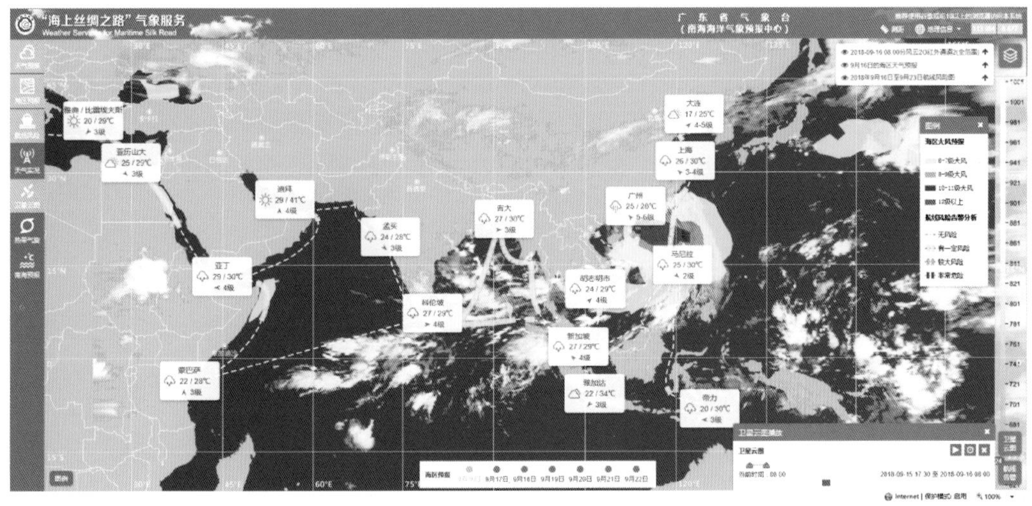

图 6.68　2018 年 9 月 16 日 08 时台风“山竹”航线风险、海区大风预报、卫星云图和天气预报叠加图

航线告警列表

航线名称	告警等级	风险提醒信息
天津到大连	有一定风险	预计2018-09-21 02时将出现11.7米/秒大风，最大风力13.4米/秒
广州到胡志明	非常危险	预计2018-09-16 11时将出现19.1米/秒大风，最大风力26.8米/秒
胡志明到西哈努克	有一定风险	预计2018-09-17 05时将出现10.9米/秒大风，最大风力11.9米/秒
西哈努克-曼谷	有一定风险	预计2018-09-16 14时将出现11.3米/秒大风，最大风力11.8米/秒
台北-马尼拉	有一定风险	预计2018-09-18 17时将出现11米/秒大风，最大风力16.6米/秒
马尼拉-文莱	有一定风险	预计2018-09-16 11时将出现10.9米/秒大风。
胡志明-新加坡	有一定风险	预计2018-09-17 05时将出现11.2米/秒大风，最大风力11.4米/秒
新加坡-仰光	有一定风险	预计2018-09-17 02时将出现10.9米/秒大风，最大风力12.5米/秒

图 6.69　2018 年 9 月 16 日 08 时航线告警部分列表

第 7 章　网格数字天气预报业务组织实施

从 2008 年起，经过 10 年坚持、5 年尝试、2 年试验和 3 年业务，广东走完了精细化网格预报从科研到业务之路，实现了省市一体精细化网格预报业务。这一业务涉及数据、系统、预报技术、产品分发、省市联动等多环节、多系统的相互串联，多个业务流程的相互衔接，也涉及多个单位的业务联动。这个过程中，高效并有效的业务组织是推动网格预报业务省市两级有效开展、服务效益增值的推手。

广东精细化网格预报业务组织在没有先例参考情况下，从实践出发，边摸索边改进，分步推进，先开展技术方法的研发，再进行业务系统的搭建，然后组织业务流程的串联。在这个过程中成立了网格预报团队作为技术研发支持，组建了网格预报领导小组保障各业务串联。通过召开每月例会等方式加强沟通、及时有效解决问题，并制定了一系列激励政策。通过设立科研和项目推进网格预报业务快速发展，重新设置了适应网格预报业务流程的岗位。本章从实施背景和组织历程、网格预报业务流程和岗位调整、核心支撑技术组织、网格预报业务检验共四方面阐述了广东网格预报业务的组织过程。

7.1　实施背景和组织历程

随着社会公众对天气预报需求的不断增加，开展精细化网格预报业务已是迫在眉睫。传统的天气预报业务以站点、文本预报方式为主，时间分辨率大多以天为间隔，每份预报需要单独编辑制作。在新时期，面对日益增长的个性化、精细化服务需求，依靠预报员劳动密集型方式，单独文本表格编辑预报制作容易造成重复劳动、工作效率低，且缺乏科技支撑；同时，这样相对粗犷的预报方式无法适应政府和社会公众的精细化预报服务需求，也难以为山洪地质灾害、交通气象、水文气象等提供精细化定量化的预报支撑。

国外部分发达国家发展网格预报业务较早。美国在 20 世纪 90 年代中期已经开始网格预报产品订正系统(GFE)研究，2000 年开始试验部署，2002 年试验发布产品，2005 年正式开展精细化预报格点业务，绝大多数预报都是格点化预报产品，利于下游用户进行产品加工和服务。美国数值预报技术比较先进，能提供大量的精细化格点产品，随着模式技术的进步，开展网格预报也就是顺水推舟之事。之后澳大利亚全盘引进了美国的精细化网格预报业务系统，并正式对外开展此项业务。

而广东开展精细化网格预报则与国外不同，可以说是需求倒逼。广东省气象局 2008 年 1 月组织开始精细化网格预报业务系统研发，其中一个重要原因是 2010 年亚运会将在广东召开，广东省气象局承担繁重的气象保障任务。亚运场馆分散在全省各地，赛事活动频密，且对预报时次和时效要求高，以传统的天气预报业务难以满足其精细化预报服务需求。通过集中攻关，广东省初步建立了精细化网格预报业务平台，成果在 2010 年广州亚(残)运会中得到很好应用。2010 年 1 月 16 日，中国气象局以 1 号文的形式下发了《现代天气业务发展指导意见》，要求逐步建立精细化、专业化、集约化的现代天气业务体系。2011 年底，中国气象局和广东省人民政府决定把广东作为率先基本实现气象现代化试点省，2012 年 3 月，中国气象局与广东省政府签署了加快气象现代化试点省建设合作备忘录。建立现代天气业务体系，率先基本实现天气预报业务现代化，其重中之重就是在全省推广建立起基于数值天气预报基础的精细化数字网格预报业务，实现预报精准化和流程集约化。

广东将发展需求与全国气象业务部署相结合，探索实践精细化数字网格预报业务，而区域数值天气预报精准度的不断提高也为开展精细化网格预报提供了核心技术支撑。广东省气象局组织广东省气象台于 2012 年全面实施数字网格预报业务。2012 年 6 月 28 日起广东省气象台设立专门岗位进行网格天气预报业务试验，与传统业务并轨运行。同年 10 月 16 日，广东省气象台正式实施精细化网格编辑制作业务，精细预报指导产品正式上线。2013 年广东省气象局选取广州、韶关市气象台为试点，于 5 月 1 日开展市级精细化数字网格业务试运行，稳妥推进网格预报业务向市级延伸。试点业务运行良好之后，网格预报业务在全省铺开。2014 年，正式在全省建立起基于区域数值天气预报的精细化数字网格预报业务，实现了预报要素空间格点化、时间连续化、特征定量化和制作流程集约化，提升了精细化预报服务水平。

在组织实施过程中，广东省气象局高度重视，成立广东省气象局精细化气象网格预报工作领导小组确保组织领导到位；组建科技创新团队并予以持续经费支持，通过设立科研重点项目引导业务骨干对核心技术进行攻关，确保技术支撑到位；组织流程再造，制定精细化网格预报业务规范。从 2008 年起，经过 10 年坚持、5 年尝试、2 年试验和 3 年业务，广东走完了精细化网格预报从科研到业务之路，实现了省市一体精细化网格预报业务。

2016 年中国气象局下发了《现代气象预报业务发展规划（2016—2020 年）》，要求 2020 年前全国建成从分钟到年的无缝隙集约化气象预报业务体系。2017 年，中国气象局组织全国各省开展智能网格预报，广东省气象局以此为契机，组织攻关进一步提高网格预报的智能化水平，努力走在全国智能网格预报的前列。

7.2　网格预报业务流程和岗位调整

广东网格预报业务开展之初没有可供借鉴的模式，都是在摸索和实验中逐步推进的。虽然技术流程有计划，但业务流程既要考虑业务连贯性，也要考虑未来的发展空间，整个业务流程的建立也需要系统稳定的支持。因此，广东网格预报业务流程最初的建立和组织都在省气象台进行，省局科技预报处在关键时间节点给予有力的协调和支撑；当业务流程推进到市级时，科技预报处组织了每月例会、培训、核心技术攻关、科研项目支撑等工作，确保格点业务流程顺利推进。表 7.1 给出了整个格点业务流程期间发文情况。

网格预报业务化过程主要包括网格预报业务流程建立、适应新流程的岗位设置、系统和业务培训，下面分别介绍组织历程。

表 7.1　格点业务组织中省市发文及其重点内容

年份	发文单位	发文	重点内容
2012 年	广东省气象台	广东省气象台岗位设置和业务流程调整方案	制定格点业务开展计划

续表

年份	发文单位	发文	重点内容
2012 年	科技与预报处	关于开展广东省精细化网格预报业务的通知(粤气预函〔2012〕18 号)	6 月 28 日起,省气象台正式开展广东省精细化网格预报业务
2012 年	科技与预报处	关于省气象台开展精细化要素网格预报业务的通知(粤气预函〔2012〕28 号)	10 月 16 日起,省气象台正式开展精细化要素网格预报业务
2013 年	广州市气象台	广州市精细化数字网格天气预报业务流程	制定市级网格预报业务流程
2013 年	广东省气象台	关于下发《广东省气象台首席岗位设置及业务工作流程》的通知(粤气台[2013]号)	强化首席对网格预报业务指导
2013 年	科技与预报处	关于开展省市精细化要素网格预报业务的通知(粤气预函〔2013〕52 号)	2014 年 4 月 1 日起,全省各市局将按照新的业务流程正式启动精细化要素网格业务
2014 年	科技与预报处	关于下发广东省精细化网格天气预报质量检验方法(试行)的通知(粤气预函〔2014〕12 号)	《广东省精细化网格天气预报质量检验方法》(试行)
2014 年	广东省气象台	广东省气象台关于调整日常天气会商流程的通知	简化会商流程
2015 年	广东省气象局科技预报处	关于进一步做好精细化网格预报和数值预报产品检验分析和视频交流的通知(试行)	6 月 1 日起,每周五上午全省天气视频会商结束后,进行精细化网格预报检验交流
2015 年	广东省气象局科技预报处	关于调整优化省市格点精细化要素预报业务流程的通知(粤气预函〔2015〕26 号)	从 2015 年 9 月 1 日至 30 日,省台及各市局每天(早上和下午)两次开展业务测试。10 月 1 日起,正式按照此业务流程运作
2016 年	广东省气象局科技预报处	关于 4 月 1 日起调整有关预报业务的通知粤气预函〔2016〕6 号	取消早晨市级的短期预报,由省台统一制作发布
2016 年	广东省气象局	广东省气象局关于成立精细化气象网格预报工作领导小组的通知粤气函〔2016〕282 号	全面推进我省精细化气象网格预报业务体系建设
2017 年	广东省气象局科技预报处	关于调整网格预报业务流程和开展 FAST3.0 系统业务应用的通知(粤气预函〔2017〕25 号)	各市按照根据天气变化及时更新,订正时保证短临预报和中短期预报的一致性

7.2.1 分步建立网格预报业务流程

随着网格预报业务的探索、开展和逐步推广,最终网格预报业务完全取代传统的站点预报业务,广东省气象预报业务流程也随之调整。这个过程不是一蹴而就,而是在摸索中逐渐调整,在实践中不断完善。按照发展历程,大致可以分为六个紧凑的阶段(表 7.2)。第一阶段是业务酝酿阶段,是业务化之前网格预报可行性探索和图形化编辑平台的构思阶段;第二

阶段是省级业务启航阶段，省气象台开展网格预报业务，传统预报业务流程开始向网格预报业务流程转变；第三阶段是市级推广阶段，从试点市到全省各市业务试用，是网格预报业务一体化的重大转折；第四阶段是省市联动阶段，省市网格预报制作、反馈和发布流程串联，广东进入省市一体化网格预报业务新阶段；第五阶段是省级集约阶段，省市责任分工和业务流程再次调整，中短期网格预报向省级集约的尝试；第六阶段是短期短临无缝隙衔接阶段，组织各市开展精细化网格短时预报业务，建立短临和短期网格预报无缝衔接的流程，针对海量数据编辑探索核心技术支撑阶段。

表 7.2　网格预报业务流程建立和调整的各阶段和重点任务

阶段	时间	实施单位	重点任务	服务产品
业务酝酿阶段	2008—2011 年	省台	网格预报业务平台雏形	分县预报
省级起航阶段	2012—2013 年	省台	建立省级网格预报业务流程	分县预报，乡镇预报
市级推广阶段	2013—2014 年	省市台，信息中心	市级网格预报业务尝试	分县预报，乡镇预报；基于格点降水的山洪地质灾害风险预警产品
省市联动阶段	2014—2015 年	省市台，数据中心	省市网格预报业务联动	以上＋位置定位天气＋基于网格预报的交通气象、旅游气象、环境预报
省级集约阶段	2016 年	省市台，数据中心，公服中心	省市中短期网格预报业务向省级集约，国省业务对接，定位服务	以上＋分钟级天气＋农业气象＋海洋大风风险
短期短临无缝隙衔接阶段	2016—2017 年	省市台，数据中心，公服中心	网格预报短临和中短期无缝衔接	以上＋短临天气预报预警；对接国家级网格预报业务

网格预报业务流程经历了省级运行、省市各自运行、省市联动的过程。表 7.3 给出了这个流程中调整的重点。在整个业务推进过程中，根据实际情况开展多次的调整，最终形成了目前的省市共织一张网的高效业务流程。随着预报技术和智能化水平的提升，集约化水平的提高，省市的分工将会引起一轮新业务流程的更新。

表 7.3　网格预报业务流程调整进程

2012 年	省台内部各岗位独立网格预报流程，市台制作传统预报
2013 年	早晨和上午省台制作网格预报、市台站点预报，下午市台订正反馈网格预报、省台最终核定网格预报，以省台网格预报为最终服务数据
2014—2015 年	早晨和上午省台制作网格预报、市台城镇预报，下午省市同时在线编辑网格预报、省台在线监控差异，最终以市台网格预报为服务数据
2016—2018 年	早晨省台统一制作格点并发布城镇预报，下午省市同时在线编辑网格预报、省台在线监控差异，最终以市台网格预报为服务数据

每个阶段的重点任务和难点都不同，以下简述各阶段的主要组织方式。

7.2.1.1　业务酝酿阶段

2008 年到 2011 年，设计了一张网格预报蓝图，在国内无参考背景下，根据广东业务实际，建立了数据服务-技术支撑-编辑平台-发布系统-检验回馈的业务框架，并确定了技术路线，该阶段业务主要参加单位是省气象台。

该阶段尝试与社会公司合作，借助社会公司的软件技术，初步实现可视的图形化编辑操作平台。该阶段主要技术难点是从过去的定性预报编辑实现数字化编辑，编辑也从文字输入变为线条、区域等图形化操作实现预报思路。

第二个重要的进展是借助2010年广州亚运会，利用网格预报技术开展服务，初步搭建了数字预报的站点编辑、转换规则、产品发布流程，为今后格点业务流程的组织开展提供了一次实践摸索的机会。

7.2.1.2 省级启航阶段

2012年，是网格预报业务启航一年，真正意义上实现了网格预报业务化，完成了整个网格预报框架和流程，建立了网格预报数据库（NetCDF数据格式）、站点预报数据库（Oracle）。该数据库仍在省台运行，主要组织和参与单位是科技预报处和省气象台。

1. 分步推进网格预报业务化，网格预报在省台单轨运行

该阶段也分步推进，主要目标是制作和发布的网格预报能自动输出涵盖大部分现有预报产品。1—5月，业务产品梳理，格点-站点预报产品规则制定，业务系统改进或开发；6—10月，开展格点业务流程测试，传统业务和格点业务双轨运行阶段，主要目的是格点业务流程串联、纠错；10月16日，传统预报业务停止，网格预报业务在省台单轨运行。

2. 省台建立固定时次制作的中短期网格预报业务流程

本阶段业务流程的组织重点考虑以下两方面：一是格点业务能涵盖传统预报业务，预报产品以能取代传统预报为目标，预报时效也只到7天；二是力求满足所有传统预报需求和考核时间节点要求，尤其是满足城镇预报的制作时间节点。

广东省气象台精细化要素网格预报业务流程（2012年）

04:30—05:50
短期预报岗，制作未来1～3天广东陆地网格预报，预报时效为08:00—08:00
海洋预报岗，制作海洋1～3天南海海洋网格预报，预报时效为08:00—08:00
08:00—11:30
短期预报岗，制作未来1～3天广东陆地网格预报，预报时效为20:00—20:00
中期预报岗，制作未来4～7天广东陆地网格预报，预报时效为20:00—20:00
海洋预报岗，制作未来1～7天南海海洋网格预报，预报时效为14:00—14:00
14:00—15:45
短期预报岗，制作未来1～3天广东陆地网格预报，预报时效为20:00—20:00
中期预报岗，制作未来4～7天广东陆地网格预报，预报时效为20:00—20:00
海洋预报岗，制作未来1～7天南海海洋网格预报，预报时效为20:00—20:00
20:00—00:00
短期预报岗，广东陆地网格预报预编辑，预报时效为08:00—08:00
海洋预报岗，南海海洋网格预报预编辑，预报时效为08:00—08:00

预报产品数量大幅提升，网格预报初显增值效益。建成从人机交互网格预报制作、产品转换、产品生成到分发监控的一体化业务平台后，彻底改变了原有传统以站点和文本预报方式为主的预报，实现人机交互的网格数字预报业务，这是对传统业务模式的大胆创新和彻底变革。开发智能预报引擎和规则库，改变了人海战术制作近百份预报的局面（图7.1，图7.2），优化人

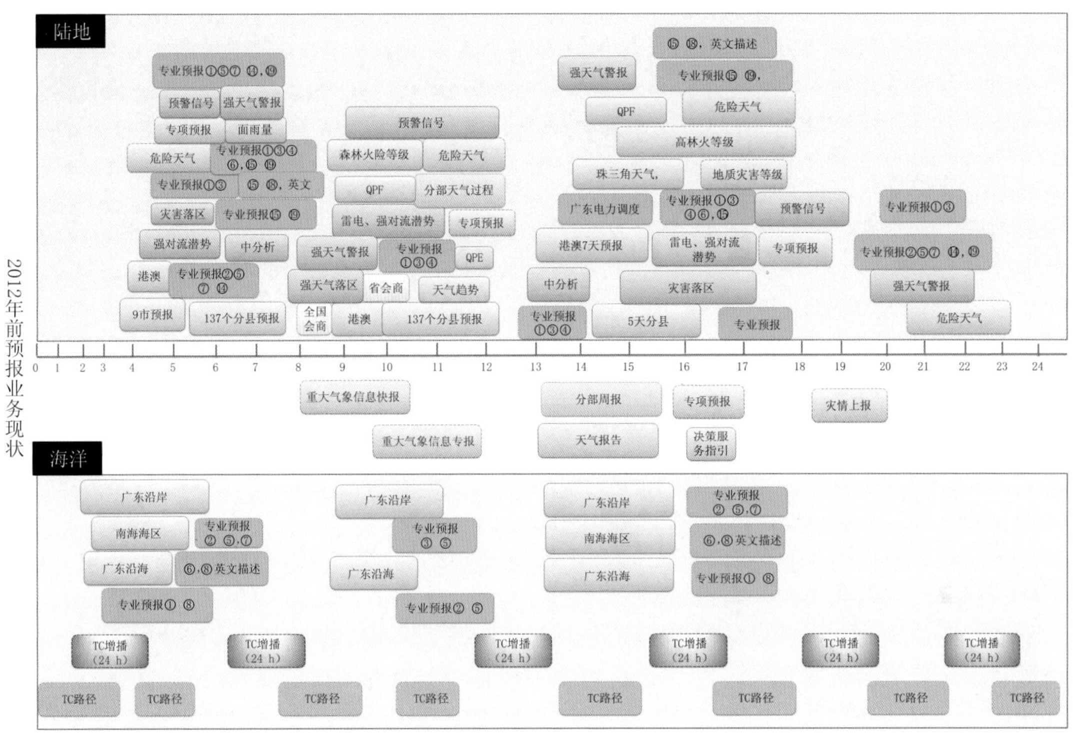

图 7.1　网格预报业务前省台每日需要预报员编辑的预报产品

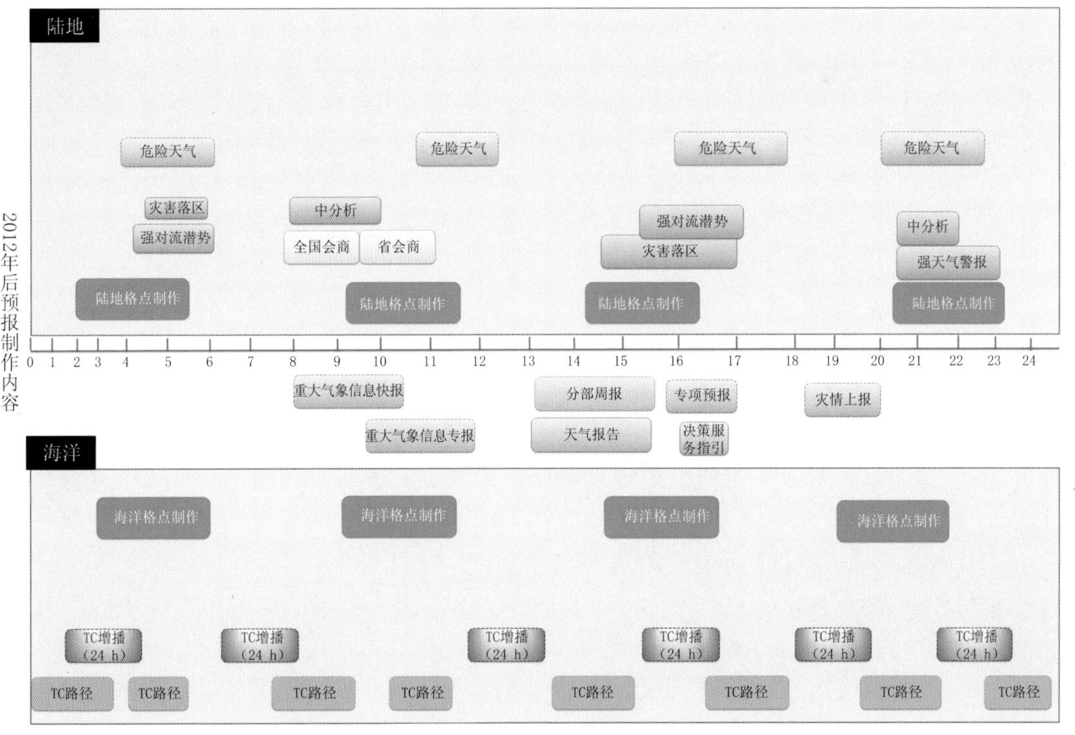

图 7.2　2012 年网格预报业务后预报员制作的产品

力资源向质量检验评估和技术支撑岗位转化。以智能工具箱、省市岗位协同等技术实现明确了预报订正的智能化方向，全省业务布局迈向更加扁平化。本阶段的成效是使预报员集中精力进行网格预报编辑，产品自动生成极大解放了劳动力，专业用户也可通过模板配置，自动输出点、线、面的图形、表格等多类预报产品，无需逐份编辑预报产品。

为了保证业务的连续性，保证公众用户、专业用户和决策用户不受业务切换的影响，同时要享受精细化业务流程调整带来的增值效益，实施精细化业务流程调整的策略是全面兼容旧有业务，强化专业服务产品，公共服务内容还是传统的站点预报服务。

本阶段主要难点：网格预报业务流程的制定，转换规则的制定和算法研发，预报员预报思路和操作方式的改变。

主要问题和解决方式：格点编辑功能不完善，系统不稳定；转换规则不能表达预报员思路，产品串联时有问题。针对主要问题，建立问题笔记本，各岗位及时收集问题和建议，按照问题紧急程度分步改进。

7.2.1.3 市级推广阶段

在省台格点业务运行基础上，针对性选取试点市开展业务试验，GIFT 编辑系统落地。

1. 选取两个试点市开展业务实验

选取广州和韶关为试点，2013 年 5 月 1 日—12 月 31 日期间，广州、韶关市气象台开展市级精细化数字网格业务试运行。此期间的主要任务是市级编辑平台的搭建、适合市级需求的产品全覆盖开发；2014 年 1 月 1 日至 3 月 31 日，广州和韶关市局按照新的业务流程正式启动精细化要素网格业务，目标是打通省市数据流，尝试省市订正反馈的流程。

2. 在全省 21 个市开展格点业务试用

2014 年 1 月 1 日至 3 月 31 日，广州和韶关市局按照新的业务流程正式启动精细化要素网格业务，其他市局在原有业务基础上同时试行网格预报业务。按照上级台站下发指导预报产品、下级台站补充订正后在规定时间内向上级台站反馈的工作流程，开展省市精细化网格预报。

3. 确定业务系统省级开发保障、市级应用的思路

为了降低日后版本维护的工作量，也兼顾市县级技术人才的不足，在建设市县版 GIFT 时达成一个共识和原则：市县版 GIFT 是省台 GIFT 版本上进行修改和扩充，代码与省台保持一致，所有开发的功能省市共用，省市版本区别仅是编辑范围不同，市县版的绝大部分界面和功能通过配置文件实现。

4. 市级牵头开发预报预警分发系统 FAST

考虑到省级预报服务与市级的雷同较少，而市级气象台的预报服务大部分相同，2013 年开始，由韶关市气象台联合多个市级气象台站牵头开发预报服务分发平台，2016 年广州市气象台进行了改进升级。

5. 开展基于网格预报的定向化风险预警业务

利用各时效的 QPF 和 QPE 产品，输入山洪、城市内涝等模式，开展山洪地质灾害、城市内涝等风险预警服务产品。数字网格预报业务为山洪地质灾害风险预报、城市内涝预警、交通气象预报、流域洪水预报、森林火险预报等基于影响预报的开展提供了高分辨的数字化产品支撑，有助于实现靶向分析，定向预警。

该阶段主要难点是市级 GIFT 版本开发、分发平台的搭建，还没有形成统一数据服务，尝试打通数据通道，试用市自己搭建本地数据库，传统业务和网格预报业务双运行，增大了工作量。

省市气象台精细化数字网格天气预报业务流程(试运行)2013 年

省气象台制作及下发全省精细化数字网格指导预报产品，修正各市台反馈预报并在网站上发布。各市气象台订正并反馈省台指导预报产品，将精细化城镇天气预报上传省局发往国家气象中心。

04:30—06:00

(1) 04:30—05:30(60 分钟)

省台陆地岗制作未来 3 天广东省陆地精细化数字网格指导预报产品，05:30 前将该产品下发至各市台。预报时效为 08:00—08:00。

(2) 05:30—06:00(30 分钟)

各市台调取省台未来 3 天精细化数字网格指导预报产品，订正制作未来 3 天精细化城镇预报产品，06:00 前将精细化城镇预报产品上传至省局发往国家气象中心。

08:00—12:00

(1) 09:40—10:20(40 分钟)

09:40 全省天气会商后，各市台修正 06:00 前上传省局的精细化城镇预报，10:20 前将未来 3 天预报上传至省局发往国家气象中心。预报时效为 08:00—08:00。

(2)10:30—12:00(90 分钟)

省台陆地岗制作未来 7 天广东省陆地精细化数字网格指导预报产品，预报时效均为 20:00—20:00。12:00 前将该产品下发至各市台。

14:00—16:00

(1) 14:00—15:00(60 分钟)

各市台调取省台 12:00 制作的未来 7 天精细化数字网格指导预报产品进行订正，15:00 前反馈至省台。预报时效为 20:00—20:00。

(2)15:00—15:30(30 分钟)

省台陆地岗修正市台反馈的未来 7 天精细化数字网格预报产品，15:30 前将修订后的未来 7 天精细化数字网格预报产品下发至各市台，并上传至信息中心发布上网。

(3) 15:30—16:00(30 分钟)

各市台调取省台未来 7 天精细化数字网格预报产品，订正制作精细化城镇预报，16:00 前将精细化城镇预报产品上传至省局发往国家气象中心。

6. 省气象台继续改进格点业务

通过问题梳理、系统改进、流程调整等方面的努力，省台继续改进格点的相关业务(图 7.3)。

7.2.1.4　省市联动阶段

1. 建立省市联动的格点业务流程

2014 年 4 月 1 日起，全省各市局按照《省市气象台精细化数字网格天气预报业务流程》正式启动精细化要素网格业务。至此，广东实现了省市预报业务制作方式由粗犷到精细、定性到定量的根本性转变。各市在修订和制作本市的精细化网格预报产品的同时，还制作了所辖区县局的乡镇 7 天天气预报产品。区县局基于上级指导预报产品开展气象服务，从而可以将主要精力放在灾害性天气的短时临近监测预警上，适应了中国气象局的业务流程改革的要求，取得更好的防灾减灾效果。

网格预报业务正式开展后，其业务流程仍会根据业务和服务需求等实际情况，继续调整和完善。为提高业务集约化，2015 年 9 月 1 日至 30 日，省气象台及各市局每天(早上和下

南航线海区天气预报

广州中心气象台提供

(2013-06-10 07:00 时发布)

预报时效	10日08时至11日08时						11日08时至12日08时					
海区名称	天气	风向	风力(KTS)	阵风KTS	浪高(m)	能见度KM	天气	风向	风力(KTS)	阵风KTS	浪高(m)	能见度KM
台湾海峡	阵雨	东南	13-18	21	1.2	9-18	阵雨	北	11-16	19	0.9	9-16
汕头附近海面	阵雨	西南	13-18	21	1.2	9-18	阵雨	东北	7-10	15	0.6	9-16
汕尾附近海面	中雨	西南	11-16	19	0.9	9-16	中雨	东北	11-16	20	1.1	9-16
珠江口外海面	阵雨	南	13-18	21	1.4	9-18	中雨	东北	13-18	21	1.4	9-18
川山群岛附近海面	阵雨	南	13-18	21	1.4	8-18	中雨	东北	17-21	25	1.8	8-18
湛江附近海面	阵雨	南	11-16	20	1.1	8-18	中雨	东北	17-21	25	1.8	9-18
琼州海峡	中雨	西	7-10	12	0.5	9-16	中雨	东北	13-18	23	1.5	9-16
北部湾	中雨	东	18-25	29	2.3	7-26	阵雨	北	18-25	29	2.3	9-18
海南岛西南部	中雨	西北	17-21	27	1.9	14-30	中雨	西北	17-21	27	2	14-30
西沙	阵雨	南	17-21	24	1.6	14-30	中雨	西	8-13	18	0.8	14-30
东沙	阵雨	西南	13-	21	1.2	9-18	中雨	南	8-13	18	0.8	9-18

保存

图 7.3　网格预报自动生成的产品

午)两次开展省市网格预报业务测试。2015 年 10 月 1 日起,正式按照每天(早上和下午)两次开展网格预报业务流程运作。

精细化网格预报业务流程(2015 年)

04:30—06:30(北京时,下同),以调整前一天下午制作的 7 天格点精细化要素预报为主

(1) 04:30—05:30(60 分钟)

省台制作未来 3 天广东省陆地格点指导预报产品,05:30 前将该产品发布至各市。预报时效为 08:00—08:00。

(2)05:30—06:00(30 分钟)

各市调取上述省台指导产品,基于精细化网格预报订正制作未来 3 天精细化城镇预报产品,06:00 前将精细化城镇预报报文上传至省局。

(3) 06:00—06:30(30 分钟)

06:30 前,各市发布未来 3 天网格预报产品(乡镇预报等)和城镇预报至所辖区县局,区县局基于上级指导预报产品开展气象服务。

10:00—11:00(60 分钟),以根据天气实况修订调整早晨预报为主

09:45 全省天气会商后,各市修正 06:00 前上传省局的精细化城镇预报,10:20 前将未来 3 天精细化城镇预报报文上传至省局。预报时效为 08:00—08:00。

10:00—16:00,以全新制作未来 7 天网格预报为主,由省、市气象台联动完成

(1) 10:00—12:00(120 分钟)

省台制作未来 7 天广东省陆地格点指导预报产品,预报时效均为 20:00—20:00。12:00 前将该产品发布至各市。

(2) 14:00—15:30(90 分钟)

14:00 各市在省台上述指导产品的基础上,修订本市网格预报。

14:30 省台在线监控各市网格预报,当预报结论意见分歧较大时,通过 GIFT 系统通知相关台站,最后达成一致意见。

各市根据省、市会商结论，于 15:30 前将未来 7 天网格预报发布至探测数据中心。

(3) 15:30—16:00(30 分钟)

各市调取以上最终预报产品，制作精细化城镇预报，16:00 前上传至省局。

16:00 前，各市下发未来 7 天网格预报产品(乡镇预报等)和城镇预报至所辖区县局，区县局基于上级指导预报产品开展气象服务。

2. 省市气象台共耕格点数据一张网

标准化数据服务打破了层层指导、订正反馈的业务流程，极大提高了预报效率。格点业务流程也从之前的省台制作下发-市级订正反馈-省台最终确认的流程，改为市台调用前一次指导预报订正＋省台同时在线监控反馈结果-在线会商-市台最终确认的流程。

3. 挖掘网格预报公共服务潜力

定位天气服务贴近市民需求。数字预报天气服务为办好“以人为本”的气象提供更贴心的预报信息，在网格数字预报业务数据的基础上，利用智能手机终端、地理信息 GIS 技术、LBS 定位服务和自动信息推送等方式，开发了可提供给市民广东应急气象网站和基于智能终端的“风铃”决策气象信息服务平台，使定位天气服务成为可能。

4. 省级大力发展网格预报核心技术

省级实现了网格预报“从无到有”的阶段后，面临着精细化预报系统的智能化水平不高，还处在展现大量信息供给预报员选择的“计算机化”阶段，没有把预报检验、模式特点和预报员的智慧融入精细化预报产品的制作过程，智能工具箱构成的自动化智能订正流水线还没有建立起来等问题。广东省气象局通过制定各单位核心技术有突破的计划和目标，大力推进模式核心技术研发、发展数值预报解释应用技术和强对流天气短临预报技术、升级业务平台等方面，支撑网格预报技术的发展、提高网格预报准确率。

7.2.1.5　省级集约阶段

1. 开展省市网格预报检验

2015 年年底，对省市网格预报业务进行了全面的检验。为了评估网格预报的预报能力，对格点开展前后预报能力的对比，检验依然基于站点开展，对气温、降水开展国家站和区域站的检验。探索空间检验(邻域法、CRA、MODE)；开展基于实况格点场的检验实验。

2. 省市网格预报能力相当

基于国家站开展检验，网格预报插值到最近站点的预报。对于 24 小时预报，最高气温、最低气温、晴雨、一般性降水的预报，市台对省台有微弱正技巧，但最高气温的差距仅 0.03℃、最低气温的差距 0.04℃、晴雨 TS 差距 0.01、一般性降水 TS 差距 0.02，暴雨预报水平相当，但第 2 天—第 7 天的预报误差，省台预报误差都低于市台。

3. 中短期预报向省级集约的业务调整

基于国家站的省市网格预报检验对比，中短期预报向省级集约是一个可行的方向。表 7.4～表 7.7 给出了 2015 年 1—11 月预报质量对比，省市预报差距并不大，在确保不降低预报质量的前提下，省气象局决定从 2016 年 4 月 1 日起将早晨的短期预报(格点及其输出的城镇预报)集中到省台统一制作和发布，从原来 21 个预报员(21 个市)精简到 1 名预报员(省台陆地岗)完成所有预报，市级预报员主要精力放在短临预报预警上；保留市级下午的中短期预报，等待预报技术支撑足够时再全部向省级集约。

表 7.4　2015 年 1—11 月 1～7 天最高温度预报平均绝对误差比较(℃,国家站)

T_{max}(℃)	24 小时	48 小时	72 小时	96 小时	120 小时	144 小时	168 小时
省台	1.49	1.66	1.81	1.83	1.9	2.04	2.19
市台	1.46	1.69	1.86	1.93	2.01	2.13	2.29

表 7.5　2015 年 1—11 月 1～7 天最低温度预报平均绝对误差比较(℃,国家站)

T_{min}(℃)	24 小时	48 小时	72 小时	96 小时	120 小时	144 小时	168 小时
省台	1.04	1.19	1.29	1.27	1.36	1.44	1.53
市台	1.0	1.22	1.34	1.39	1.49	1.55	1.64

表 7.6　2015 年 1—11 月 1～3 天晴雨预报 TS 评分比较(℃,国家站)

TS 评分	24 小时预报	48 小时预报	72 小时预报
省台	0.56	0.54	0.51
市台	0.57	0.54	0.52

表 7.7　2015 年 1—11 月 24h 降水预报 TS 评分比较

TS 评分	一般性降水	暴雨以上降水
省台	0.54	0.15
市台	0.56	0.15

7.2.1.6　短期短临无缝隙衔接阶段

1. 建立时间无缝衔接的业务流程

2016 年前,中短期格点和短临网格预报一直处于各自发布阶段,对于定位天气服务来说,就出现了短期预报时效内晴天、实况或短临天气是雨天或者暴雨等矛盾。为了解决网格预报时间间隙的问题,2016—2017 年建立了固定时次中短期制作、固定时次短临客观滚动更新、关键天气预报员主观介入的业务流程(图 7.4):(1)省市联动、固定时次制作预报时效为 10 天的网格预报;(2)地市对 3 小时预报滚动订正:省级客观产品,自动+必要时主观订正;(3)订正后的网格场及时反馈到省级网格中,确保省市服务一致。

2. 提升网格预报客观技术支撑能力

2016 年后,省市格点业务运行平稳,建设中心转移到核心技术支撑和预报准确率提高上来。在国家局客观技术发展的带动下,网格预报的客观支撑技术也逐渐丰富和完整起来。降水和温度的解释应用技术从确定性模式应用扩展到集合预报应用,从单一模式产品、预报员主观选择到多模式客观集成应用技术。建立了众创平台,集全省预报员力量,共同研发提升预报准确率的智能工具箱和算法;开展智能预报尝试,基于大数据、云服务开展形式多样的探索性研究和气象服务。

3. 推出分钟级天气服务模式

随着 QPE 和 QPF 时空分辨率提升、预报准确力提升、各时效无缝衔接,省局利用微信公众号“广东天气”的“缤纷微天气”模块向公众推出了分钟级天气服务,提供基于位置的 0 时刻、0～2 小时内逐 6 分钟天气、0～6 小时逐时预报、1～7 天逐 12 小时的天气预报服务。

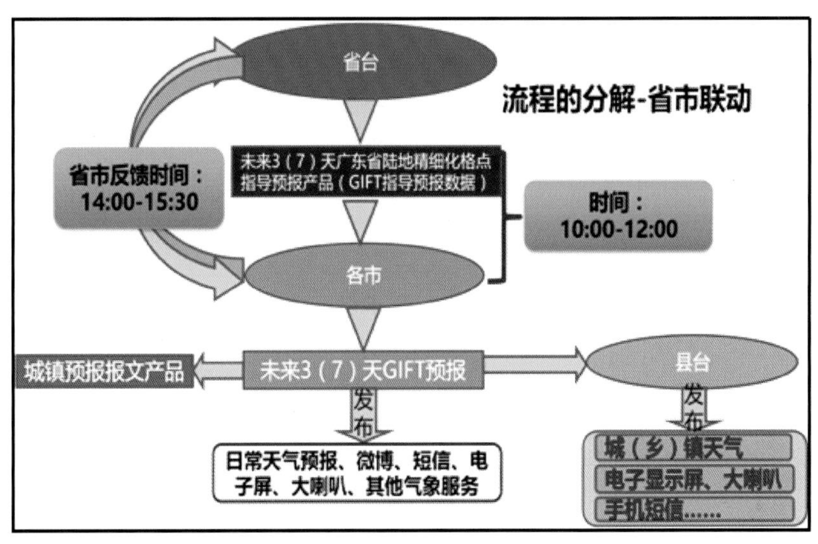

图 7.4　省市联动＋主客观滚动订正的无缝隙网格预报业务流程

7.2.2　网格预报的岗位调整

业务流程的调整，必然伴随着岗位设置和业务分工的变更。为适应精细化预报业务需求，组织省、市气象台开展业务岗位设置调整，按照上级台站下发指导预报产品、下级台站补充订正后在规定时间内向上级台站反馈的流程和分工，开展精细化网格预报和服务。

省级打破科室界限，预报人力资源全台调配。按照“资源统筹、流程科学、精干高效、兼顾发展”的原则，2012 年省台编制完成了《广东省气象台天气预报业务流程调整和岗位设置实施方案》。为了更好地协调全台人力资源，气象台预报部门建立预报中心，由业务副台长或者值班台长联合每月的轮值主任(预报科室科长担任)负责日常运作。根据广东省气象台的业务内容和服务需求，设置：首席岗、强天气预警和联动岗、陆地精细化预报岗(1～3 天，4～7 天分为不同岗位)、海洋精细化预报岗、台风预报岗、中期预报岗(陆地 4～10 天)、决策服务岗、技术开发岗。新的设置摆脱了科室为主的岗位设置，人力资源全台调度；按业务内容定岗位职责分工，减少预报重复制作；定点预报向网格精细化转变，产生更大增值效益。为衔接首席岗和各精细化岗，加强对省市网格预报的把关，2015 年增设了关键岗；特别是针对网格预报检验，增设了检验岗，并制定了各岗位的职责和业务流程。通过建立精细化网格预报一体化平台，实现了统一业务布局和数据整合，业务流程、内容和岗位得以重新调整，改变了原有岗位职责与科室划分的人为壁垒，促成了以预报中心轮岗制和集约化为思路导向的岗位设置和业务流程，使人力资源在流动中得以合理配置和使用(图 7.5)。

1. 省级岗位调整淡化了科室管理，强化岗位设置及职责

广东省气象台传统预报岗位分散在短时科、短期科、中期科、专题科、业务科等不同科室(图 7.6)，一方面岗位职责与科室职责重叠，造成重复劳动和整体业务协作不畅；另一方面预报员长期在同一岗位值班，导致预报水平精一类而不全面，严重制约人力资源的合理配置和使用。通过建立精细化网格预报一体化平台，实现了统一业务布局和数据整合，业务流程、

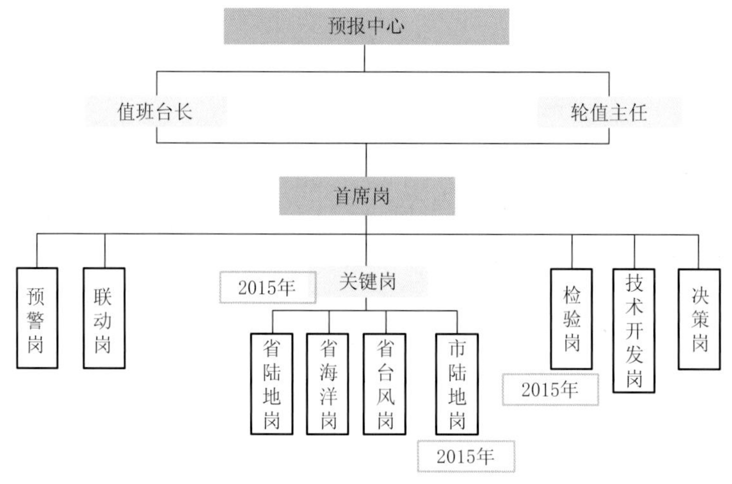

图 7.5　网格预报业务流程建立后(2012 年后)业务岗位设置

内容和岗位得以重新调整,改变了原有岗位职责与科室划分的人为壁垒,促成了以预报中心轮岗制和集约化为思路导向的岗位设置和业务流程。使人力资源在流动中得以合理配置和使用。

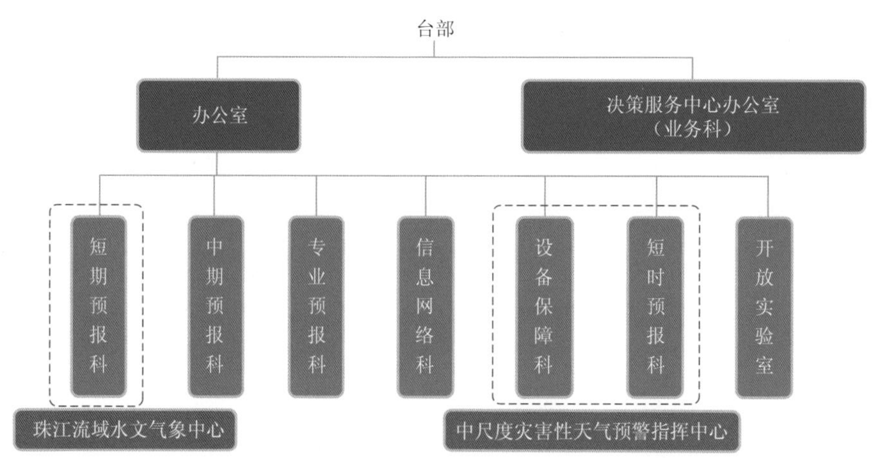

图 7.6　网格预报业务之前,按预报时效划分预报岗位

2. 市县级岗位向短临预报预警和预报服务调整

市县级气象台站预报员人数少,平均来说市气象台 5～8 人,业务试运行期间也无法双岗运行。传统预报岗位兼职格点精细化岗位编辑,增加了市级工作量,好在时间不长,进行了业务流程调整后,市级气象台设置首席预报员岗和精细化订正岗,保障市级范围内网格预报的准确率。2016 年早晨的短期预报集约到省台后,强化了市县级对灾害性天气的监测预警。县级开展中短期预报应用,设置预报服务岗(专职),强化本地实况监和短临预报预警的发布。

7.2.3　网格预报业务系统和应用培训

格点业务化过程中,通过加强培训和交流总结,使预报员转变观念,适应智能网格预报业务技术发展。

7.2.3.1　格点业务流程全覆盖培训

格点业务系统跟传统“爬格子”、文档编辑系统完全不同，从原来定性预报变成大量数据预报后，业务系统操作方式、预报思路编辑方式、预报产品能否体现预报员定性结果等方面都有了翻天覆地的变化。转变预报员的思路、快速熟练新的业务系统是保障格点业务单轨运行的前提。

1. 省级开展频密细致培训

2012 年 5 月，面向省气象台预报业务人员，针对系统设计思路、操作功能、转换规则、产品分发等方面进行全面培训，并安排业务人员进行上机操作和一对一指导，尤其是针对年龄稍长、计算机应用能力较弱的预报员，一方面开展细致培训和讲解，一方面开发更加易应用的功能，确保预报员们能在较短时间内编辑出大量正确预报数据。

2. 先培训市级台长，再培训市级预报员

通过 2012 年省台的业务运行后，业务系统边应用边改进，业务系统基本稳定可用。2013 年，省台先组织开展两轮市级台长培训，并开展应用演练，台长学会后，回去进行系统安装应用，并对市级预报员进行初级培训。市级预报员对格点业务系统有了初步认识后，省局组织市级预报员的培训，为 2014 年网格预报业务全面铺开做好了准备。

3. 编辑系统、数据流转、智能引擎和分发系统全面培训

通过每年举办的预报员培训班，对省、市、县预报员开展全方位的应用和服务培训。2012—2018 年，共举办了 13 期培训班进行系统培训（表 7.8），另外通过访问进修、短期交流等方式，开展智能工具箱、众创平台等开发培训。

表 7.8　网格业务相关培训列表

时间	培训班/培训内容	培训对象	培训组织单位
2012 年 5—10 月	GIFT 系统、预报引擎系统、分发平台培训	省台预报员	省台
2012 年 11 月	市县级预报员培训班（第二期）（粤气培函〔2012〕20 号）	市县预报员	省气象台
2013 年 3 月 11—18 日	市县级预报员培训班（第三期）（粤气培函〔2013〕6 号）	市县预报员	省气象台
2013 年 6 月	市级网格编辑系统 GIFT 培训	韶关和广州台预报员	省气象台
2013 年 8 月	第一期网格编辑系统和市县预警预报制作与分发平台应用培训班 5 天）	市气象台台长（第一批）	省气象台
2013 年 9 月	第一期网格编辑系统和市县预警预报制作与分发平台应用培训班 5 天）	市气象台台长（第二批）	省气象台
2013 年 11 月	第二期精细化要素网格预报图形编辑系统（GIFT）应用培训班	市级预报员	省气象台
2014 年	市县级预报员培训班（第四期）（粤气培函〔2014〕5 号）	网格天气预报技术和业务进展	省气象台
2015 年	市县级预报员培训班（第五期）（粤气培函〔2015〕2 号）	网格天气预报技术和业务进展	省气象台

续表

时间	培训班/培训内容	培训对象	培训组织单位
2016 年	省、市、县级预报员精细化预报业务培训班(第一期)(粤气培函〔2016〕2 号)	全省预报员进行精细化预报预警服务及能力等方面的业务培训	热带气象研究所、省气象台
2017 年 3 月 18 日—23 日	2017 年省市精细化预报业务培训班(第一期)(粤气培函〔2017〕1 号)	FAST3.0 应用与实操/资料存储处理方法	广州市气象台、省数据中心
2017 年 8 月 25 日	全省短临预报系统及 FAST3.0 应用培训班(粤气培函〔2017〕6 号)	短临预报系统及 FAST3.0 应用	广州市气象台
2018 年 3 月 19—23 日	2018 年省市精细化预报业务培训班(第二期)(粤气培函〔2018〕1 号)	短临预报系统及 FAST3.0 应用	广州市气象台

7.2.3.2 建立常态化交流机制

1. 业务初期省级建立每周交流机制

2012 年,省台格点业务实验期间,针对操作和分发系统不完善、功能暂时无法完全满足需求的问题,省台每周召开一次预报员讨论会,阐述问题、讨论眼前和长远解决方法,交流各自使用经验。主要解决问题的方式:梳理问题、解决时间节点和跟进人;并建立每日问题记录账本,寻找共性,集中解决问题。

2. 推进过程中省局格点团队每月例会制度

省局每月至少召开一次网格预报业务例会,由分管业务局领导主持,预报处、省气象台、数据中心、公服中心和广州市气象台领导和相关技术人员参加,各单位汇报最新进展及存在问题,讨论和确定下一阶段工作计划。格点例会推进网格预报业务的顺利进行,全省一盘棋,共织格点数据一张网,解决了数据交换和传输的瓶颈问题,并让网格预报数据活起来,推进了基于定位的无缝天气服务。

3. 建立全省实时在线反馈交流群

网格预报流程的各业务环节基本都是省级开发和维护,减轻地市预报员的工作压力,因此建立了一个 24 小时在线的交流群,交流群包括省市预报员、GIFT 开发团队、数据维护团队,各团队紧密合作,即起到答疑解惑的作用,也及时解决地市局在预报制作过程中出现的问题,确保预报能准时、准确发出。

4. 建立每周检验交流制度

每周进行一次网格预报的检验分析和交流,从 2015 年 6 月 1 日起,每周五上午全省天气视频会商后,安排精细化网格预报检验交流会,对近期的精细化网格预报产品进行检验分析,分析预报效果不好原因,分析客观支撑预报的稳定性和准确性,为预报员主观预报提供分析基础。

7.3 核心支撑技术组织

通过优化创新型人才培养和成长环境,建设一支适应智能网格气象预报业务技术发展、结构优化,具有较高科学素质的创新型科技人才队伍和预报员队伍,这是网格预报业务发展的组织目标，建成适应预报技术与业务发展的高水平创新型人才队伍。广东省气象局通过组建科技创新团队、组织核心技术攻关并促进科技成果转化，努力提升网格预报制作的效率和精准度。多渠道、全方位积极争取各类资金，统筹考虑，精准对接，确保网格预报关键技术研发以及平台建设等各项重点任务都有相应的项目经费支持。

7.3.1　组建科技创新团队

2008 年初，结合区域数值天气预报模式 GRAPES 的发展及业务化运行，广东省气象局组织成立以省气象台牵头，联合热带气象研究所、信息中心等单位参与的精细化预报技术创新团队，开展华南区域精细化预报业务系统（SAFEGUARD）建设，每年给予团队经费和人员的持续支持。组织开展包括网格数据中心、精细化要素网格解释应用和图形化网格编辑订正平台（GIFT）等研发工作，并通过中国气象局 2010 年和 2011 年现代天气预报业务试点建设工作推动，逐步完善相关技术方法和平台。设立专项资金开展市级交互订正编辑平台 GIFT 的研发，实现了省市精细化网格预报产品的制作订正与反馈功能。2013 年，“格点精细化预报技术研究”科技创新团队重组，团队由广东省气象台牵头，热带气象研究所、广东省气象信息中心、广州、深圳、韶关、惠州和阳江市局等单位参与。

7.3.2　组织核心技术攻关

1. 制定核心技术攻关方案

2013 年，组织制定了《广东省气象局核心技术突破实施方案（2013—2015 年）》（以下简称《实施方案（2013—2015 年）》），明确到 2015 年初步建成省市县一体化的精细化数字网格天气预报业务体系的目标。《实施方案（2013—2015 年）》将总体目标分解为各承担单位的具体任务，实施进度细化到每一年，同时设置考核指标。广东省气象局每年召开“核心技术有突破”工作推进和总结会议，确保核心技术按时完成。

组织广东省气象台建立 SGS 系统，即建设华南区域精细化预报业务系统（SAGEGUARD）、图形化网格编辑系统（GIFT）、灾害天气短时临近预报业务系统（SWAN）。

组织热带海洋气象研究发展区域中尺度数值天气预报模式（GRAPES-TRAMS），加强区域数值天气预报重点实验室建设，全力组织 GRAPES 区域模式的研发和解释应用，为我省精细化数字网格天气预报提供核心技术支撑。

组织广东省气象信息中心完成“三个一”工作，即一分钟资料到桌面、一套一体化的数据库、一个实时分析数据集，打好信息数据基础。

2. 设立重点科研项目引导攻关

将网格预报业务支撑技术、预报系统等设为广东省气象科技重点项目，引导各级气象业务骨干积极参与科研攻关，促进科研与业务的结合和转化。先后支持了《华南区域交互式数字化天气预报关键技术研究》（2007 年，热带所，陈子通）、《广州区域气象网格计算应用系统研究》（2007 年，广东省气象信息中心，肖文名）、《广州区域网格精细化预报系统》（2008 年，广东省气象台，曾沁）、《市县精细化预报支撑系统》（2013 年，广东省气象台，汪瑛）、《市县格点精细化温度和降水预报订正技术研究》（2014 年，广东省气象台，陈炳洪）、《全省 GIFT 网格数据气象影视应用技术研究》（2014 年，广东省气象影视宣传中心，陈顺三）、《集合预报释用技术在数字网格预报业务中应用研究》（2014 年，广东省气象台，吴乃庚）、《精细化预报主客观数字化融合技术及系统研究》(2014 年,广东省气象台,陈炳洪)、《一体化数据访问服务(IDEA)》(2015 年,广东省气象探测数据中心,孙周军)、《短期与短临精细化网格预报交互订正技术研究》(2015 年,广州市气象台,胡东明)、《欧洲中心集合预报应用于广东省格点定量降水预报产品的开发》(2016 年,广东省气象台,张华龙)、《精细化格点降水预报综合检验方法与标准的探索与应用》(2016 年,广东省气象台,涂静)等项目(表 7.9)。

表 7.9　近年省局部分气象科研项目(网格预报技术方面)

序号	项目类型	项目名称(年份)	负责人	经费(万)
1	重点	广州区域网格精细化预报系统(2008)	曾沁	8
2	一般	广东省精细化预报系统 safeguard 释用技术改进(2010)	陈炳洪	2
3	重点	市县精细化预报支撑系统(2013)	汪瑛	10
4	一般	多模式动态权重集成预报技术研究与开发(2013)	吴乃庚	2
5	重点	市县格点精细化温度和降水预报订正技术研究(2014)	陈炳洪	8
6	重点	集合预报释用技术在数字网格预报业务中应用研究(2014)	吴乃庚	12
7	重点	精细化预报主客观数字化融合技术及系统研究(2014)	陈炳洪	3
8	重点	短期与短临精细化网格预报交互订正技术研究(2015)	胡东明	10
9	重点	广东精细化气象网格预报技术(2016)	汪瑛	10
10	重点	智能预报众创平台(2016)	罗聪	10
11	重点	精细网格化预报检验技术研究(2017)	郑思轶	10

3. 积极争取更高级别的项目支持

2012 年向国际司申请双边合作项目《网格精细化预报主客观释用技术》,开展基于数值模式的精细化要素客观解释应用技术以及基于网格编辑平台的主观释用技术交流。近年来《广州亚运会气象预报服务技术成果集成与推广应用》等 12 个网格预报技术有关的项目得到了中国气象局项目支持(表 7.10)。

表 7.10　近年来主持的省部级及以上科研项目(网格预报技术方面)

序号	项目来源	项目名称(年份)	负责人	经费(万)
1	广东省科技厅重点项目(粤科计字[2007]100 号)	2010 年广州亚运会气象保障预警预报技术研究	曾　沁	6
2	广东省科技厅(粤科规划字[2009]159 号)	亚运会气象预报服务系统研究(2009A030302012)	林良勋	40
3	中国气象局关键技术集成重点项目	广州亚运会气象预报服务技术成果集成与推广应用(2011)	曾沁	50
4	中国气象局关键技术集成重点项目	大城市短时效精细化预报技术集成应用(2012)	颜文胜	45
5	中国气象局关键技术集成面上项目	精细化预报交互订正系统 GIFT(2013)	林良勋	12
6	中国气象局关键技术集成面上项目	SAFEGUARD 精细化系统释用技术的改进(2012)	陈炳洪	6

续表

序号	项目来源	项目名称(年份)	负责人	经费(万)
7	中国气象局关键技术集成面上项目	基于数值预报基础的精细化网格预报技术应用(2013)	曾琮	20
8	中国气象局关键技术集成重点项目	省级天气预报检验业务系统的改进与应用(2015)	汪瑛	49
9	中国气象局关键技术集成面上项目	集合预报产品在格点定量降水预报业务的应用研究(2015)	吴乃庚	5
10	气象预报业务关键技术发展专项	发展网格预报融合和订正关键技术(2017)	胡胜	38
11	气象预报业务关键技术发展专项	海面风网格预报的站点检验研究(2017)	汪瑛	10
12	气象预报业务关键技术发展专项	海面风格点实况数据探索研究(2018)	汪瑛	10
	气象预报业务关键技术发展专项	发展网格预报融合和订正关键技术(2018)	胡胜	38

通过一系列科研课题、项目的支持，推进格点核心技术的发展，提升预报员对多源资料应用能力和对数值预报解释应用订正能力，凝练网格预报和灾害性天气预报经验，强化网格预报客观订正技术和方法研发，并集成到智能网格气象预报业务系统中。

7.3.3　促进科技成果转化

在推进网格预报业务的过程中，产生了许多气象科研和业务成果："华南区域精细数值天气预报模式技术开发"获得 2015 年度广东省科技进步二等奖；"中国南海台风模式预报系统"的研发与应用获得了 2016 年中国气象学会气象科学进步成果二等奖；"广州亚运会一体化气象预报服务系统"，获得 2012 年度广东省科技成果应用奖三等奖。"广州亚运会气象预报服务技术成果集成与推广应用"完成中国气象局科技成果登记；《改变传统模式，率先建立精细化数字网格天气预报业务》被评为中国气象局 2013 年创新工作项目；"广东省新一代天气雷达组网关键技术创新及应用"2015 年获广东省人民政府科学技术奖一等奖。

7.4　网格预报业务检验

检验反馈就如同市场反响，在预报资源配置中起决定性作用(图 7.7)。预报检验是气象研究和业务预报中必不可少的重要部分之一，只要设计好合适的算法，检验结果就能有效地满足多方面需求，比如预报能力检验，可直接地反映出预报难点，为科研定点投放资源提供参考，促进预报事业良性发展。

网格预报之前，各项检验都围绕实况观测站点进行，考核站点基本是国家站。网格预报上线后，数十万数据编辑量的预报仅用数十个站点来检验，已经不能体现出预报价值，亟需设计网格预报检验方法，合理评估网格预报能力和价值，也是发现网格预报业务短板以便及

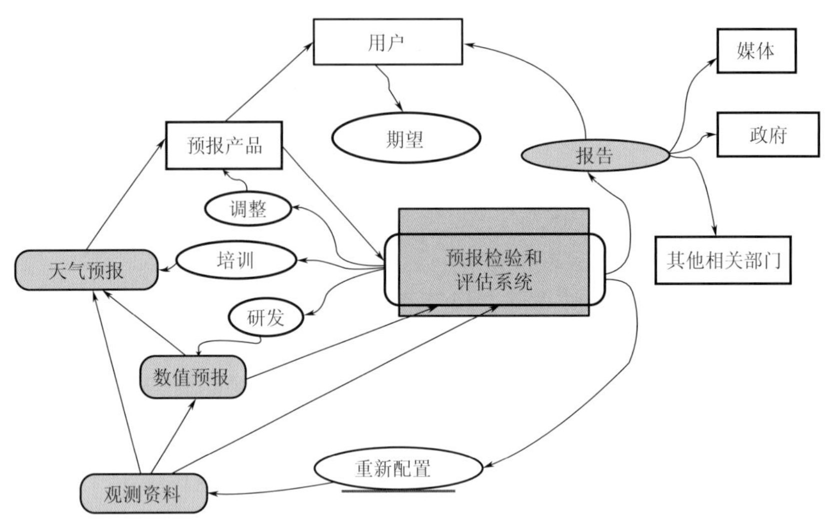

图 7.7　预报检验可推动资源重新配置、促进预报良性发展

时改进的重要手段，更是有效开展气象预报服务的重要依据。

从 2012 年网格预报上线后，广东省气象局就在思考建立一套完整的检验考核体系，目标是满足预报诊断分析需求、满足预报能力体现需求、满足管理需求，甚至满足公众对各类天气预报能力的了解需求。为适应全新的精细化网格预报产品检验需求，加强精细化预报服务质量管理，提高精细化预报技术水平，使预报质量检验更加客观科学，广东省气象局组织制定了《广东省精细化网格天气预报质量检验方法》，并组织开发了精细化网格预报质量检验系统。

7.4.1　网格预报质量检验内容

2014 年，广东省气象台牵头制定了检验规划。针对日常的主客观预报业务开展预报检验，建立一个预报检验系统。该检验系统综合了中国气象局预报检验业务和因广东业务需求建立的本地化检验产品。开展检验的产品包括日常的模式要素预报和预报员发布的主观预报，其中空间分辨率的检验产品包括网格预报和站点预报；在时间分辨率上，对短时、短期和中期发布的日常预报全时效检验；检验对象主要包括温度、降水、强对流天气、台风预报等方面。具体检验内容包括以下几部分。

(1)模式的客观网格预报。模式提供的要素预报是网格精细化预报的基础场，检验预报产品准确率，并提供误差原因分析的“敲门砖”。

(2)预报员发布的格点主观预报。省市气象台站发布的网格预报，开展降水和温度的检验算法研究。

(3)短时临近预报产品。对省级发布的瞬时大风(≥17.2 米/秒)、短时强降水(≥20 毫米/时)落区或潜势预报开展业务检验；对短临 QPE/QPF 等产品开展检验，制定适合的检验方法，开展基于站点或格点实况的检验。

(4)海洋和台风预报产品。对海洋网格精细化预报进行风力和风向的评定，制定评定规则，利用有观测的海岛、浮标站、石油平台监测资料进行风力和风向误差评定。对于进入广东省气象局监测范围内的台风进行强度和路径预报的评定。

(5)综合的检验产品查询统计系统。建立一个综合的天气预报检验业务系统，该系统可综合显示预报业务的各类检验结果，包括与实况比较的误差评分、与模式或指导预报比较的技巧评分。

7.4.2　网格预报质量检验方法

目前广东基本完成应用的检验，包括基于站点的传统检验、基于格点实况的点对点检验和面预报检验、网格预报的空间检验。

7.4.2.1　基于站点的传统检验

将网格预报(模式预报和预报员主观网格预报)插值到广东省内以县为单位的预报，评定 0～168 小时降水预报、温度预报、暴雨预报、暴雨过程预报、低温预报、高温预报和相对于中央台指导预报的技巧评分。其中，针对降水(晴雨、暴雨)的检验方法主要有：准确率(PC)、空报率(FAR)、漏报率(PO)、后一致性(PAG)、探测率(POD)、空报探测率(POFD)、偏差或偏差频率(BIAS)、TS(CSI)评分、ETS 评分、HSS 评分、TSS 评分、让步比(OR)；针对温度(日最低气温、日最高气温)的检验方法主要有：平均误差、平均绝对误差、满分率、偏低率、偏高率、均方根误差。

随着网格预报时间分辨率的提高，基于站点的检验也细化到逐小时误差检验。

7.4.2.2　基于格点实况的检验

1. 网格预报的面上检验

《广东省精细化网格天气预报质量检验方法》适用于全省各级气象台统一对外发布的精细化天气预报质量的检验。检验实况按照国家级自动站和区域自动站资料相结合的原则。最高温度检验采用国家级自动站和建设于地面并受环境影响较小的区域自动站资料，降水与其他温度要素检验采用国家级自动站和被确定为乡镇代表站的区域自动站资料。检验内容包括精细化城镇天气预报质量、常规天气的面预报质量检验、6 小时降水预报检验和灾害性天气预报检验。要素的面检验包括降水和温度，各自定义为：

面雨量是指所管辖县区域内所有格点上降雨量的平均值；

面最高气温平均是指所管辖县区域内所有格点上最高气温的平均值；

面最低气温平均是指所管辖县区域内所有格点上最低气温的平均值；

面降雨量极值是指所管辖县区域内所有格点上降雨量的最大值；

面最高气温极值是指所管辖县区域内所有格点上最高气温的最大值；

面最低气温极值是指所管辖县区域内所有格点上最低气温的最小值。

2. 基于格点实况的格点检验

采用网格降水估测产品(如 QPE)与网格降水预报对应，进行格点对格点降水预报检验，包括晴雨、降水分级检验和累加降水检验。基于 CLDAS 陆面同化实况，对逐 24 小时的日最高/最低气温预报、逐 3 小时温度预报进行格点对格点的检验，检验指标包括均方根误差、平均绝对误差、≤2℃温度预报准确率等，基于 CLDAS 陆面同化实况，对逐 3 小时的风向风速、24 小时极大风预报进行格点对格点风预报检验。

7.4.2.3　网格预报空间检验方法

基于空间分析的检验方法(Spatial Verification Methods)，能解释场的空间特征，反馈预报误差的物理特性。目前国际上应用比较多的空间检验法包括临近点检验方法、基于特征属性的对比方法、尺度分解检验方法等。每类方法都有其各自的长处和短处。预报员在模式应用和网格预报中，常常根据降水落区和强度预报与实况的匹配程度来主观衡量预报的准确性，因此广东努力寻找一种合适检验的方法，主要用于检验降水网格预报的落区预报和强度预报的准确性，与预报员的主观评价具有一致性。

目前广东应用到的空间检验方法主要包括邻域法、CRA(contiguous rain area)法和MODE(Methodfor Object-based Diagnostic Evaluation)法。

1. 领域法

邻域法也称模糊法，是通过比较预报和观测场中对应点邻近区域内的特征而命名。针对降水预报采用邻域法检验，以预报格点为中心划定一定的邻域半径，通过判断范围内是否出现特定降水事件的站点来评定该网格预报正确。本方法的关键技术是选定合理的半径，这个领域半径因自动站分布的空间密度、需要检验的预报时长而不同，例如 1 小时 QPF 和 24 小时 QPF 反应的预报能力是天气尺度预报和中小尺度预报能力，假如用 1 千米作为领域半径来检验，可能一次非常好的 24 小时降水评分也是零分(图 7.8)。

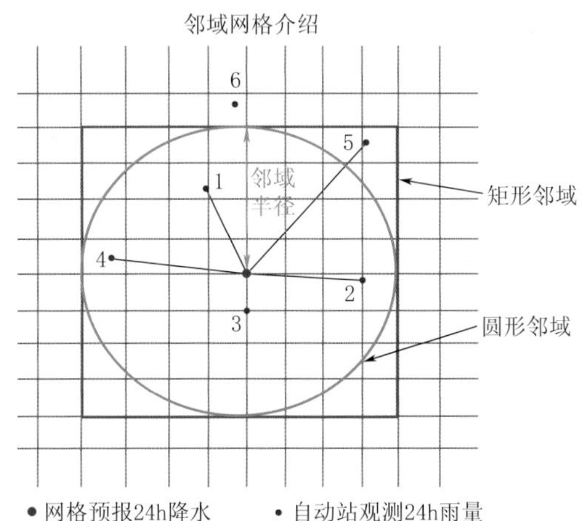

图 7.8 邻域半径图例

利用 2016 年 3 月 20 日—21 日的降水，来说明领域法的检验结果，图 7.9 给出了实况和预报，取邻域半径为 15 千米，对实况站点数据采用最优值的选取方法；主观判断来说暴雨命中一般，漏报一半，大暴雨落区不够准确。如果利用严格格点对站点来评分，TS 评分 39%，达不到主观预期的结果，而邻域法结果，基本能达到预期结果(表 7.11)。

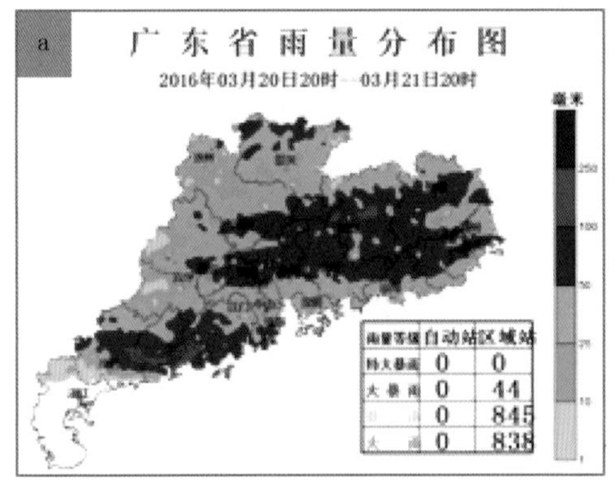

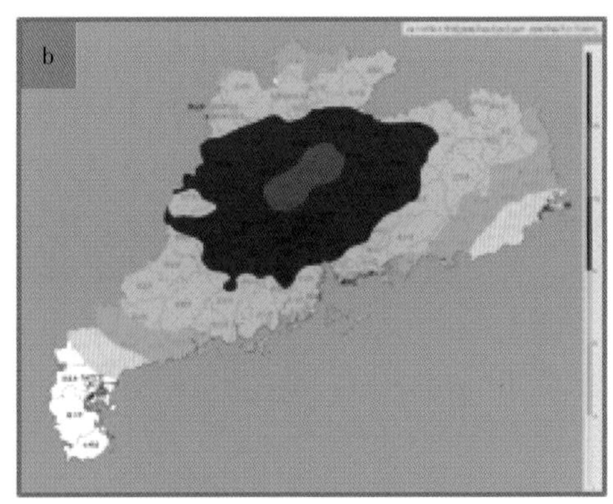

图 7.9 2016.3.20—21 降水实况(a)及省台预报降水分布图(b)

表 7.11 2016 年“3·20”过程评分

“3·20”过程不同数据处理方法对 TS 影响		
区域	传统自动站	最优值法
中雨	0.92	0.98

续表

"3·20"过程不同数据处理方法对 TS 影响		
大雨	0.73	0.91
暴雨	0.39	0.64
大暴雨	0.009	0.16

传统自动站指严格的格点对站点、最优值指 15 千米半径内误差最小格点的评分。

2. 基于连续降水区的 CRA 法

该方法将总的预报误差分解为位置、强度以及形状三部分，可综合分析预报误差中由降水的区域位置、形状和降水强度等造成的各方面误差的贡献，讨论预报误差的主要来源，表 7.12 给出了 CRA 输出的参数及其物理意义。

表 7.12　CRA 方法输出的结果及其意义

名称	含义	单位	应用解释
对象面积	被识别降水对象的格点数	个	表征降水对象面积大小
对象对面积	预报与实况降水对象形成的几何面积格点数。对象对空间状态为Ⅰ	个	表征预报和实况降水对象对的整体面积大小
对象对降雨量总误差(total)	对象对面积范围内的降水误差(初始误差)	毫米	传统的降水误差值
对象对的移动过程最小总误差(shift)	移动预报对象，移动过程中运算新对象对面积范围内的对象对降水量总误差，获得的最小值。对象对空间状态为Ⅱ	毫米	获得最小误差的空间位置
预报对象移动距离	取得最小总误差时，预报对象的移动距离(移动后减移动前)；	(△经度，△纬度)	△经度：正值预报偏东，负值偏西 △纬度：正值预报偏北，负值偏南
降水强度误差(volume)百分比	状态Ⅱ下的预报降水量均值减实况降水量均值的平方，再除以 total	%	降水的强度误差在总误差的贡献
降水距离误差(displace)百分比	(total-shift)/total	%	降水的区域位置误差在总误差的贡献
降水形状误差(pattern)百分比	(shift-volume)/total	%	降水的形状误差在总误差的贡献

对 2016 年 5 月 20 日的降水预报，预报员的主观评价：西北部降水落区和强度预报比较准确，西南部暴雨漏报(图 7.10、图 7.11)。CRA 的检验结果(图 7.12)与主观预报比较吻合：各量级降水位置准确，降水形状误差贡献最大；西北部的强降水对象强度误差贡献很小(即强度预报亦较准确)。但目前算法仍存在不足，对于西南部的强降水对象漏报，CRA 没有反应，主要原因是 CRA 评定对象以预报为主，需要增加漏报的评定。

3. MODE 检验法

属性判断法首先按照给定的标准定义预报与观测场中的对象，然后进行对象匹配，最后分别计算匹配对象的属性(强度、面积、位置之偏差等)。使用卷积的方式在降水场中解析评估对象，称为 MODE(Methodfor Object-based Diagnostic Evaluation)。MODE 在计算对象

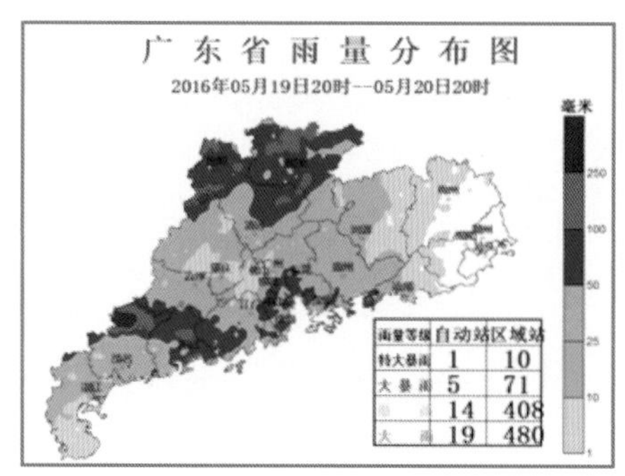

图 7.10　2016 年 5 月 19—20 日降水实况图

图 7.11　2016 年 5 月 19—20 日降水预报

不同属性的同时，还可以给不同属性设定权重系数，利用模糊逻辑算法计算预报性能的总收益函数从而判断预报的整体表现(表 7.13、表 7.14)。

表 7.13　MODE 检验法输出的参数及其意义

名称	含义	单位	应用解释
对象面积	被识别降水对象的格点数	个	表征降水对象面积大小
长轴角度	被识别降水对象的几何长轴与水平的角度	°	表征降水对象几何走向：45°为东北西南向
长短轴比值	被识别降水对象的几何长轴与短轴长度比值	--	表征降水对象的几何特征
几何中心	被识别降水对象的几何中心经纬度	(经度，纬度)	表征几何中心位置
对象对面积	预报与实况降水对象形成的几何面积格点数	个	表征预报和实况降水对象对的整体面积大小
对象对降雨量总误差	对象对面积范围内的降水误差	毫米	传统的降水误差值
角度差	预报与实况对象长轴的角度差	°	可说明预报对象与实况对象的几何长轴偏差：正值为长轴顺时针偏差，负值为逆时针偏差
长轴比值	预报与实况对象长轴的比值	--	可说明预报对象与实况对象的几何长轴长度偏差：>1 说明预报对象比实况长轴长，反之为短
几何中心距离	预报与实况对象的几何中心距离(预报减实况)	(△经度，△纬度)	可说明预报对象与实况对象的几何中心偏差： △经度：正值预报偏东，负值偏西 △纬度：正值预报偏北，负值偏南
面积比	预报与实况对象的面积之比	--	可说明预报对象与实况对象的几何面积偏差：>1 说明预报对象面积比实况大，反之为小
重叠面积	预报与实况对象重叠的区域格点数	个	可说明预报对象与实况对象的几何面积重叠大小：格点数越多，说明落区预报越准确

表 7.14　MODE 检验结果

检验对象	长轴角度	对象面积（格点数）	长短轴比值	对象对的降水量总误差（毫米）	预报与实况对象角度差	预报与实况长轴比值	两个对象的几何中心距离（经纬度）	预报与实况的面积之比	两个对象重叠的区域（格点数）
实况	125°	1310	0.61	--	--	--	--	--	--
省台	34°	1363	0.46	3313	89°	0.64	(0,−0.05)	1.04	747
GRAPES 9 千米	40°	1808	0.54	8023	85°	1.13	(−0.2,−0.2)	1.38	854

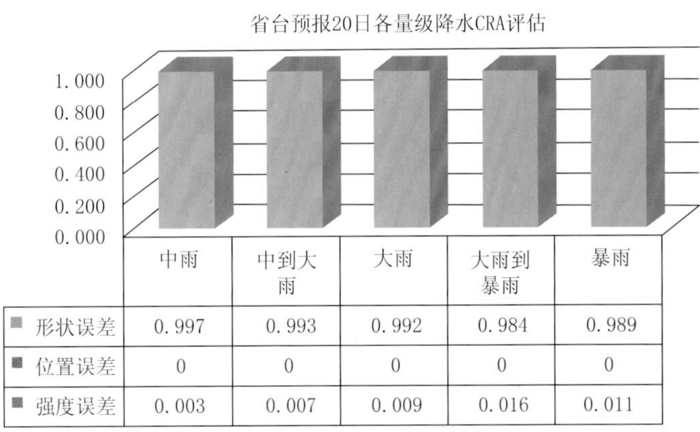

	中雨	中到大雨	大雨	大雨到暴雨	暴雨
形状误差	0.997	0.993	0.992	0.984	0.989
位置误差	0	0	0	0	0
强度误差	0.003	0.007	0.009	0.016	0.011

图 7.12　CRA 方法的检验结果

MODE 的检验输出的参数比较多，如何分析提取出有利价值及其意义，需要开展更多的统计分析和应用。

7.4.3　网格预报客观检验平台

网格预报检验平台是省市共用的一个平台，以图形、表格等方式实现了所有检验项目的查询和实时展示。主要功能包括如下。

1. 智能网格预报评分查询

系统对省、市级网格预报质量进行实时评分，自动计算团体和个人晴雨、气温、降水等要素的准确率、误差和 TS 评分，并提供历史成绩查询和数据导出；可基于要素查询、时段查询、单位查询和个人统计查询。

2. 预报检验产品全覆盖展示

检验产品包括短时临近的强对流落区、预警信号、0～6 小时 QPF；陆地中短期的 QPF、气温、风网格预报和海洋风网格预报检验产品。不同要素和时效预报产品，不同检验方法。

3. 主客观预报全检验展示

可展示国家、省、市三级网格预报产品的检验对比，并实现 EC 模式、GRAPES 等客观预报检验结果。针对网格预报，开发了空间检验、逐时检验等评价无缝隙预报的算法，并以填色图、填数图、时序图的方式展示（图 7.13）。

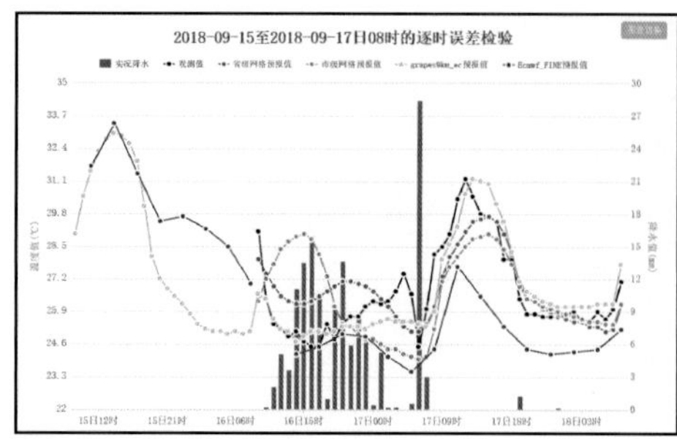

2018-09-15至2018-09-17日08时的逐时误差检验

日期	省级网格			市级网格			grapes9km_ec			
	观测值	预报值	实况降水	观测值	预报值	实况降水	观测值	预报值	实况降水	观测值
2018-09-16 10:00	26.4	27.4	0.3	26.4	27.2	0.3	26.4	26.4	0.3	26.4
2018-09-16 11:00	25.4	26.9	2.1	25.4	27.8	2.1	25.4	25.6	2.1	25.4
2018-09-16 12:00	25.2	26.5	5.1	25.2	28.4	5.1	25.2	25.2	5.1	25.2
2018-09-16 13:00	24.9	26.3	3.7	24.9	28.7	3.7	24.9	25.1	3.7	24.9
2018-09-16 14:00	25.1	26.2	11.1	25.1	28.9	11.1	25.1	24.7	11.1	25.1
2018-09-16 15:00	24.7	26.2	13.6	24.7	29	13.6	24.7	24.9	13.6	24.7
2018-09-16 16:00	24.5	26.3	16	24.5	28.8	16	24.5	25.1	16	24.5
2018-09-16 17:00	24.5	26.5	10.5	24.5	28.2	10.5	24.5	25.1	10.5	24.5
2018-09-16 18:00	25.4	26.7	1	25.4	27.3	1	25.4	25	1	25.4
2018-09-16 19:00	24.8	26.9	9.2	24.8	26.1	9.2	24.8	25.1	9.2	24.8
2018-09-16 20:00	25.4	27.1	13.7	25.4	25.4	13.7	25.4	25.3	13.7	25.4
2018-09-16 21:00	25.7	27.1	3.9	25.7	25.3	3.9	25.7	25.3	3.9	25.7
2018-09-16 22:00	25.7	27	8.8	25.7	25	8.8	25.7	25.3	8.8	25.7
2018-09-16 23:00	26.1	26.9	6.8	26.1	24.8	6.8	26.1	25.2	6.8	26.1
2018-09-17 00:00	26.3	26.7	0.5	26.3	24.8	0.5	26.3	25.4	0.5	26.3
2018-09-17 01:00	26.2	26.4	5.3	26.2	24.6	5.3	26.2	25.5	5.3	26.2
2018-09-17 02:00	26.3	26.1	0.3	26.3	24.4	0.3	26.3	25.6	0.3	26.3

图 7.13　网格预报逐时检验

7.4.4　网格预报检验结果

7.4.4.1　网格预报业务开展前后预报准确对比

利用市级的晴雨预报、最高气温和最低气温三个预报要素，来对比网格预报业务前后预报准确率的变化。表 7.15～表 16 中 2013 年评定的是城镇预报，2014 年之后评定的都是网格预报，为了前后对比的延续性，都取广东境内 86 个国家站来评定，网格预报的评定严格用站点-最近格点的匹配方式。对比 2013 年至 2017 年，广东省开展网格预报后，预报准确率并没有下降，虽然个别要素在部分年份中略有波动，总体来说预报质量稳中有升，预报员对 24 小时预报的订正能力比较强，但从时间的提升来说，48～72 小时预报的质量提升比较明显。

表 7.15　2013—2017 年晴雨预报准确率(单位:%,08 时起报)

年份	24 小时	48 小时	72 小时
2013	76.26	71.55	68.94
2014	83.29	78.92	77.15
2015	84.12	79.35	76.49
2016	80.38	76.44	74.35
2017	80	75.77	73.61
5 年平均	80.81	76.41	74.11

表 7.16　2013—2017 年气温预报准确率明细(单位:%,08 时起报)

年份	最高气温			最低气温		
	24 小时	48 小时	72 小时	24 小时	48 小时	72 小时
2013	71.03	59.95	55.38	88.3	78.63	74.37
2014	76.25	63.94	58.73	91.32	82.13	78.49
2015	79.47	68.97	64.42	92.21	82.48	76.21
2016	75.65	64.25	59.09	90.54	82.74	79.19
2017	74.34	66.99	62.58	88.68	83.05	80.47
5 年平均	75.35	64.82	60.04	90.21	81.81	77.75

7.4.4.2　稀疏国家站和稠密区域站检验结果对比

精细预报给出了更细致的时空结构，也更好地解决了局地极大/小值问题。然而，若用传统点对点预报检验办法，相对于较低分辨率的预报，强度误差将被放大，空间和时间上的一些小的错位将被视为漏报或空报，从而获得较差的预报评分。图7.14给出了不同分辨率模模式气压均方根的误差。从气压分布来说，4千米空间分辨率的预报跟实况的形态最接近，准确率最高，但从评分来说，却是36千米最高，也就说明了细致网格预报需要更好的评价方式。

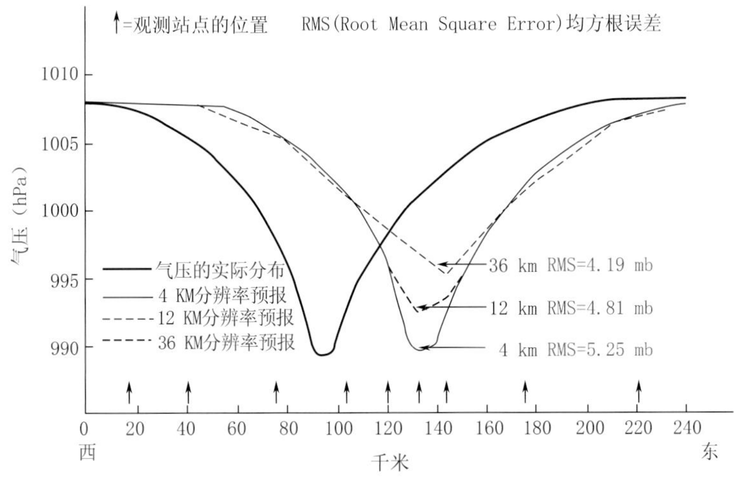

图7.14 不同空间分辨率的模式气压预报均方根误差评分

加入稠密区域自动站后的评分结果，也反映出了上述的问题。对比了2015—016年的国家站(86个)和区域自动站资料(2000个左右)(表7.17-表7.18)，稠密自动站的加入可以看出预报质量略有降低。虽然预报员对86个站累积了丰富预报经验，但几十个国家站对比2000个自动站的预报优势，并不是十分明显，充分说明了网格预报的有效产品增加了数十万格点，既保留了传统预报的优势，预报时空分辨率提升的同时也保障了预报质量不降低。

表7.17 2015—2016年24小时温度预报平均误差(单位:℃,20时起报)

预报机构	最高气温		最低气温	
	国家站	自动站	国家站	自动站
省级网格预报	1.47	1.81	1.02	1.27
市级网格预报	1.45	1.83	1.00	1.26

表7.18 2015—2016年24小时降水预报检验(单位:%,20时起报)

预报机构	晴雨准确率		暴雨以上TS	
	国家站	自动站	国家站	自动站
省级网格预报	76.1	74.0	20.5	16.5
市级网格预报	78.5	75.5	21.8	18.3

7.4.4.3 主客观(省市)预报差距

表7.19、表7.20给出了2017年主客观预报的气温和降水评定。从其结果可以看出，从省市的预报对比来看，24小时预报市级气象局依然保持着优势，但是在温度方面，优势并不

明显。如果评分站点扩展到所有站（国家站＋区域站，约2200个站），则这种优势差距在减小。造成这种优势差距的主要原因是省级1名预报员与21名地市预报员的人数差距，说明目前预报员对于客观和上级预报均有正技巧。

从主观预报和客观预报的对比来看，主观预报对客观预报依然有明显的正技巧，尤其是降水预报。预报员对最低气温的正技巧优势已经不明显，对最高气温的订正正技巧依然比较明显。

表7.19　2017年24小时温度预报平均误差（单位：℃，20时起报）

预报机构	最高气温		最低气温	
	国家站	所有站	国家站	所有站
省级网格预报	1.40	1.75	0.99	1.25
市级网格预报	1.36	1.77	0.96	1.24
华南GRAPES（9千米）	2.06	2.39	1.53	1.69
EC模式	2.51	2.96	1.11	1.26

表7.20　2017年24小时降水预报平均误差（单位：%）

预报机构	晴雨准确率		暴雨以上TS	
	国家站	所有站	国家站	所有站
省级网格预报	77.3	76.7	23.9	20.9
市级网格预报	80.2	77.6	29.3	24.3
华南GRAPES（9千米）	71.5	69.2	18.6	15.7
EC模式	69.1	65.8	18.9	14.8

第 8 章　智能网格预报技术未来发展

现代社会已经进入快速发展的信息时代，强大的云计算能力、大量产生的大数据和不断演进的人工智能新算法，把各行各业的发展推上了新一轮黄金时代，气象行业也不例外。站在此风口上，去预测、展望气象智能预报技术的发展，并非易事。但把握国际气象发展的趋势，从算法演进（模式与人工智能），从海量数据的组织管理，从新兴技术发展的组织机制等角度，作一定的探讨，还是能激发有益的思考。

8.1　现代气象预报业务演进展望

随着国家气象中心、广东、福建等省气象局不断探索以机器学习为代表的人工智能技术在气象预报领域的应用，台风路径预报、短时临近外推预报、暴雨以上定量降水预报等领域均取得了可喜的进展。中国气象局顺应未来智能技术在业务上的应用前景，在 2017 年将精细化网格预报业务更名为智能网格预报业务，推动智能技术助力发展无缝隙、全覆盖的气象监测预警和预报预测业务。同期，世界气象组织也提出了无缝隙预报的发展理念，进一步提出了地球系统预报建模和智能技术应用于海量模式信息后处理的科学与技术问题。

8.1.1　世界气象组织无缝隙预报的发展理念

第 17 次世界气象大会（Cg-17）和执行委员会第 68 次届会（EC-68），世界气象组织面向未来预报预测业务的发展提出了无缝隙资料处理与预报系统（Seamless Global Data Processingand Forecast System，S-GDPFS）的理念（世界气象组织第 17 次大会 11 号决议）。无缝隙包括三重意思：一是时空的无缝隙，从分钟到年的监测预报预测能力连续全覆盖，重点在次季节到季节尺度（Subseasonal to Seasonaltimescale，S2S），加强天气与气候的衔接；二是预报预测与农业、能源、水文、航空、海洋环境等跨学科信息的无缝隙融合，即发展我们所称的专业气象预报能力；三是气象预报信息与相关自然环境、社会、经济、人口等多源信息融合，发展我们所称的气象影响预报和风险预警（Impact based for ecast risk based warning）。这一理念的提出，不仅仅是为业务建设和科学研究上带来新的指引，而且还将深刻影响未来预报员在气象事业中承担的角色转变。随着天气预报的精细化、网格化发展，智能技术将携手数值模式发挥越来越重要的作用，而预报员则迎来了“气象＋”领域更加广阔的空间和挑战。

在业务层面，WMO（世界气象组织）强调预报预测与综合观测和公共气象服务形成更加紧密耦合、反馈作用的关系，构建互动、互促的气象事业完整价值链。无缝隙预报体系构建在现有的“世界气象中心-区域专业气象中心-国家气象中心”的全球三级网络之上，各大中心业务系统的联动互操作，是构建全球“一套”无缝隙预报系统的关键。其中，区域专业气象中心既包括现有的天气、气候预报预测业务中心，还包含了海洋、水文、航空和核应急等专业领域的气象中心职能。预报的核心位置没有变，但其内涵和外延都有了拓展和深化。面向无缝隙预报的要求，综合观测系统的发展关键在于“综合协调”和“服务驱动”。综合协调表现在网络布局的科学合理设计、兼顾多种业务需求的一站多能设计以及公-私观测布局协调互补的格局等方面。服务驱动表现在未来全球人口增长和城市化带来的自然灾害风险管理、能源供应、洁净水资源等需求对全球观测项目和布局产生重要影响；表现在未来无缝隙地球系统预报和气候变化预测对地球多圈层（海洋、水文、土壤、冰川、外太空）信息获取的需要。作为预报业务无缝隙发展的出发点和目的地，公共气象服务始终关注全球气候、水、资源环境问题的挑战，对接联合国2030年可持续发展目标（SDG），仙台减轻灾害风险框架2015—2030年和气候服务全球框架（GFCS），强化气象服务的权威声音，加强气象与应急管理部门的沟通合作，同时又鼓励公-私合作，提高气象服务的覆盖面和传播力（图8.1）。

图8.1 无缝隙的概念由地球大气系统向地球系统多圈层延伸

在科学层面，从原来的地球大气系统的监测预报，进一步把多圈层地球系统作为一个整体来看待，以“地球系统”为概念统筹综合观测、预报预测和公共服务的协调发展和集约发展。无缝隙的资料处理与预报系统（S/GDPFS）将成为未来WMO提供战略的支柱。地球系统预测的科学研究将在开发未来无缝预报系统，以及支持关于开发天气、气候、水和环境相关观测系统的决定方面发挥重要作用。世界气象组织将协调全球大气观测计划（GAW）、世界天气研究计划（WWRP）和世界气候研究计划（WCRP）加强无缝隙预测的研究；协调基本系统委员会（CBS）和水文学委员会（CHy）从事数值实验工作的附属机构进行互动和建立联系；协调海洋研究与JCOMM进行互动和建立联系；推进次季节至季节预测项目（S2S项目）、极地预测项目、高影响天气项目、GAW城市研究气象和环境项目、全球温室气体综合信息系统相互补充，从而构建无缝式的研究架构。值得关注的是，传统的专业气象领域的预报能力建设，我们常常采用“大气模式驱动 ＋专业模型”的方式，而在气象科学界，已经从地球系统多圈层的角度，构建一体化的模式来实施。欧洲中期天气预报中心在2016—2025战略规划（ECMWF strategy 2016—2025）中，已经明确将发展地球系统预报模式，将在统一模式框架下解决好多圈层相互作用问题，并因此将预报时效推至一年。在可以预见的将来，预报员面临的数值模式预报信息将从大气全面扩展到地球多圈层，而处于生物圈的“基于影响的预报和基于风险的预警”则很有可能成为直接输出变量。这也需要每一名预报员去思考和适应海量预报信息的未来。

在组织层面，WMO 执行理事会(EC)专门成立了 GDPFS 指导组(Steering Group)来领导无缝隙全球资料处理和预报系统的发展。世界气象组织提出了机构改革计划，下属 8 个技术委员会，如海洋(JCOMM)、水文(CHy)、航空气象(CAeM)、农业气象(CAgM)等在标准建设、业务中心建设、技术规范制定等领域，纷纷回归、对接基本系统委员会(CBS)，未来将简化为基础设施委员会(Commission for Basic Infrastructure)和应用与服务委员会(Commission for Application and Services)。这也是地球系统内部各子系统相互作用、相互联系，体现有机统一的规律使然。

8.1.2　我国智能网格预报业务进展

中国气象局大力发展无缝隙、全覆盖的智能网格预报业务体系。2016 年 1 月，中国气象局印发十三五期间的《气象预报业务发展规划 2016—2020 年》，提出建立"从分钟到年的无缝隙精细化气象预报业务，以'强化两端，提高中间'为重点，强化短时临近预警和延伸期(11～30 天)到月、季气候预测，提升灾害性天气中短期预报能力"。同年，在前期广东、上海、福建等省以及国家气象中心的试点基础上，中国气象局总结经验，出台了全国精细化气象网格预报实施方案(2016—2017 年)，提出了建设全国统一时空分辨率的精细化气象网格预报一张"网"的目标。基于云架构，建立国家-省联动定时制作，国家级为主开展逐时滚动更新，共织全国精细化气象网格预报一张"网"的业务流程；建立主客观融合的精细化气象网格预报技术体系，以及网格预报向各类站点业务和服务转换的产品流程；建设数值预报云，扩充 CIMISS 能力，形成集约高效的精细化气象网格预报数据支撑环境；建立完善精细化气象网格预报业务检验评估规范和业务系统。2017 年底，初步实现了全国双轨(格点、站点)运行的第一步目标。

2018 年 5 月，中国气象局顺应大数据智能技术在气象应用的发展趋势，编制了《智能网格预报行动计划(2018—2020 年)》，响应新时期中国气象局关于"五个全球"(全球监测、全球预报、全球服务、全球治理、全球创新)发展战略，提出了"以无缝隙、全覆盖、精准化、智慧型为发展方向，到 2020 年，建成'预报预测精准、科技支撑有力、核心技术自控、系统平台智能、人才队伍优化、管理科学高效'的从零时刻到月、季、年的智能网格预报业务体系，气象预报业务整体实力接近同期世界先进水平，初步具有'全球监测、全球预报、全球服务'能力"。强调零时刻的实况建设，国家气象信息中心牵头编制《多维气象实况数据分析业务技术建设方案》，提出"有效突破气象资料实时质量控制和偏差订正技术，综合发展多源数据融合分析与再分析技术，综合多源观测资料优势，建成多圈层多要素协调一致、多时空分辨率嵌套、高质量、高精度的多维气象实况数据分析业务体系"。国家气象中心牵头，编制了《短时临近(0～12 小时)智能网格气象预报业务技术建设方案》，提出"到 2020 年，提升对中小尺度灾害性天气发生发展的科学规律和可预报性的认识，攻克制约中小尺度灾害性天气临近预警时效和短时预报精准度的核心技术，建立可延长中小尺度灾害性天气的预警时效、提供高频滚动更新的气象预报服务产品的灾害性天气和气象要素实时智能监测报警技术和短时临近预警预报技术体系"；编制了《短中期(0～10 天)智能网格气象预报业务技术建设方案》，提出了"到 2020 年，通过基于不同尺度数值模式释用和人工智能技术建立 0～10 天的气象要素和灾害性天气(主要是暴雨、寒潮、高温、大风等)网格确定性及概率预报业务。24 小时预报实现逐 1 小时滚动更新制作、时空分辨率达到 1 小时和 1～5 千米；1～10 天预报每 3 小时滚动更新制作、时空分辨率达到 3 小时和 5 千米，并根据天气变化及时更新。初步建立全球 0～10 天最小时间间隔 3 小时、10 千米分辨率的气象要素网格预报业务”。

智能网格预报业务确定了明确的发展框架与路径后，焦点的问题转换为支撑智能预报业务发展的技术体系建设。一直以来都存在争论，模式的时空分辨率不断发展，准确率不断提高，是否预报员将会被取代？是否预报技术方法研究不再有市场？我们至少可以从几个方面的事实展开分析。目前没有争议的是，模式在天气系统演变的推演能力、细致程度和准确度上已经远远超过预报员的能力；目前没有争议的是，尽管模式在大气运动的预报上越来越好，更加精细，但在人类诞生和生存的空间——生物圈的气象及其影响预报水平，仍然无法满足直接需要。也因此，世界领先的预报中心——欧洲中期天气预报中心（ECMWF）每年的用户大会（Use ECMWF Workshop）依旧关注模式的后处理，特别是利用集合预报的不确定信息为我们的风险决策提供支撑；也因此，气象发达国家如美国的 Gridded MOS（Glanh，1972；Gilbert et al，2009；Hesst et al，2015）和德国的 EPS-MOS 和 ModelMix，依旧把数值模式后处理（Model Post-processing）作为开展预报服务的主要能力基础；也因此 ECMWF 和美国海洋大气局（NOAA）近年来提出，开展多圈层地球系统的模式预报能力建设，这既隐含了生物圈纳入统一建模，提升直接预报能力的意图，也反映了目前模式预报中关于环境生态灾害预报能力的薄弱。

从传统的统计学、专家知识系统到机器学习不断演进的人工智能技术，在气象行业中的应用从未缺席，特别是在纠正模式偏差和获得模式无法直接输出的要素方面，发挥了重要作用。美国国家天气局（NOAA/NWS）也一直不遗余力地持续推进模式输出统计技术的发展（MOS，Model Output Statistics），订正模式系统误差（MOS/Gridded MOS）和局地误差（LAMPS/Gridded LAMPS），以及利用集合预报产品对灾害性天气风险概率预测（EKDMOS，Ensemble Kernel Density MOS）。海量的气象观测、海量的数值模式产品，构成了气象信息的爆发式增长，也恰恰为以大数据智能为代表的新一轮人工智能技术提供了大展身手的机会。截至 2017 年底，气象部门每天获取的观测与预报产品数据达到 11TB 以上，预报员每天获取的全球各国的确定性模式和集合预报模式成员的总数接近 200 个。人机交互分析的技术路线已经不适合现代气象信息应用，而机器凭借其出色的计算能力和存储记忆能力，也将成为预报员的得力助手和合作伙伴，而不是非此即彼的替代过程。因此，中国气象局出台的关于智能网格预报业务系列规划与方案，实际上把高分辨（集合）数值预报发展和模式解释应用的智能技术应用，作为现代气象预报业务技术发展的“双引擎”，推动建立无缝隙、全覆盖智能网格预报技术体系。预报员的角色从传统的天气分析、研判和预报制作，逐步向大数据智能气象应用的研发者，以及气象行业影响预报的解读者转变，迎来更广阔的发展空间和新的挑战。在历来新技术革命过程中，“失之东隅，收之桑榆”，岂非常态？

8.2 模式向高分辨率与集合预报发展

国际数值预报先进机构如 ECMWF 和美国、德国以及英国等气象部门等也纷纷启动了地球系统预报系统的研发，充分利用多圈层观测信息，将地球系统的预报延长到一年，全球确定性模式和集合预报模式分辨率也都逐步提升到 10 千米以内。在此基础上，区域模式向高分辨数值天气预报和集合预报两个方向深化，特别研发高频次稠密资料同化（如雷达资料、卫星资料等)、高精度模式动力框架和精细化物理过程等核心技术是未来重要的发展方向。

8.2.1 高时空分辨发展

高性能计算和数值预报技术进步使数值天气预报进入快速发展时期。先进国家的全球模式即将进入全球中尺度模式时代,促使区域模式向更高分辨(千米尺度,甚至数百米尺度)的领域拓展,预报对象将针对更复杂、更激烈的强天气过程,并提供更精细要素及其影响的预报。英、美、德、法等国家的区域模式分辨率已达1.5～5.0千米,并开展百米级局地精细化数值预报试验,尤其是英国气象局的100米分辨率小尺度数值预报模式及其逐时4DVAR对流尺度同化系统(Hourly 4DVAR)已投入试运行。因此我国在现有基础上,发展千米尺度模式动力框架、千米尺度条件下物理过程参数化方案,以及新的资料同化方法势在必行,才能真正为精细到城市管理尺度的数字网格预报提供科学支撑。

1. 资料同化方面

发展集合卡曼滤波同化,四维变化同化和双偏振雷达、新型卫星资料等的同化技术,是提高模式初始场质量的关键。特别针对高分辨区域模式,四维变化同化是解决高频次稠密资料同化的有效途径。对于高分辨区域模式来说,研发基于扰动方程的四维变分同化系统,提高计算效率,同时使同化系统与模式系统在动力过程和物理过程协调一致,有利于提高区域稠密观测资料的同化应用能力,从而提高模式网格预报准确率。

2. 物理过程方面

研发尺度适应的云降水方案、高精度界面层参数化方案可以有效地提高精细数值预报能力。针对对流尺度模式,研发三维边界层方案,同时考虑边界层垂直扩散和水平扩散效应,可以提高精细下垫面,特别是复杂地形的模拟结果。海气界面层参数化方案重点要考虑海气界面上长短波辐射和海洋湍流的影响作用,准确模拟海气界面层的动量、热量和水物质交换,考虑不同风速下的海表粗糙度、动量热量交换系数的变化,考虑飞沫的作用,有助于提高海洋面的预报准确率。发展适合高分辨模式的云微物理方案,云微物理方案中综合考虑对流参数化的一些功能,考虑多参数方案,可以提高强对流天气的预报能力。

8.2.2 中尺度集合预报发展

近年来数值预报集合预报业务发展迅速,特别是欧美等发达国家。中国也开始发展集合预报,中国国家气象中心先后建立了25千米分辨率全球GRAPES_GFS模式、15千米分辨率区域集合预报系统。区域集合预报近年也有快速发展,发展区域集合预报初值扰动技术和物理过程随机扰动方法,建立有效的高分辨模式及其集合预报系统是国际发展热点之一。国际上主要发达国家已普遍建立1～3千米水平分辨率的区域数值预报系统和集合预报系统,如英国气象局1.5千米分辨率区域模式和2.2千米分辨率区域集合预报系统、法国气象局1.3千米分辨率区域模式和2.5千米分辨率区域集合预报系统、德国2.8千米分辨率区域模式和2.8千米分辨率区域集合预报系统、美国环境预报中心3/1千米分辨率区域模式。

8.2.3 软件工程模式发展

我们知道,软件系统能够得到持续的发展,从模块化变成,面向对象开发到现在的微服务化发展，软件工程理论功不可没。向来为科研组织典范的欧洲中期数值预报中心（ECMWF）也开启了这一模式（图 8.2）。2017 年底，ECMWF 官方开源发布了名为 Atlas 的软件库，支持地球系统建模组件以及数据处理（www.github.com/ecmwf/atlas）。

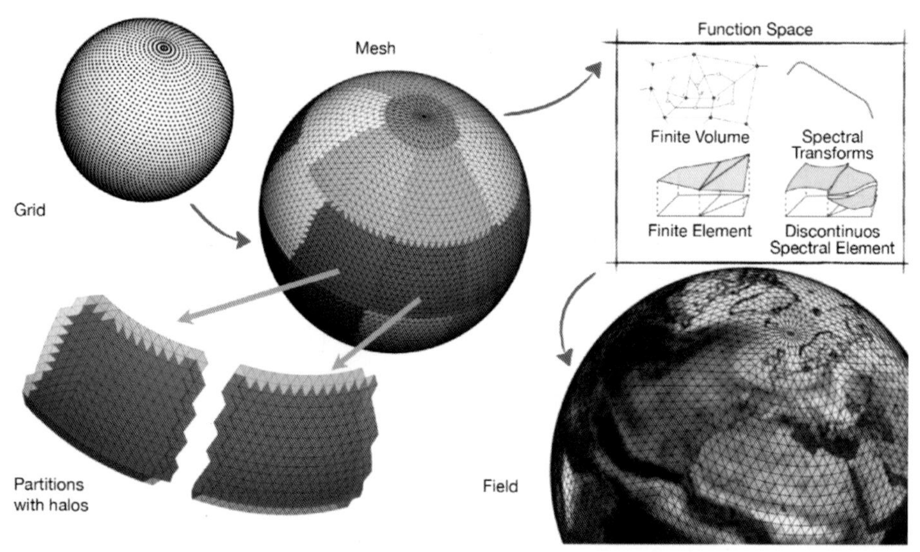

图 8.2　Altas 支持全球/区域不同网格并行计算模型（ECMWF Newsletter April 2018）

随着地球系统模型的研究，数据的多样性使得模型越来越复杂，硬件的多样性也使得模式的部署运行越来越困难。ECMWF 启动了领域特定语言（DSL）技术研究，支持启动气象模式在多环境、多语言以及多计算资源的融合应用，为用户屏蔽底层硬件差异，发布了 Altas。这是一个基于 C++ 和 Fortran2008 语言，面向对象编程的函数库，希望以此为基础，开发下一代数值模式，能在不同计算机，特别是目前流行的 GPU 集群架构上运行，协调并有效支持不同气象网格设计下的并行计算模型，不仅仅支持全球网格，也支持有限区域网格；不仅仅支持规则网格，也支持非规则网格。Altas 在欧洲中心一体化预报模式（the Integrated Forecasting System）中的有限体积法求解模块（the Finite Volume Module）中已经应用（图 8.3）。

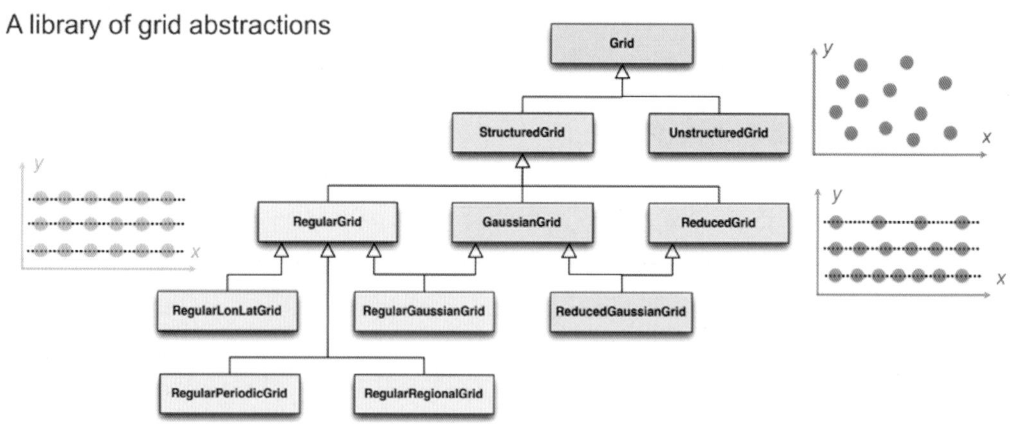

图 8.3　面向对象编程概念下的网格模型（Willem Deconinck）

8.3　基于大数据的智能预报技术发展

人工智能(Artificial Intelligence,AI)是一个融合计算机科学、统计学、脑神经学和社会科学的前沿综合学科,可以代替人类实现识别、认知,分析和决策等多种功能。人工智能技术本身经历了三起三落。本轮人工智能的发展(20世纪末到现在)受益于深度学习、增强学习等算法的突破,移动互联网产生的海量数据,以及弹性可扩展的云计算能力、GPU加速计算和大规模并行化超级计算能力,迎来了发展的又一黄金期。2017年国际知名IT咨询公司高德纳(Gartner)认为,未来10年人工智能将成为信息化发展的技术主战场。2016年10月,美国发布了《为人工智能的未来做好准备》和《国家人工智能研究和发展战略计划》两个重要文件,将人工智能上升到了国家战略地位;2018年5月,法国发布《法国人工智能战略》,目的是使法国成为人工智能强国;2018年6月,日本《未来投资战略》重点推动物联网建设和人工智能的应用;2018年7月,德国联邦政府通过了题为《联邦政府人工智能发展战略要点》,希望通过实施这一纲要性文件,将该国对人工智能的研发和应用提升到全球先进水平。2017年中国政府印发《新一代人工智能发展规划》,强调人工智能服务经济发展、社会建设和国家安全,全面提升社会生产力、综合国力和国家竞争力,大数据驱动知识学习、跨媒体协同处理、人机协同增强智能、群体集成智能、自主智能系统作为人工智能的发展重点。气象也同样迎来了高时空分辨率的卫星观测和数值模式领衔的海量数据爆发式增长,以时空相关信息机器学习算法的诞生和成熟,气象云、超算和GPU集群架构的陆续上线,这些都为人工智能在气象领域应用带来了同样的发展良机。

8.3.1　人工智能气象应用发展历史

在国际上,人工智能技术已经在预警预报业务中得到了一定的应用。如英国气象局提出:传统的以发展更加复杂动力数值模式的天气预报似乎受到以大数据驱动为主的预报技术挑战,实际上这两种方式是解决不同的问题,即不断发展的数值模式系统提供更高分辨率、更准确的预报结果,但由于其自身的缺陷以及天气预报的不确定性,仍然不能满足各种用户的不同需求,而数据驱动方法为弥补这一差距提供了非常有用的工具。因此,英国气象局一直在利用数据驱动,将统计技术与物理模式及其深刻理解结合起来,并积累了大量经验。例如,将高分辨率观测网、复杂数值模式和再分析数据利用统计技术结合起来为风能行业发展了业务预报工具,能够提供更高精度的风力预报,并适用于复杂地形条件。

在国内,人工智能技术自20世纪80年代初期引入我国气象部门,大致经历了两个阶段。第一阶段是1983—1987年,主要特点是初级专家系统的普及应用。在此期间,有90%以上的省级气象台、近50%的地、市级气象台进行了气象专家系统的开发应用,内容涉及暴雨、大风、冰雹、霜冻等多种气象灾害的判别和预报。第二阶段是1987年开始的气象智能预报系统的开发,主要特点是将模式识别技术、传统人工智能与人工神经元网络结合在一起。这个阶段气象部门就专家神经网络系统(EANN)在预报业务中的实际应用进行了试验,很多专家运用人工神经网络(ANN)的自适应性及容错等功能和特性,弥补了专家系统在这方面的不足,彼此取长补短,较为有效地提高了灾害性天气预报的成功率。和人工智能在其他领域碰到的问题一样,气象预报领域的人工智能技术需要参考大量的专家意见,在成本投入和操作上都非常困难，所以这些基础性工作在此后较长时间内进展迟缓，使得一直到21世纪的前十年，人工智能技术在气象预报上的应用就逐渐淡出了视野。

近年来，随着卷积神经元网络（深度学习）、蒙特卡洛决策树等人工智能技术的发展，因为深度学习能够利用以前人类专属领地的认知领域：图像识别、文本理解和音频识别等，人工智能再度成为最热门的技术概念之一。2016年3月，谷歌的智能计算机AlphaGo在韩国首尔与李世石进行围棋挑战赛，并最终以总比分4：1战胜李世石，更是激发全民对人工智能的关注热潮。AlphaGo利用深度学习通过统计和策略来解决一些数理问题，具备一定"人工智能"，是一个极大的突破，将人工智能应用于天气预报越来越具有可行性。气象预报问题可能远比围棋复杂，虽然人工智能还不可能取而代之，但大数据的挖掘和图像识别等技术可以在气象预报中尝试，这也是气象科技创新和发展智慧气象的重要方向。

8.3.2 人工智能气象预报成熟度评估

以卫星和雷达为代表的地球系统观测的不断发展，数值天气预报模式向高分辨率、集合预报发展，气象数据呈指数增长。据国家气象信息中心统计，截至2017年底，气象数据的每日增量已经超过了10TB，这个数值在2020年预计将攀升到40TB/日以上。利用超级计算能力，以知识驱动和大数据驱动为特征的人工智能便为气象部门分析处理海量信息提供了一条很好的解决途径。气象学是应用物理学定律研究大气运动的动力和热力过程，以及它们相互关系，从理论上探讨大气环流、天气系统和其他大气运动演变规律的学科。基于数学物理方程的数值天气预报是最为经典的定量问题求解。大气的混沌特性导致了预报的不确定性，初始场的不准确、数值模式构建的误差、物理过程的不完善，使得微小误差在积分一定时间之后被放大并演变为较大误差。利用机器学习的方法对局部区域的海量气象数据进行特征提取、时空演变规律学习，将有助于模式误差分布的改进，而不仅仅是系统性误差的纠偏。此外，各国/预报中心的多尺度数值模式产品全球共享，加上集合预报成员本身，地球每一寸土地上，有接近200个模式预报场数据，这已经远远超出了人机交互分析能力。总之，大数据为基础的人工智能（大数据智能）气象应用的提出，也算是水到渠成。

然而，对于互联网新兴技术的应用推广，特别是人工智能这种在AlphaGo战胜人类棋手后被国家热推、全民热议、资本热炒的老概念新技术，容易被质疑为炒作过度，也容易被追捧为无所不能。因此，在气象领域的应用，建立一套应用成熟度评估模型，更有利于引导人工智能的科学应用和系统布局，使之发展有序。我们知道，人工智能取得成功需要计算力、算法、数据和业务场景，这也构成了AI气象应用成熟度评估的四个方面。

1. 具体气象业务场景识别——业务图谱

在可以预见的有限年份（高德纳2018年人工智能技术成熟度曲线报告），很难出现所谓的"通用人工智能"，解决我们面临的各类问题。互联网重要思维之一就是极致思维，针对具体问题把算法、性能推向极致，于人工智能应用也是如此。在灾害识别（灾害性天气识别、气象灾害识别）、短临预报、中短期预报、气候预测和影响预报整个完整价值链上都有AI的应用需求。这就要求我们系统地规划业务图谱，但必须展开每一个问题，逐一单兵突破，设计相适应的算法模型和相匹配的训练数据。比如，在珠江三角洲地区，利用视频和照片开展天气现象识别，利用雷达图像开展强对流天气识别；利用雷达资料、观测实况和中尺度数值模式，开展未来1～2小时的短时降水预报。由于机器学习为代表的人工智能应用需要足够体

量数据以提取预报对象规律，具体化、区域化、定量化人工智能的应用场景，实际上减少了对数据数量的依赖和学习目标的不确定性。

2. 针对性的智能算法设计——算法图谱

没有“通用人工智能”，也自然没有“终极算法”可以解决所有业务问题。需要明确业务场景，才能转化为机器学习的问题范式，比如聚类分析、关联分析、回归分析、卷积神经网络空间特征识别、循环神经网络的时序演变、智能推荐等，进而选择合适的算法开展智能学习。如，卷积神经网络（CNN）为基础的深度学习技术适合用于强对流天气等二维、三维雷达特征识别；循环神经网络（RNN）中的长短期记忆网络（LSTM）用于学习相邻时次的变量变化规律。多数情况下，气象应用不仅仅有空间分布规律的提炼，还有时间序列的演变规律的学习，因此，一种结合了卷积神经网络 CNN 和长短期记忆的卷积长短期记忆网络（ConvLSTM）首次在降水短时临近预报中被应用，显著提升了 1～2 小时定量降水预报能力。由于 ConvLSTM 算法同样适用于时空序列分析，被谷歌的 TensorFlow 和 PyTorch 等深度学习算法平台纳入为标准算法。我们也可以在深度学习模型的基础上引入增强学习，对于正确的预报给予奖励，对于错误的预报给予惩罚，建立预报的动态订正机制。突发事件预警信息发布的序贯决策、多目标决策过程，知识图谱可能更加适合于把专家知识、应急预案和动态信息协同组织起来，形成智能决策。有序规划适合气象业务的技术算法图谱，是未来聚合成为行业人工智能应用平台——“气象智脑”需要走的路。

3. 问题与算法匹配的数据——数据图谱

是否具备与求解问题和设计算法在时间长度上、空间密度上相适应的高质量数据集供训练之用，是大数据智能气象应用的成功关键。对于深度学习，用于训练的数据量不足，事件标注少，可能会出现“过拟合”而预测结果糟糕，甚至得出复杂人工智能算法不如简单的统计回归分析的结论。这也是业务问题需要窄化和具体化的原因。国省级气象部门应该发展高频次更新、高时空分辨率、多圈层多要素协调的高质量实况数据产品（1 千米水平分辨率），并开展 5～10 年的回算，整合防灾减灾数据、行业与社会数据和地理空间数据等，联合形成支持人工智能应用的训练资源库和标准测试数据集。对于气象要素的预报预测，还需要发挥另外一个“业务引擎”——数值模式的作用。此时，真实的气象观测和“准真实”的气象实况分析网格数据将成为模式数据集的密集标注数据。扎实做好气象数据图谱的规划和资源准备，是人工智能应用的基础之基。

4. 人工智能气象应用生态——开放合作

首先人工智能应用不是一家的终极算法、通用智能，需要建立广泛合作机制，吸引院校、企业加入，结合气象部门专家，把人工智能的数学问题，转化为气象的“数学物理”问题，发挥不同领域的创新作用，尤为重要；其次是选择合适的人工智能算法平台，开源的有谷歌的 TensorFlow，有亚马逊选用的 MxNet，还有更加简洁易用的 PyTorch。在商业平台方面，阿里云、百度和腾讯都有自己的开放 AI 平台，并且加持了各具特色的商业、搜索和社交媒体数据，是气象影响预报跨界关联融合的数据基础。算法平台的选择一般要关注是否有良好的技术生态，是否有知名 IT 企业的贡献或支持，是否具有丰富的互联网资源。鉴于气象数据的海量特征，还要关注是否支持多 GPU 架构的支持。最后才是技术构建：基于开放平台通用算法，构建更高层次的气象应用模型，聚合训练各个应用领域的数据集。

但总的来说，目前影响人工智能气象应用成熟度的制约性问题恐怕还在于数据。在气象领域，尽管我们展望数据似乎已经“海量”，似乎已经是“大”数据，但对于气象这类机理复杂、充满不确定和混沌本质的科学问题，我们所掌握的数据仍然还是“小”数据。首先仅仅数十上百年的数据，甚至也就是近十多年时空密度才极大增长起来的数据，以深度学习为代表的算法来驱动揭示大气运动和灾害性天气的特征规律，仍然信息量不足。其次，气象数据与面对的地球系统的空间尺度而言，并不算“大”。最后，目前人工智能气象应用大多数学方案缺乏气象学常识和公理地融入，也就相对地放大了算法对数据量的需求。解决这个问题，至少可以从三个方面入手，一是收窄人工智能气象预报的应用领域（要素和空间范围），选择数据基础比较成熟的区域和要素；二是融入气象知识图谱，增加数据集的气象特征标注信息量；三是与气象学科融合，参考生成对抗网络（Generative Adversarial Nets，GAN）的思想，通过地球系统再分析模型、地球模拟器等生成更多的实况分析场，放大训练数据集体量。当然，纯粹数据驱动的学习模型即便取得较好的预报能力，由于其“黑盒子”的特性，其鲁棒性和应用安全性仍然无法让人放心。

8.3.3 人工智能气象预报展望

智能网格预报是要用云计算、互联网+等现代信息技术手段改造传统的预报业务，使流程更加扁平高效，向国家-省“两级集约，三级联动”；使业务协同一致，产品滚动更新，朝着无缝隙、网格化方向发展。智能网格预报业务的发展首先将高度依赖于数值天气预报及集合模式预报的进步；同时，智能网格预报业务也将受益于机器学习等新技术在天气监测、短时临近预报、中短期预报以及气候预测等领域的应用展开，预报业务系统本身也将在人工智能技术的辅助下，理解预报员的应用场景，更加敏捷响应（突发）灾害性天气。

1. 趋势展望：AI 释放数据红利，模式依然引领发展

结合高德纳（Gartner）提出的信息技术发展的规律性曲线（Hype Cycle），参考欧洲中期预报中心（ECMWF）、美国海洋大气局（NOAA）等先进气象机构的发展战略，我们可以对未来 5～10 年的 AI 气象应用做一个简单的趋势展望。过去几十年，气象学家不断发展客观预报方法，如统计回归方法、神经网络、贝叶斯模型对数值模式进行解释应用，消除系统误差，有效改进了气温、湿度、洋面风等连续性要素预报，但对非连续性的降水等预报仍然效果不佳。而且由于数据样本少，简单的多元回归方案反而显得更加简捷有效。随着集合预报逐渐被预报员所理解并使用，基于多模式（成员）集成优选以及极端预报指数（EFI）等模式后处理方案，对降水、灾害性天气的预报有了显著的提升（图 8.4）。

2016 年 AlphaGo 引爆人工智能热点。其实早在 2015 年香港科技大学联合香港天文台提出的卷积-长短期记忆网络（ConvLSTM），因其时空变化特征的学习能力而备受关注。之后，气象部门、气象公司以及互联网公司纷纷引入其思路开展短临预报领域的应用。原来对遥感遥测等非常规资料的利用不充分，新技术的引入释放了数据红利，取得了显著的进展，AI 的气象应用炙手可热。随着数值模式的高时空分辨率发展、集合预报发展，模式蕴含的不确定信息被提炼支持决策风险研判，海量数值模式产品的数据红利将进一步得到释放，AI 的气象应用还将迎来一波热潮。

当人工智能技术逐步解决并满足了人类数据处理数据不充分问题（人脑的记忆和计算能力的不足），纯数据驱动的人工智能的作用会下降，AI 的应用方向还是会转向融合气象科学对地球系统的物理和数学刻画。地球系统分析与预报系统的业务化，将影响预报、专业气象、气候预测纳入了一体化框架，AI 应用不断地融入气象预报系统成为常态，有逐渐替代传统预报员绝大多数工作的趋势。“气象＋”AI 应用算法将不断发展，与动力气象模式交互增强，把数据驱动、知识演绎、场景和人融合发挥得越来越极致，预报服务越来越有智慧。

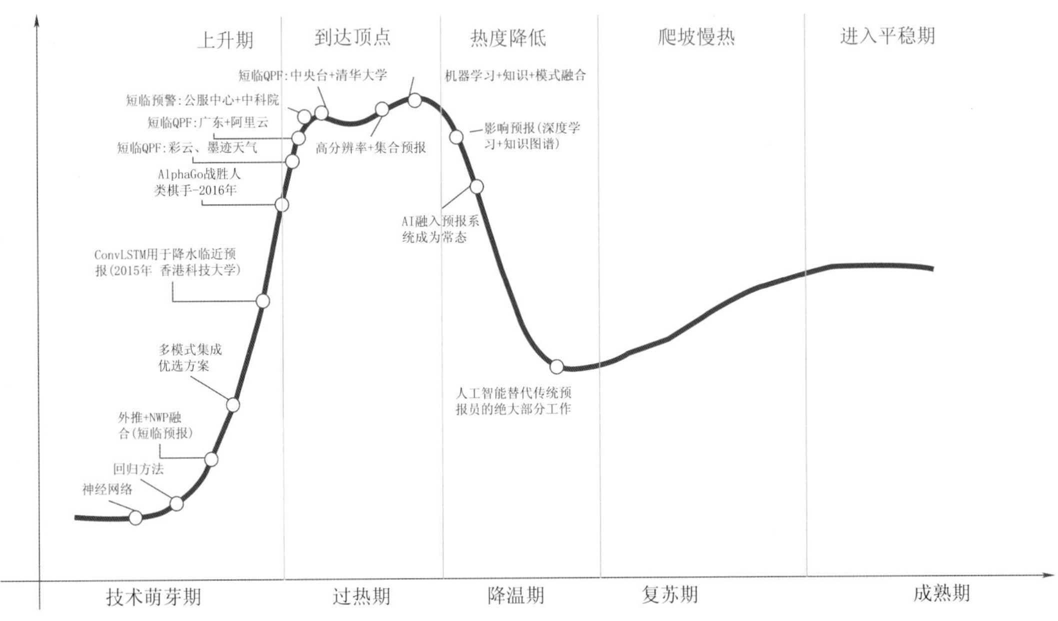

图 8.4　AI 气象预报应用的发展成熟度曲线

2. 应用领域：AI 将融入分钟-年的无缝隙预报体系

智能网格预报关键要利用人工智能和大数据技术，构建多源气象数据的融合应用能力，预警预报关键信息的综合提炼能力，预报知识的自主积累能力，预报与服务需求的双向互动能力，全面提升预报的客观化、自动化、精准化、智能化水平。基于大数据的智能预报技术发展是预报自动化、智能化，并向风险预警和影响预报转变的关键，同时也对数据基础、技术储备提出了新的需求。发展人工智能预报技术，应该以目标为导向，梳理人工智能与气象应用图谱。人工智能的气象预报应用可以划分为：质量控制、灾害识别、短临预报、中短期预报、气候预测、影响预报和系统智能等方面。

质量控制：利用深度学习算法构建的目标识别算法模型，如 Faster R-CNN，对雷达等遥感数字图像集（3～5 年及以上）以及配套的质量问题标注信息进行半监督学习，识别并剔除遥感数据的干扰信号。可利用 TensorFlow，PyTorch 等开源平台建模。

灾害识别：利用气象数字图像、高清视频、地球系统实况分析数据及配套的气象事件标注数据集（3～5 年及以上），开展深度学习建模，实现灾害性天气特征和气象灾害，以及引发气象灾害的各种尺度天气系统的自动识别，提升监测预警的效率和覆盖面；利用机器学习融合知识图谱，对互联网和社交媒体的虚假气象图像和信息进行自动的识别辨伪，提升社会化观测的数据质量。可利用 TensorFlow，PyTorch、Neo4J 等开源平台建模。

短临预报：融合深度神经网络（DNN）和循环神经网络（RNN）的特性，通过对多维实况数据集、卫星雷达等遥感数据集和高分辨区域模式数据集（3～5 年及以上）的训练学习，人工智能短临预报从二维向三维拓展，开发融合数值模式的短临预报系统，不仅仅实现天气系统移动、旋转、消亡的预报，还一定程度上预测系统生成。可利用 TensorFlow，PyTorch 等开源平台建模。[延伸阅读：施行健等 2017 年的 Deep Learning for Precipitation Nowcasting：A Benchmark and A New Model，和 2015 年 Convolutional LSTM Network：A Machine LearningApproach for Precipitation Nowcasting]

中短期预报：利用数值(集合)预报模式、多模式产品、传统客观释用产品、下垫面信息等数据集(3～5 年及以上)，以“真实”的气象观测或“准真实”的实况分析产品作为标注信息，利用机器学习、深度学习算法建模，重点关注高影响、灾害性天气的定量预报。可利用 TensorFlow，PyTorch、Neo4J 等开源平台建模。

气候预测：天生就是大数据问题，需要建立地球系统的多圈层联合分析。建立分布式大规模存储系统，集成分布式计算模型，利用大气、陆面、洋面和遥感再分析数据集(30 年及以上)，综合利用深度神经网络(DNN)和循环神经网络(RNN)，学习气候系统的时空演变规律，开展气候预测。[延伸阅读：RENEE CHO，Artificial Intelligence—A Game Changer for Climate Change and the Environment]

影响预报：利用机器学习(聚类、关联、协同过滤等)算法和知识图谱算法，基于地球系统观测数据和分析数据集，联合影响区域下垫面、社会、人群信息，进行综合建模，预报影响和风险预警知识体系，进行自动预警。

业务系统智能：协助预报员开展智能监测灾害天气信息、智能推荐天气分析特征信息、智能捕捉模式预报误差信息等等；智能算法给出更精准的预报预警：订正模式预报误差、降尺度到更精细网格、集成多源数据结果的优势预报信息、捕捉极端性或灾害性预报信息，传递预报的不确定性信息；智能预报平台支持预报员高效编辑订正：海量数据的快速浏览分析、智能工具帮助快速实现订正目的，并不断学习或融入预报员的经验；智能解释平台支持影响预报：与海量社会经济、人文地理等数据相结合，通过智能影响分析，帮助预报员进行影响天气预报的制作和发布。

人工智能在气象的应用如 8.3.2 节所述，瓶颈在于足够大的数据，尤其是标注了特征信息的数据集，这还需要有经验的气象专家参与。因此，通过官方组织，构建“志愿参与标注，优先共享数据”的机制，建立一套长期积累、公共标准的分类智能训练数据集、测试数据集，为“智能”预报的持续发展积累知识“数据”，尤为必要。

8.4 气象大数据技术发展

智能网格预报业务的未来发展，必然会拥抱云计算和大数据技术，通过其提供的超强的计算能力和算法运行效率，解决网格预报无缝隙衔接问题、精细化问题、高时空高分辨率问题。人工智能在气象预报业务中的应用，将为智能网格预报打造新的业态，人机交互的天气分析也将逐渐被分身有术的机器算法所代替。由此，气象部门应努力提升计算能力、大数据计算平台等基础资源的支撑能力。围绕《全国气象发展“十三五”规划》提出的“智慧气象”发展目标，贯彻 2018 年全国气象局长会议关于推进信息化建设的要求，落实《气象大数据行动计划(2017—2020 年)》提出的气象大数据云平台建设任务，中国气象局展开气象大数据云平台的总体设计和系统建设为全国气象预报、服务、政务和科研提供大数据和云计算的能力，助推智能网格预报快速发展。

8.4.1 气象大数据管理技术发展

1. 海量数据带来的问题

随着现代信息技术的兴起，观测技术的发展，以及预报预测对精准化要求的提高，气象科研和业务出现了新的态势：数据爆发增长，市场活跃，气象部门跟进有所不足。一方面，卫星、雷达等遥感遥测数据带来基础气象观测数据的海量增长；数值天气预报模式以及其后处理产品带来产品数据的海量增长；自愿者网络、社会企业观测、智能终端的简易观测带来社会化数据的海量增长；气象服务过程中获取其他行业数据、商业信息、天气影响信息、社交媒体互动信息等，带来多元化数据的海量增长。另一方面，云计算、高性能计算、大数据等现代信息技术日益发展成熟，市场一方的私营企业对新技术掌握和利用非常活跃，对于数据开放的需求非常旺盛。与此相对照，气象各业务部门对此普遍对此准备不足，提升新技术应用能力、完善数据开放政策以及对气象数据的深度挖掘应用等方面，尚未形成有效并成体系的应对策略。复杂、繁多的气象数据如何发挥更好的经济价值，成为服务单位面对的棘手问题；如何挖掘这些气象数据深层次的规律和价值，成为科研单位需要深入思考的问题；如何对这些数据进行合理的存储管理和服务，成为信息部门面临的重要挑战。

2. 管理技术与应用场景的多样性

智慧气象的基础是数据。气象数据的来源要跨越气象专业领域，既要包括来自地球大气圈及其他相邻圈层气象数据和其他行业的地学数据，也要包括来自社会化媒体或用户行为产生的数据回馈等数据，用于了解气象用户预期、行为和结果。数据的价值在于应用。气象科学研究和业务以人类掌握大气环境为出发点，以服务人类生产生活为目的。由此，科学研究活动中需要将业务模型和现代信息技术进行结合，对数据进行科学合理的分析与挖掘，从而给出大气特征的合理描述、预测，指导人类生产生活中的决策，发挥数据的价值。数据应用的效率在于数据的科学组织与管理。气象数据的海量、庞杂特性，以及气象应用的多样性，决定了气象数据的管理技术也不会是“One Size Fits All”，而一定是针对不同应用场景的数据技术混合体。气象数据的管理要突破现有技术手段，利用未来新技术、新方法、新思路，结合分布式关系型数据库、分布式表格系统、分布式对象存储、分布式文件系统等技术的综合应用，构建数据管理体系，开拓气象数据的新价值，促进智慧气象的快速发展。

在未来气象数据的管理中应针对基础数据归档、科研等离线分析计算、实时分析计算等三个应用层面，并兼顾数据本身的特点，选择不同的技术，但都需要易扩展、易扩容、高可用和高可靠的要求，同时又要有所区别。面向基础数据归档管理和离线计算需求，需要解决数据的时间延续性、完整一致性、精准性等问题，例如开展大规模卫星数据的历史分析，开展生态环境演变监测，又如利用历史的数值模式开展网格化的解释应用。面向数据应用和实时计算需求，需要解决数据访问的高并发、高时效、易使用、实时历史数据融合等问题，例如实时业务系统需要支持多用户并发的快速查询、读写、可视化；又如预警系统需要实时分析海量、多源的气象与相关领域数据，快速提炼风险预警信号。气象行业在一直探索其他数据库技术的应用，对于结构化的站点数据，非结构化的数值预报、分析场、雷达、卫星等数据的管理进行了尝试，得到一些启发。

面向实时计算的数据管理需求：主要存储近 10～30 天内交互式实时业务系统需要的常

用数据，提供毫秒级的数据响应、大规模并发数据处理，比如 MICAPS、SWAN 常用的观测资料、卫星、雷达和数值模式等网格类信息。这类数据管理可采用分布式关系型数据库和分布式表格存储系统。分布式关系型数据库就是用二维表来组织数据，利用分布式技术来克服高并发访问需求，所谓的联机事务处理（Online Transaction Processing，OLTP）；主要存储地面、高空、辐射、农气等站点数据；开源的有 RadonDB、分布式 MySQL 等，商业系统如阿里的 Oceanbase 和百度的 DRDS。分布式表格系统用于存储关系较为复杂的半结构化数据，以表格为单位组织数据；每个表格包括很多行，并通过主键标识一行，支持根据主键的读取、查询、更新和删除等功能以及范围查找功能；开源的有 Redis、Cassandra、MongoDB 等，商业的有阿里云的 OTS 等；由于有多副本设置，因此主要短时间存储卫星、雷达、数值模式等数据，不适合历史归档。

面向历史分析和模式释用等需求：此类数据需要支持复杂的气象数据分析操作，侧重气象决策支持，能够快速、灵活地进行大数据量的复杂查询统计处理，并且提供直观易懂的查询结果。比如长时间序列自动站数据，用于气候统计分析和决策服务，又如 3～5 年的模式数据分析，40 年的再分析资料大规模计算等，既包含站点数据，也包括大量格点分析和预报场。站点数据可采用分布式分析型数据库，如阿里云的 AnalysticDB，实施所谓联机分析处理（OLAP，Online Analytical Processing）；能够分析处理的大量数据和多维信息，针对特定问题的数据具有灵活的统计分析功能、直观的数据操作和分析结果可视化表示等突出优点，从而基于大量复杂数据的分析变得轻松而高效，以利于迅速做出正确判断。格点类数据可以采用分布式列式存储，列式存储的优势一方面体现在存储上能节约空间、减少 IO，另一方面依靠列式数据结构做了计算上的优化，如开源的 Hadoop/MapReduce 大规模计算采用的 Hbase，商业系统的如阿里云的 MaxCompute 的列式存储。

面向科研和存档的需求：这类数据需求实时性要求不高，大规模计算效率要求也不高，主要是文件的标准化规范化存储以及存储的安全可靠。一般采用扩展性、安全性较好的分布式 NAS 存储或分布式对象存储技术方案。分布式 NAS 存储则与网络存储无异，只不过采用了分布多副本机制，提高了数据读写效率，可用于数据存档。分布式对象存储，用对象来描述存储的数据本身，一个对象可以用来保存大量无结构的数据，比如一张卫星云图、雷达图像或是一个在线文档；用元数据描述数据对象；同样采用分布式副本机制提升访问效率，并用 REST 接口访问对象数据流。

面向决策的知识管理需求：尽管我们热衷于宣传“气象大数据＋”在气象决策服务中的关联、挖掘分析应用，但事实上，大多数情况我们面临的是“无数可用”，这时候，经验、案例和决策研判的基本准则往往成为关键要素。这类信息一般是以层级树状、关联网状结构关系，常用知识图谱进行组织。知识图谱是 Google 用于增强其搜索引擎功能的知识库，其本质上旨在描述真实世界中存在的各种实体或概念及其关系，构成一张巨大的语义网络图，节点表示实体或概念，边则由属性或关系构成。知识图谱可用来构建气象决策服务中涉及风险图谱、应急预案、典型案例等相互关联的大规模知识库，并在应用中构建路径推理，帮助防灾减灾救灾应急现场的快速和智能决策。

混合存储和统一访问层：在未来的应用中，不局限于采用单纯的数据存储技术，要综合使用不同类型数据库技术，以提升应用访问效率，数据环境的高可用、高可靠和扩展性。例如：将结构化数据根据应用场景利用非结构化数据的存储方式进行组织。采用分布式中间件技术，在数据存储层与应用层之间建立数据统一访问层，屏蔽数据结构的差异性，使应用的开发、部署和运维简单便捷。

8.4.2　气象大数据计算能力发展

人工智能技术能在气象领域得到有效应用，除了大规模数据的准备和新算法的突破，强大的计算能力也是必不可少的因素。计算能力的发展，直接影响到气象大数据应用的处理能力和数据处理体量，也决定了智能网格预报更丰富的内涵。传统的高性能计算，也成为超算，提供了大规模科学并行计算基础。云计算以弹性租用的方式给业务和科研带来灵活、便利的计算资源供给。不擅长调度但长于计算的 GPU 加速计算，更为人工智能训练带来更高功效的多核并行计算能力、更高的方寸速度和更高的浮点运算能力。当然，在软件定义一切(SDX，Software Define Everything)的理念下，不管是超算、GPU 加速计算还是云计算，都将成为一种服务资源，以服务的模式和云计算的形态提供给各个租户使用。

1. GPU 计算

提到 GPU，不得不提及一下 CPU。CPU 全称 Central Processing Unit——中央处理器，它是计算机的运算核心和控制核心，主要是解释计算机指令以及处理计算机软件中的数据。GPU 全称 Graphic Processing Unit——图形处理器，是一种专门在个人电脑、工作站、游戏机和一些移动设备(如平板电脑、智能手机等)上图像运算工作的微处理器。其中两者设计的目的有所差别，CPU 需要很强的通用性来处理各种不同的数据类型，同时又要逻辑判断，还会引入大量的分支跳转和中断的处理，而 GPU 面对的则是类型高度统一的、相互无依赖的大规模数据和不需要被打断的纯净的计算环境。并行计算是 GPU 的特长，所以气象大数据的人工智能、深度学习等数据运算，可以充分利用其开展科研和业务工作。目前流行的深度学习计算平台如 TensorFlow，PyTorch 等均支持在 GPU 集群上的安装部署，而气象界的数值模式如美国的 WRF、欧洲国家流行的区域模式 COSMO 以及领先的模式研发和业务机构 ECMWF 等也在尝试将适合并行化的部分模块向 GPU 移植，以取得更高的性价比。总之，这是一个值得关注与跟进的计算领域。

2. 高性能计算

使用很多处理器(作为单个机器的一部分)或者某一集群中组织的几台计算机(作为单个计算资源操作)的计算系统和环境。高性能集群上运行的应用程序一般使用并行算法，把一个大的普通问题根据一定的规则分为许多小的子问题，在集群内的不同节点上进行计算，而这些小问题的处理结果，经过处理可合并为原问题的最终结果。由于这些小问题的计算一般是可以并行完成的，从而可以缩短问题的处理时间。高性能集群在计算过程中，各节点是协同工作的，它们分别处理大问题的一部分，并在处理中根据需要进行数据交换，各节点的处理结果都是最终结果的一部分。高性能集群的处理能力与集群的规模成正比，是集群内各节点处理能力之和，但这种集群一般没有高可用性。高性能计算的分类方法很多。数值模式的并行化求解计算目前一般使用 CPU 架构的高性能计算系统。目前国家气象信息中心最新部署的高性能计算系统“派”-曙光，计算峰值 8PFlops(8 千万亿次每秒)，其中以 CPU 处理器为主，也混搭了少量的 GPU 集群作为研究用途。

3. 网格计算

指分布式计算中两类比较广泛使用的子类型。一类是，在分布式的计算资源支持下作为服务被提供的在线计算或存储。另一类是，一个松散连接的计算机网络构成的一个虚拟超级计算机，可以用来执行大规模任务。该技术通常被用来通过志愿者计算解决计算密集型的科研、数学、学术问题，也被商业公司用来进行电子商务和网络服务所需的后台数据处理、经济预测、地震分析等。

4. 云计算

狭义云计算，指 IT 基础设施的交付和使用模式，指通过网络以按需、易扩展的方式获得所需的资源（硬件、平台、软件）。提供资源的网络被称为"云"。"云"中的资源在使用者看来是可以无限扩展的，并且可以随时获取，按需使用，随时扩展，按使用量付费。广义云计算，指服务的交付和使用模式，通过网络以按需、易扩展的方式获得所需的服务。这种服务可以是 TT 和软件、互联网相关的，也可以是是任意其他的服务。云计算和网格计算没有任何内在联系。网格计算作为一种面向特殊应用的解决方案继续在某些领域存在，继续发展。云计算作为一场 IT 变革，则会深刻影响真个 IT 产业和人类社会。

目前，在云计算的供应商中，HPC on Cloud 的口号已经喊起来了，在云上提供了高性能计算（HPC）、GPU 和 FPGA 服务器等相关服务。亚马逊提供的集群超级计算已经在研究领域进行了使用，可以让科学家和工程师通过互联网进行相关的科学计算和研究；微软的 Azure 云平台中，提供了 AI＋认知学习等在线服务能力，让科研过程中使用到的数据和计算资源在云端进行结合，避免科研研究过程中的复杂计算环境和数据环境的建设；国内云服务商阿里云和百度云等也已开启云上的弹性高性能计算服务。云计算带来的 IT 资源的革命，使得高性能计算、GPU 加速等计算密集型的科研业务，逐渐向云端转移，逐渐形成超级融合的计算能力。

8.4.3 气象大数据挖掘技术发展

采用来自百度百科对数据挖掘的定义：数据挖掘（Data mining）又译为资料探勘、数据采矿。它是数据库知识发现（Knowledge-Discovery in Databases，KDD）中的一个步骤。它一般是指从大量的数据中通过算法搜索隐藏于其中信息的过程。这里关键就是算法。数据挖掘通常与计算机科学有关，并通过统计、在线分析处理、情报检索、机器学习、专家系统（依靠过去的经验法则）和模式识别等诸多算法来实现上述目标。

1. 通用大数据挖掘技术

数据挖掘算法基本可分为四类：分类、预测、聚类、关联。前两者是属于有监督学习，而后两者这是无监督的学习。

分类算法：分类是找出数据库中一组数据对象的共同特点并按照分类模式将其划分为不同的类，其目的是通过分类模型，将数据库中的数据项映射到某个给定的类别。分类算法的目标变量是分类离散型（例如，是否预警、是否暴雨、是否强对流等）。具体的分类算法包括，逻辑回归、决策树、K 最近邻（KNN）、贝叶斯判别、支持向量机（SVM）、随机森林神经网络等。

预测算法：目标变量一般是连续型变量，常用算法包括线性回归、回归树、神经网络、SVM 等。这几种算法在气象上都应用广泛。回归分析方法反映的是事务数据库中属性值在时间上的特征，产生一个将数据项映射到一个实值预测变量的函数，发现变量或属性间的依赖关系，其主要研究问题包括数据序列的趋势特征、数据序列的预测以及数据间的相关关系等。神经网络本质上也是非线性的回归模型,需要训练的数据量比普通的线性回归、多项式回归要大得多,这也是为什么在预测建模过程中,应当合理选择算法。

聚类分析:聚类是一种机器学习技术,它涉及数据点的分组。给定一组数据点,我们可以使用聚类算法将每个数据点划分为一个特定的组。理论上,同一组中的数据点应该具有相似的属性和/或特征,而不同组中的数据点应该具有高度不同的属性和/或特征。聚类是一种无监督学习的方法,是许多领域中常用的统计数据分析技术。比如我们在风暴识别追踪建模,就可能用到聚类算法。Lakshmanan 等(2003)提出的风暴识别方法,使用了 K-均值聚类方法,通过聚类算法参数设计,可以根据需要进行不同尺度的风暴识别、追踪和预警。

关联分析:关联规则是描述数据库中数据项之间所存在的关系的规则,即根据一个事务中某些项的出现可导出另一些项在同一事务中也出现,即隐藏在数据间的关联或相互关系。大数据时代,科研模式逐渐转向数据密集型科学发现的第四范式(托尼·海,2012),随着地球系统科学数据的不断丰富,更多的遥相关、偶极子特征将被发现。

2. 气象数据挖掘平台建设

长期以来,从观测业务、预报预测业务和其他科研工作,气象工作者一直在寻求气象要素之间以及气象与其他事务或现象之间的相关规则。只是在大数据时代背景下,对大数据进行相关的运算要比以往方便很多,且大数据简单运算结果要比小规模数据的简单运算得出的结论更为准确。气象大数据的挖掘分析需要构建高集成度的大数据挖掘应用的共享平台,提供数据、算法、可视化工具,以及提供在线科研的使用环境等相关基础支撑。气象大数据挖掘具体实践就是将气象数据与挖掘算法进行科学结合的过程,气象大数据元数据和数据的存储管理、数据清洗与转换、数据交换、算法调用、算法库管理、算法计算资源协调等之间具有较高的耦合度,都是大数据挖掘过程中的必不可少基础支撑,提供可视化展现复杂的数据分析过程和直观的展示繁杂的数据和分析结果工具手段对科研人员而言至关重要。对于科研人员,能够快速便捷的使用大数据挖掘应用共享平台,能够快速找到所有数据、算法等相关资源,并能够集成多种研发语言,支持科研工作者们在线数据挖掘研发。未来,让气象大数据挖掘不再神秘、不再复杂,让科研工作者不再苦恼环境搭建,专注思考数据与算法如何结合,以及如何得到潜在有价值的结果,达到气象数据挖掘“云”效果,大数据挖掘的应用共享平台建设则是需要考虑的首要问题。

8.5 稳定的科研向业务转化机制

经过几年的研发和业务应用,广东的网格预报从无到有,取得了重大突破。在网格预报业务发展过程中,在核心技术、业务流程、产品性能等方面仍存在许多不足。在智能网格预报技术发展的过程中,广泛开展交流合作、整合科技资源能够为其注入新的活力。业务单位可以与科研院所、科技企业打破成果壁垒,形成良性交流互动机制,从而推动技术成果的转化和推广。

8.5.1 企业、高校合作研发机制

气象部门尝试与拥有成熟机器学习、大数据分析技术、图像识别技术的商业公司以及高校开展深度合作,研究大数据在灾害性天气监测预警业务中的应用技术,发展基于海量数据和非

线性机器学习模型的智能预报技术，提升精细化格点业务的自动化水平和智能预报能力。

1. 基于大数据的灾害性天气识别和应用技术

利用雷达、卫星等遥感探测数据，以及灾害图片，应用互联网和图像识别技术，探索灾害性天气新型智能监测技术，构建更立体、及时的灾害性天气监测网。利用大数据分析和图像识别技术，探索针对广东天气气候背景强对流天气灾害模型与预警技术，提升强对流天气预警智能化识别水平。

2. 进一步改进完善智能工具箱，发展智能订正与分析算法

升级与完善 GIFT 智能工具箱系统框架，研究与发展“主观预报经验数字化”技术，改进转折性天气预报技术，实现人机交互智能订正和不同要素、不同时空预报结果的协调一致。继续发展和提升预报引擎智能分析技术，提高引擎对单一数据的时空分析、对多种数据的综合分析能力，实现预报产品输出精细化、多样化的目标。

3. 基于大数据和非线性机器学习技术，探索建立智能预报与研判模型

基于气象大数据（自动站、雷达、QPE、QPF、数值模式等），并利用气象数据的时间变化及空间聚合构建更多的特征，通过非线性深度学习模型，自动寻找各个特征与未来降水的隐藏关系，探索未来 3 小时的短时降水智能预报模型。基于大数据，通过深度学习和有监督学习，实现灾害天气的自动分类，探索建立转折性、趋势性事件（回南天、污染天气、持续性暴雨天气过程）的决策研判模型。

8.5.2 科研成果向业务应用转化

应不断加强智能网格预报的相关科研成果向业务应用转化，加强部门间、国内、国际交流合作，引进和推广先进技术，优化整合科技计划、专项、基金申报，加大智能网格预报一系列技术研究和开发等创新活动的支持，加快科技成果的转化和推广应用。

以提升“能力”为核心，分层次培养智能网格科技人才和预报人才，促进智能预报人才队伍的可持续发展。加强智能预报创新团队建设，促进骨干人才培养。优先安排创新团队承担重大基础性项目，鼓励创新团队争取竞争性项目；利用华南（广州）在海上丝绸之路气象服务上的优势，积极参与世界气象中心-北京的建设，在实践中培养具有国际视野的数值预报和天气预报关键领域的领军人才和带头人。

参考文献

托尼·海，2012. 第四范式：数据密集型科学发现[M]. 北京：科学出版社.

Glanh Harry，1972. The use of Model Output Statistics (MOS) in objective weather forecasting[J]. Journal of applied meteorology，11(8)：1203-1211.

Gilbert Kathryn K，2009. Gridded Model Output Statistics：improving and expanding[C]. 23rd Conference on Weather Analysis and Forecasting/19th Conference on Numerical Weather Prediction.

Hesst Reinhold，Jenny Glashof，Cristina Primo，2015. Calibration with MOS at DWD[C]. ECMWF Calib-ration Meeting.

Lakshmanan V，2003. Multiscale storm identification and forecast[J]. Atmospheric Research，67：367-380.

附录一　缩略词

CIMISS:China Integrated Meteorological Information Service System,全国综合气象信息共享系统。

COTREC:Cross-correlation Extrapolation Method,交叉相关法。

EMOS:Environmental Meteorology Operation-platform of Southern-China,华南区域环境气象业务平台。

FAST:Forecast & Alert Sending Toolkit,气象预报预警制作发布一体化平台。

GIFT:Graphical Interactive Forecast Tuner,图形化网格编辑平台。

GRAPES:Global/Regional Assimilation and Prediction Enhanced System,全球/区域同化预报模式。

GTRAMS-RUC:Grapes Tropical Regional Modeling System- Rapid Update Cycle,区域短临预报系统。

GTRAMS-MM:Grapes Tropical Regional Modeling System- Mesoscale Model,华南区域中尺度预报系统。

GTRAMS-TM:Grapes Tropical Regional Modeling System- Typhoon Model,中国南海台风模式。

IDEA:Integrated Database for Easy Access,历史实时一体化数据访问接口平台。

ITB:Intelligent Tool Box,智能工具箱。

SAFEGUARD:Seamless Analysis and Forecast for Guangzhou Regional Digital Database,广东精细化网格预报业务系统。

SFE:Smart Forecast Engine,智能预报引擎。

S-GDPFS:Seamless Global Data Processing and Forecast System,无缝隙资料处理与预报系统。

SWAN:Severe Weather Automatic Nowcast,灾害性天气临近预报系统。

SWIFT:Seamless Weather Integrated Forecast Tools,无缝隙一体化天气预报平台。

附录二　广东网格数字天气预报责任区

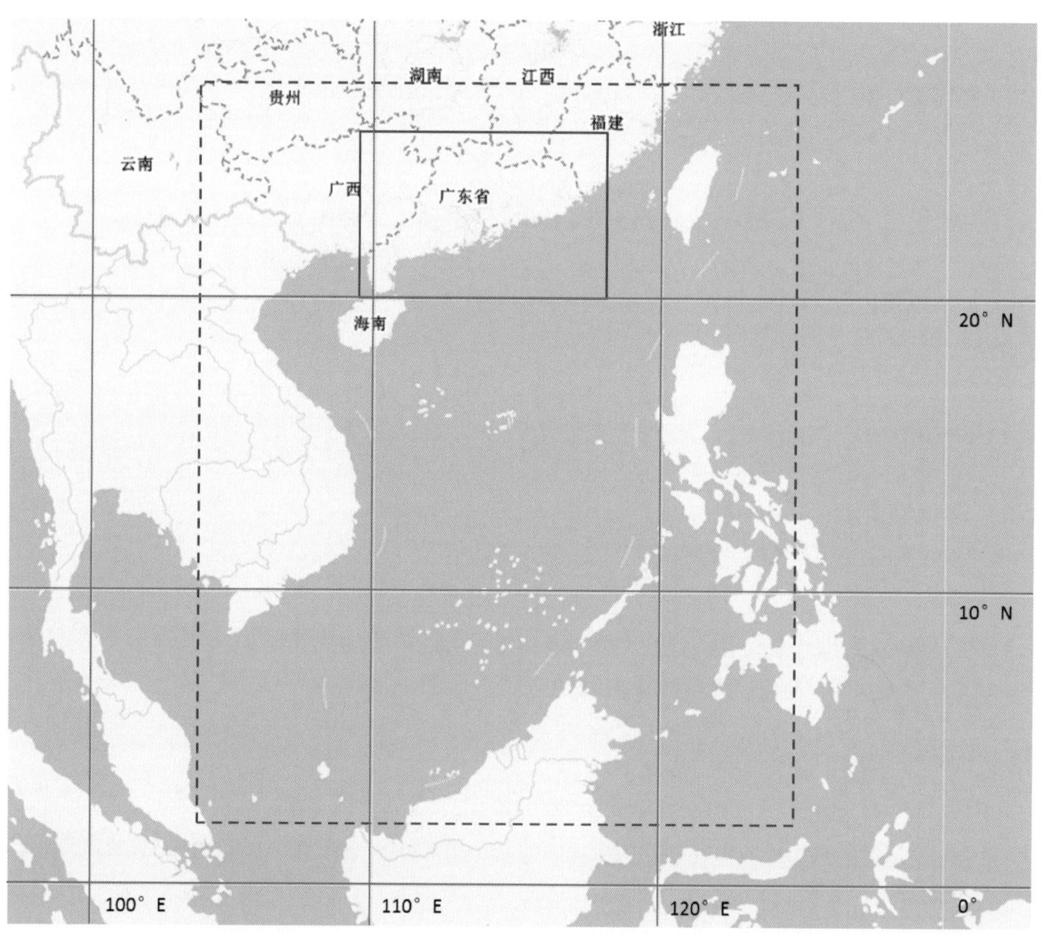

实线区域:陆地网格预报责任区(20°-25.7°N,109.4°-118°E),网格空间分辨率为 2.5 千米;
虚线区域:海洋网格预报责任区(2°-27.5°N,104°-124°E),网格空间分辨率为 10 千米。